材料测试宝典

Material Testing Bible

—

23 项常见测试全解析

科学指南针团队◎主编

图书在版编目(CIP)数据

材料测试宝典：23项常见测试全解析 / 科学指南针团队主编. — 杭州：浙江大学出版社，2022.1(2023.12重印)
ISBN 978-7-308-22026-2

Ⅰ. ①材… Ⅱ. ①科… Ⅲ. ①材料科学—测试技术 Ⅳ. ①TB3

中国版本图书馆CIP数据核字(2021)第242900号

材料测试宝典——23项常见测试全解析

科学指南针团队　主编

责任编辑　王　波
责任校对　吴昌雷
封面设计　续设计
出版发行　浙江大学出版社
(杭州市天目山路148号　邮政编码310007)
(网址：http://www.zjupress.com)
排　　版　杭州朝曦图文设计有限公司
印　　刷　广东虎彩云印刷有限公司绍兴分公司
开　　本　787mm×1092mm　1/16
印　　张　21.75
字　　数　502千
版 印 次　2022年1月第1版　2023年12月第7次印刷
书　　号　ISBN 978-7-308-22026-2
定　　价　58.00元

浙江大学出版社市场运营中心联系方式：0571—88925591；http://zjdxcbs.tmall.com

前 言

把实验测试做好，是生化环材类研究者最基础的事。

无论是为了发表学术论文，还是要找到元器件失效的原因，甚至是要找到刑事案件的犯罪嫌疑人，一个基础就是：有没有足够的证据去证明你的结论。而各类实验测试表征方法的提出和发展，就是为了帮助研究者找到更严谨和更多角度的论据。实验测试表征方法，如同研究者的眼睛，对测试知识的涉猎越多，你能够看到的也越多。

最让人高兴的是，研究者不必自己全部做测试，而是可以找自己研究单位的测试中心或者科学指南针等第三方服务机构，只需要把样品送过去测试就行，这就省事得多。

现在市面上很多讲材料测试表征的书，介绍的都是单种仪器的原理，而本书却把所有的仪器表征方法放在了一起来进行比较和总结，简化原理，重视样品制备和数据处理。这是出于什么考虑呢？

虽然仪器原理无比重要，但仪器毕竟不一定由研究者亲自操作，研究者不必全部了解。研究者需要弄清的是，该把怎样的样品，送到什么仪器里面测试，才能够得到想要的结果。这样才会比较根本地搞清楚，各类测试的优点和缺点是什么，需要什么数据来支持自己的研究结论，仪器能够提供什么，以及最有趣的——搞清楚自己的样品到底是什么。

研究者会做各类测试，有时候也会同样的测试反复做。如果得到想要的结果，会很欣喜，觉得测试做得很好；有时候没有得到想要的结果，会很疑惑，怀疑测试有问题。然而，如果研究者采用了不合适的样品，使用了不合适的仪器去表征，使用了不合适的数据分析方法，就算得到了想要的结果，也是不足以成为研究成果中的有力论据的。

因此，我们认为每位基层研究者，都应该自己找个空当，把各类测试表征方法再系统性地过一遍，反思一下这个问题："我得到的结果是不是可靠的结果？"

为此，我们整理了5年100多万人次的测试表征经验，希望给不常亲自操作仪器的研究者们，提供一本通俗易懂的，关于测试手段的正确选用、样品的准确制备以及合理的数据分析方法的工具书。这就是本书编写的最终目的。

本书适合材料、化学、化工、环境等相关专业领域的高年级本科生、硕士研究生、博士研究生、青年教师、研究人员学习参考，也适合从事材料研发、化工原料分析、材料失效分析、环境分析、药物分析等研究的工作者使用。

最后，由于笔者才疏学浅，书中错误难免，希望各位读者不吝赐教，以利校正。关于测试表征的手段方法日新月异，尽管笔者试图尽力关注，但由于篇幅有限，不能全部列出，还望读者海涵。

科学指南针团队

2021年6月

（全书部分图涉及不同颜色的说明，请阅读时扫描此二维码查看原彩图）

（想了解更多关于测试表征的细节，请扫码添加技术顾问，为您答疑解惑）

目录 Contents

第一篇　形貌分析

第二篇　成分分析

第三篇 结构分析

第四篇　性能分析

第一篇　形貌分析

第 1 章　扫描电子显微镜

扫描电子显微镜(Scanning Electron Microscope,SEM),简称扫描电镜,是利用高能聚焦电子束对样品表面进行显微结构表征的电子光学仪器。因其具有分辨率高、景深长、图像立体感强、放大倍数连续可调以及样品制备简单等特点,已成为现代科学研究中必不可少的分析仪器之一[1,2]。另外,扫描电镜常与 X 射线能谱仪(Energy Dispersive Spectrometer,EDS)、电子背散射衍射仪(Electron Backscattered Diffraction,EBSD)系统等联用,对各种材料进行微区成分分析以及对晶体材料进行取向和结构分析。

普通的扫描电镜主要针对常规样品,随着各领域研究方向的细分化和应用需求的差异化,扫描电镜分别演化出了环境扫描电镜、低电压扫描电镜、超大样品室扫描电镜、冷冻扫描电镜等,为科研工作者研究生物材料、高分子材料等提供了极大的便利。环境扫描电镜可对多孔材料以及岩土等含水样品进行直接观察,不需要干燥处理,同时也可对非导电样品直接进行观察,不需要做导电处理[3,4]。低电压扫描电镜解决了热敏材料高能辐照下材料热分解的问题,同时可对不导电样品进行直接观察而不产生荷电现象,还避免了镀膜掩盖细节的问题,获取样品表面的真实形貌信息[4]。超大样品室扫描电镜可配备多个信号探测器[如能谱仪、波谱仪、EBSD、高性能电荷耦合器件(CCD)等],加装更多的原位装置(高/低温台、拉伸台等),同时可在样品室位置增加大插件接口,实现与其他检测技术联用,满足研究者对样品结构信息采集多元化的要求,实现电镜功能多样化[4]。冷冻扫描电镜(Cryo-SEM)的核心技术主要是快速冷冻技术、冷冻传输技术和图像采集与计算机合成技术。快速冷冻技术可对含水样品直接冷冻而不影响样品本身结构;冷冻传输技术可保证电镜观察下的样品处于低温冷冻状态[4]。因此,冷冻电镜是克服样品含水问题、防止样品丢失水分的最有效工具,其可对电子束敏感且具有不稳定性的样品进行观察,并能应用于任何真空状态,包括装于 SEM 的 Peltier 台以及向样品室内充以水汽的装置;另外,其具有冷冻断裂的能力以及可通过控制样品升华刻蚀选择性地去除表面水分。

目前扫描电镜主要分为五类,具体优缺点详见表 1-1[5]。

表1-1 扫描电镜种类及其优缺点

扫描电镜种类	优点	缺点
常规扫描电镜	应用广泛，国内已自主生产且技术成熟	①样品前处理繁杂 ②样品脱水后易发生形变
环境扫描电镜	①非导电材料无须镀膜可直接观察 ②可观察含水含油样品，无须脱水 ③可连续观察样品反应的动力学过程 ④可研究微注水液体与样品相互作用	①样品处理过程中会接触有毒试剂 ②用途广但仪器少，不普及 ③环境真空模式下，电镜分辨率较低 ④成本较高
冷冻扫描电镜	①可观察含水量丰富的结构组织，观察结果更接近样品原形 ②操作简便省时 ③样品可重复使用且具有选择性刻蚀能力	①低温固定过程中生物样品温度急剧变化，产生特定热，目前这方面缺乏较为完善的分析以及深入的研究 ②国内该方面设备依赖进口，不够普及
低真空扫描电镜	①非金属样品分析时不需要喷金 ②显微镜放大倍率误差小 ③减轻荷电问题	①图像分辨率下降 ②需要掌握低真空操作模式及实验技巧，才可以得出理想实验结果，难度大 ③长时间低真空模式对灯丝寿命有一定的影响
场发射扫描电镜	①具有高倍数、超高分辨率扫描图像 ②发射电流稳定，低压性能好 ③定量分析空间分辨率有所提高	①场发射扫描电镜灯丝价格较高 ②对真空要求高，样品制备上要注意水汽

1.1 SEM原理及应用

1.1.1 基本原理

扫描电子显微镜是利用电子枪发射电子束，在加速电压的作用下经过三级透镜所组成的电子光学系统，汇聚成极细的电子束聚焦在样品表面，在末级透镜上部扫描线圈的作用下，在样品表面做光栅式逐点扫描；高能电子束与样品相互作用，从样品中激发出各种信号，如二次电子、背散射电子、吸收电子、X射线、俄歇电子和透射电子等，这些信号被响应的探测器接收，经放大处理后在荧光屏上显示出与样品一一对应的信息，从而获得表征样品形貌的电子图像[6,7]，如图1-1所示。

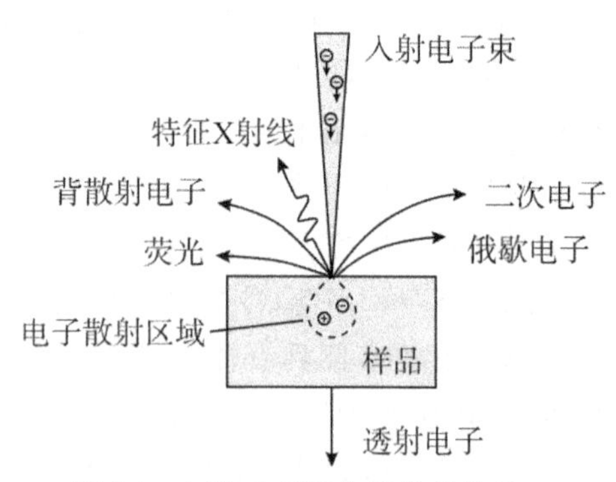

图1-1 扫描电子显微镜的结构以及信号产生示意

扫描电子显微镜主要有三大系统：电子光学系统、信号探测处理和显示系统、真空系统。其中，真空系统的作用主要包括：减少电子光路的污染并提高灯丝的使用寿命；增大电子的平均自由程，使得可用于成像的电子更多。

能谱仪的工作原理是电子枪发射的高能电子束轰击样品，将样品中原子的内层电子电离，此时原子处于较高激发态，外层的高能量电子会向内层跃迁以填补内层空缺，从而释放能量，这部分具有特定能量的电磁辐射光子，即特征 X 射线。X 射线能谱仪就是通过探测样品产生的特征 X 射线能量来确定其相对应的元素，并对其进行定性、定量分析[7,8]。

1.1.2　应用范围

扫描电镜以其超高的分辨率、良好的景深及简易的操作等优势在材料学、物理学、化学、生物学、医学、地矿学、考古学、食品学、微电子工业以及刑事侦查等领域有广泛的用途[1,3,5,9]。它可以对组织进行形貌分析、断口分析、元素定性和定量分析以及晶体结构分析，现将扫描电镜在各领域的具体应用总结如下。

1. 材料学

(1)纳米材料：SEM 可直接观察纳米材料的结构，颗粒尺寸、分布及均匀度情况，结合能谱还能对纳米材料的微区成分进行分析，确定纳米材料的组成。利用 SEM 分析纳米材料，可建立起纳米材料种类、微观形貌与宏观性质之间的联系，对于改进合成条件、制备出具有优异性能的纳米材料具有很重要的指导意义。

(2)高分子材料：SEM 可直接观察高分子材料(如均聚物、共聚物及共混物)的粒、块、纤维、膜片及其制品的微观形貌，粉体颗粒及纤维等增强材料在母体中的分散情况。另外，SEM 还能观察高分子材料在老化、疲劳、拉伸及扭转等情形下断口断裂和扩散的情况，为分析断裂的起因、断裂方式及机理提供帮助。

(3)金属材料：SEM 可对金属材料的微观组织(如马氏体、奥氏体、珠光体、铁素体等)进行显微结构及立体形态的分析。同时，SEM 还可对金属材料表面的磨损、腐蚀以及形变(如多晶位错和滑移等)进行分析；对金属材料断口形貌进行观察，揭示断裂机理(解理断裂、准解理断裂、韧窝断裂、沿晶断裂、疲劳断裂)；对钢铁产品质量和缺陷分析(如气泡、显微裂纹及显微缩孔)。另外，SEM 结合能谱可测定金属及合金中各种元素的偏析，对金属间化合物相、碳化物相、氮化物相及铌化物相等进行观察和成分鉴定；对钢铁组织中晶界处夹杂物或第二相进行观察以及成分鉴定；对零部件进行失效分析(如畸变失效、断裂失效、磨损失效和腐蚀失效)以及失效件表面的析出物和腐蚀产物的鉴别。此外，对于抛光后的金属样品，SEM 结合 EBSD 可进一步对晶体结构进行解析。

(4)陶瓷材料：SEM 可对陶瓷材料的原料、成品的显微结构及缺陷等进行分析，观察陶瓷材料中的晶相、晶体大小、杂质、气孔及孔隙分布情况、晶粒的取向以及晶粒的均匀度等情况。

(5)生物材料：SEM 可用于观察生物活性钛材料和生物陶瓷材料以及这些材料经过特殊处理后的表面形貌以及羟基磷灰石或细胞在这些材料表面的生长情况。此外，SEM 还能用于观察水凝胶的空洞结构、胶原的纤维结构、人工骨的孔分布情况以及磁性生物显影材料的尺度及包覆情况等，为改善合成工艺、制备性能优异的生物材料提供依据。

2. 物理学

通过对材料表面进行处理(如沉积不同成分、形貌和厚度的膜层，对表面进行光刻蚀等），能有效改善材料的硬度、光学等物理性能。利用SEM可观察镀膜的表面形貌、断口膜层的形貌以及测量膜厚；可观察样品经光刻蚀后的表面形貌等。

3. 化学

扫描电镜可用于观察不同刻蚀时间得到的多孔硅的表面形貌及孔隙情况，基于腐蚀均匀的多孔硅具有较强的荧光发射性质，以此建立检测 Ag^{+} 的新方法。另外，利用扫描电镜观察两种制剂作用后的牙本质小管的表面和截面的堵塞情况，为临床上选择脱敏剂提供参考。

4. 生物学

扫描电镜可用于观察生物的精细结构及复杂的立体表面形态。它可对藻类、花粉表面沟纹的精细结构，癌细胞的表面变化，细胞、细菌在生命周期中的表面变化进行观察。此外，扫描电镜与现代冷冻技术的结合（通过样品冷冻断裂暴露不同层面，如膜之间、细胞之间和细胞器之间的结构）可以获得生物样品完整的剖面，对研究一些生物样品的内部结构提供了支持。

5. 医学

扫描电镜可用于研究上皮、结缔组织、肌肉、神经等四类组织以及机体每个器官和系统，其中用得最多的是上皮组织的表面。扫描电镜可观察各种上皮组织的形状、排列特征，在适宜的条件下，能识别细微绒毛、纤毛和分泌颗粒，例如在肠道的排出区可以看到脱落细胞。同样，扫描电镜也可以显示肝组织的内部结构，使"外表"观察与上皮的组织结构和生理作用联系起来。结缔组织，例如关节软骨坚硬的外表面，是扫描电镜很好的标本，骨和牙齿也容易处理。但更多情况下，要通过剥离或切片才能暴露结缔组织。扫描电镜可对机体各主要系统的独特表面特征加以比较和区别，这些表面特征能反映各系统的特殊功能。例如，气管及支气管黏膜纤毛的排痰作用、肺实质中肺泡网的作用，用扫描电镜能明显地加以区别。

6. 地矿学

扫描电镜可对矿物的表面形貌、结构及成分进行分析。利用扫描电镜观察矿物的微区变化，可为分析矿物的成岩环境和历史演化提供证据；可观察黏土矿物的形态、分布、性质及共生组合，从而为分析黏土矿物的成因和地球化学背景提供依据；可分析储集岩的矿物成分、结构构造、孔隙类型及成因，对储层优劣提供评价。扫描电镜可对岩土的成分、结构及坚固性进行研究。它可用于观察宇宙尘、陨石和月岩的形态特征、结构，从而为推断成因、了解宇宙提供有效信息；可研究古微生物化石的形状、排列方式，为确定地质年代、地层形成的古地理环境提供资料。

7. 考古学

扫描电镜结合能谱可对出土的文物进行无损的显微结构分析和化学成分鉴定。它可对金币、银币和铜币表面进行分析，确定其金、银和铜纯度及含量，为分析当时的铸造工艺提供证据；可分析古字画、窑胎釉所用颜料的种类和配比，为进一步判断其来源和破解制备工艺提供参考；可分析织物，判定织物材质、织法工艺，为织物的保护和修复提供有力帮助。

8. 食品学

扫描电镜可作为辅助观察技术应用于果蔬加工及保鲜等食品领域，可研究果蔬采后病害防治机理，例如拮抗菌附着情况、拮抗菌与病原菌相互作用和它们的表面形态以及植物提取对病原菌丝影响等。

9. 微电子工业

半导体器件的性能和稳定性与其表面的微观状态有关系。利用扫描电镜可对半导体二极管、三极管、集成电路或液晶显示器等进行失效分析,观察微观形貌,寻找和观察失效点、缺陷点,精确测量器件的微观几何尺度和表面点位分布等,结合能谱还能对污染物的元素进行分析。这有利于分析失效原因,改进制备工艺,采取有效措施来防止事故的发生。

10. 刑事侦查

扫描电镜在刑事侦查中的应用具有用量少且不破坏检材的特点,可用于射击残留物、爆炸残留物、油漆、涂料、文书、金属附着物、刮擦/撬压痕迹、毒物、生物类物证(土壤、植物组织、纤维、骨头、组织及毛发等)的检测。通过对这些物证的微观形貌观察和对比,以及结合能谱对其成分进行分析,可以为侦查提供线索,也可为证实犯罪提供科学的依据。

1.1.3 常见仪器

扫描电子显微镜的主要研发和生产厂家为日本电子、日立、赛默飞世尔(FEI)、蔡司。常用的仪器型号见表1-2。

表1-2 扫描电子显微镜常用仪器

生产厂家	仪器型号
日本电子	JSM-7800F
日立	SU8220,S-4800
赛默飞世尔(FEI)	Nova Nano SEM 450,Quanta FEG 450
蔡司	Gemini 300,Sigma 300

1. 日本电子的扫描电子显微镜 JSM-7800F

日本电子的扫描电子显微镜JSM-7800F如图1-2所示,配置了超级混合物镜,对样品没有局限性,任何样品都可以得到超高分辨率的图像,可以实现低加速电压下的高分辨率,电子源采用浸没式(In-lens)肖特基场发射电子枪,能以大束流电流进行稳定的分析。具有自动调整功能,可以实现自动合轴、聚焦、消除像散、反差和亮度调节等功能。

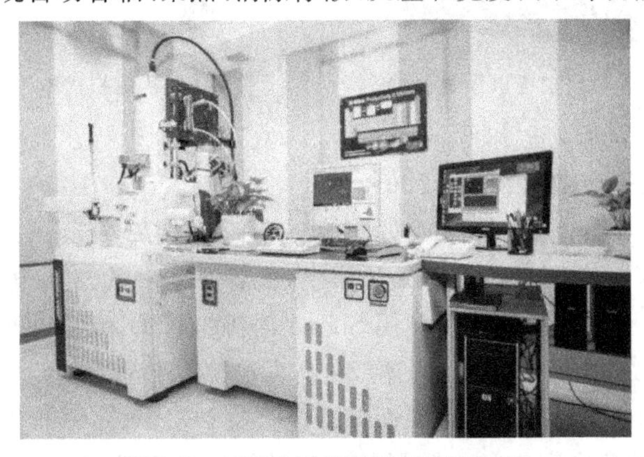

图1-2 扫描电子显微镜JSM-7800F

2. 日立的扫描电子显微镜 SU8220

日立的扫描电子显微镜 SU8220 如图 1-3 所示，采用低噪声冷场发射电子枪，可获得高稳定束流，采用电子束在 Flashing 后出现的高亮度稳定区域作为稳定观察的区间，使得低加速电压条件下兼具高分辨观察和分析的最佳性能。另外，通过优化电子光学系统，实现 1kV 条件下分辨率提高到 0.7nm，放大倍率从 100 万倍提高到 200 万倍，从而具有超高分辨的能力。

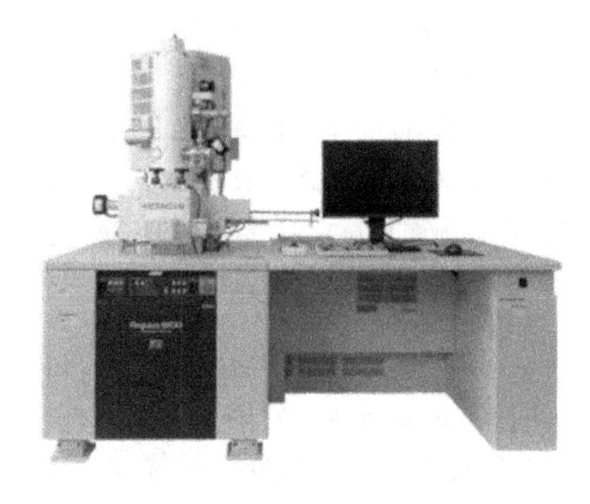

图 1-3　日立扫描电子显微镜 SU8220

3. FEI 的扫描电子显微镜 Nova Nano SEM 450

FEI 的扫描电子显微镜 Nova Nano SEM 450 如图 1-4 所示，其具有高真空和低真空两种真空模式，从而满足不同的拍摄需求；利用 FEI Helix 探测技术将浸入式透镜和低真空扫描电镜两种技术成功地组合在一起，可在低真空环境下有效抑制非导电材料的荷电积累效应，对污染性样品进行超高分辨率表征，同时可利用电子束进行纳米结构沉积的气体化学技术。

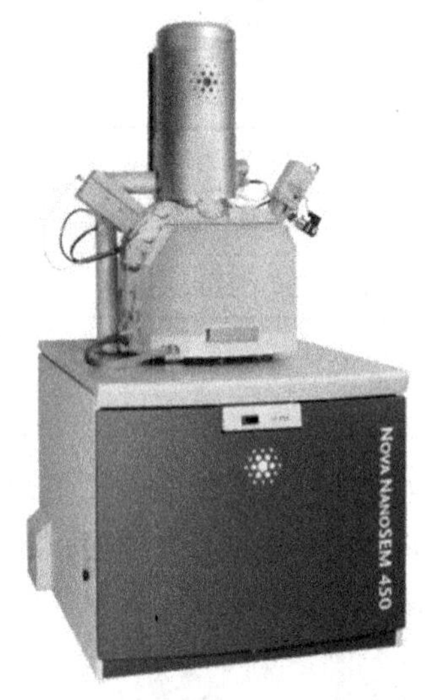

图 1-4　FEI 公司扫描电子显微镜 Nova Nano SEM 450

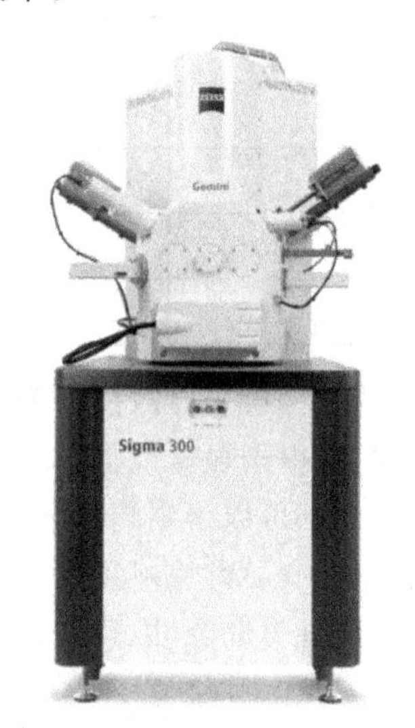

图 1-5　蔡司扫描电子显微镜 Sigma 300

4. 蔡司的扫描电子显微镜 Sigma 300

蔡司的扫描电子显微镜 Sigma 300 如图 1-5 所示，利用 Everhart-Thornley 二次电子和 In-lens 二次电子双探测器获取形貌和成分信息，配置了新一代二次电子探测器，获取高达 50%的信号图像。在可变压力模式下利用 Sigma 创新的 C2D 和可变压力探测器，在低真空环境下获取高达 85%对比度的锐利的图像，在高真空模式下利用创新的 ETSE 和 In-lens 探测器获取表面形貌信息和超高分辨率表面信息。获益于 8.5mm 短的分析工作距离和 35°夹角，背散射探测器能够获取完整且无阴影的分析结果。对于磁性样品，基于 Gemini 技术对磁性样品成像也能获得出色的效果。

1.2 样品制备

1.2.1 样品制备的要求

(1)样品必须无毒,无放射性,无腐蚀性,保证测试人员安全;

(2)样品必须干燥,不含水分或有机挥发物;

(3)样品必须具有稳定的化学性质和物理性质,在高能电子束的辐照下保持成分稳定和形态不变;

(4)样品观察面应清洁,无污染物,同时观察面应尽量平整;

(5)样品必须具有良好的导电性和导热性,在电子束轰击下不易被分解,热稳定性高;

(6)磁性样品要预先去磁,以免观察时电子束受到磁场的影响;

(7)样品可以是粉末、薄膜、块体,无论是表面还是新断开的断口或断面,一般不需要进行处理,以保持其原始的结构状态[10,11]。

样品量的要求:粉末提供10mg,液体提供5ml,块体样品不宜过大,建议直径小于3cm,厚度小于1cm。

1.2.2 样品的制备方法

(1)粉末样品的制备[10-13]

对于导电的粉末样品,应先将导电胶粘在样品台上,再用牙签把粉末均匀铺展在导电胶上,用镊子夹持样品台敲掉多余的粉末,用洗耳球吹去未粘住的粉末,用蘸了酒精的棉签擦掉导电胶周围残留的粉末,即可用电镜观察。

对于不导电或导电性差的粉末样品,要再镀上一层导电膜,才可用电镜观察。

(2)液体样品的制备[10-13]

液体样品一般是将粉末样品分散在水、乙醇或合适的溶剂中,用超声波分散,再用滴管滴在硅片、铜片等导电性好的基底上,晾干或烘干。

(3)块体样品的制备[10-12]

对于块状导电样品,只要其大小适合电镜样品台尺寸大小,即可直接用导电胶把样品粘在样品台上,放到扫描电镜中观察。

对于块状非导电样品或导电性较差的样品,先用导电胶将样品固定在样品台上,然后在样品表面引出导电胶与样品台相连,即“搭桥”,以在样品与样品台之间形成导电通路,避免样品表面的电荷积累。同时进行镀膜处理(喷铂或喷碳),提高样品的导电性,防止样品的热损伤。

(4)断面样品的制备[14-17]

对于脆性薄片,如铜片、硅片、玻璃镀膜片等可以直接掰断或用玻璃刀划断即可观察断面;而对于高聚物样品,因其有一定的塑性和韧性,需要进行冷冻断裂,即将样品放在液氮中进行脆性处理，一般5min左右将样品取出瞬间脆断。对于薄膜样品，为了维持样品断面原貌，需要采用离子切割方法或冷冻超薄切片方法。

1.3 成像模式

1.3.1 二次电子成像

二次电子成像是表面形貌衬度。二次电子主要来自样品表层5～10nm的深度范围内轰击出来的核外电子，对样品的表面形貌十分敏感，能够有效地显示样品的表面形貌[18]，具有阴影效应，图像立体感强，分辨率高，例如图1-6所示的纤维样品的扫描电镜图像。通常二次电子成像适用于放电严重或需要大景深、强立体感的样品。

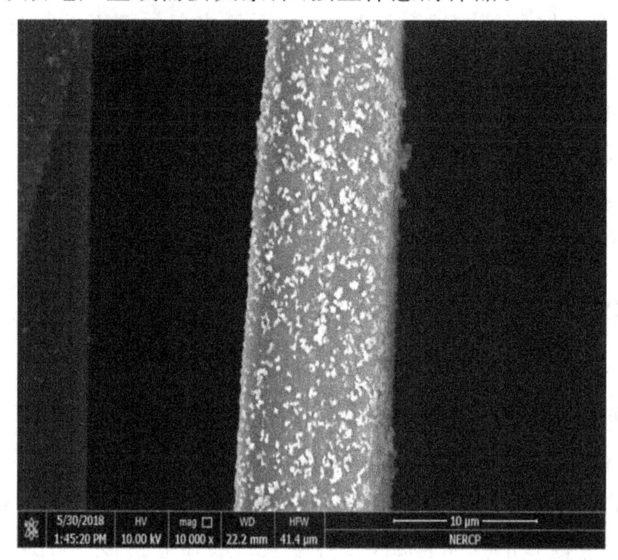

图1-6 纤维样品的扫描电子显微镜图像

1.3.2 背散射电子成像

背散射电子(BSE)是被样品中的原子核反弹回来的一部分入射电子，来自样品表层几百纳米的深度范围，其产额随样品原子序数增大而增多。因此BSE不仅能用作形貌分析，而且可用来显示原子序数衬度像，定性地用于成分分析。背散射电子信号强度要比二次电子低得多，所以粗糙表面的原子序数衬度往往被形貌衬度所掩盖，因此需要被观察样品表面平滑[18]。

1.3.3 能谱仪(EDS)

能谱仪(EDS)主要是对样品的表面进行微区成分分析，包括元素的定量和定性分析，以及多元素的点、线、面扫描分布分析。其采集深度大约为几百纳米到几微米的范围，可分析原子序数范围为4～95之间的所有元素[7,8]。根据扫描方式的不同分为选区分析(点扫、线扫和面扫)和元素面分布图(Mapping)。点扫和线扫都是对样品某一位置进行微区元素分析,点扫与线扫的区别是采集的数据来自电子束激发的某一区域的点或线。点扫可以给出元素的相对含量,准确性较高,常用于显微结构的成分分析。面扫是对样品某一区域的元素分布进行定性分析。

EDS 点分析是将电子束固定于样品中某一点上,进行定性或定量分析。能谱点扫给出了如图 1-7 所示的峰图,图中的峰分别代表了某一种元素,由此可以看出样品中所含有的元素种类。同时,也会给出如表 1-3 所示的元素相对含量表,其展示了各元素的相对质量分数和相对原子分数及误差,误差越大表示元素的相对含量可信度越低。

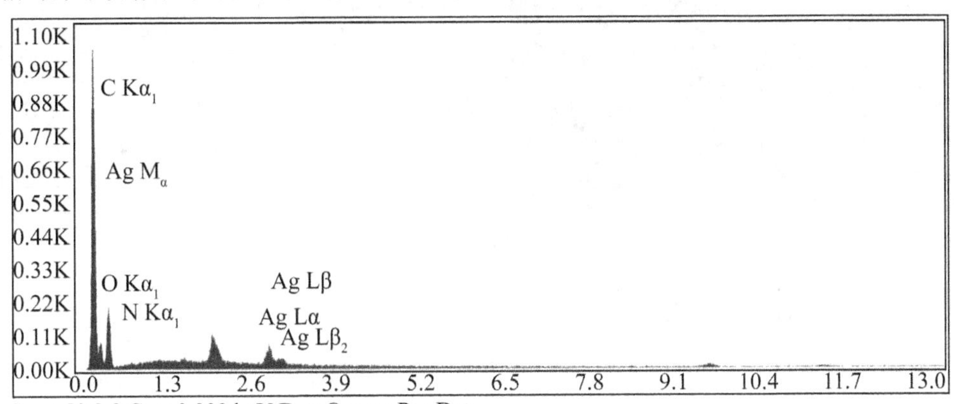

图 1-7　对样品的某一位置进行能谱点扫得到样品所含元素图

表 1-3　样品的相对元素含量

元素	质量分数/%	原子分数/%	偏差/%
C　K	48.96	54.94	5.15
N　K	27.91	26.85	19.29
O　K	21.35	17.99	12.55
AgL	1.78	0.22	20.03

EDS 线扫描分析是电子束沿一条线对样品进行扫描,能得到元素含量变化的线分布曲线。结合样品形貌像对照分析,能直观获得元素在不同区域的分布情况。从图 1-8 可以看出,元素含量的差异与形貌结合可以分析样品结构上的差异。

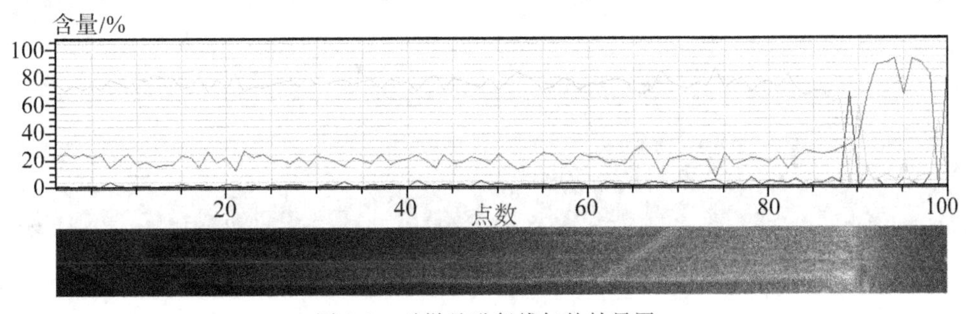

图 1-8　对样品进行线扫的结果图

EDS面扫描分析是电子束在样品表面扫描，样品表面的元素在屏幕上由亮度或彩色表现出来，常用来做定性分析。亮度越高，表示元素含量越高，结合形貌像图常用于成分偏聚、相分布的研究。从图1-9中可以看出元素分布的差异，结合形貌像图对样品进行定性分析。

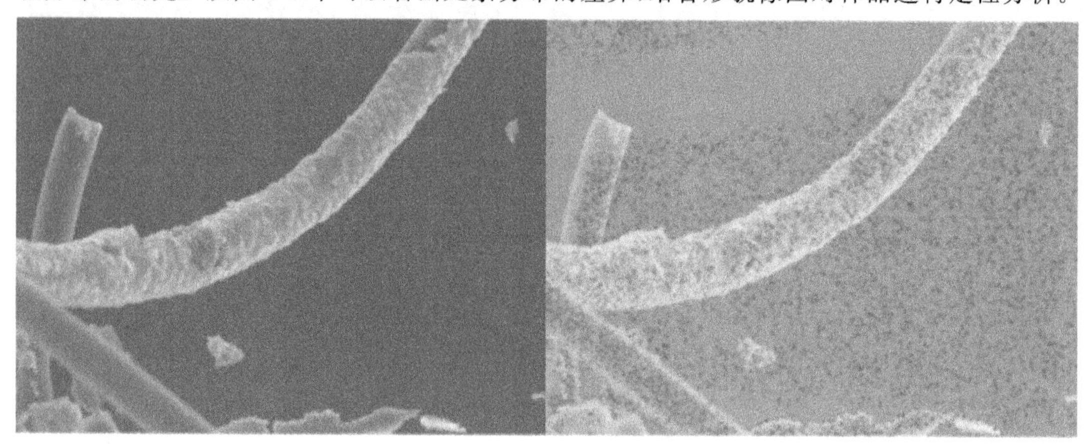

图1-9　对样品进行面扫的结果图

1.3.4　电子背散射衍射(EBSD)

电子背散射衍射(EBSD)适用于显示成分衬度；电子背散射衍射的形成，就是因为样品表面上平均原子序数大的部位形成较亮的区域，产生较强的背散射电子信号，而平均电子序数较小的部位则产生较少的背散射电子，在荧光屏上或照片上就是较暗的区域，这样就形成原子序数衬度。EBSD主要用于对金属及合金进行显微组织分析。

图1-10为EBSD显示的晶粒分布图，EBSD采集的数据包括丰富的样品信息，经过分析工具处理后，就可以实现在微观和纳米尺度上样品微观组织的可视化，由此可以获得样品的晶粒尺寸、晶界表征、相分布、EBSD花样质量、取向数据、内部组织应变，这些信息有助于我们了解材料加工过程和性能的信息，为材料的表征提供支撑。

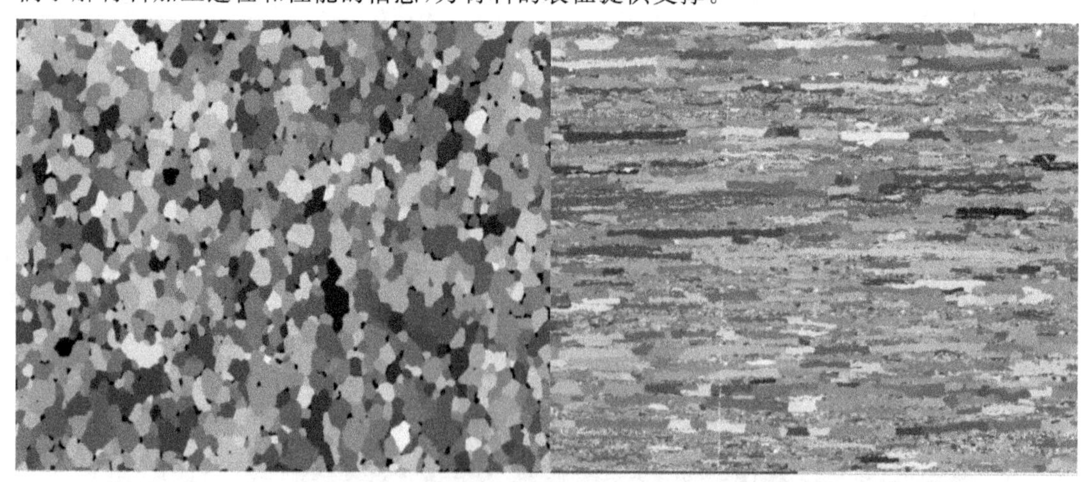

图1-10　晶粒分布图，可以统计晶粒尺寸(图片来自牛津仪器)

1.3.5 波长分散谱仪(WDS)

波长分散谱仪(简称波谱仪)常用作电子探针中的微区成分分析。波谱仪是检测元素的特征 X 射线,被激发的特征 X 射线照射到连续转动的分光晶体上实现分光(色散),即不同波长的 X 射线将在各自满足布拉格方程的 2θ(与分光晶体以 2∶1 的角速度同步转动的)方向上被检测器接收。如图1-11所示为能谱仪和波谱仪的结果对比,波谱仪的分析准确度比能谱仪高一个数量级,可分析 Be～U 之间的元素,但是 X 射线信号利用率极低,而能谱仪结果重现性好,检测快速方便,对样品表面没有特殊要求,因此常和 SEM 一起使用。将 SEM-EDS 和 WDS 结合使用,可以提高检测结果的准确性以及获得更低的检测限。

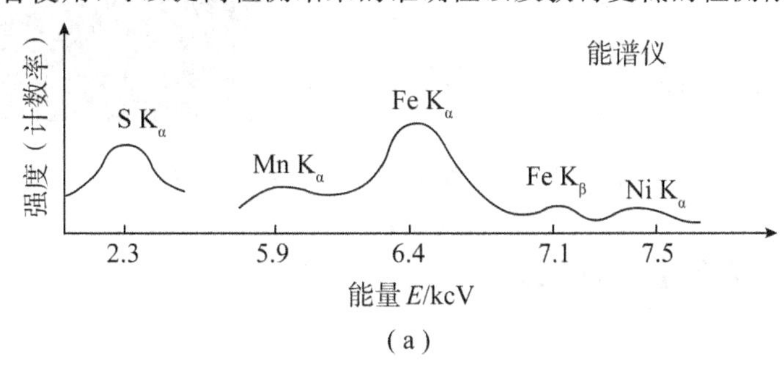

(a)

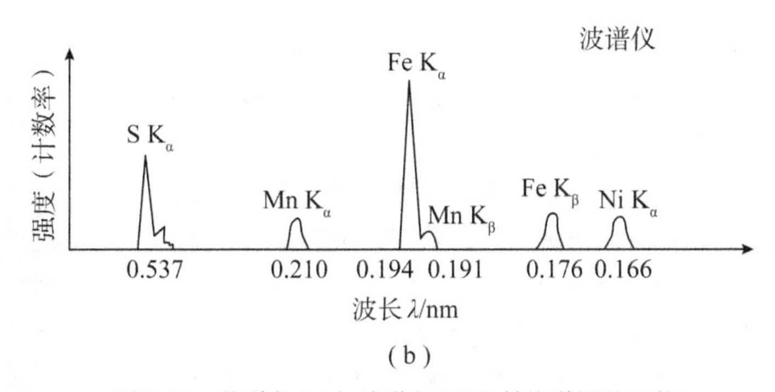

(b)

图 1-11　能谱仪(a)与波谱仪(b)X 射线谱图的比较

1.3.6 阴极荧光光谱仪(CL)

电子束与某些样品如半导体、矿物、发光材料等作用,价电子被激发到导带中,由于导带能量高而不稳定,被激发电子重新跳回价带,并释放能量≤E_g 的特征荧光光谱。阴极荧光可以用一个聚光系统(如玻璃透镜)和光电倍增管(PMT)收集并成像,可以被用来检测矿物、半导体和生物试样中痕量元素分布,在半导体学、发光材料学、地质学、生物学和法医学等具有广泛的应用。阴极荧光光谱仪测试结果得到的数据为 CL 光谱图和 CL 图像,如图 1-12 所示。

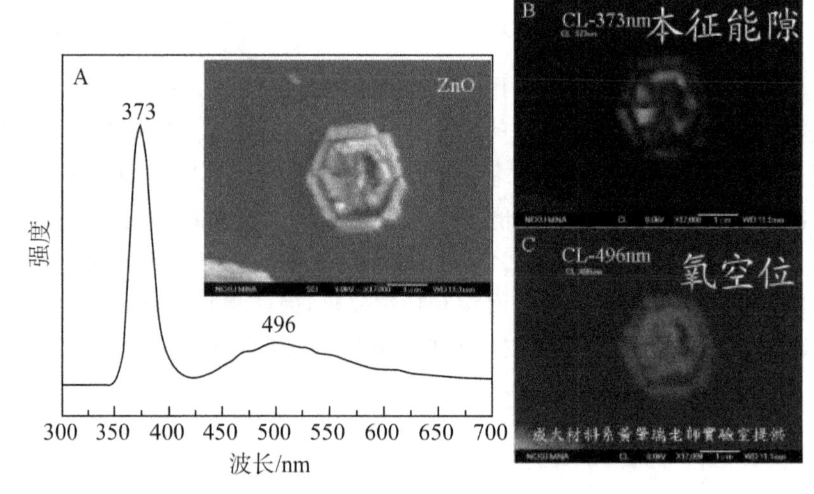

图 1-12　CL 光谱图(A)和 CL 图像(B)

1.4　其他类型扫描电镜

1.4.1　环境扫描电镜

环境扫描电镜(Environment Scanning Electron Microscope, ESEM)可以作为低真空扫描电镜直接检测非导电导热样品,无须进行处理,但是低真空状态下只能获得背散射电子像。环境扫描电镜样品室内的气压可大于水在常温下的饱和蒸气压,可以在−20～55℃范围内观察样品的溶解、凝固、结晶等相变动态过程。环境扫描电镜可以对各种固体和液体样品进行形态观察和元素(C～U)定性定量分析,对部分溶液进行相变过程观察。对于生物样品、含水样品、含油样品,既不需要脱水,也不必进行导电处理,可在自然状态下直接观察二次电子图像并分析元素成分。如图 1-13 所示为具有独特环境模式的超通用高分辨 SEM——Quattro SEM。

图 1-13　美国 FEI 公司生产的环境扫描电镜 Quattro SEM

1.4.2　生物扫描电镜

生物扫描电镜(图 1-14),主要利用二次电子成像,拍摄材料的表面三维形貌情况,拍摄照片为黑白照片。一般用来观察细胞外表面的变形以及受损情况等,也可以观察材料在细胞表面的分布情况,广泛应用于检测生物样品、非均相有机材料、无机材料等微米、纳米范围内的表面特征,无须镀膜即可实现高保真观察。

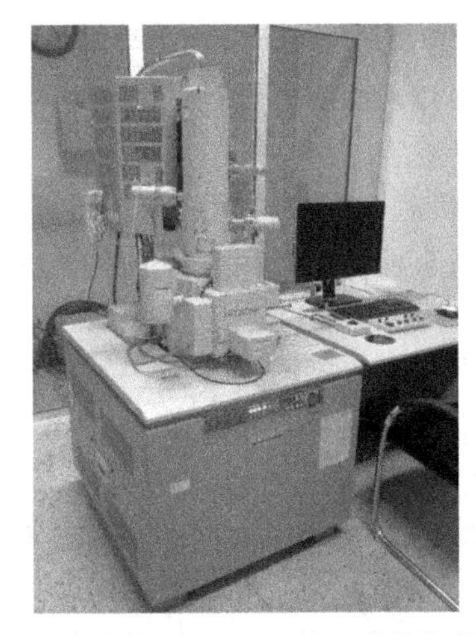

图 1-14　生物扫描电镜 SU 8010（中国科学院微生物研究所）

1.4.3　冷冻扫描电镜

冷冻扫描电镜(Cryo-scanning Electron Microscope, Cryo-SEM)如图 1-15 所示，其基于超低温冷冻制样及传输技术，可以用来直接观察液体、半液体样品。生物样品常规制样方法中的干燥过程可能对含水量较高的样品产生影响，而冷冻技术能避免细胞变形，具有制样简单快速的优点；另外，与同样可以观察含水样品的环境扫描电镜相比，冷冻扫描可在高真空状态下观察，提高了分辨率，并且可以对样品进行断裂。

图 1-15　FEI 公司生产的冷冻扫描电镜 Quanta 450

1.5　常见问题解答

1. 图像的标尺与放大倍数的关系怎样？

电镜图像的标尺通常都可以设定为固定的或可变的。前者是标尺的长度不变，但代表的长度随放大倍数变化；后者是标尺长度适应不同阶段放大倍数可变，但代表的长度在一定的放大倍数范围内固定不变。

因此同样的放大倍数可以有不同的标尺，但在同一输出媒介上的实际尺寸不变。改变输出方式时，放大倍数已改变（当然显示的放大倍数不会变化），测量的尺寸当然也就改变了。

因此，标尺数值大小跟放大倍数没有必然关系，具体数值大小和不同的厂商设置有关。

2. 样品导电性对拍摄图像有何影响？

自由电子的累积会在样品的局部形成静电场，影响正常电子信息的溢出，产生荷电效应，从而导致图像局部异常明亮、局部异常暗、表面磨平、图像畸形、图像漂移现象，而样品的导电性差是产生这种现象的主要原因。

一般通过喷金(碳)、导电染色等方法可增强样品导电性,测试时降低加速电压或者在产生荷电效应前快速观察可减少上述现象的出现。

3. 电子束照射对样品有何影响?

部分样品不耐电子束,在拍摄时会造成拍摄部位破裂和局部漂移。为避免这种现象的产生,可降低加速电压,减小电子束流,加厚喷镀金属膜,在拍摄时快速选定要拍摄的部位,并在较短时间内聚焦拍摄。

4. 为满足拍摄要求该如何选择加速电压?

不同的样品由于耐受电子束和导电性的不同,结合拍摄要求会选取不同的加速电压,从而满足客户的拍摄,得到较为理想的结果,表1-4给出了样品与相关加速电压选取的参考。

表1-4 样品情况与加速电压的选取

分析目的	加速电压(EHT)	适用样品类型
低原子序数样品(C、H、O、N类)	≤10kV	动植物、细菌、食品等,易受电子束损伤
中等原子序数样品(Na以上)	10~20kV	金属、半导体、矿物等不导电样品需要镀膜处理,适合常规观察
高分辨观察	20~30kV	电子束波长短,像差小,高倍图像清晰,可提供2万倍以上图像
荷电样品	≤5kV	直接观察无镀膜不导电样品
X射线成分分析(轻元素)	≤7kV	视所分析元素的种类而异
X射线成分分析(重元素)	≥10kV	视所分析元素的种类而异

参考文献

[1] 余凌竹,鲁建.扫描电镜的基本原理及应用[J].实验科学与技术,2019,17(5):85-93.
[2] 王宇,张斌,马庆超,等.场发射扫描电镜中非导电性样品制备方法[J].分析仪器,2018(2):164-166.
[3] 陆海通,许乾慰.环境扫描电镜工作原理及应用[J].上海塑料,2019(3):1-7.
[4] 高学平,张爱敏,张芦元.扫描电子显微技术与表征技术的发展与应用[J].科技创新导报,2019,16(19):99-103.
[5] 陈妍竹,胡文忠,刘程惠,等.扫描电镜在果蔬保藏中的应用[J].食品与发酵工业,2016,42(10):293-298.
[6] 王志秀,杨兵超,易文才.ZEISS Sigma 500热场发射扫描电镜操作技巧及日常维护[J].分析仪器,2020(1):100-105.
[7] 柴晓燕,米宏伟,何传新.扫描电子显微镜及X射线能谱仪的原理与维护[J].自动化与仪器仪表,2018(3):192-194.
[8] 孙秋香,宋庆军,卢慧粉,等.扫描电镜能谱仪谱峰鉴别方法[J].理化检验(物理分册),2018,54(10):754-756.
[9] 张喆,胡晶红,李佳,等.扫描电镜在生药研究领域中的应用概况[J].中国医药导报,

2013,10(30):24-27.
[10] 李剑平.扫描电子显微镜对样品的要求及样品的制备[J].分析测试技术与仪器,2007,13(1):74-77.
[11] 迟婷婷.扫描电子显微镜对样品的要求及其制备[J].中国计量,2015(8):83.
[12] 王宇,张斌,马庆超,等.场发射扫描电镜中非导电性样品制备方法[J].分析仪器,2018(2):164-166.
[13] 毛丽莉.扫描电镜测试中纳米样品制备的研究[J].实验科学与技术,2017,15(2):17-19.
[14] 焦淑静,张慧,薛东川.泥页岩样品自然断面与氩离子抛光扫描电镜制样方法的比较与应用[J].电子显微学报,2016,35(6):544-549.
[15] 任博颖,梁丽荣,鞠晶.NCM 颗粒截面样品制备[J].分析仪器,2019(3):90-93.
[16] 周广荣,童艳丽.电子显微镜观察高聚物断面样品的制备方法[J].电子显微学报,2014,33(4):377-381.
[17] 杨慧,贾云玲,鞠晶.应用超薄切片技术对侧光型背光源白色反射膜的凸起进行定点切割方法的改进[J].分析仪器,2019(4):80-83.
[18] 王丹,孙峰,余红华,等.ZEISS ULTRA 55 场发射扫描电镜的使用及常见故障处理[J].广东化工,2020,47(11):195-196.

第 2 章　透射电镜

高分辨电子显微方法是从微观尺度认识和研究物质结构的终极手段之一。透射电子显微镜（Transmission Electron Microscope，TEM，简称透射电镜）技术的进步使我们可以获得原子级分辨率的原子排列图像，同时还能分析物质中小于 1nm 的微区域的结构和组成。因而，透射电镜引起了材料科学、生命科学、信息科学、化学化工领域工作者的关注。由此而发展起来的微分析技术不但需要熟知分析方法的原理和相关物理知识，还需要深入了解仪器结构，熟知操作应用的技巧。本章主要从透射电镜的原理、制样设备与方法、数据解析与说明等方面进行简单说明。

2.1　透射电镜原理

2.1.1　电子光学原理

电子显微镜与光学显微镜的功能都是将细小的物体放大至肉眼可分辨的程度，工作原理也遵循射线的阿贝成像原理（如图 2-1 所示），此原理认为物是一系列不同空间频率信息的集合，相干成像过程分两步完成，第一步是相干入射光经物平面发生夫琅禾费衍射，在透镜后焦面上形成一系列衍射斑；第二步是衍射斑发出的球面次波在像平面上相干叠加。

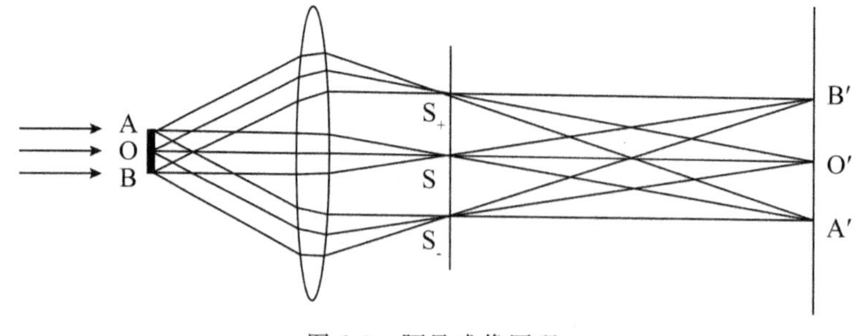

图 2-1　阿贝成像原理

从两个意义上来说，电子显微镜与光学显微镜是相同的。它们的主要不同点是：

（1）电子显微镜使用电子束作为射线源，必须在真空中工作，由于电子波长很短，其分辨率极高。

(2)电子波通过物质，遵循布拉格定律，产生衍射现象，可借此对晶体物质进行结构分析。

(3)电子显微成像的衬度机理以及电子与物质相互作用提供的信息要比光学显微镜丰富得多，能利用这些信息对物质进行深入分析。

传统透射电子显微镜主要是利用高能电子束与薄样作用时产生的弹性散射电子和透射电子来进行成像，而通过扫描透射电子显微技术(STEM)利用非常小的束斑(尤其是球差校正后形成的束斑)进行成像，可以获取更高的空间分辨率和灵敏度。能量过滤技术的引入则可获得电子图像整个能量范围的图像信息，甚至可以进行化学键成像和带隙成像。

2.1.2　应用范围

通常透射电镜可以研究金属、合金、玻璃、半导体、聚合物及这些材料的复合物，常规透射电镜可观察绝大部分粉末，但是受限于电镜杆槽的大小，大块样品往往需要复杂的切割和减薄处理，即使有大型的块体样品杆，也因为电子束无法穿透块体造成影像模糊。在球差电镜中，由于电子束汇聚能力强，电子束损伤会更加严重，一般不耐辐射(即不耐电子损伤)的样品(如有机物)应使用冷冻电镜并配合电子显微技术。

2.1.3　常见仪器对比

透射电镜的主要缺陷包括球差、色差和像散，其中由于透镜场不均匀的影响，在离轴光线上引起的球差限制了大多数 TEM 的分辨率。在新一代电镜中，加入由计算机控制的六极、八极透镜构成的球差矫正器已经成为主流高端电镜的标配，大量使用的全自动系统，大大减少了工作人员的手动调试工作量，但也使电镜的造价翻了数倍。目前搭载双球差矫正器的透射电镜采购价格已超过 3000 万元，如再考虑一些昂贵的附件如超级能谱和电子损失谱，一台电镜的价格可超过 4000 万元，搭载冷冻平台的冷冻电镜，其价格也超过 4000 万元，相应维护成本也随之增高。以下是市售的一些主流电镜的介绍。

1. 日本电子 JEM-F200 场发射透射电子显微镜

日本电子 JEM-F200(如图 2-2 所示)是一款新型的场发射电子显微镜。JEM-F200 配备的 SpecPorter 系统，将样品杆安装在指定的位置上，只用一个按钮即能安全地插入或拔出。该设备配置有 HAADF 附件，采用新型四级聚光镜照射光学系统“Quad-Lens condenser system”，通过控制电子束强度和汇聚角，能够满足各种实验需求。该电镜的 TEM HAADF 分辨率可达 0.16nm，TEM 放大倍数为×20 到×2.0M，STEM 放大倍数为×200 到×150M，可同时拍摄二次电子像或背散射电子像，最大程度发挥出 STEM 功能；JEM-F200 采用能以皮米级步长移动样品台的 Pico stage drive(不用压电驱动)，能在宽动态范围移动视野，从样品的整个栅网视野移动到原子级图像视野移动

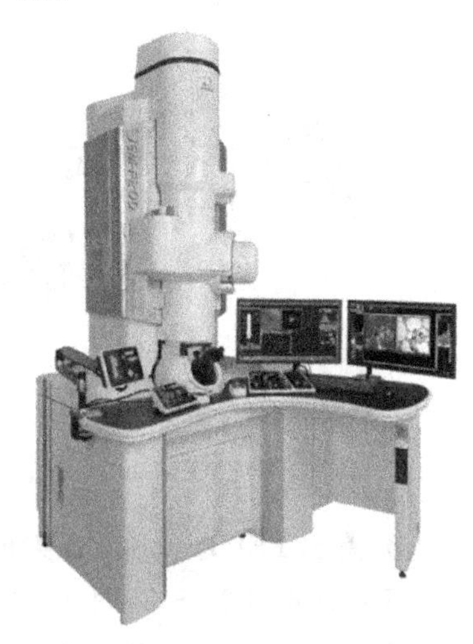

图 2-2　JEM-F200 场发射透射电子显微镜

都能进行。另外，该设备可以选配多种附件，以满足多种实验需求，如选配高稳定性、高亮度和高能量分辨率的冷场发射电子枪，该枪的利用可以进行 EELS 化学结合状态分析，高亮度的电子束缩短了分析时间，并且还降低了来自光源的色差，实现了高分辨率的观察；如选配成像系统的电子束扫描功能，可以实现大视野的 STEM-EELS 分析；可加载两个大口径、分析灵敏度高的能谱探头，使 EDS 分析速度更快，对样品的损伤更小，将普通电镜能谱的分析能力拓展到原子尺度；低剂量曝光技术和图像三维重构软件可提供独特的图像三维重构功能。

该设备广泛应用于金属、矿物、半导体、陶瓷、生物、高分子、复合材料、催化剂等物质的纳米尺度微分析，可实现的功能主要有：

(1)微观结构研究：材料的形貌、结构、缺陷和界面的微观分析，包括明场像、暗场像、STEM 像、高角环形暗场像、选区电子衍射、背散射电子/二次电子像和高分辨分析。

(2)材料微观结构成分研究：成分的定性和半定量分析，元素的点、线和面分析等。

2. 日本电子 JEM-ARM300F 透射电子显微镜

球差校正透射电镜 JEM-ARM300F(如图 2-3 所示)，也称为 GRAND ARM，是一款 300kV 原子分辨率级透射电子显微镜，是 JEM-ARM200F 的升级版，采用日本电子独自研发的十二级像差校正器，分辨率达到 0.05nm，STEM-HAADF 的分辨率可达 0.063nm。能选配超大立体角 EDS(能谱仪)、EELS(电子能量损失谱仪)、背散射电子检测器及四种 STEM 观察检测器。

图 2-3　球差校正透射电镜 JEM-ARM300F

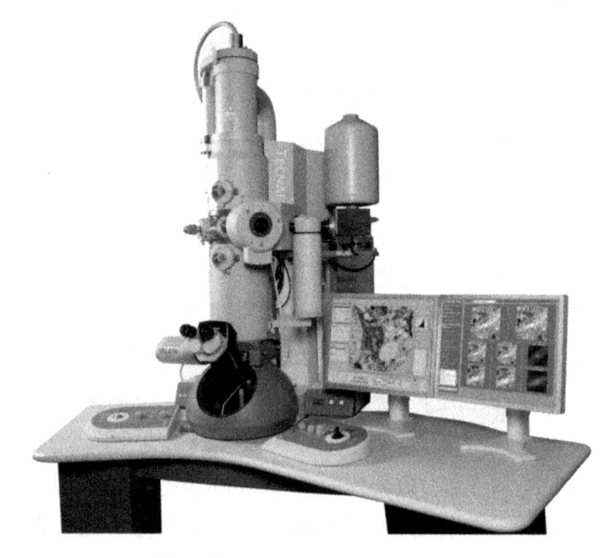

图 2-4　Tecnaig2 F20 S-TWIN

3. 美国 FEI Tecnaig2 透射电子显微镜

Tecnaig2 F20 S-TWIN(如图 2-4 所示)是由 FEI 公司开发的多功能、多用户环境的 200kV 场发射透射电子显微镜。它将各种透射电镜技术(包括 TEM、SAD、STEM、EDX 等)方便灵活地有机组合，形成强大的分析功能。利用它可进行：

(1)形貌分析:可获得非晶材料的质厚衬度像、多晶材料的衍射衬度像和单晶薄膜的相位衬度像(原子像);

(2)结构分析:观察研究材料结构并对样品进行纳米尺度的微分析,如:高分辨电子显微观察、系列欠焦像分析及出射波函数重构、电子衍射、汇聚束电子衍射、纳米束衍射、Z-衬度(原子序数)成像等。成分分析:小到几个纳米尺度的微区或晶粒的成分分析。该设备最高加速电压为 200kV,点分辨率为 0.24nm,信息分辨率为 0.14nm,放大倍数为×25 到×1M。

4. 美国 FEI Kriosg4 (300kV) 冷冻透射电子显微镜

Thermo Scientific Kriosg4 冷冻透射电子显微镜(Cryo-TEM)(如图 2-5 所示)是目前世界上最先进的全自动电子显微镜,与同类产品相比,Kriosg4 造型设计更加小巧,通过对机械底座框架和设备外壳进行全面的重新设计,使显微镜的高度降低至 3m 以内,适用于天花板高度最低为 3.04m 的实验室。Kriosg4 Cryo-TEM 能够稳定快速地收集冷冻样品高分辨图像,配有场发射电子枪及三级聚光镜系统,能够实现宽范围连续可调的平行光照明;自动进样系统可一次性装载 12 个冷冻样品,使样品间的切换快速便捷,能够自动使样品处于液氮环境中,且能够长时间自动维持镜筒的低温环境;恒功率模式的磁透镜系统保证成像的高稳定性,具有内置自诊断功能(APM),可评估显微镜的校准状态,确保采集到高分辨率数据,内置 Thermo Scientific EPU 软件可以每天自动调整仪器的基本校准状态。信息分辨极限可达 0.12nm;TEM 模式不同放大倍数间无图像旋转;可以实现远程操作。冷冻电镜可以应用于单颗粒数据分析(Single Particle Analysis)、电子断层成像(Electron Tomography)、电子晶体学(Electron Crystallography)三个方面,该仪器配备的高速数字相机(FluCam)代替传统荧光屏使得用户可以利用其崭新的数字化操作界面实现远程操作。其配备 Thermo Scientific Falcon 4 直接电子探测器。

图 2-5 Kriosg4 冷冻透射电镜

2.2 样品测试

透射电镜的样品分为可放在支撑环或薄垫圈上的样品和自支撑样品,由于电镜杆的限制较多,透射样品的制备和测试往往较为复杂。

透射电镜的成像结果可以看成是多层样品所得图像的叠合,厚度超过 500nm 的样品图像将呈现浓黑色,很难分辨,因此制备好的 TEM 样品必须对电子束透明,大多数情况下,都希望样品均匀减薄,在电子束照射下稳定,具有良好的导电性并且不带磁性,但事实上很多样品并不能全部满足这些条件,因此需采取各种方法来使其达到要求。不耐辐射的样品往往需要通过冷冻处理再由特殊电镜进行观察,普通样品一般是放在支撑环或者薄垫圈上,而较为复杂的自支撑样品则需要进行减薄等前处理,以方便放入电镜的观察支架,处理费用往

往远高于电镜观察费用。目前,常见的样品可以分为如下五类:

(1)粉末样品。普通纳米材料总有一维尺度在100nm以下,较为适合透射电镜观察,一般无须特殊处理,但若是量子点材料,如其三维尺度低于5nm,则会跟背底的支撑网相混淆,需采取特殊的单层石墨烯网才能有更好的衬度。若粉末的尺度三维均大于500nm,则在观察时较为困难,甚至电子束无法透过,需要经过预粉碎才能观察。

(2)氧化物块体陶瓷。此类材料三维尺寸都过大,一般需要用玛瑙棒等敲碎,再经超声处理,获取纳米尺度的碎颗粒。

(3)金属和合金薄膜试样。一般需要用电解减薄设备,将样品加工成为3mm直径、0.1mm以下厚度的薄片。

(4)半导体薄膜或块体。一般这类材料需要用离子及化学减薄方法,加工成3mm直径、0.1mm以下厚度的薄片,并将中心部分磨成凹坑。但半导体脆性较大,易裂,因此可能反复数次才能得到理想的样品。

(5)生物有机类软物质,体积在纳米尺度的有机类分子可以直接冷冻制样,而体积较大的则可以通过切片进行处理,常见的方式是利用树脂包埋后,再用金刚石刀进行切片。

2.3 样品制备

透射样品的制备要依据用户的研究对象和内容来调整,即使同种材料,粉碎之后用碳膜捞起观察和花几天减薄之后观察,其相应结果可能是截然不同的。

2.3.1 支撑方式及栅网的选择

通常自支撑样品是通过块体材料的减薄来制取的,往往一种材料也可以是复合材料经过加工,形成3.05mm的圆片,其最适合分析的地方一般是样品最薄的地方,而其他样品则是放在微栅或者铜环上。关于减薄我们将在FIB一节讲解,这里首先讨论不同类型的支撑网。根据网格支撑材料的不同,支撑网可分为铜网、钼网和镍网。使用不同材料的网格主要是为了避开能谱扫描中的干扰信号,如制备含铜的纳米颗粒时,使用钼网或者镍网,可以有效避免支架含铜对特征X射线信号的干扰。

通常网格支架上铺有一层碳膜,依据碳膜厚度可衍生出普通碳膜网(15~30nm)、薄纯碳膜(7~10nm)、超薄碳膜网(3~5nm)及单层石墨烯碳膜网(<1nm)。之所以需要采用更薄的碳膜,主要是为了增加量子点之类的衬度,如拍摄碳量子点,尤其是5nm以下的碳量子点。如果材料是片状可以使用微栅网,其形貌是在碳膜上具有大量的孔,这些孔下即是真空,因此当片状材料架在孔上时可以得到极好的衬度。此外,还有一种方华支持膜,其化学成分是聚乙烯醇缩甲醛,可溶于二氯乙烷或三氯甲烷溶液,所形成的膜,强度高,透过率好,可支持多种样品观察,是承载超薄切片的理想材料。但因其导电性能不好,在电子束照射下,会因高温或电荷积累,引起局部受热碳化,产生局部黑斑,样品漂移,甚至使膜破碎,损伤被观察样品,所以通常在100kV电镜上使用较多。

2.3.2 常规制样

常规材料 TEM 样品主要有粉末、纤维、薄膜、块材几种。良好的 TEM 样品必须是均匀减薄的，具有良好的导电性且不带磁性，这样才能保证足够多的电子透过样品，最大限度地延长 TEM 仪器的使用寿命。

(1)直接滴取：适合大多数粉末样品。制备出的粉末样品可以直接使用中性溶液分散，在超声设备中超声搅拌，得到均匀的悬浮液体。适合 TEM 观察的材料是纳米级别的，所以超声后的均匀悬浮液需要沉淀一会，取一滴上层清液，滴在有支持膜的铜网上，分散液会在干燥的环境中挥发，细小的粉末将均匀地分散在支持膜上。

(2)研磨：适合易结块的粉末材料和部分脆性材料。对于很多块材脆性材料而言，可以直接使用洁净的研棒和研钵将其研碎。研磨后得到的粉末样品分散在中性液体中超声搅拌，取一滴上层清液滴在有支持膜的铜网上。

(3)电解抛光：只能用于金属和合金等导电样品，在较短的时间内可以制备出没有机械损伤的薄片，但是制备过程中所有的抛光液通常是有毒性、腐蚀性或者爆炸性的，制备过程较为危险，且制备出的样品表面化学成分也会发生变性。

(4)超薄切片：目前市场上的超薄切片仪器有两种，一种是常温切片机(如图 2-5 所示)，另外一种是冷冻切片机(如图 2-6 所示)，通常用来切割生物样品和高分子材料。为了防止切好的薄片在转移过程中发生形变，一般是通过某种固化介质(如环氧树脂)支撑样品，使用常温超薄切片机减薄样品，在常温 TEM 中观察，或者将样品在液氮中冷冻，使用冷冻切片机减薄样品，在冷冻透射电子显微镜中观察。

(5)离子减薄：离子减薄是通过高能粒子或中性原子轰击样品表面，使样品表面溅射出离子、电子、中性原子等，达到减薄样品的目的。离子减薄适用于陶瓷、复合材料、半导体、合金以及易结块的粉末和纤维材料。

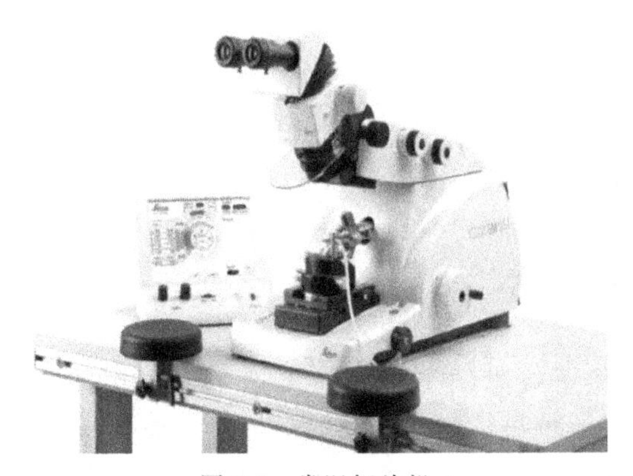

图 2-5　常温切片机

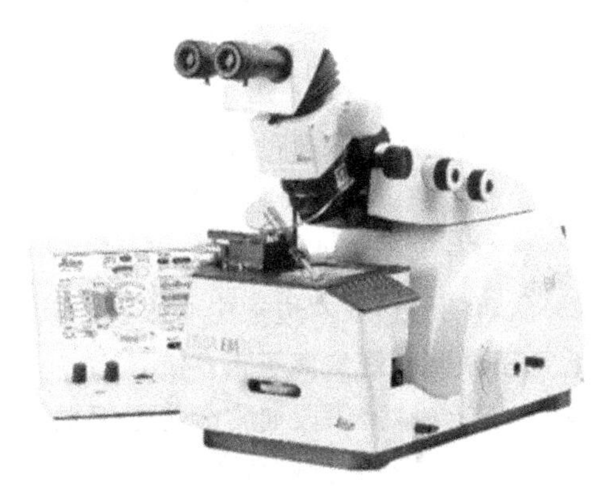

图 2-6　冷冻切片机

2.3.3 冷冻制样

所有的生物样品都含有液体成分，在使用透射电子显微镜观察生物样品时，含水量较大的生物样品会导致镜筒真空变差，无法得到高分辨信息，而样品自身脱水，又会导致其结构失真。为了保持生物样品最原始的结构，必须使样品保持含水的自然状态，又因为电子束需在真空中传播，电镜观察样品必须是固体，因此必须要将含有样品的水溶液急冻成玻璃态。

将装有水溶液样品的格栅网迅速插入液态乙烷中，然后水溶液样品玻璃化（如图 2-7 所示），快速的冷却速度可防止水变成结晶冰，这是为了防止相变产生的体积变化对生物样品造成损坏。

投入式冷冻制样步骤：

（1）格栅网通过辉光放电变成亲水性的支撑网，将几微升的样品溶液滴加于格栅网表面；

（2）使用滤纸将多余的缓冲溶液去除，仅保留薄层（～1000Å）；

（3）在步骤（2）之后，立即将格栅网浸没在冷冻剂中（冷冻剂通常是处于液氮氛围的液态乙烷）；

（4）将冻好的格栅网从冷冻剂中转移到装有液氮的低温容器中；

（5）在液氮环境下将格栅网转移至低温电镜（TEM）中，始终保持格栅网在液氮氛围中（－160℃以下），并使用低剂量技术记录显微图片。

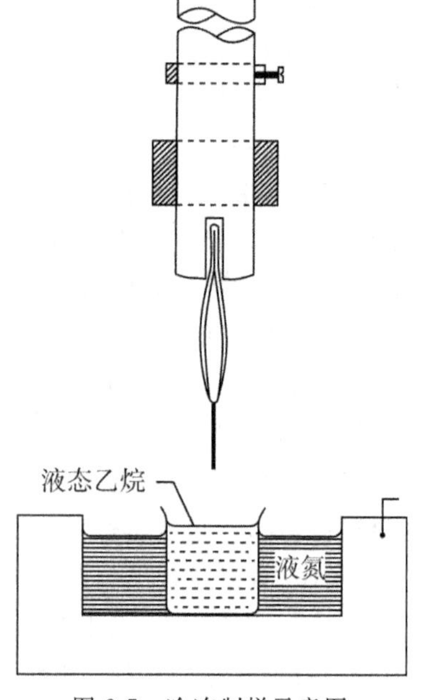

图 2-7　冷冻制样示意图

早期的投入式冷冻样品制备很大程度上取决于实验者的技术，比如用滤纸吸取多余缓冲液的时间、力度去控制样品冰层的薄厚、均匀度，以及环境的温度和湿度控制（高湿度可防止样品在去除多余溶液和投入冷冻剂期间样品溶液的蒸发，从而消除样品冰层厚度变化的主要来源之一）。目前，专门的商业公司设计出可在受控条件下重现高质量的低温样品的仪器，如赛默飞世尔科技公司的 Vitrobot。

2.3.4　样品减薄

自支撑样品一般需通过预减薄，其过程包含 3 个步骤：

（1）初始减薄，把样品减薄成厚度为 100～200μm 的薄片；

（2）从薄片上切下 3mm 的盘；

（3）从盘的一边或两边把中心区域预减薄到几微米。

1. 离子减薄和聚焦离子束系统

样品的最终减薄手段通常分为电解抛光和离子减薄，电解抛光主要适用于导电的金属和合金样品，但其对人体有危害。因此我们在此着重讨论离子减薄。离子减薄通常使用高能粒子或中性原子轰击薄的 TEM 样品，直至材料薄得能在透射电镜中观察。离子减薄有多种设备，是用途最多的减薄过程，可用于陶瓷、复合材料、多相半导体和合金以及各种截面样品，其中最著名的是聚焦离子束（Focus Ion Beam，FIB）系统。FIB 本质是一台带有扫描电镜的离子刻蚀枪，离子枪使用大质量的离子，实现对样品表面的轰击粉碎，使其能产生微小的成分碎片或除去不需要的材料。

在制备 TEM 样品时，FIB 系统的工作原理与 SEM 类似，但使用聚焦的镓离子束代替电子。根据镓离子的能量、电子束的强度和扫描时间，FIB 可以用于对样品成像或溅射样品中的原子，从而将其微加工成不同的形状。在减薄过程中，SEM 用于样品的导航和评估。图 2-8 所示为赛默飞公司的 V400ACE 聚焦离子束系统，主要应用于半导体研究方面。

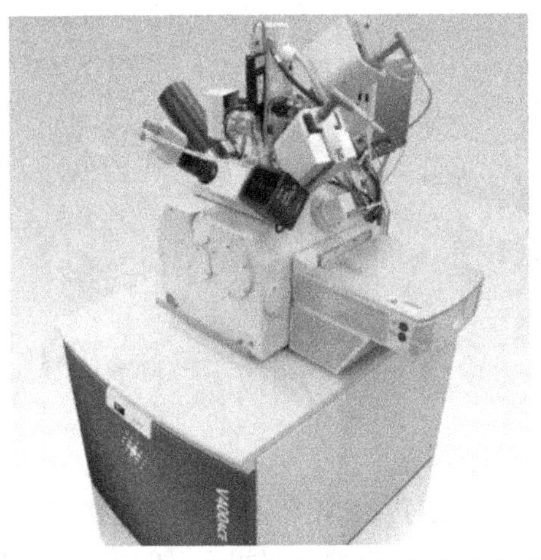

图 2-8　赛默飞公司的 V400ACE 聚焦离子束系统

2. 细胞样品制备 Cryo-FIB

冷冻电镜可提供有关大分子完整结构的信息，不会因固定、脱水或染色而产生任何假象。在单颗粒分析模式下，大分子复合物的 3D 结构是通过对成千上万已通过生物化学分离的相同分子进行拍摄获得的图像。但是，分离蛋白的高分辨率结构可能不代表其功能构象或复杂性，这取决于其天然细胞环境和相互作用伙伴的存在。此外，在某些情况下，当从其天然环境中提取复合物时，其结构的保存会受到损害，从而使分离变得难以处理。

低温电子断层扫描(Cryo-ET)可用于在 3D 自然环境中对这些结构进行成像，进行蛋白质结构分析时，样品的厚度应与所研究电子在被研究材料中传播的电子的平均自由程(通常为 300keV)的厚度相近：≤280nm 的生物样品。结果，厚度大于 500nm 的样品几乎没有对比度，并且需要高剂量的电子，这大大限制了分辨率或完全阻止了采集。

目前聚焦离子束已经实现低温下对生物样品减薄，该方法能够保证不在损害细胞分子结构完整性的前提下，成功揭示细胞内大分子的天然结构，因此越来越多地应用于细胞样品的制备中。它利用聚焦离子束(离子源通常是镓)对细胞进行减薄，切出符合 Cryo-ET 要求的薄细胞区域。赛默飞公司设计的 Aquilos Cryo-FIB (如图 2-9 所示)，配备有低温台的双光束(电子束和离子束)显微镜，可以使用冷冻模式对冷冻细胞进行减薄。

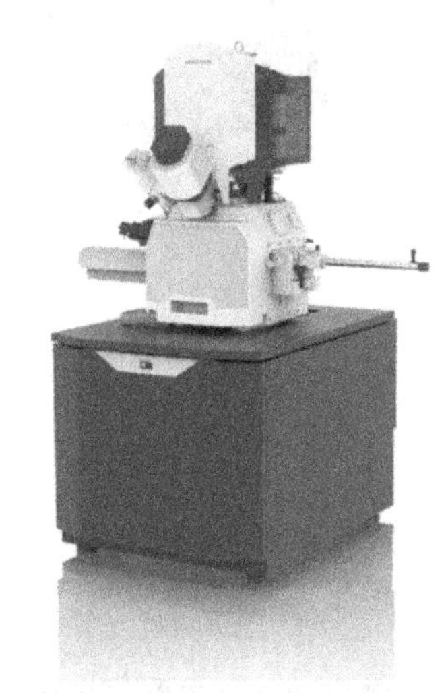

图 2-9　赛默飞设计的 Aquilos Cryo-FIB 冷冻 FIB 系统

细胞在使用Cryo-FIB减薄前，必须附着在格栅网上，并在投入式冷冻设备中快速冷冻。哺乳细胞可以直接在金网上培养(常规的铜网对大多数哺乳细胞具有细胞毒性)。为了确保格栅网及薄片的稳定性，需要将格栅网固定在坚固的金属环(AutoGrids)中(图2-10)，AutoGrids有一个减薄槽(图2-11)，可用于较低入射角的离子束减薄样品。

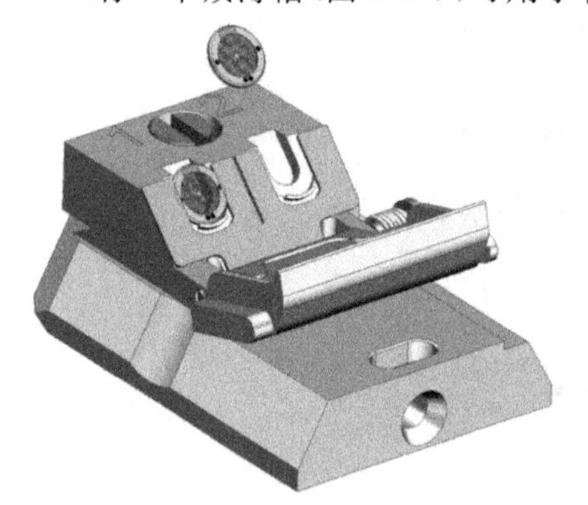

图2-10　冷冻FIB的样品台

图2-11　金属卡环

Aquilos Cryo-FIB双光束结合了SEM和FIB两种功能，双光束之间的夹角为52°，因此一个光束的正面视图会导致另一个光束的倾斜视图(图2-12)。FIB系统的工作原理与SEM类似，但使用聚焦的镓离子束代替电子。根据镓离子的能量、电子束的强度和扫描时间，FIB可以用于样品成像或溅射样品中的原子，从而将其微加工成不同的形状。在减薄过程中，SEM用于样品的导航和评估。为了产生薄片，入射离子束必须从与格栅网平行的角度对样品减薄。为防止样品因升温产生变形，影响结构真实性，减薄全过程必须保持在液氮环境中。

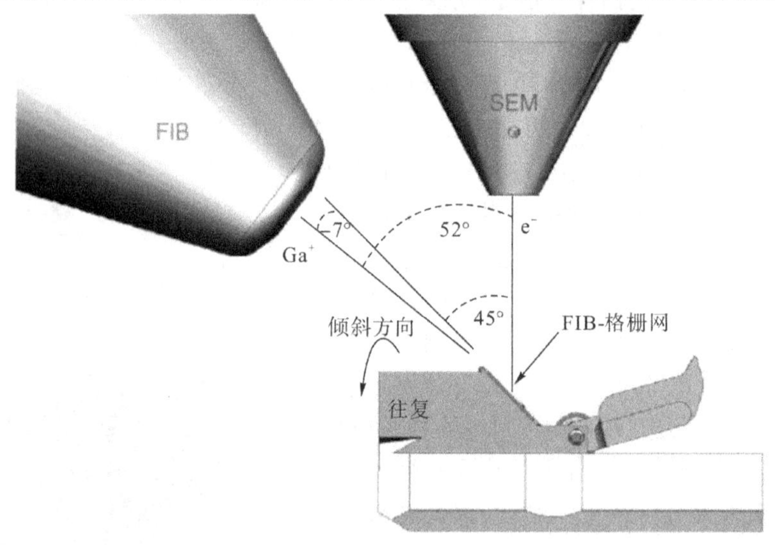

图2-12　FIB双束减薄示意图

格栅网中满足于以下条件的细胞才可以用于减薄：

(1)孤立的细胞，因为成簇的哺乳动物细胞经常导致细胞内部无玻璃冰。

(2)位于正方形网格中心，且该中心具有完整的碳膜。因为在转移格栅网时，破裂的碳膜容易使得切好的薄片丢失或破裂。在格栅网转移至FIB腔体后，必须通过仪器自带的

GIS(气体注入)系统在样品上覆盖一层薄薄的有机金属铂层，这减少了成像和减薄过程中样品的电荷，且在样品转移过程中为薄片提供了额外的支撑，减少了薄片破裂的可能性。

冷冻聚焦离子束减薄法制备样品虽然能够保持真实的、原始的细胞大分子结构，但其所研究的细胞尺度具有一定的局限性，细胞大小必须能够在整个细胞范围内实现玻璃态化(最大厚度小于 10μm)。对于超出此限制的哺乳动物细胞，需要使用高压冷冻法将细胞冷冻，通过冷冻切片机将细胞减薄。

2.4　测试项目

2.4.1　常规成像

通常支撑网放入样品杆并插入仪器后，通过简单调整显微镜的中间镜就能在各个放大倍数观察样品，典型的放大倍数为 20000～100000 倍，在低倍的常规成像中，主要是观察样品的整体形貌。

2.4.2　高分辨成像

在后焦面上插入大的物镜光阑时，可以使两个以上的波合成像，观察到的像即为高分辨电子显微像。高分辨电子显微像是由于电子受到物质的散射，接着受到电子透镜像差的影响，发生干涉成像的衬度，其像的解释需要丰富的经验以及对物质对电子散射过程的充分理解。高分辨显微像最常见的两种方式是晶格条纹像和原子像，往往需要计算机模拟辅助才能清晰说明其本质。

2.4.3　电子衍射

具有一定波长的电子束入射到晶体上时，在满足布拉格条件时会在特定的角度产生衍射波，这个衍射波在后焦面上汇聚成衍射点，多个衍射点形成衍射点阵，在后焦面上形成的规则衍射花样经其后的电子透镜在荧光屏上显现出来就是电子衍射花样。

2.4.4　STEM 及 Mapping

STEM 成像采用透射束或散射束，后焦面的共轭面上插入沿中心轴的明场 BF 探头和环形暗场 ADF 探头，通过调整样品下方的成像透镜来改变相机参数，进而控制哪些电子撞击在探头上并参与成像。STEM 还可以接收二次电子及背散电子进行成像。STEM 可结合能谱仪或波谱仪输出的特征 X 射线计数，来调制显示器上电子束扫描试样对应的像素点的亮度所形成元素分布图像，称为面分布像(Mapping)。特征 X 射线强度用亮度表示时，亮度越高，说明元素含量越高(不同色彩代表不同元素)。

2.4.5　电子能量损失谱

电子能量损失谱(Electron Energy-Loss Spectroscopy，EELS)能够解析电子穿过样品后

的能量分布，这些穿过样品的电子可能不损失能量，也可能发生非弹性散射。能量损失现象能给出大量关于样品原子的化学和电子结构的信息，从而揭示原子间的成键/价态、最近邻原子结构、介电响应、自由电子密度、能隙和样品厚度等物理特性。EELS能探测和分析元素周期表中所有的元素，并且特别适合分析轻元素，且比能谱有更好的空间分辨率和分析灵敏度，可达到单原子级，但是需要非常薄的样品。

2.5 图像处理和定量分析

2.5.1 分析软件安装及使用

与扫描电镜不同，透射数据的分析难度较大，尤其是高分辨图像需要各种数据模拟软件的帮助才能进行分析，而目前国内常用的软件并不多，这是因为诸多数据模拟英文软件较难获取，价格昂贵，且参数设置需要较为深厚的晶体学和数学功底。本章只介绍两种最主要的开源软件。

1. Gatan Digital Micrograph 的安装及使用

Gatan Digital Micrograph 是 Gatan 公司开发的最常见的电镜工具软件，主要用于透射电镜的数据采集和分析，可以准确地分析晶格间距，其中的 Dif Pack 是分析衍射的基础工具。Digital Micrograph 目前的最新版本是 GMS 3.4，其安装的关键是先找到对应的 Key，一般 Gatan 会提供一些有时限的 Key，当安装好 Key 之后就可以安装主体软件，主体软件基本一致，只是根据 Key 的不同赋予不同的权限。如图 2-13 所示。

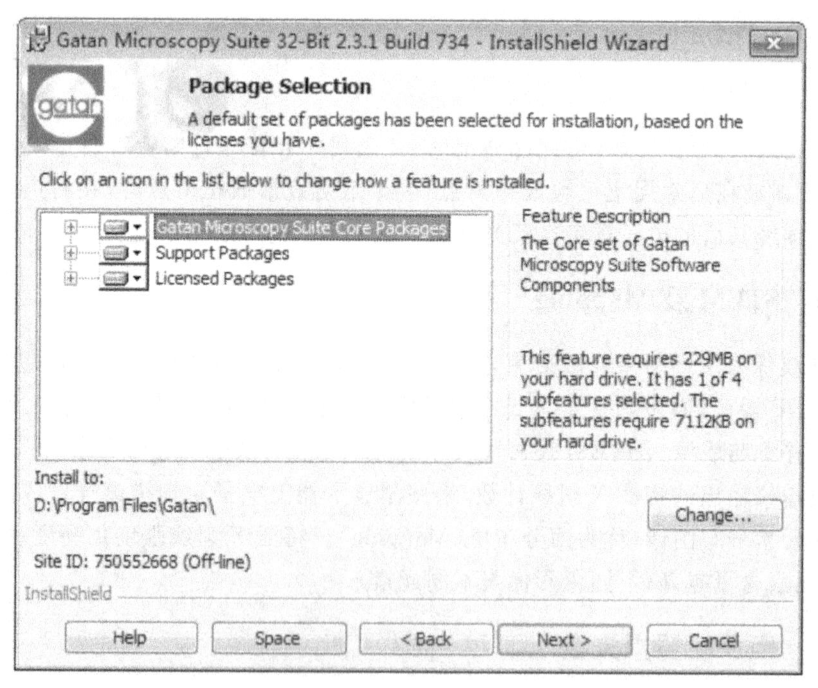

图 2-13 安装过程

2. Image J 的安装及使用

Image J 是一款基于 Java 的、由 National Institutes of Health(NIH)开发的功能强大的图像处理软件，在科研中应用极为广泛。最关键的是这款软件是完全免费的。Image J 不需要安装，解压后双击图标就能使用。打开后可以进行标注、测量、统计、增加衬度等操作。

2.5.2 高分辨晶格图像的识别

通常情况下，电子束穿过薄样品时振幅和相位都会发生变化，这两种变化都会引起图像的衬度。在高分辨的情况下，我们可以获取分辨率为纳米级的衍衬图像和原子尺寸级的高分辨结构图像，分析这两种图像的时候经常会因为视觉上的错觉导致分析错误。因此需要对衬度理论有清晰的认识，才能正确解读高分辨晶格图像。

我们可以看到振幅衬度源于质量、厚度的变化及两者的共同作用，主要包括质厚衬度和衍射衬度两种类型。从质厚衬度这个角度来说，明场像中厚/高 Z 的区域比薄/低 Z 的区域暗，暗场像则相反。而明显的衍射衬度则需将样品倾转到双束条件下才能获得。另一方面，相位衬度是分析高分辨像最常用的工具，它对样品的厚度、晶体取向、散射因子、物镜离焦量等变化都很敏感，因此才能实现原子结构的成像。严格来说，我们平时看到的高分辨像主要是由相位衬度构成的，部分低倍相也同样会显示相位衬度。

从相位衬度来讲，高分辨像上的条纹位置与晶面位置并不一定重合。由于晶格条纹像与原子面非常相似，所以常常把它误认为原子面，实际上除非是正带轴像，多数晶格条纹并非结构像，只能给出晶面间距和取向的相关信息。对这些晶格条纹像只有经过模拟计算才能解释。

2.5.3 电子衍射图谱的标定

单晶电子衍射花样，可以看作是与晶带轴平行的入射电子束方向的零层倒易面阵点在底片上的投影。目前，软件可以简单计算出零层倒易面各个阵点的晶面间距，而平面(h1k1l1)与(h2k2l2)之间的夹角，可以用各自法线之间的夹角表示。直观上，就是两个倒易矢量之间的夹角，按平行四边形法则，将晶格间距和法线夹角输入软件，并将从样品的 XRD 图库中获取的相应晶胞参数也填入软件，即可求得衍射阵点的代表晶面。请注意衍射阵点代表的晶面未必是唯一的，只要是等效晶面即可。除了零层倒易面上的阵点，衍射花样上往往还有高阶劳厄的阵点，那需要较为复杂的解析几何知识才能求解。

2.5.4 Mapping 数据的解读

在透射电镜中，通常结合 STEM 图像进行 Mapping，一般选择较高的加速电压，把样品尽量减薄，这样电子束没有横向扩散的体积，因此可以获取较好的空间分辨率。如果样品较厚且所含元素原子序数 Z 较小，则电子束易扩散，其分辨率会下降；如果样品含有不导电的物质，更会使能谱点远离发出位置，造成漂移，其结果更不可信。注意所选网格所含元素应与所需要 Mapping 的元素不同，可减小误差，而由于碳网的存在，碳材料只能架在微栅网上的空洞中才能有效避免周围碳信号的干扰。

2.6 案例分享

2.6.1 球差电镜观察量子点

如图 2-15 所示为使用球差电镜观察到的量子点图。量子点由于体积超小，很难有衬度，因此利用微栅将量子点挂在网的边缘，以真空作为衬度，在球差电镜中进行拍摄，可以看到图像视野清晰，且因其厚度超薄，部分区域可出现清晰的原子像。

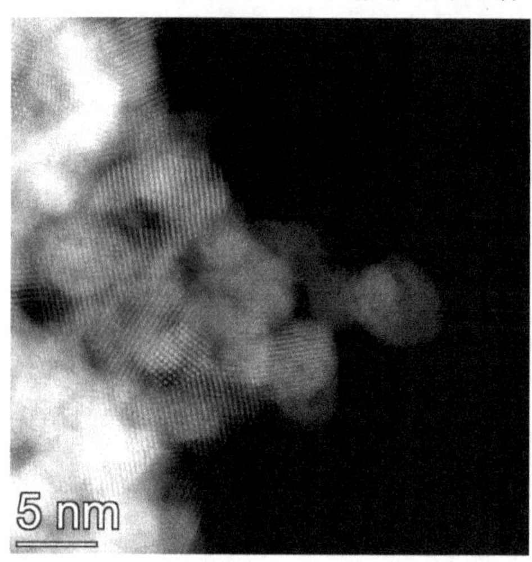

图 2-15　使用球差电镜观察量子点

2.6.2 电子衍射图谱标定

如图 2-16 和图 2-17 所示。

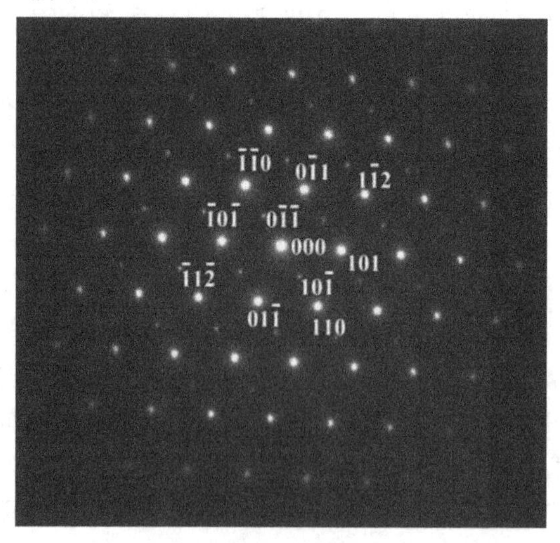

图 2-16　零层倒易面和高阶劳厄的标定

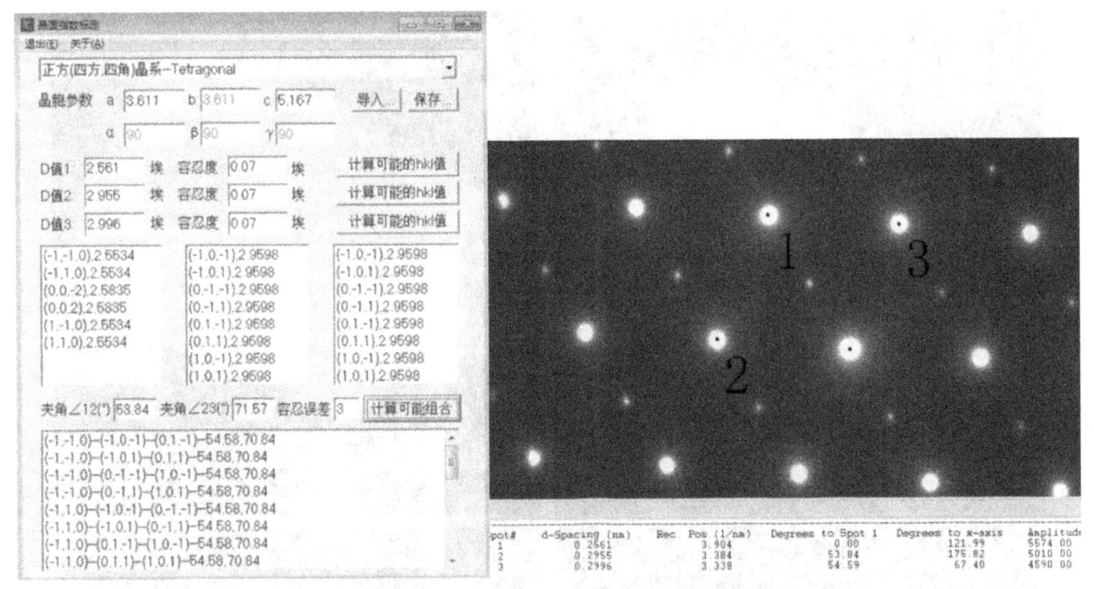

图 2-17　晶面计算软件对点阵进行测算

标定时将 XRD 中的晶胞参数写入，并按平行四边形测出相应 d 值输入软件，即可算得零层倒易面的衍射点阵代表的晶面。

$$
\begin{bmatrix} H \\ K \\ L \end{bmatrix} = \begin{bmatrix} h & h_2 & h \\ k_1 & k_2 & k \\ l_1 & l_2 & l \end{bmatrix} \begin{bmatrix} m \\ n \\ p \end{bmatrix}
$$

$$
= \begin{bmatrix} 0 & -1 & 1 \\ -1 & 0 & -1 \\ 1 & -1 & -2 \end{bmatrix} \begin{bmatrix} 0.4610778443 \\ 0.4716417 \\ 0.5 \end{bmatrix}
$$

$$
\approx \begin{bmatrix} 0 & -1 & 1 \\ -1 & 0 & -1 \\ 1 & -1 & -2 \end{bmatrix} \begin{bmatrix} 0.5 \\ 0.5 \\ 0.5 \end{bmatrix}
$$

$$
\approx \begin{bmatrix} 0 \\ -1 \\ -1 \end{bmatrix}
$$

测量从中心斑到劳厄阵点的距离，计算高阶劳厄阵点的比例参数 m 和 n，并用晶向距离公式计算出 p，代入劳厄点阵的解析几何公式，即可逐点计算出劳厄阵点所代表的晶面。

2.6.3　镍钴磷纳米片的 Mapping

如图 2-18 所示，这是镍钴磷纳米片组成的纺锤的 Mapping 图谱，可以看到材料是多层纳米片进行自组装后叠加而成的，在能谱图中分配了红色给镍元素(c)，黄色给钴元素(d)，绿色给了磷元素(e)，并且给出了叠合图谱(b)。由此可以确认样品确实是由三种元素构成的。

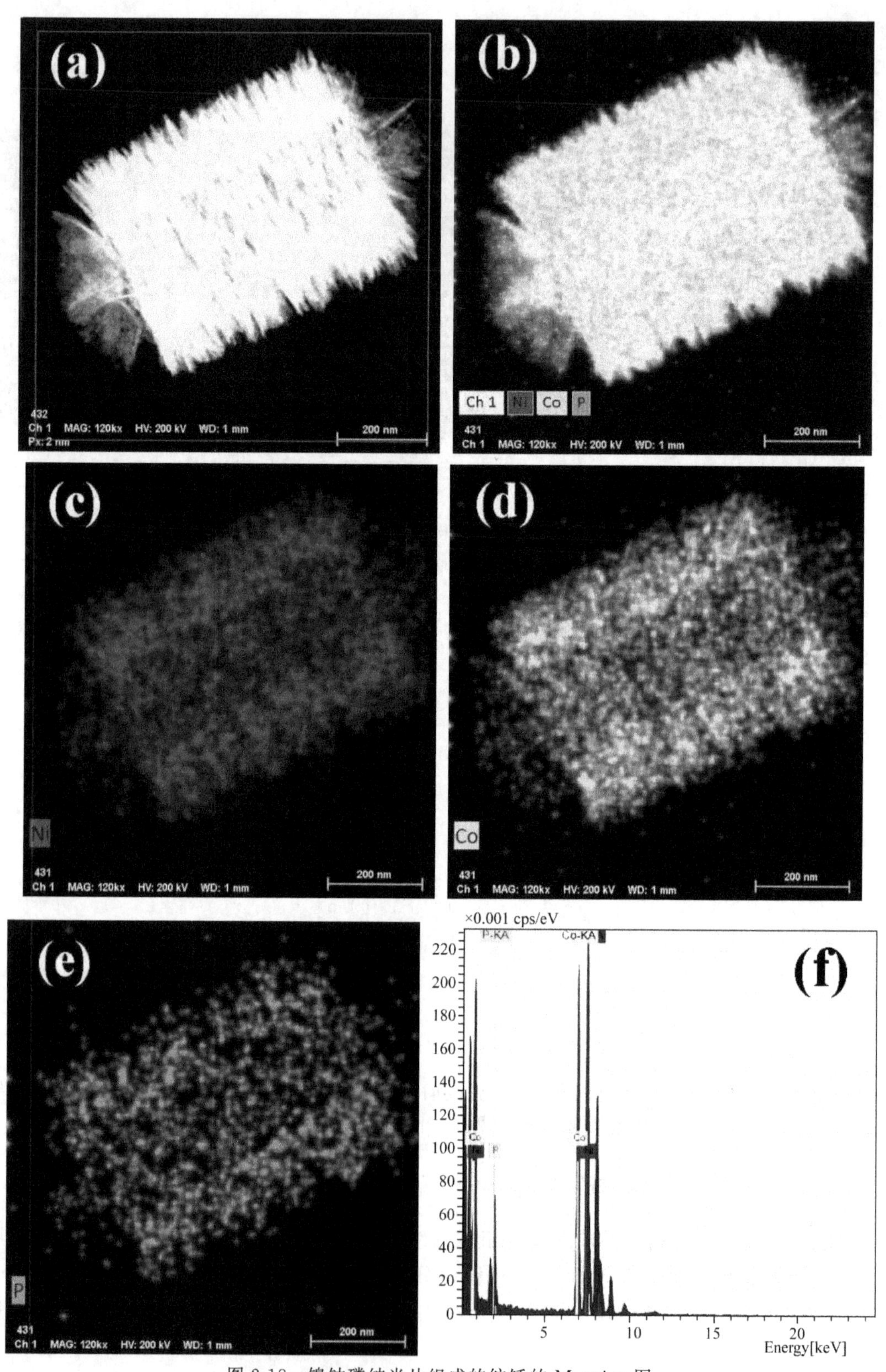

图 2-18 镍钴磷纳米片组成的纺锤的 Mapping 图

2.7　常见问题解答

1. 样品不耐电子束，发生电子损伤后分解，这类样品应如何做透射？

不耐电子束的样品尤其是有机物建议使用冷冻电镜观察样品，可极大减少电子损伤，如一定要进行能谱测试，只能采取高计数率的模式，快速进行点分析，否则图像会严重漂移失真。

2. 高分辨原子像中到底黑色是原子还是白色是原子，抑或是空隙？

在很薄的晶体中，考虑到重元素也就是高原子序数的势能大，根据像强度公式，重元素所在区域应该是黑色的，而白色区域应是轻元素或是空隙。在厚晶体中，原子像的黑白变化往往需用计算机模拟才能确定是哪个元素。

3. STEM 暗场和 TEM 暗场有何区别？

STEM 暗场像中，散射的电子落在环形暗场 ADF 探头上，这导致其与普通 TEM 暗场有本质区别：

(1)TEM 暗场像通常由一小部分允许穿过物镜光阑的散射电子形成。

(2)STEM 像利用 ADF 收集了大部分散射电子。

(3)对于聚合物等电子敏感样品以及太厚的样品，使用 STEM 质厚衬度可以对成像进行改善。

相关网站

(1)http://www.china-em.com.cn/

中国电镜网是由中国电子显微镜学会主办的、国内唯一一家介绍电镜的官方的电镜网。中国电子显微镜学会成立于 1980 年，是由全国电镜科技工作者、高等院校、研究所等自愿组织的学术性、公益性、全国性的社会团体，是发展我国电镜科学技术事业的重要社会力量。学会挂靠在中国科学院科学仪器研制中心，主管单位是中国物理学会。

(2)https://em-learning.com/

这是一个新型电镜的学习平台，具有 70 多个小时的理论讲座和视频。主要针对利用新型电镜对有机分子、超分子进行三维识别重构的新技术进行研究。

(3)https://www.totalresolution.com/

透射图像分析软件，可模拟高分辨图像、衍射花样和晶体结构，并可结合其他软件，建立晶体缺陷模型，确定晶粒带轴间的取向关系。

推荐书目

[1] David B, Williams C, Barry Carter. Transmission Electron Microscopy [M]. Springer, 2009.

经典教材，是美国电镜方面最好的教科书，有基础光学、衍射理论、成像原理、能谱分析、图像模拟等内容，深入浅出，初学者和高级研究人员都会开卷有益，案头必备。
[2] 黄孝瑛. 透射电子显微学[M]. 上海：上海科技出版社，1987.
[3] 刘文西，黄孝瑛，陈玉如. 材料结构电子显微分析[M]. 天津：天津大学出版社，1989.
[4] 黄孝瑛，侯耀永，李理. 电子衍衬分析原理与图谱[M]. 济南：山东科学技术出版社，2000.
黄孝瑛是一位治学严谨的科学家，长期在北京钢铁研究总院从事电子显微镜工作，他的系列电镜丛书主要讲授电子显微镜的分析原理，并结合多年实践，从实例阐明材料微观结构和宏观性能的关系。
[5] 郭可信，叶恒强，吴玉琨. 电子衍射图在晶体学中的应用[M]. 北京：科学出版社，1983.
由材料科学及测量技术丛书编辑委员会编纂，主要介绍材料的微结构的观测，其中有大量的电子衍射理论的推导过程，是电子衍射图谱分析的良好的工具书。
[6] 段晓峰，高尚鹏，张志华，等. 电子显微镜中的电子能量损失学[M]. 王自强，译. 北京：高等教育出版社，2019.
此书是电子能量损失谱的经典著作，可以看到电子损失谱的近边精细结构的解释和应用，受到人们越来越多的关注。本书介绍了各种谱图拟合计算的模型，推荐大家学习。

第3章　原子力显微镜

原子力显微镜(Atomic Force Microscope,AFM)是以原子间力为理论基础的显微镜,从扫描隧道显微镜(Scanning Tunneling Microscope,STM)发展而来,以原子尺寸观察物质表面结构。本章主要介绍原子力显微镜的成像原理、工作模式、探针与样品间的作用过程、数据处理分析、样品制备,并对AFM特殊模块的功能进行简单的介绍。希望通过本书让大家了解到AFM在材料分析中的作用,为从事相关科研工作提供分析指南。

3.1　AFM成像原理及基本介绍

3.1.1　AFM基本结构及成像原理

如图3-1所示,AFM的基本工作原理是将一个对微弱力极敏感的微悬臂一端固定,另一端有一微小的针尖,针尖与样品表面轻轻接触,由于针尖尖端原子与样品表面原子间存在极微弱的排斥力,通过在扫描时控制这种力的恒定,带有针尖的微悬臂将对应于针尖与样品表面原子间作用力的等位面而在垂直于样品的表面方向起伏运动。利用光学检测法或隧道电流检测法(STM),可测得微悬臂对应于扫描各点的位置变化,从而可以获得样品表面形貌的信息。其原理类似于盲人摸象,手摸物体通过触觉进行,而针尖"摸"物体表面,检测对象是力,通过检测针尖和表面之间的作用力来实现表面成像[1-2]。

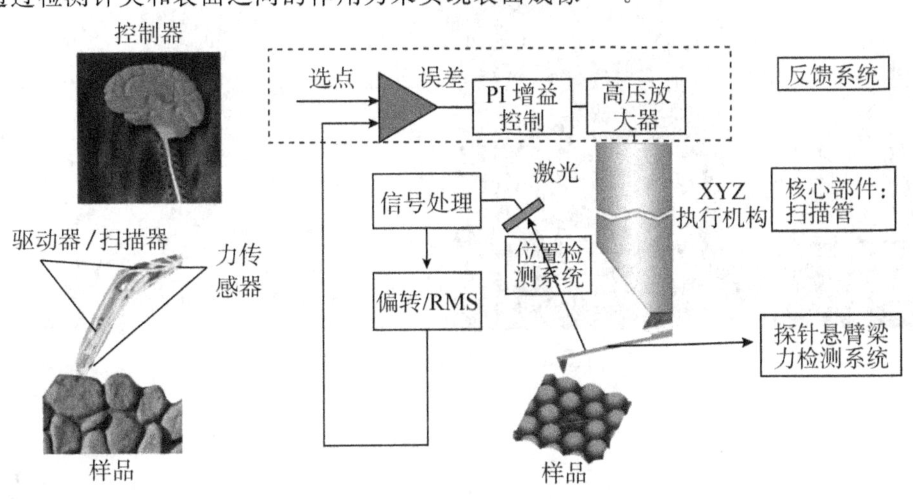

图3-1　AFM结构和工作原理简图

作用力 F 与样品的形变量 Δx 之间满足虎克定律，即

$$F = k \cdot \Delta x \tag{3-1}$$

式中：k 是常数，是微悬臂的弹性系数，微悬臂的形变量可通过探针与样品间的作用力大小获得。

3.1.2 探针简介

探针的重要组成部分为针尖、悬臂、基底（如图 3-2 所示）。AFM 检测的是非常微小的范德华力，探针是决定 AFM 灵敏度的核心，所以对探针材料有非常高的要求。探针材料一般是单晶硅或氮化硅（Si3N4），部分可能有其他涂层（金或铝等），背面涂层有助于提高悬臂反射，改善对反射激光束的检测效率。另外，涂层能赋予探针铁磁性或者电学性质，可用于磁学或电学领域的检测。

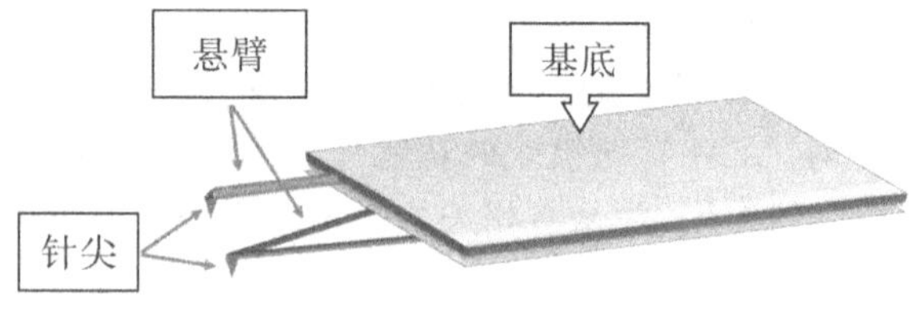

图 3-2　探针结构

除了材料选择，微悬臂的长度、宽度、弹性系数（k）以及针尖（如图 3-3 所示）的曲率半径、形状等也非常重要。一般来说，悬臂的弹性系数 k 越大，共振频率（f_0）越高。k 越大一般意味着在扫描过程中，探针和样品的作用力越大，反之力一般会较小。太硬的探针，可能造成样品损伤，太软的针尖可能会导致力学模量数据不准确。越尖的探针，分辨率越高，如果探针不够细可能无法探到样品的深槽或者无法区分更细节的表面结构。但是过尖的针尖可能破坏样品表面，并且易磨损，这时推荐用钝一点的针尖。另外，针尖的形状也会对结果的有一定影响。因此，在实际应用中，探针的好坏直接影响最终的成像结果，需要根据实际情况选择不同类型和规格的探针。

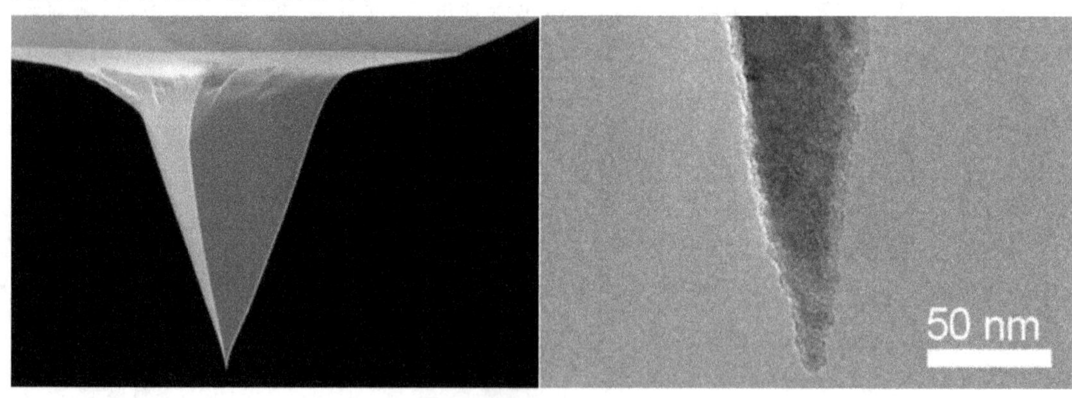

图 3-3　针尖的 SEM 图像

3.2　AFM 的工作模式

3.2.1　探针与样品间的作用力

AFM 成像信号来源就是探针和样品表面之间的作用力，AFM 利用一个对微弱力极敏感的、一端带有微小针尖的微悬臂，通过探测针尖与样品之间的相互作用力来实现表面成像。在介绍探针与样品间的作用力之前先介绍一下接触的概念。当两个物体逐渐接近到二者之间的相互作用力为零的临界点时，这两个物体被认为开始接触，两物体之间的相互作用的合力是排斥力时，这两个物体被认为是相互接触，当两个物体之间的相互作用的合力是吸引力时，两物体被认为是互相不接触。图 3-4 是探针与样品间作用力的示意图，黑色的曲线显示的就是两个原子之间(探针与样品之间)的作用力随着距离变化的情况。作用力有两个分量，一个是正值的分量，一个是负值的分量，正值代表排斥力，负值代表吸引力。当两个原子距离无限远的时候，也就是横坐标的右端无限延伸的时候，这两个原子之间的作用合力接近于零，说明这两个原子之间几乎没有相互作用。随着两个原子之间的距离逐渐减小，在负值阶段，两个原子之间是吸引力。当距离进一步减小，到某个特定值的时候，两个原子之间的吸引力达到最大。然后距离进一步减小，吸引力开始变小。当曲线与横坐标相交的时候，在这个点作用力为零。随着探针进一步靠近，两个原子之间的作用力开始变为正值，也就是排斥力，然后距离与排斥力之间基本变成线性的关系。整个这条曲线反映了两个原子之间作用力和距离变化的关系[3-4]。曲线与横坐标相交的那个点，代表两个原子接触。

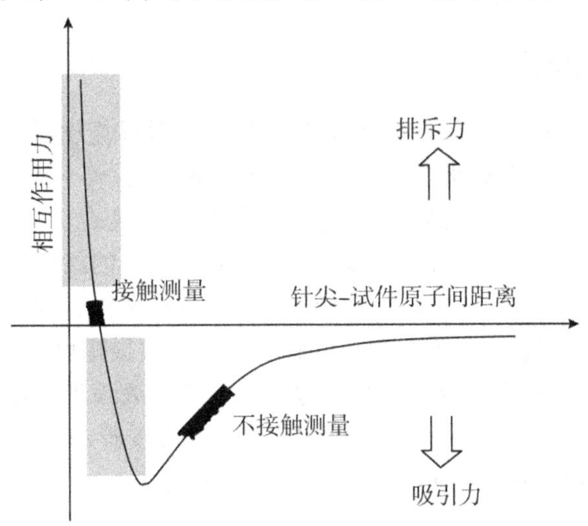

图 3-4　探针与样品间的作用力示意图

根据针尖与样品之间的作用力，原子力显微镜的工作模式主要分为 3 类，如图 3-5 所示，分别为接触模式 (Contact mode)、非接触模式(Non-Contact mode)和轻敲模式(Tapping mode)。

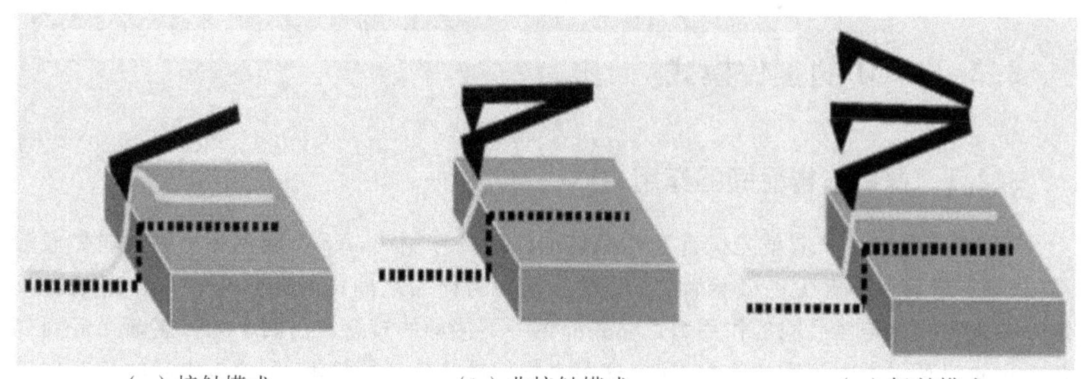

（a）接触模式　　（b）非接触模式　　（c）轻敲模式

图 3-5　AFM 三种操作模式的比较

3.2.2　接触模式

接触模式中，针尖和表面直接接触并滑行，利用探针的针尖与待测物表面原子之间存在的库仑排斥力进行成像，其大小通常为 $10^{-11}\sim10^{-8}$N。其优点有：扫描速度快；分辨率高，能达到原子级分辨率的成像模式；简单直接的对力的控制，保证了横向力的信号；针尖和样品直接接触，可适用于导电、电容、压电等特殊模块的测量。不足是存在横向剪切力和毛细力的影响，大气条件下，大多数样品表面吸附有水蒸气，针尖接触表面时，毛细现象会使吸附层下凹，引起额外的黏附力，造成图像质量的降低和图像畸变，故不适用于研究生物大分子。低弹性模量的样品以及容易移动和变形的样品，针尖会对样品产生破坏或者移动等；接触状态容易使针尖污染、磨损甚至破坏。

3.2.3　非接触模式

非接触式 AFM 中，探针以特定的频率在样品表面附近振动，探针和样品表面距离在 5～20nm，这一距离范围在范德华力曲线上位于非接触区域，属于很弱的长程力（范德华吸引力）。在非接触区域，探针和样品表面所受的总力很小，通常在 10^{-12}N 左右。在非接触式 AFM 中，探针以接近于其自身共振频率及几纳米到数十纳米的振幅振动。当探针接近样品表面时，探针共振频率或振幅发生变化，检测器检测到这种变化后，把信号传递给反馈系统，然后反馈控制回路通过移动扫描器来保持探针共振频率或振幅恒定，进而使探针与样品表面平均距离恒定，计算机通过记录扫描器的移动获得样品表面形貌图。非接触式 AFM 不破坏样品表面，适用于较软的样品。针尖不会使样品表面变形，对样品没有损害，适应于弹性模量低的样品。测量消除了横向力的影响，针尖不易磨损。缺点就是稳定性相对较差，扫描速度慢，当针尖和样品之间距离较大时，分辨率比较低，为避免被水膜粘住，往往只适用于疏水表面。对于无表面吸附层的刚性样品而言，非接触式 AFM 与接触式 AFM 获得的表面形貌图基本相同，但对于表面吸附凝聚水的刚性样品，情况则有所不同。接触式 AFM 可以穿过液体层获得刚性样品表面形貌图，而非接触式 AFM 则得到液体表面形貌图。由于针尖容易受样品表面吸附气体的吸附力影响，引起图像数据不稳定，使得非接触模式在实际操作中比较困难，因此，这种模式除非特殊需要，一般不会使用。

3.2.4　轻敲模式

轻敲式 AFM 与非接触式 AFM 比较相似，但它比非接触式 AFM 有更近的样品与针尖距离。和非接触式 AFM 一样，在轻敲模式中，压电陶瓷以一种恒定的驱动力使探针悬臂以一定的频率振动。振动的振幅可以通过检测系统检测，当针尖刚接触到样品时，悬臂振幅会减少到某一数值，在扫描样品的过程中，反馈回路维持悬臂振幅在这一数值恒定，当针尖扫描到样品突出区域时，悬臂共振受到阻碍变大，振幅随之减小。相反，当针尖通过样品凹陷区域时，悬臂振动受到的阻力减小，振幅随之增加。悬臂振幅的变化经检测器检测并输入控制器后，反馈回路调节针尖和样品的距离，使悬臂振幅保持恒定。反馈调节是靠改变 Z 方向上压电陶瓷管电压完成的。当针尖扫描样品时，通过记录压电陶瓷管的移动就得到样品表面形貌图。这种模式的优点十分明显，分辨率和接触模式一样好，而且由于接触的时间非常短暂，针尖与样品的相互作用力很小，通常在 1pN～1nN 之间，剪切力引起的分辨率降低和对样品的破坏几乎消除，适应于生物大分子、聚合物等软样品进行成像研究。对于一些与基底结合不牢固的样品，轻敲模式与接触模式相比，很大程度降低了针尖对表面结构的搬运效应。轻敲模式在大气和液体环境下都可以实现，在液体操作时，由于液体的阻尼作用，针尖与样品的剪切力更小，对探针的损伤也更小，所以在轻敲模式成像可以用来研究活性生物样品的现场检测、溶液反应的现场跟踪等。轻敲模式另外一个重要的应用就是相位成像，扫描过程中微悬臂的震荡振幅用于反映高度，微悬臂的震荡相位和压电陶瓷驱动信号震荡相位之间的差值用来测量表面性质的不同，可以用来检测表面组分、黏附性、摩擦、黏弹性和其他性质变化等，根据样品的软硬对应反馈的相位信号强弱，来检测黏弹性质。

3.2.5　其他成像模式

峰值力轻敲模式(Peak Force Tapping Mode)是布鲁克公司的独家核心技术，实现了大多数的原子力显微镜的创新，在表面的每个点作力-距离曲线(如图 3-6 所示)，利用峰值力(pN-level)做反馈，通过扫描管的移动来保持探针和样品之间的峰值力恒定，从而反映出表面形貌。使峰值力轻敲模式与众不同的是：探针在其共振频率以下也能很好地摆动。这种情况下，针尖和样品之间的每次相互作用都能被测量到，产生连续的力-距离曲线。每个针尖与样品相互作用的峰值力保持恒定，而不是反馈环路控制悬臂振幅(如：轻敲模式)。这使得峰值力轻敲可以在较低作用力的状况下操作，而且无论是在空气中或液态中操作都更加稳定。

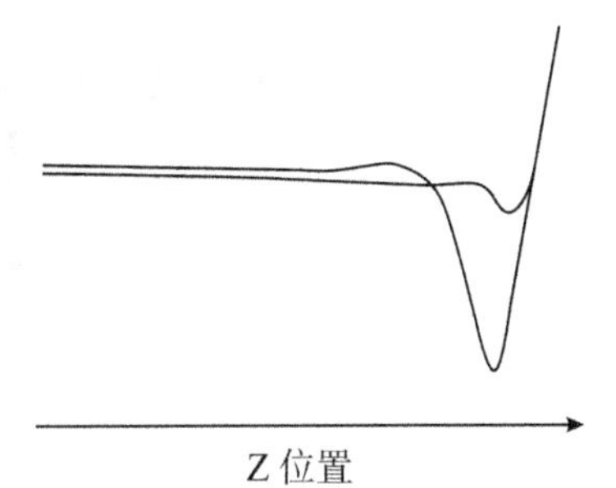

图 3-6　力-距离曲线

峰值力轻敲模式的优点很多，比如其直接用力做反馈，自动优化参数，使得探针和样品间的相互作用可以很小，这样就能够对很黏很软的样品(如双面胶)成像，图像可重复性好；除此之外，使用力直接作为反馈，可以直接定量得到表面的力学信息，大气和液相都可以用，省去一些参数设置、反馈优化等步骤，傻瓜式操作，使用简单方便，且图像质量很好；较小的力有利于保护针尖，延长针尖寿命。

3.3 常见仪器对比

3.3.1 美国 Bruker Dimension ICON 原子力显微镜

Dimension ICON 原子力显微镜(如图 3-7 所示)是 Bruker 公司原子力显微镜系列中装机量较多的一款。ICON 样品台尺寸为 210mm,样品直径可达 210mm,厚度可达 50mm,大样品台可适合各种尺寸的样品。ICON 具有最新的峰值力轻敲成像模式(Bruker 专利技术)。峰值力轻敲成像模式可控制针尖对样品的作用力小至几十皮牛,从而使得针尖的磨损比以前的 1%还低。智能扫描模式的智能扫描功能(Scan Asyst),可以自动设定扫描,只需要选择扫描速度及扫描范围,系统即可自动调整反馈,无须寻找共振峰,无须调整反馈参数 gain 值(可直接液体环境成像),使得操作非常简单。其 Peak Force Tuna 模式采用了最新的峰值力轻敲模式来进行导电性能测试,从而完全克服了接触模式带来的问题,可对非常软的样品、附着力差的样品和垂直放置的柱状样品进行高分辨率电流成像。ICON 的标配加选配模块可以获取纳米力学和电学数据用于高级 AFM 研究,是一款多功能、多模式型的原子力显微镜。

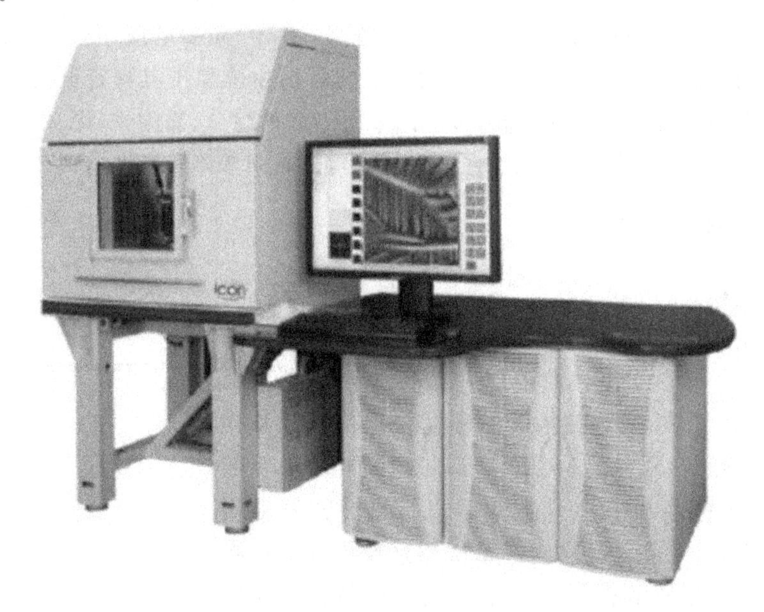

图 3-7 美国 Bruker Dimension ICON 原子力显微镜

3.3.2 美国 Bruker MultiMode 8 型原子力显微镜

MultiMode 8 这台仪器(如图 3-8 所示)可以使用 Bruker 最新的专利技术峰值力轻敲扫描模式,可获得更多的样品信息,操作更简单,性能优越,大大提高了工作效率。MultiMode 8 采用结构紧凑的刚性设计,即使对于极具挑战性的样品和苛刻的扫描环境,也具有极低的系统噪声,可获得超高分辨率的图像。不论是在大气下还是溶液环境中,MultiMode 8 都可以胜任各种样品的检测，以其高分辨率和完备的功能，广泛应用于物理、化学、材料、电子以及生命科学等各个领域，结合 MultiMode 8 的各种标准操作模式以及独有的附件，可在进行高分辨成像的同时，获得包括样品力学、电学、磁学、热力学等各项性能指标。但是这台仪器的缺憾是样品台比较小，能测的最大样品尺寸是 15mm(直径)×5mm(厚度)。

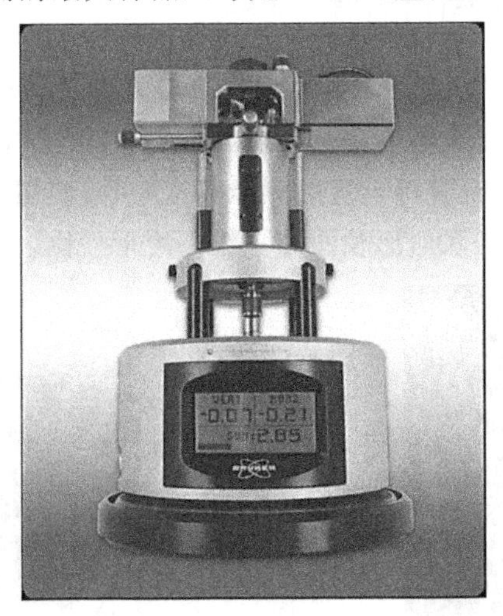

图 3-8　Bruker MultiMode 8 型原子力显微镜

3.3.3　英国牛津 Cypher ES 环境控制原子力显微镜

Cypher ES 环境控制原子力显微镜(如图 3-9 所示)针对高分子领域的研究进行了优化，能够提供极高分辨率的成像、快速扫描、精确的温控以及相当全面的纳米力学表征模式。Cypher ES 是众多高分子和材料科学应用领域的理想工具，例如：表面形貌成像，测量力曲线，纳米力学成像，热学性能测试，观测溶液以及热作用下的动力学过程，探测电学和功能行为特性，等等。此外，Cypher ES 提供结合环境控制的极高分辨率的快速扫描。系统中包含一个全密封的高温样品加热台，与系统无缝对接，不需要任何外加的线缆、管道以及控制器等。利用该加热台能精确控制气体或液体环境在室温至 250℃ 范围内无干扰的探测样品的相转变过程。

图 3-9　牛津 Cypher ES 环境控制原子力显微镜

3.4 AFM 成像的应用

3.4.1 表面形貌和表面粗糙度

AFM 可以对样品表面形态、纳米结构、链构象等方面进行研究，获得纳米颗粒尺寸、孔径、材料表面粗糙度、材料表面缺陷等信息，同时还能做表面结构形貌跟踪（随时间、温度等条件变化）。也可对样品的形貌进行丰富的三维模拟显示，使图像更适合人的直观视觉。图 3-10 表征的是纳米颗粒的二维几何形貌图和三维高度形貌图。

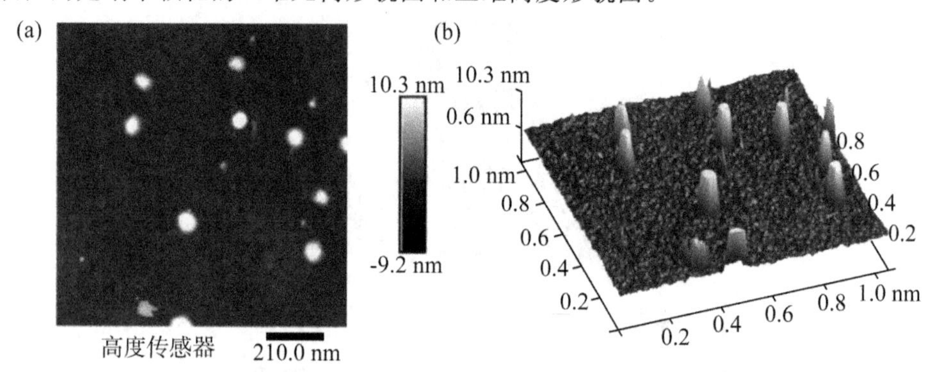

图 3-10 纳米颗粒的 2D 主形貌(a)和 3D 主形貌(b)

AFM 的高度像可用于样品表面微区高分辨的粗糙度测量，应用合适的数据分析软件能得到测定区域内粗糙度各表征参数的统计结果，一般仪器供应商会提供配套的数据处理软件。表面粗糙度的定量常用美国机械工程协会的 ASME B46.1 粗糙度分析标准。表面平均粗糙度 R_a、最大高度粗糙度 R_{max} 和均方根粗糙度 R_q 等是常用的表征粗糙度的参数，其含义分别是：在所考察区域内相对中央平面测的高度偏差绝对值的算术平均值(R_a)，在横截面轮廓曲线图中在轮廓长度范围内相对中心线最高点与最低点高度的差值(R_{max})，R_q 是指在取样长度内，轮廓偏离平均线的均方根值，它是对应于 R_a 的均方根参数。计算机根据高度数据能自动计算出轮廓算术平均偏差 R_a、最大高度粗糙度 R_{max} 和均方根粗糙度 R_q。

3.4.2 台阶高度和纳米片厚度的测量

在半导体加工过程中通常需要测量高纵比结构，像沟槽和台阶，以确定刻蚀的深度和宽度。这些在 SEM 下只有将样品沿截面切开才能测量，AFM 可以对其进行无损的测量。AFM 在垂直方向的分辨率约为 0.01nm，因此可以很好地用于表征纳米片厚度（如图 3-11 所示）。

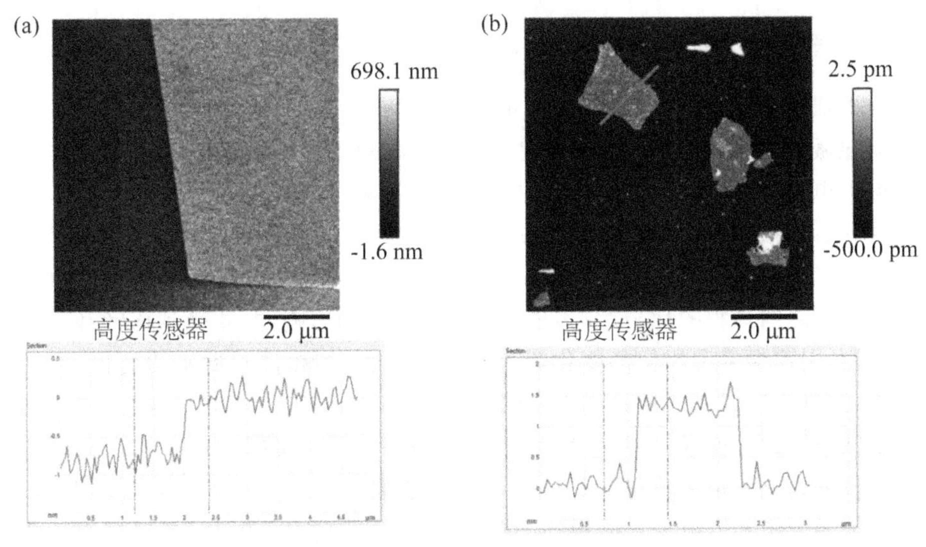

图 3-11　台阶高度(a)和纳米片厚度(b)测量

3.4.3　AFM 成像在生物体系中的应用

有很多方法都可用于生物大分子的研究，但是，这些方法的实际应用都受到不同程度的限制。由于生物大分子的复杂性和特殊性，一些适合研究材料样品的方法例如 TEM，在应用于生物样品时都遇到了难以克服的困难。AFM 成像的特点在生物样品中具有突出的优势，主要包括：样品制备简单，对样品的破坏较其他技术要小得多；操作样品时不需要样品导电，不需要低温、真空等条件；能在多种环境中运作，如空气、液体等都无障碍，可以对活细胞进行接近实时的观察(如图 3-12 所示)；能提供生物分子的高分辨三维图像；能以纳米尺度的分辨率观察局部电荷密度和物理特性，观察生物分子之间的作用力(如受体-配体)；能对单细胞、单分子进行操作(如在细胞膜上打孔，切割染色体)运用的相位成像、力模式等。AFM 的应用在生物大分子领域做出了重大的贡献。

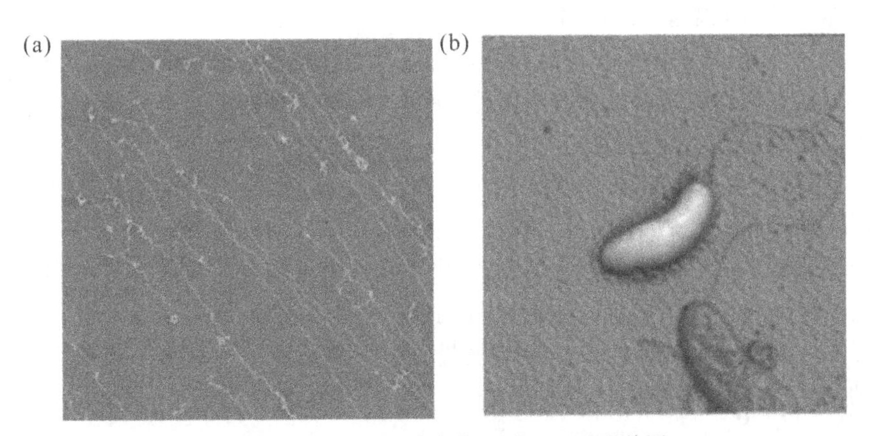

图 3-12　λ-DNA(a)和霍乱菌(b)的 AFM 形貌图

3.4.4 特殊模式应用简介

1. 静电力显微镜(Electric Force Microscopy,EFM)

静电力显微镜基于轻敲模式发展而来,利用导电的探针与样品的静电相互作用来探测样品表面的静电力梯度,表征样品表面的静电势能、电荷分布及电荷运输等。

测试时,探针对每一行进行2次扫描。第一次,轻敲模式得到样品表面的起伏,探测样品的形貌。第二次探针抬起100~200nm,按照样品表面起伏的轨迹,探针不接触样品表面,不受探针与表面之间短程的斥力影响,也不受表面形貌的影响,主要受到探针和样品表面之间静电的作用,引起振幅和相位的变化,记录第二次扫描的相位和振幅的变化,得到表面的静电力梯度,通过二次成像的模式进行测试。

2. 开尔文探针力显微镜(Kelvin Probe Force Microscopy,KPFM)

开尔文探针力显微镜在获得样品表面形貌的基础上可同时得到表面功函数或表面势。开尔文探针力显微镜和静电力显微镜的主要差异在于开尔文探针力显微镜在探针或样品上施加补偿电压,通过专用反馈控制电路实时调整该补偿电压使得探针和样品之间的静电力为零,从而定量测得样品表面的局域电势。

3. 磁力显微镜(Magnetic Force Microscopy,MFM)

基于轻敲模式发展而来,原理与静电力显微镜相似,利用磁性探针检测磁性材料表面的磁作用力,获得表面磁力分布、磁畴结构等信息,用于半导体,磁性纳米颗粒等具有磁学性能的材料研究,也是二次成像模式。

4. 压电响应显微镜(PFM)

用于纳米尺度上研究压电材料、铁电材料以及多铁材料的表面电势及压电响应的测量,主要检测样品在外加激励电压下的电致形变量。向铁电样品施加交流电压,在其表面上会产生与交流频率相同频率的微小振动,作为对铁电体压电特性的响应,因此,该振动被测量为AFM悬臂梁挠度的变化。使用锁定放大器,与施加的电压的相位同步地检测来自悬臂振动的信号,可从相位信息获得有关铁电样品极化方向的信息。

5. 导电原子力显微镜(C-AFM)

接触模式下,给导电探针和样品间施加直流电压,测量电流。利用导电力显微镜同时得到扫描区域的高度形貌图及电流分布图像,更可进一步于特定的点上取得IV曲线。

6. 弹性模量(又称杨氏模量)

一般地讲,对弹性体施加一个外界作用力,弹性体会发生形状的改变(称为“形变”)。“弹性模量”的一般定义是:单向应力状态下应力除以该方向的应变。

杨氏模量就是从力曲线里拟合得到的,由于杨氏模量拟合时需要探针的实际曲率半径,所以需要特定的模块或者特定的探针来得到这个值。对于布鲁克仪器来说,一般买设备的时候可以配一个Qnm的模块,专门测试模量。弹性模量图是测试多个点的力曲线,然后拟合得到的图,可以反映样品中模量的分布。

3.4.5 AFM的其他应用

AFM的其他应用有:材料表面与薄膜硬度、微载荷划痕、摩擦力、黏弹性、弹性等力学性能的研究，材料表面与薄膜电性能、磁性能、导热性能的研究，以及一些比较前沿的研究如：纳米刻蚀、纳米加工、单分子拉伸等[5]。

3.5　AFM 的样品制备

3.5.1　有衬底样品

样品台最大尺寸为 200mm（这里以 Bruker 仪器为例），样品表面最大起伏一般要求在 1μm 以下。

块体样品：当块体直径大于 10mm 时，清洁样品表面（氮气吹扫或酒精、丙酮等试剂清洗）后放置在样品台，打开真空吸附固定样品；当块体直径小于 10mm 时，需要将样品粘贴到铁片上再进行测试（图 3-13）。

薄膜样品：清洁表面，尺寸要求和上述块体一样，固定在样品台上测试。

（a）样品制备到硅片上

（b）样品制备到金属片上

图 3-13　有衬底样品的制备

3.5.2　无衬底样品

生物样品：将溶液分散后滴到干净硅片或云母上，静置 10min，用氮气吹干后测试；某些生物大分子，需要特定的吸附固定方式，比如 DNA 分子，为了增强带负电荷的 DNA 和同样带负电荷的云母基底间的相互作用力，在 DNA 样品中加入一些二价阳离子如 Mg^{2+}、Zn^{2+} 等。

细胞等活性生物样品：

（1）大气环境下扫描

1）细胞固定可以采用自然干燥法，但是经过此法处理的细胞与活细胞状态相差甚大。

2）溶液固定法：

①将培养好的细胞用 2.5%戊二醛固定 10min，之后用氮气吹干；

②琼脂糖凝胶固定法，对细胞几乎没有损伤，可以更好地维持细胞的原始状态。

3）为防止其他因素（如培养液里面的盐等成分结晶或聚集）的干扰，要注意对样品进行清洗，根据经验进行。

(2)液体环境下扫描

液相环境下,由于细胞与基底接触不是很牢固,细胞有时会跟着探针滑动,成像稳定性稍差,可以用琼脂凝胶固定法或对基底表面进行聚赖氨酸(表面带正电)修饰,利用聚赖氨酸与细胞(表面带负电)间的静电相互作用来固定细胞。粉末:将粉末放入酒精或丙酮中超声一段时间后分散均匀,将溶液滴到云母或硅片、玻璃片上,加热烘干并用氮气吹扫表面后再进行测试。

薄膜(有机或无机薄膜):将薄膜裁剪合适大小后,用专用双面胶带粘贴到基底上(固定牢固,薄膜贴平,无气泡、倾斜或大的起伏等),氮气吹扫后进行测试。

3.5.3 测试需要导通的样品

有衬底样品:衬底表面需镀金、铂等导电薄膜,将衬底用导电银浆固定在样品台上,保证衬底上表面和样品台导通(图3-14)。

无衬底粉末:将粉末放置在溶液中超声分散,滴到导电衬底上后烘干,放置在样品台上进行测试。

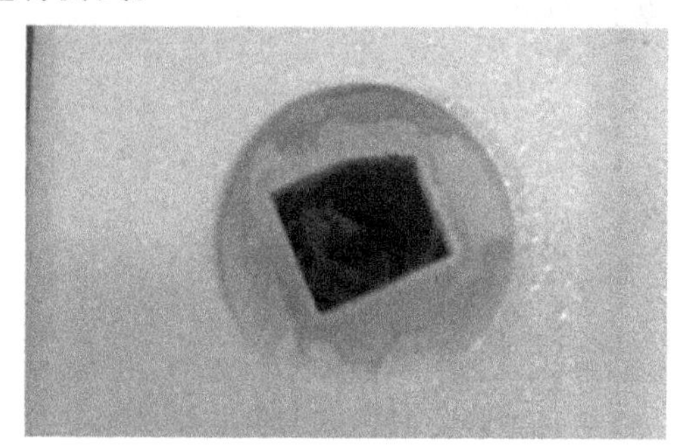

(a)导电银浆粘贴样品

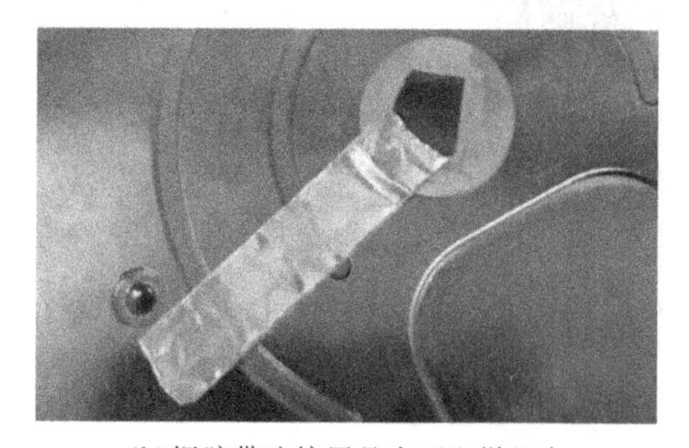

(b)铜胶带连接用品表面和样品台

图3-14 测试需要导通样品的制备

3.6 AFM图像假象及数据分析

3.6.1 AFM图像假象及其应对

(1)针尖因素

AFM是依靠尖端曲率半径很小的微悬臂针尖接触在表面上进行成像,所得到的图像是针尖与样品真实形貌卷积后的结果。如图3-15所示,实线代表样品的真实形貌,虚线就是针尖扫描所得到的表观图像。二者之间的差别在于针尖与样品真实接触点和表观接触点随针尖移动的函数变化关系。针尖效应不仅会将小的结构放大,而且还会造成成像的不真实,特别是在比较陡峭的突起和沟槽处。一般来说,如果针尖尖端的曲率半径远远小于表面结构的尺寸,则针尖效应可以忽略,针尖走过的轨迹基本上可以反映表面结构的起伏变化。另外,针尖的几何形状也会对成像效果产生影响,如果针尖具有特定形状且其尺寸比样品还要大太多,扫描结果会反映针尖形状。针尖的放大效应的解决办法有:使用更小直径的针尖、几何方法去卷积(去卷积几何模型计算处理)等。

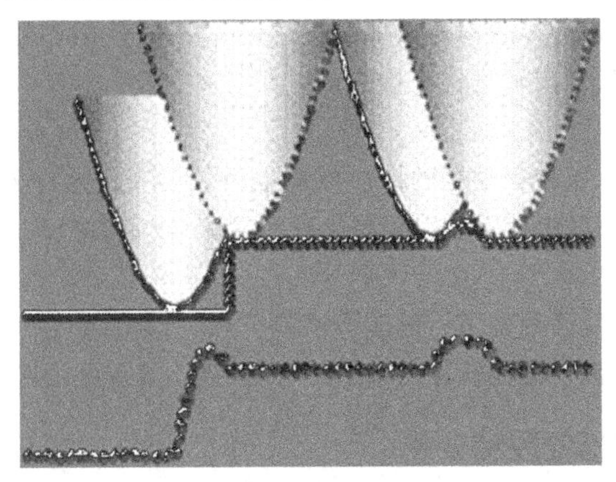

图 3-15　针尖的放大效应示意

当针尖污染时,如图 3-16 所示类似于多针尖情形,往往出现重复的形状相似的现象。扫描过程会把脏东西当成针尖,针尖污染可能导致类似双重(多重)针尖现象的产生。针尖形状因素导致假象的解决办法有:使用直径比样品颗粒尺寸小的针尖,及时清洗或者更换探针避免针尖磨损、污染。

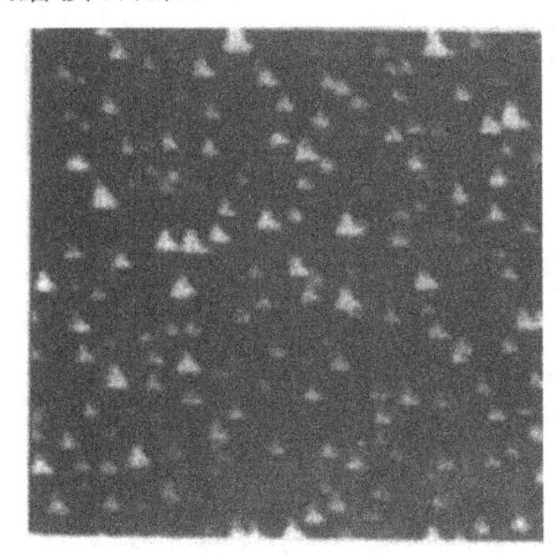
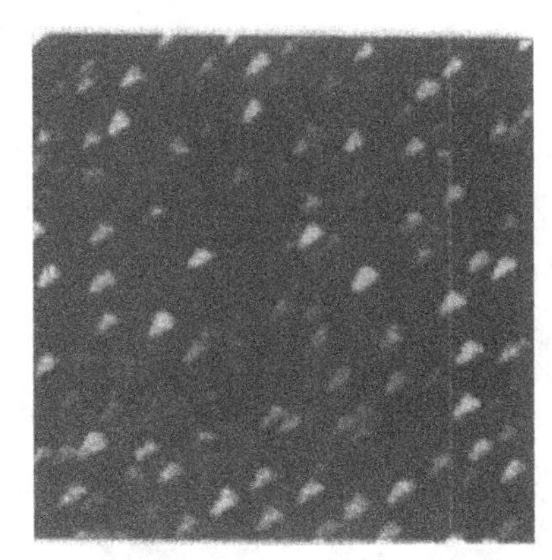

图 3-16　钝的或污染的针尖产生假象

(2)样品因素

1)样品污染物随针尖移动

当样品上的污染物与基底吸附不牢固时,污物可能被正在扫描的针尖带走并随针尖运动,致使大面积图像模糊不清。

2)毛细作用力

大气环境下,样品表面污染层或水膜的存在会对针尖产生很大的毛细作用力或黏附性作用力,当针尖拉离表面时,这种作用力会吸附针尖使其继续与表面接触,使微悬臂弯曲行为无法反映样品表面的真实距离,影响微悬臂的机械回应,造成图像失真甚至反相。解决办法:样品要充分干燥,避免污染。

(3)扫描参数因素

扫描速度过快、扫描电压太小等造成图像拖尾的假象。

(4)其他因素

测试环境周围的噪声会导致图像出现跳线。解决办法:使用各种防护罩,可以显著降低噪声水平,最有效的防噪声措施是将测量头置于真空室中。

(5)热漂移假象

压电陶瓷管的发热、压电驱动器的滞后效应以及仪器零件线性膨胀系数的差异等会造成热漂移。解决办法:温度平衡后扫描可排除此种假象,或者多扫几遍会消化。

(6)扫描器非线性

压电陶瓷材料在等差等距电压下的非等间隔伸缩、升降压阶段位移不重合以及Z方向位移和角度变化导致的弧形运动轨迹,会引起图像假象。解决办法:定期对图像进行矫正。

3.6.2 AFM数据处理和分析

图3-17展示的是布鲁克AFM仪器配套的离线软件NanoScope Analysis的数据处理主界面,下面我们以这款软件作为示例来介绍处理AFM数据常用的功能。

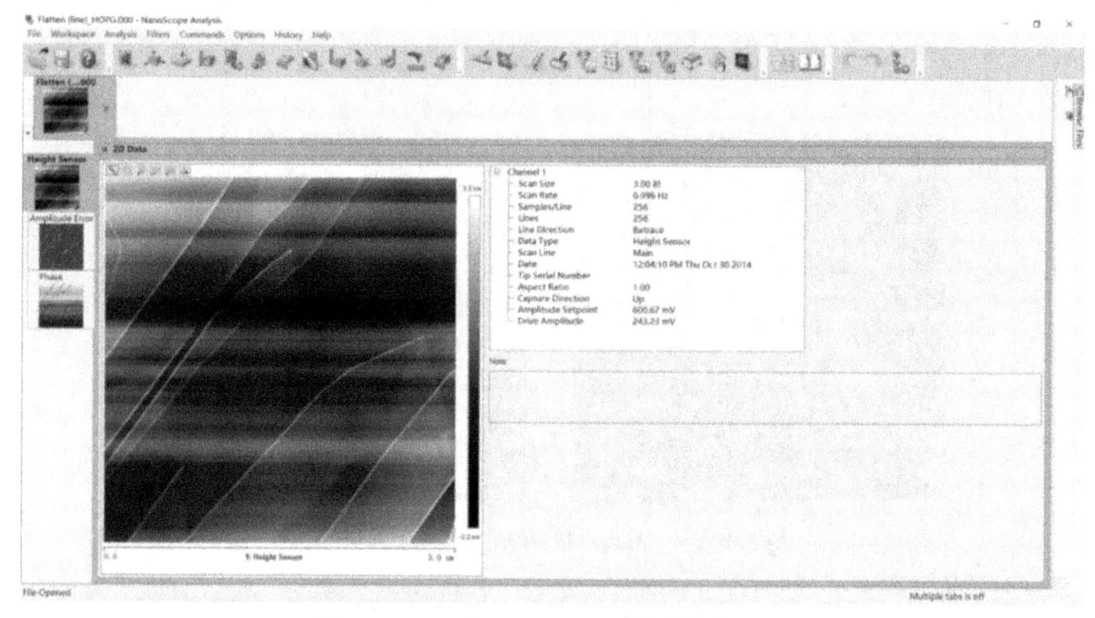

图3-17 NanoScope Analysis分析软件主界面

(1)拉平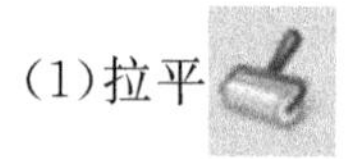

由于信号失真的存在,比如针尖不总是完美地和样品垂直、扫描管的非线性以及热漂移的存在等,原始数据会包含许多干扰因素,包括不同扫描线之间绝对高度的偏差、扫描线倾斜、平面扭曲等,无法直接使用,需要Flatten(图像拉平)处理。

Flatten处理的实质是通过多项拟合每一条扫描线,修正图像的信号失真。

0阶拉平:Z=a,每条扫描线减去-平均值到某一高度,去除不同扫描线之间的错位;

1阶拉平:Z=a+bx,去除错位同时补偿扫描线倾斜(一阶函数),斜面拉平;

2、3阶拉平:Z=a+bx=cx2(+dx3),补偿弧形或波浪线扭曲,曲面拉平;

高阶拉平包括低阶拉平的内容，图 3-18 展示的经过拉平处理后的 AFM 形貌效果。

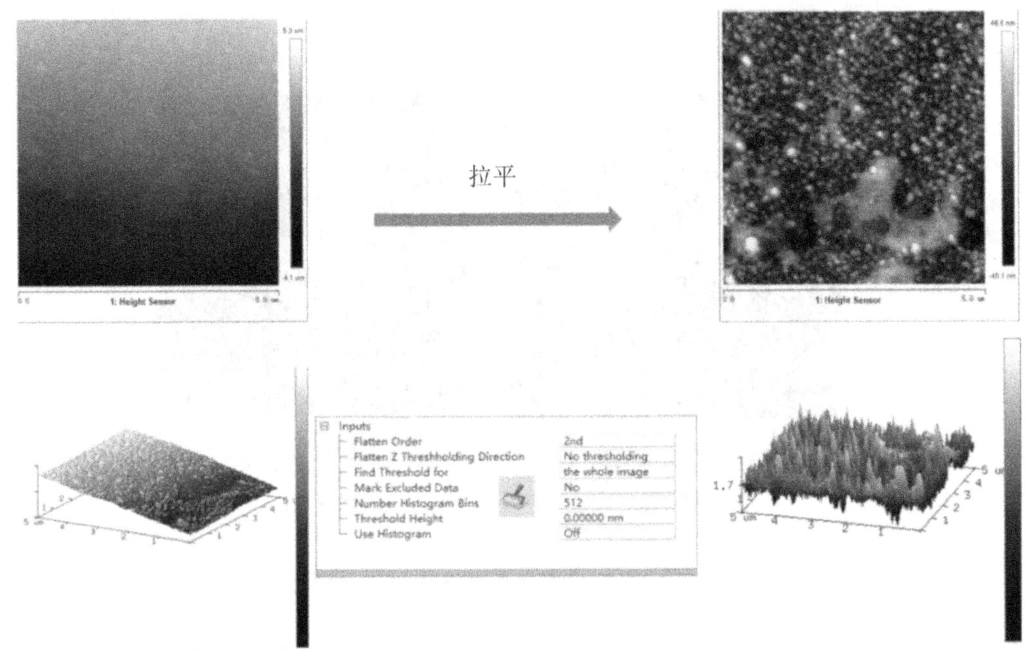

图 3-18　2D、3D 形貌图拉平处理前的和拉平处理后

(2)选区拉平

当图像里存在较大尺寸的颗粒时，一般拉平处理难以有效消除图像失真，因为软件对基底和颗粒同时做多项拟合，而非只是基底进行拟合。可以利用 AFM 软件"选区拉平"功能解决此问题，在拉平过程中选择目标颗粒进行消除，从而在拉平基底的过程中有效忽略这些颗粒，如图 3-19 所示。

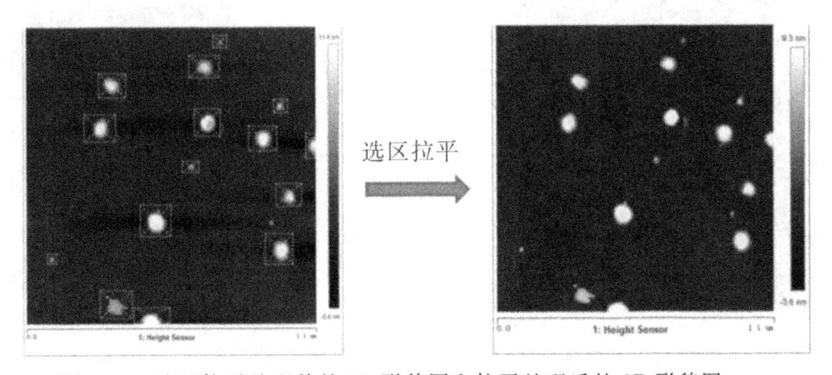

图 3-19　选区拉平处理前的 2D 形貌图和拉平处理后的 2D 形貌图

(3)Plane Fit 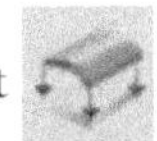

同样是进行图像拉平处理，不同于 Flatten，Plane Fit 不是针对每条扫描线进行拉平，而是针对整个平面进行拉平处理。

(4)Erase

可去除跳线(噪声信号)。如图 3-20 所示。

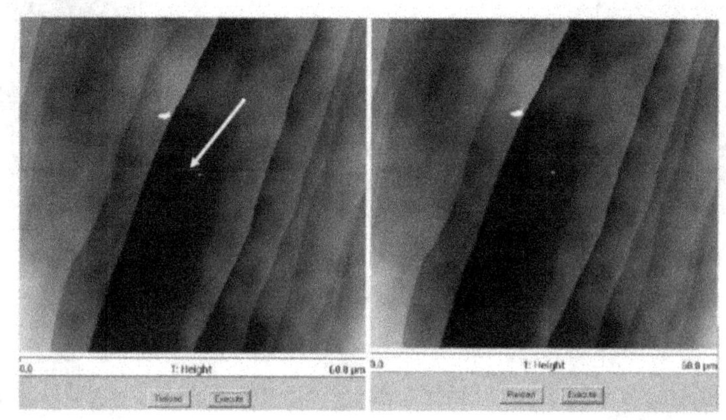

擦除前　　　　擦除后

图 3-20　擦除跳线前和擦除后效果图

(5)Crop and Split 

截图功能,截图之后可以另存为一个新的原始数据文件。截图可以维持图片原始分辨率,如图 3-21 所示。

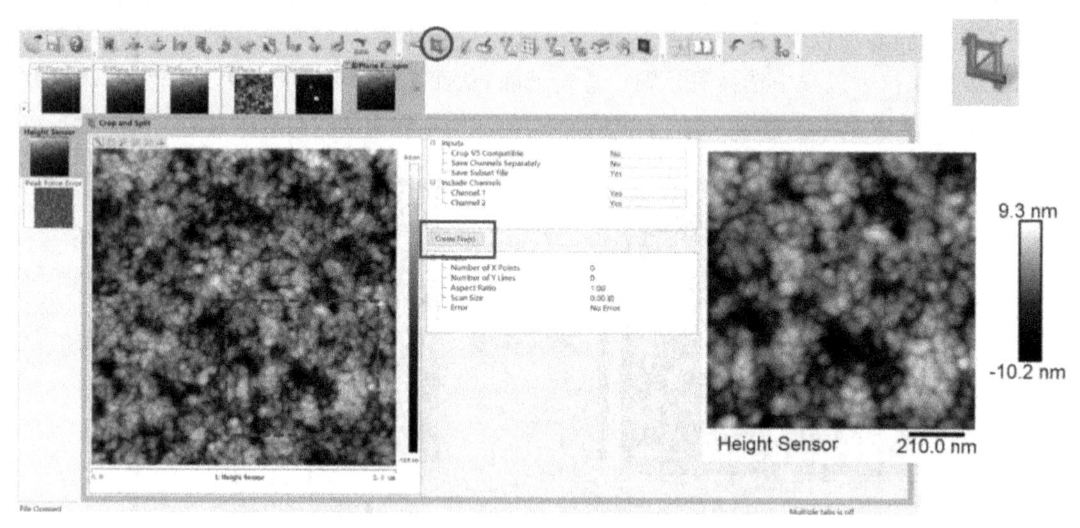

图 3-21　截图功能

(6)2D Image 和 3D Image 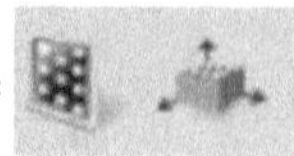

实现 2D 和 3D 图片的切换。

(7)Roughness

表面粗糙度计算(如图 3-22 所示),这是 AFM 的优势,可以得到全图粗糙度和所选区域的粗糙度。R_q(均方根粗糙度)和 R_a(平均值粗糙度)这两个都能参考,在使用时同组数据保持一致就行。

如果需要获得平均高度表面电势模量值,软件选中高度表面电势模量图,直接点击 roughness 选项,里面有个 image mean,就是图像的平均高度表面电势模量值。在图像中框选一个框,mean 就是框中的平均高度表面电势模量值。

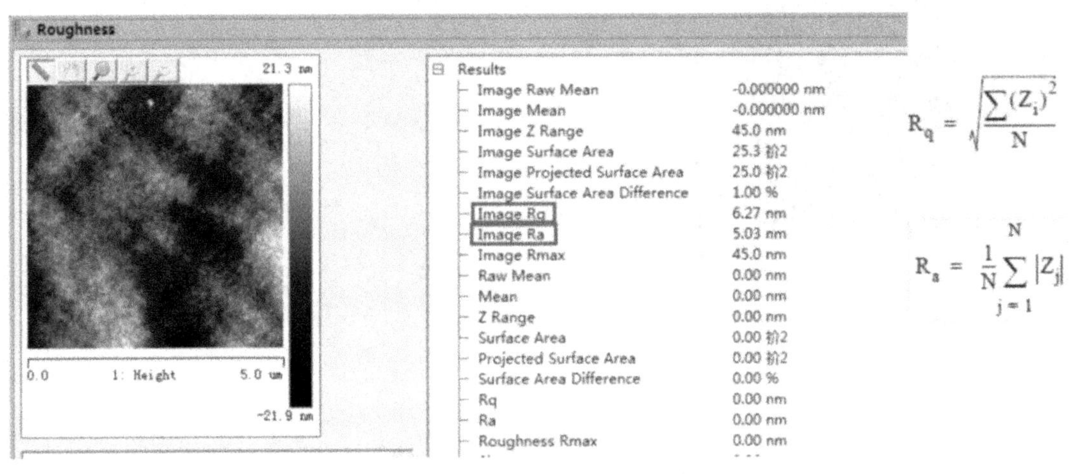

图 3-22　粗糙度计算功能

(8)Section (截面/纳米片厚度分析) 

测量高度和距离(如图 3-23 所示),在 AFM 数据处理中使用频率非常高。

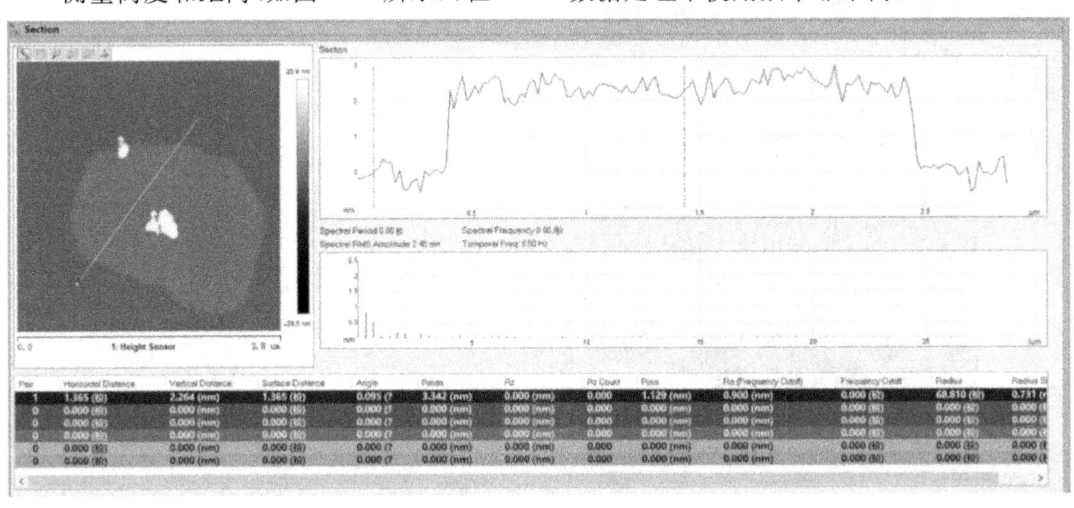

图 3-23　纳米片厚度分析功能

(9)Step 

台阶高度计算(如图3-24所示),与Section类似,但是取平均值,即框中区域内垂直方向会做一个平均值呈现出来,计算结果比Section相对更科学。

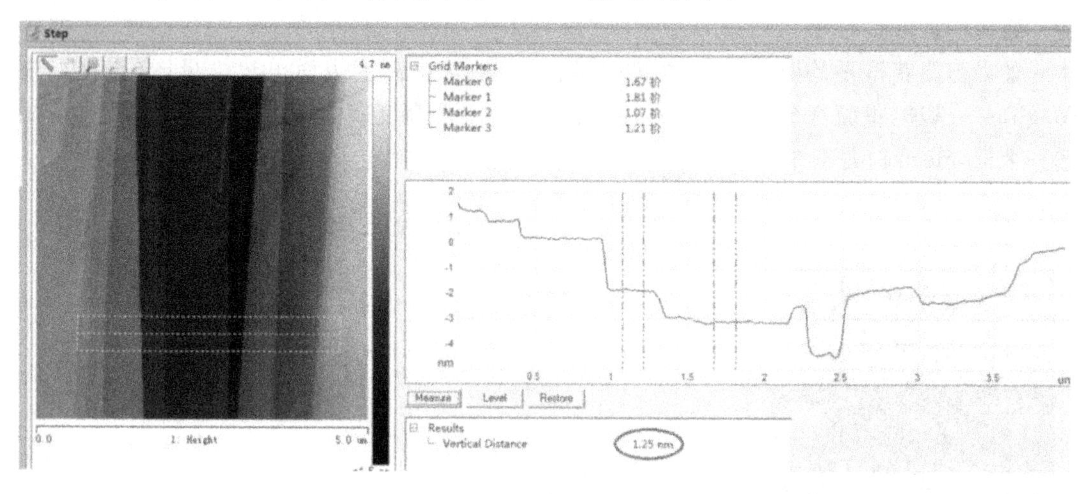

图3-24　台阶高度分析功能

(10)数据导出

数据导出有多种方式,详见图3-25至图3-27。

①Journal Quality Export 

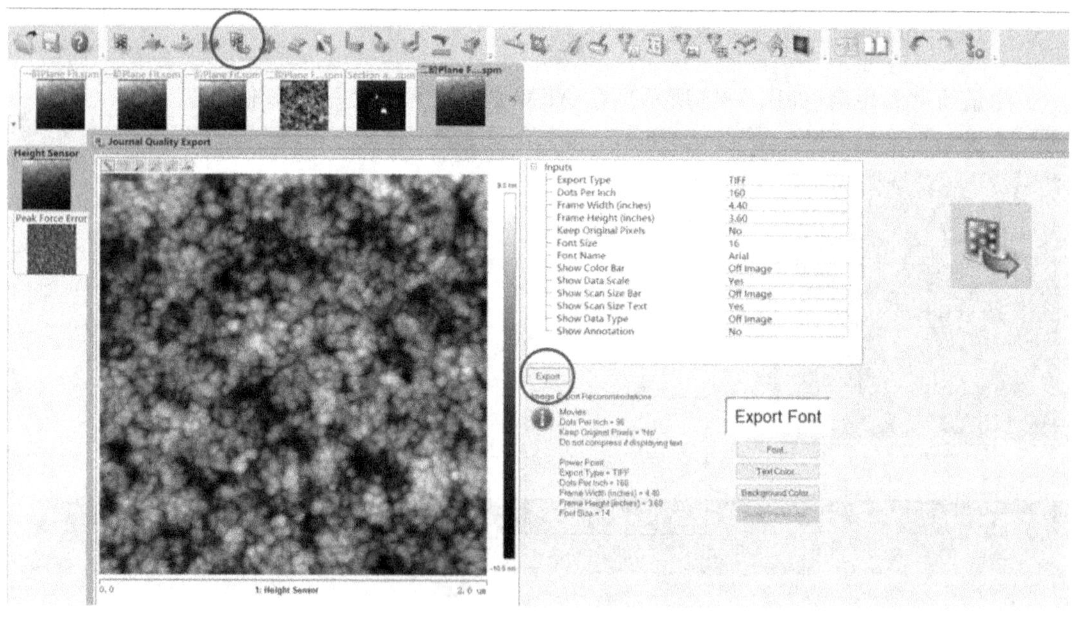

图3-25　导出功能①

②右击图片导出

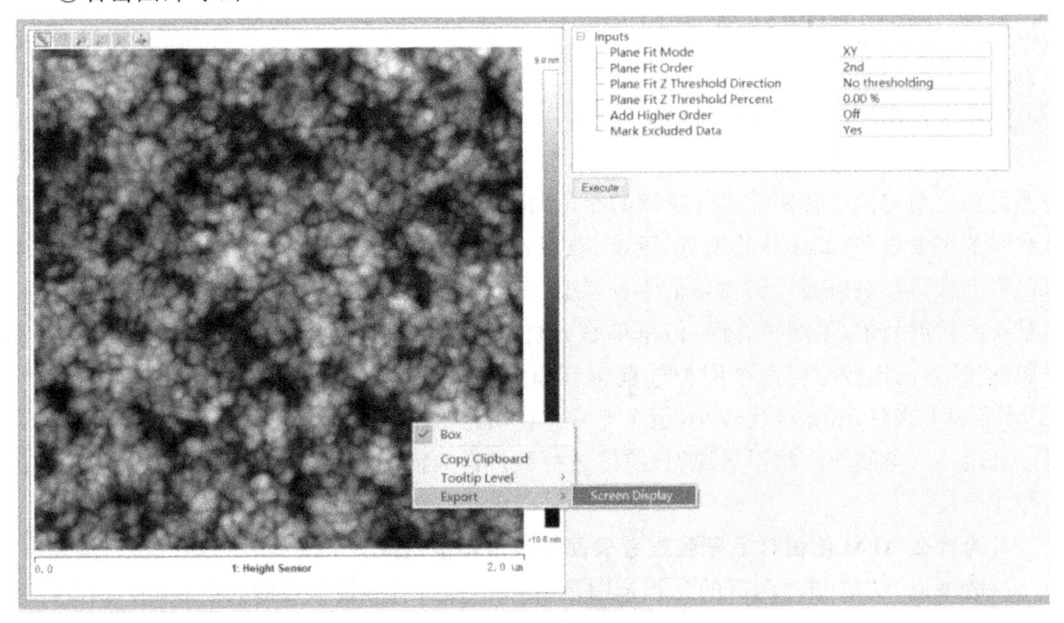

图 3-26　导出功能②

③右击曲线导出

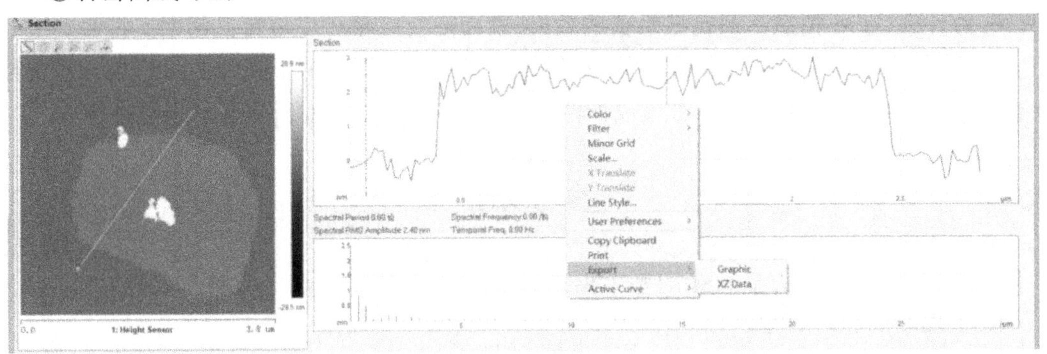

图 3-27　导出功能③

(11)标尺颜色更改

右击图片右侧色条(如图 3-28 所示),可以更改颜色和对比度。

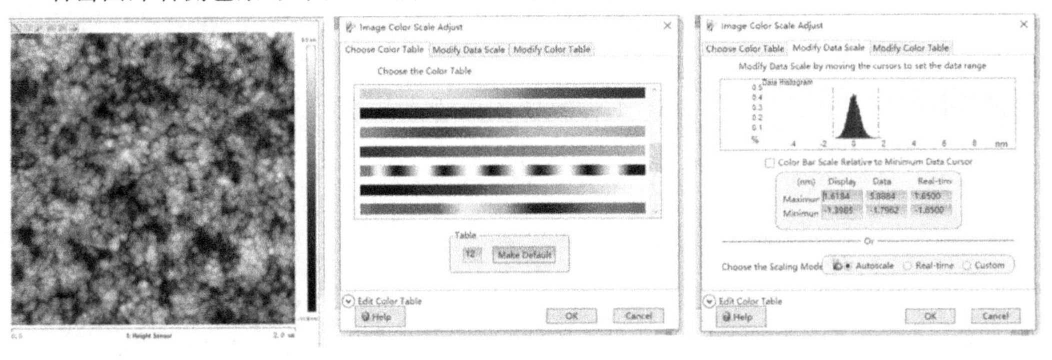

图 3-28　更改颜色和对比度

3.7 常见问题解答

1. 什么是相图,如何分析相图?

作为轻敲模式的一项重要的扩展技术,相位模式是通过检测驱动微悬臂探针振动的信号源的相位角与微悬臂探针实际振动的相位角之差(即两者的相移)的变化来成像的。引起该相移的因素很多,如样品的组分、硬度、黏弹性质、模量等。因此利用相位模式,可以在纳米尺度上获得样品表面局域性质的丰富信息。值得注意的是,相移模式作为轻敲模式的一项重要的扩展技术,虽然很有用,但单单是分析相位模式得到的图像是没有意义的,必须和形貌图相结合,比较分析两个图像才能得到研究需要的信息。简单来说,如果两种材料从AFM形貌上来说,对比度比较小,但又非常想说明这是在什么膜上长的另外一种,这个时候可以利用二维形貌图+相图来说明(前提是两种材料的物理特性较为不同,相图有明显对比信号才行)。

2. 为什么AFM测试样品颗粒或者表面粗糙度不能过大?

一般来说AFM仪器测试的Z相范围是10μm左右(有些仪器可能只有2μm),因此样品表面起伏过大的样品可能会超出仪器扫描范围,另外粗糙度比较大的样品会导致针尖易磨钝或者受污染,对图像质量有很大影响,且磨损无法修复,增加耗材成本。

3. 为什么AFM拍摄不到自己想要的效果,表面形貌或粗糙度与自己预期不符合?

AFM拍摄也需要不断寻找合适的位置拍摄,同一样品不同拍摄部位表面形貌和粗糙度极有可能不一致,因为原子力显微镜成像范围较小,与拍摄样品表面是否均匀息息相关。

参考文献

[1] 朱杰,孙润广. 原子力显微镜的基本原理及其方法学研究[J]. 生命科学仪器,2005(1):1671-7929.

[2] 赵春花. 原子力显微镜的基本原理及应用[J]. 化学教育(中英文),2019,40(4):6.

[3] 华杰,徐盛明,徐景明,等. 原子力显微镜测定力-距离曲线的原理和应用[J]. 金属矿山,2003(1):1001-1250.

[4] 马全红,赵冰,张征林,等. 原子力显微镜中探针与样品间作用力及AFM的应用[J]. 大学化学,2000,15(5):4.

[5] 赵清亮,王景贺,李旦,等. 扫描探针显微镜的最新技术进展及应用[J]. 电子显微学报,2000,19(1):69-75.

推荐书目

[1] 杨序纲,杨潇.原子力显微术及其应用[M].北京:化学工业出版社,2012.
[2] 彭昌盛,宋少先,谷庆宝.扫描探针显微技术理论与应用[M].北京:化学工业出版社,2007.
[3] 袁哲俊,杨立军.纳米科学技术及应用[M].哈尔滨:哈尔滨工业大学出版社,2019.

第二篇　成分分析

第 4 章　X 射线光电子能谱

X 射线光电子能谱仪(X-ray Photoelectron Spectroscopy,XPS),又被称为化学分析电子能谱仪(ESCA),是一种常规的表面成分分析仪器,除了可以表征材料的成分组成,还可以表征各成分的化学态,并可定量表征每种成分的相对含量,因而其被广泛地应用于材料研究的各个领域。本章介绍了 XPS 的基本测试知识,并对测试原理、常见仪器、样品制备、数据解读等方面进行详细阐述,着重对测试时样品的制备及常见的测试问题进行分析解答。

4.1　原理及应用

4.1.1　基本原理

XPS 采用激发源——X 射线入射样品的表面,常用的 X 射线源是 AlKα 单色化 X 射线源,能量为 1486.6eV,探测从样品表面出射的光电子的能量分布,其原理基于爱因斯坦的光电发射理论。由于 X 射线的能量较高,所以得到的主要是原子内壳层轨道上电离出来的电子。由于光电子携带样品的特征信息(元素信息、化学态信息等),通过测量逃逸电子的动能,就可以表征出样品中的元素组成和化学态信息。

XPS 的基本原理如图 4-1 所示,X 射线入射样品的表面,可以激发出轨道芯能级中的电子,叫作光电子,基于爱因斯坦的光电发射理论,有能量守恒公式:入射源的能量等于光电子的动能和结合能之和,不同元素不同轨道出射的光电子具有不同的特征结合能信息,因此可以用结合能的数值来表征不同的元素和化学态信息。

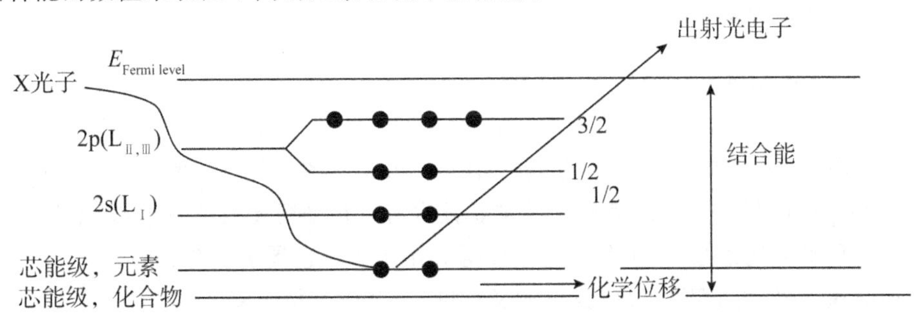

图 4-1　XPS 的基本原理:光电效应理论

根据爱因斯坦的能量关系式有：

$$h\upsilon = E_B + E_K \tag{4-1}$$

其中 υ 为光子的频率，E_B 为内层电子的轨道结合能，E_K 为被入射光子所激发出的光电子的动能。

4.1.2 应用范围

XPS的分析深度小于10nm，可定性半定量分析固体材料表面成分信息（包括元素组成、化学态等），通过X射线可以进行选区分析从而表征成分的分布情况。XPS也可以应对从大面积到微区的分析需求，既可以表征表面成分、表面多层薄膜等，又可以对环境颗粒物、表面缺陷（腐蚀、异物、污染、分布不均等）进行微区定位分析，因此对于各种材料开发、材料剖析与失效机理的分析和研究具有不可替代的作用。

（1）固体物理学：键结构、表面电子态、固体的能带结构、合金的构成与分凝、黏附、迁移与扩散；

（2）基础化学：元素和分子分析、化学键、分子结构分析、氧化还原、光化学；

（3）催化科学：元素组成、活性、表面反应、催化剂中毒；

（4）腐蚀科学：吸附、分凝、气体—表面反应、氧化、钝化；

（5）材料科学：是研究各种镀层、涂层、包覆层和表面处理层（钝化层、保护层等）的最有效手段，广泛应用于金属、高分子、复合材料等材料的表面处理、金属或聚合物的淀积、防腐蚀、抗磨、断裂等方面的分析；

（6）微电子技术：电子能谱可对材料和工艺过程进行有效的质量控制和分析、注入和扩散分析，因为表面和界面的性质对器件性能有很大影响；

（7）薄膜研究：如光学膜、磁性膜、超导膜、钝化膜、太阳能电池薄膜等，研究膜层结构、层间扩散、离子注入等。

总之，X射线光电子能谱仪已被广泛地应用于材料表面表征的各个领域。近年来由于XPS设备的推广，基本上相关论文都需要XPS测试来分析材料表面的组成和化学态。由于XPS对样品的要求比较低，应用的面又非常广，本章很难做全面的概括，其应用范围不是仅限于本章所引述的几个方向。XPS的发展将更紧密地交织在今后材料表面的研究和生产的发展之中。

4.1.3 常见仪器

1. Thermo ESCALAB 250XI

赛默飞ESCALAB 250XI小面积电子能谱仪如图4-2所示。ESCALAB 250XI装有单色化X射线源，双晶体即微聚焦单色器安在500mm的罗兰圆上，采用Al阳极，可选择200μm至900μm间任意大小的束斑。其主要技术特点是平行光成像技术，采用两个不同的检测器，一个负责采集谱图，一个负责采集图像。微聚焦单色器的优势如下：

（1）小面积XPS测量不损失能谱仪的灵敏度，可节省分析时间；

（2）只有样品的被分析部分被X射线辐照，因此远离样品的区域可避遭损伤；

(3)在角分辨XPS测量时,入射X射线束斑始终在分析区域内。

图4-2　Thermo ESCALAB 250XI仪器

2. PHI5000 VersaProbeIII

PHI5000 VersaProbeIII(VP-III)设备展示见图4-3,其能提供高性能的微区光谱、化学成像、二次电子成像,其小的X射线束光栅扫描直径约为10μm。X射线束的大小可以使用电脑控制在直径10～400μm,从而达到好的空间解释度与高的灵敏度。

PHI5000 VersaProbeIII主要特征和功能:微聚焦的扫描X射线束可应对从微区到大面积的分析需求;高可靠全自动分析能力,可实现无人值守式队列分析;微区成像和图谱采集,可同时高效地对多个微区进行对比分析;溅射深度剖析,可分析膜层结构和成分深度变化;多种技术联用的超高真空分析腔室,可扩展UPS、IPES、AES、C60、GCIB等多种技术。

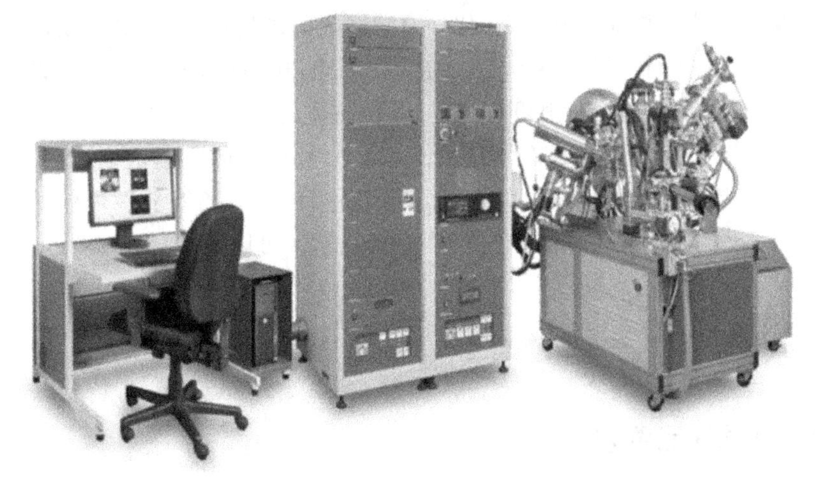

图4-3　PHI5000 VersaProbeIII仪器

3. Kratos-Ultra DLD

Kratos-Ultra DLD的设备展示见图4-4,其主要特征和功能:AlKαX射线,其特点是采用了延迟线技术(DLD),采集图像速度特别快。同时采用浸没透镜技术,提高灵敏度。另外，其电子云中和技术也是依靠磁浸透镜，但是其小束斑技术信号差，对样品垂直位置放置要求严格，z轴高度在−20～+20μm，性能稍差，采用虚拟探针技术。

图4-4 Kratos-Ultra DLD仪器

4. 三种不同仪器优缺点的比较

目前市面上针对高校用户，赛默飞公司的设备相对比较多，有不同的系列，如K alpha，Theta 300，Theta 300xt，Theta Probe，ESCALAB 250等。其优势是采取样品的光斑比较大，功率比较高，测试的图谱强度比较好，但是对样品的尺寸高度要求比较高，最高一般为3mm，再高的尺寸进不去；主要技术特点是平行光成像技术，Mapping的效果相对较差。ULVCA−baiPHI公司，产品型号有：PHI5000VersaProbe系列，Quantera系列，目前市面上针对企业用户应用比较多些，生产的XPS特点是采用聚焦X射线技术，最小的X射线光斑可以做到小于10μm，并且具有专利的双束电荷中和系统（电子束和离子束），中和效果极佳。同时，采用扫描X射线技术可以获得二次电子图像，对微区定位分析很重要，针对特定位置，分析区域比较小的样品非常合适，比如摩擦磨损的划痕；对样品高度要求比较小，高度小于12mm的都可以进行测试。缺点是X光斑比较小，功率相对赛默飞公司的小些，测试信号的强度弱些。岛津的设备一般和赛默飞差不多，主要的特点不突出。

赛默飞公司原始数据是VGP/VGD格式，用Avantage软件打开，有离线软件可以安装；PHI公司原始数据是SPE格式，用Multipak软件打开，有离线软件可以安装；岛津公司一般提供VMS格式数据，用Casa软件打开，有离线软件可以安装。

4.2 测试样品

4.2.1 测试样品要求

（1）粉末样品：样品干燥，没有毒性，尽量提供20～30mg，方便压片测试，量少也可以测试；针对压片测试，样品颗粒不能太粗，装样后需要能压实，颗粒间没有缝隙，没有活动的粉末，否则荷电效应比较严重，影响后续的数据处理；含磁性的材料，应尽量消磁处理后测试。对于样品的包装，粉末样品、纤维状样品以及棉絮状样品可以用干净的铝箔纸包装，放到离心管或其他抗压的瓶子里。

(2)块体样品：块体样品长宽高一般不超出 5mm×5mm×3mm，测试面尽量平整、干燥、干净，样品不能有毒性或易挥发；如果尺寸比较大，直径小于 60mm，高度小于 12mm，也可以测试，只是一次只能进一个样，测试的时间会相对比较长。同样，磁性的样品建议先退磁处理再测试，纤维状样品以及棉絮状样品也可以测试。对于样品的包装，块状样品可以用表面皿装样，操作方法是用双面胶粘住非测试面，测试面向上。

(3)薄膜样品：薄膜样品长宽高一般应不超出 5mm×5mm×3mm，测试面尽量平整、干燥、干净，样品不能有毒性或易挥发，标注清楚测试面。

(4)液体样品：流动的液体类、膏状、胶水类样品，可以把它们涂覆在硅片上，干燥后再分析，尽量铺展均匀，测试时要注意基底干扰，同时对比测试空白区域。建议用干净玻璃小瓶盛装液体样品测试。

(5)生物细胞类样品：可在冷冻的条件下测试，当然需要系统配置冷冻样品台。

(6)特殊类样品：如针对蒸汽压极低的离子液体，在高真空体系中稳定存在，可直接进样测试；如对空气敏感的样品，需要真空包装，手套箱制样，传送管进样测试。

总之，XPS 对样品的要求比较低，如图 4-5 所示是一些样品的展示，有不同颜色的粉末样品，片状的晶体，以及摩擦磨损的块体划痕、磨斑、工业的零部件、纤维、硅片等。

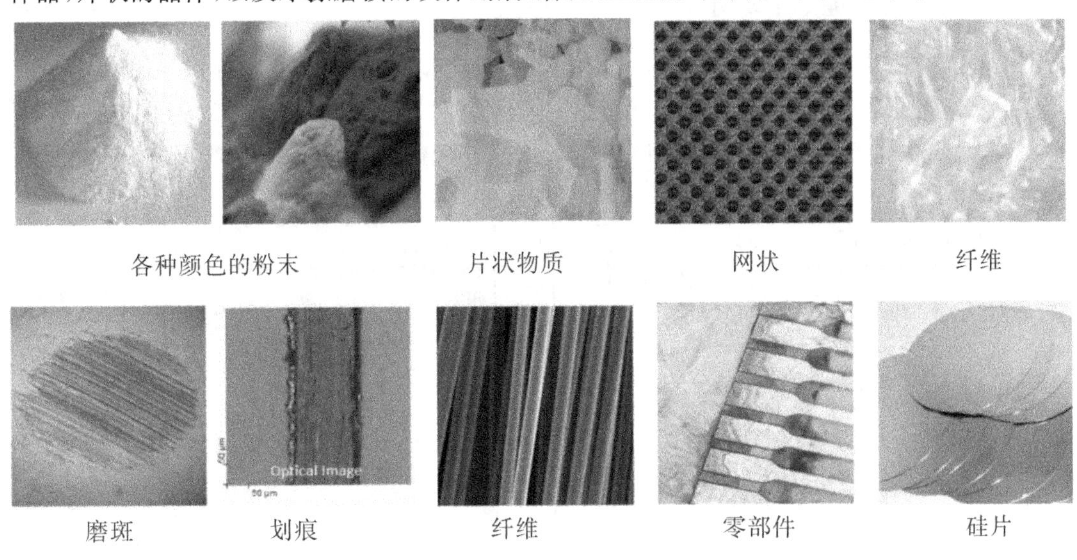

图 4-5 固体测试样品

4.3 测试项目

4.3.1 常见标准 XPS 全谱图谱和精细谱

常规样品的标准 XPS 数据就是全谱和精细谱，如图 4-6 所示，从图 4-6(a)所示全谱可以得到所有元素的成分信息，即图中 PET 由 C、O 元素组成，也可以对所有测到的元素进行半

定量计算；图(b)通过 C 精细谱分析，可以判断化学态如 C-H、C-O、O=C-O，以及确定不同化学态的百分比含量。

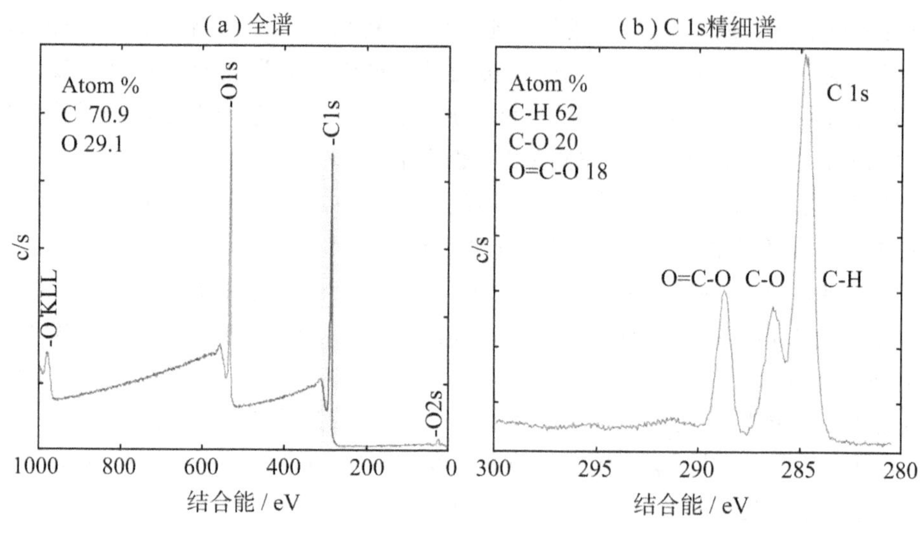

图 4-6 PET 的 XPS 全谱和精细谱

4.3.2 俄歇谱、价带谱

一些化合物只从光电子谱峰上分析不出来价态，可以借助俄歇谱峰分析。如图 4-7 中，(a)图是 Zn 与 ZnO 的 2p 图谱，从中可以看出，两个不同化学态的 2p3 与 2p1 的位置是相同的，无法判断是 0 价还是 4 价，但借助(b)图 Zn 的俄歇谱就可以判断，Zn 单质的俄歇动能是 992.1eV 附近，ZnO 的俄歇动能是 988.5eV 附近。

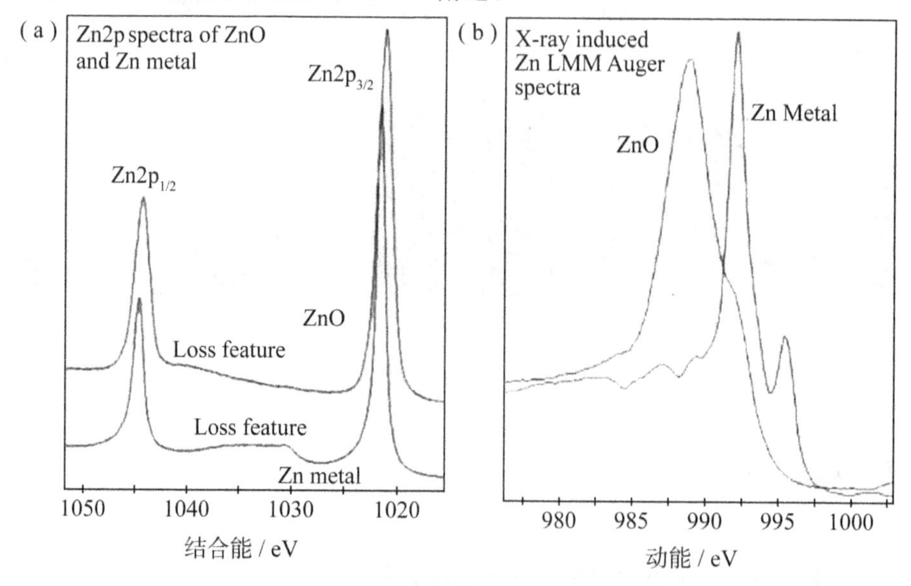

图 4-7 Zn 不同化合物的光电子图谱、俄歇谱展示[1]

当有些化合物的化学结构非常接近、在光电子能谱图里区分不开时，可以借助价带谱分析样品，如图 4-8 所示是 PE 与 PP 的价带谱。

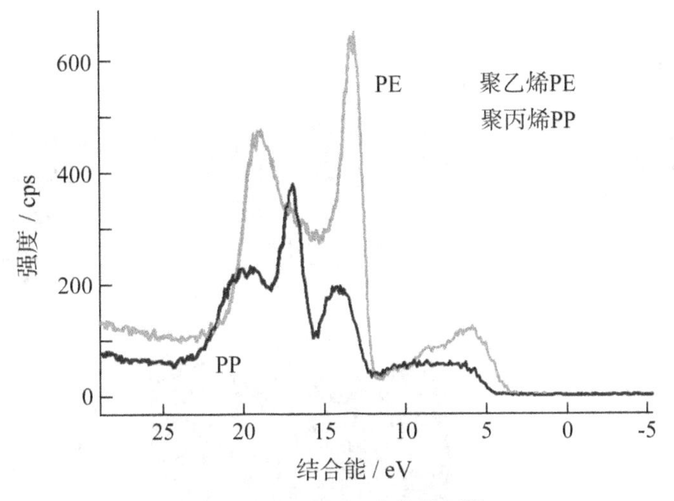

图 4-8　PE 与 PP 价带谱图[1]

4.3.3　Mapping、线扫

当样品表面成分不均匀,或表面形貌有差异时,可以选择一定的区域,通过 Mapping 表征不同元素成分在特定区域的分布情况。如图 4-9 所示是 PHI 公司的 Mapping 效果展示,(a)图是 SXI 相,选择测试的位置如图中的黄色框框;(b)图是确定 Mapping 的元素,有 O、N、W、Si 元素。通过使用 Multipak 软件可以追溯到样品表面不同位置的化学态,图 4-10 中,(a)图显示 Si 表面不同的位置有着不同的化学态。通过 Multipak 软件 LLS 拟合得到图(b)中 Si、Si-O、Si-O-N 这三种不同化学态的分布图。

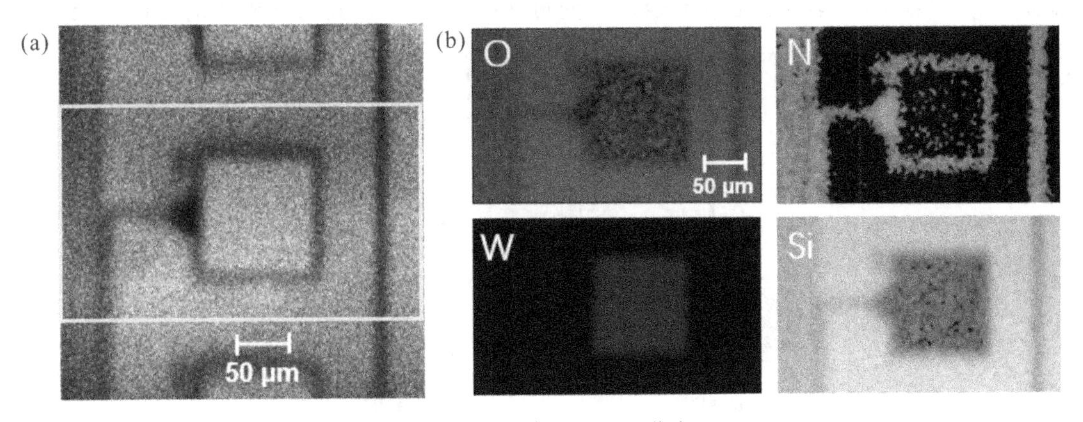

图 4-9　XPS 元素 Mapping 分布

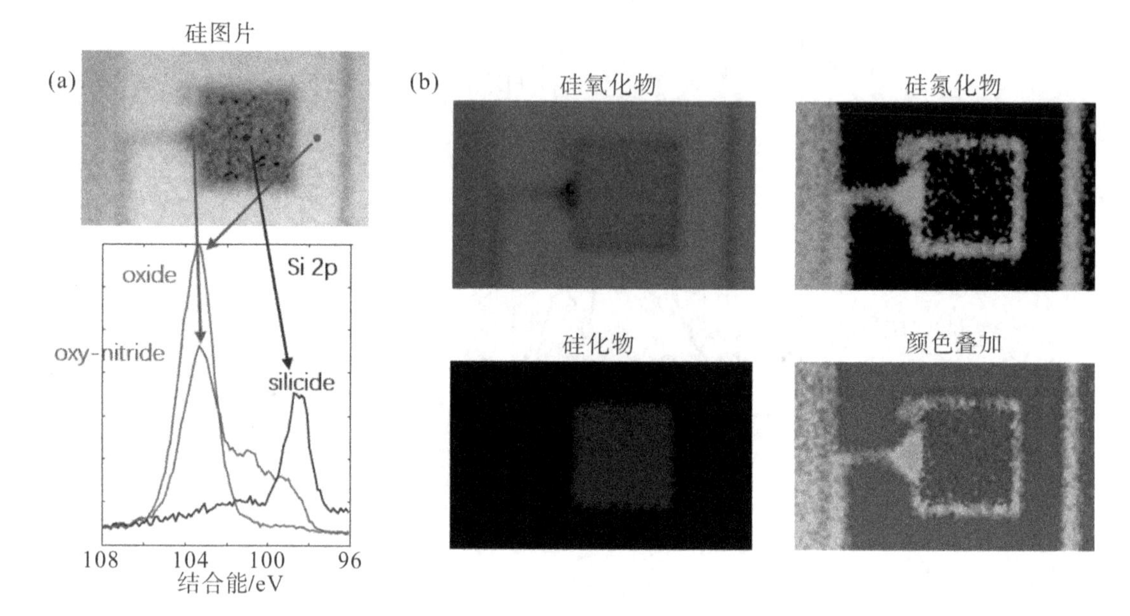

图 4-10 Si 不同化学态 Mapping 分布

4.3.4 角分辨

对于变角分析，从图 4-11 中可以看出信号采集的深度与光电子的起飞角度（take off angle）有关，即 $d=3\lambda\sin\theta$，式中 d 表示分析深度，λ 表示电子平均自由路径（逃离深度），θ 表示光电子起飞角度。通过倾斜样品改变光电子的起飞角度，就可以采集不同深度的成分信息。起飞角越小，收集到的信号越表面。变角 XPS 的优点是其为非破坏的方法，得到的化学态的结果更真实，但缺点是需要标准样品建立模型来推测膜层结构。

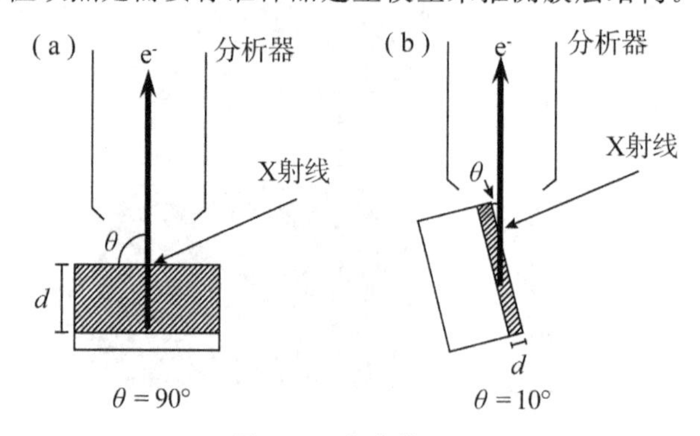

图 4-11 角分辨原理

图 4-12 所示是角分辨案例展示，测试时采用倾斜样品台的方式改变起飞角度，从而改变表面成分信息接收的深度。图 4-12 是对自然氧化硅片进行表面分析。从硅（Si2p）的精细谱图中可以看出，起飞角越小，表面信号越强，也就是表面氧化硅的信号越强（能量在 103.5eV左右）；起飞角越大，深层的基体单质硅的信号越强（谱峰能量在 99.7eV 左右）；通过连续改变起飞角度可以得到不同深度（离表面几个纳米以内）的成分变化。

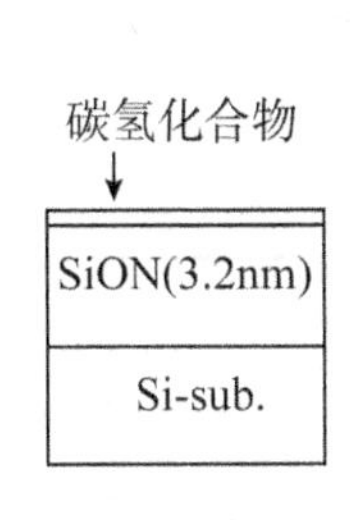

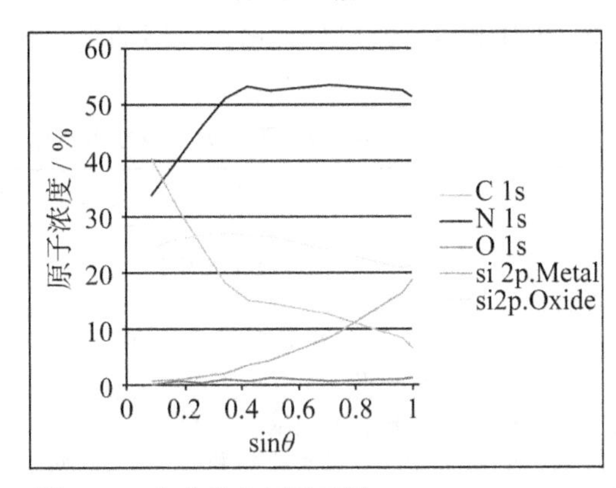

图 4-12　角分辨案例展示[1]

4.3.5　深度溅射

(1)离子源深度剖析

可以采用离子源深度溅射和剥离的方式，也就是破坏的方式来分析膜层结构、钝化层、深度的掺杂、扩散，等等，此方法可以应对的膜层厚度为从纳米尺度到微米尺度；从图 4-13 中我们可以看到，离子溅射和 X 射线分析是交替进行的，采谱、溅射、再采谱、再溅射，依次进行下去，就可以实现从表面到深度的成分分析的需求。

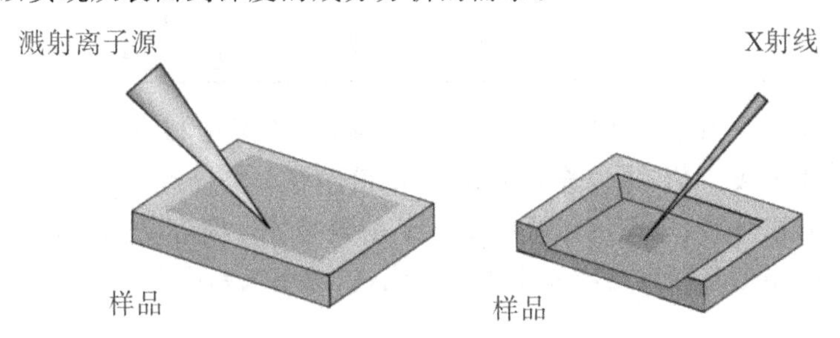

图 4-13　深度剖析示意图：溅射和分析交替进行[1]

针对不同材料做深度剖析需要选择不同的溅射离子源，主要有以下三种选择：氩单原子离子源、C_{60}团簇离子源、氩气团簇(GCIB)离子源，如图 4-14 所示。

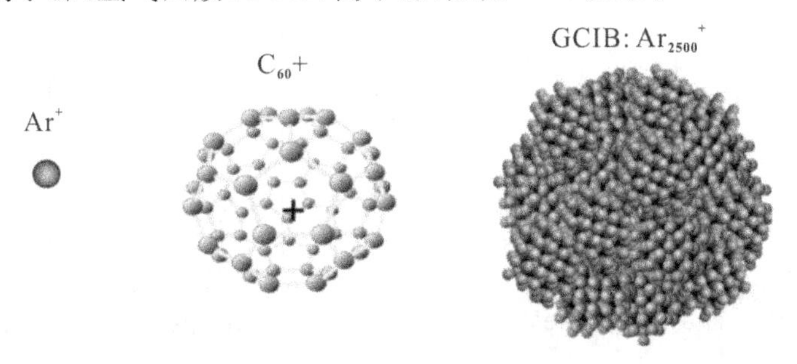

图 4-14　三种离子源图示[1]

（2）离子枪选择：用于不同膜层材料分析

根据实验经验，针对不同的膜层材料选择不同的离子枪，表4-1总结了几种离子源的应用优缺点。

表4-1　不同离子源能力对比

样品类型	不同离子枪类型技术对比		
	氩气团簇（GCIB）离子源	氩单原子离子源	C_{60}团簇离子源
金属	推荐	活泼金属表面会生成碳化物 Carbide 3%～20%	溅射速率慢，对某些金属有择优溅射的问题
陶瓷	择优溅射和化学态损伤的问题	对碱金属玻璃是理想选择；适用于非金属氧化物和导电氧化物：ITO / InGaO	极慢的溅射速率高能量溅射下对一些氧化物溅射会损失氧（择优溅射问题）（ITO）
有机高分子	严重的化学态损伤	不适合过渡金属氧化物 TiO_2/HfO_2/WO_3 适合Type-II类可降解类聚合物（聚合物和金属氧化物之间）	不适合过渡金属氧化物 TiO_2/HfO_2/WO_3 适合Type-II类可降解类聚合物（聚合物和金属氧化物之间）
复合材料	材料相关	一些Type-I交联型聚合物（几百纳米的深度剖析） 可保持膜层之间的溅射速率相当，对碳材料损伤少	Type-I交联型聚合物的理想选择，除非里面有无机填料 膜层之间的溅射速率差异很大，造成深度分辨率比较差
半导体	推荐	活泼金属表面会生成碳化物	溅射速率慢，溅射速率变化很大，表面粗糙度很大（溅射缺陷）

从图4-15中可以看到这是PET材料，是一种高分子聚酯材料，（a）图用团簇离子枪GCIB进行精细谱的深度剖析，可以看到C、O精细谱随着深度分析没有变化，说明溅射过程对化学态没有影响；而（b）图中即使用低能500eV的氩单原子离子进行深度剖析，很明显随着溅射进行，谱峰峰型随着深度已经发生明显变化，说明用氩单原子离子源在溅射过程中会破坏化学键。

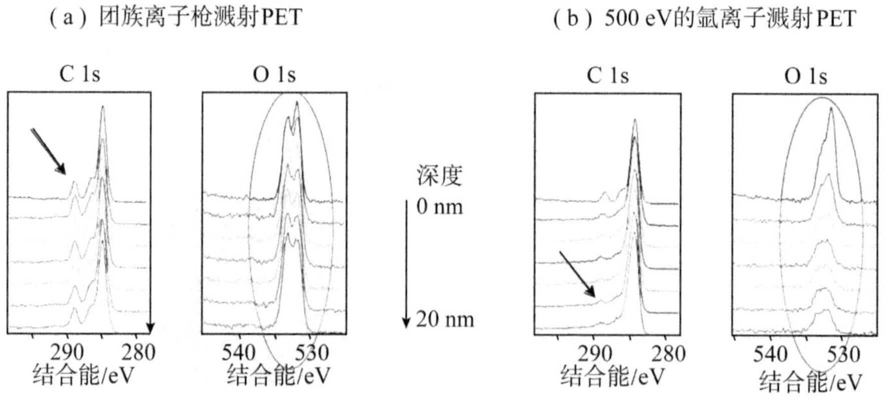

（a）团族离子枪溅射PET　　（b）500 eV的氩离子溅射PET

图4-15　不同离子源深度剖析数据对比

总的来说：氩单原子离子适合金属和无机半导体的膜层分析，C_{60}适合玻璃硅酸盐样品、复合材料和有机材料的深度剖析，氩气团簇离子源适合有机材料的深度剖析。通常样品表面清洁，建议最好用团簇离子源，如果设备没有配团簇离子源，就尽量用低能的氩单原子离子源清洁。总之，我们要根据实际的样品材料和分析需求来选择合适的离子源。

4.4　数据分析软件使用

XPS 数据分析的软件比较多，有 XPS Peak、Avantage、Multipak、Casa XPS 等，每个软件都有自身的优缺点。XPS Peak 是学生使用最多的也是操作最麻烦的一个软件；Avantage 和 Multipak 有自带的数据库资料，操作简单；Casa XPS 可以针对多种数据分析，兼容性比较好。这里选择大家使用率最高的 XPS Peak 软件介绍一下使用方法。

XPS Peak 软件分析数据的第一步是数据矫正后导成 txt 文本，第二步为扣背景，第三步为查资料、分峰拟合，第四步为保存数据。具体的操作流程如下。

4.4.1　XPS Peak 软件的使用

如图 4-16 所示，首先在 Excel 文件中完成谱峰校准（比如 C1s284.8eV 或采用其他谱峰），其次将 Excel 中的数据转换成 txt 格式，最后从 Excel 中选择要进行拟合的数据点，复制至 txt 文本中。

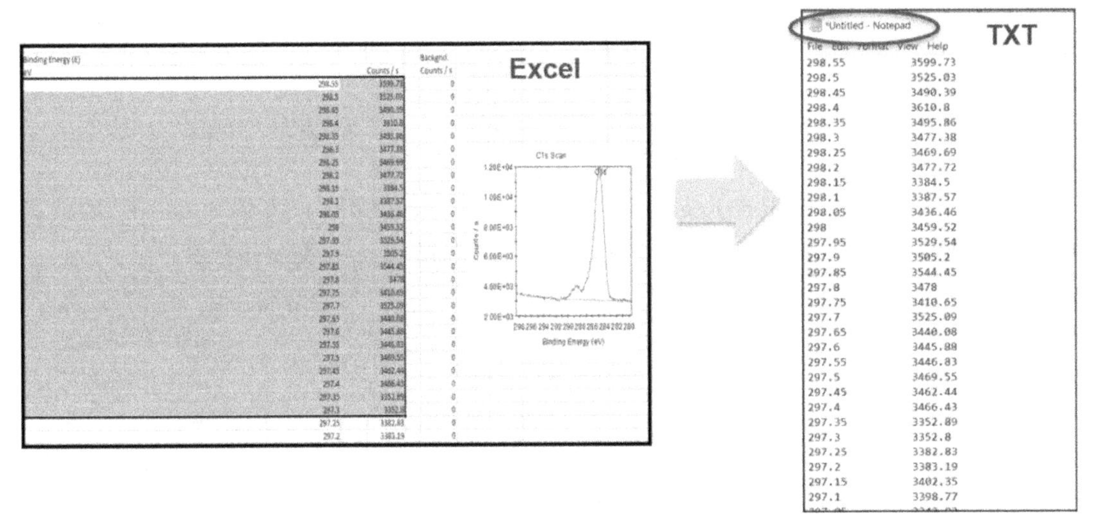

图 4-16　将 Excel 中的数据转换为 txt 格式的数据

如图 4-17 所示，打开 XPS Peak41 分峰软件，在 XPS Peak Fit 窗口中，从 Data 菜单中选择 Import (ASCII)，即可将转换好的 txt 文本导入，出现谱线。

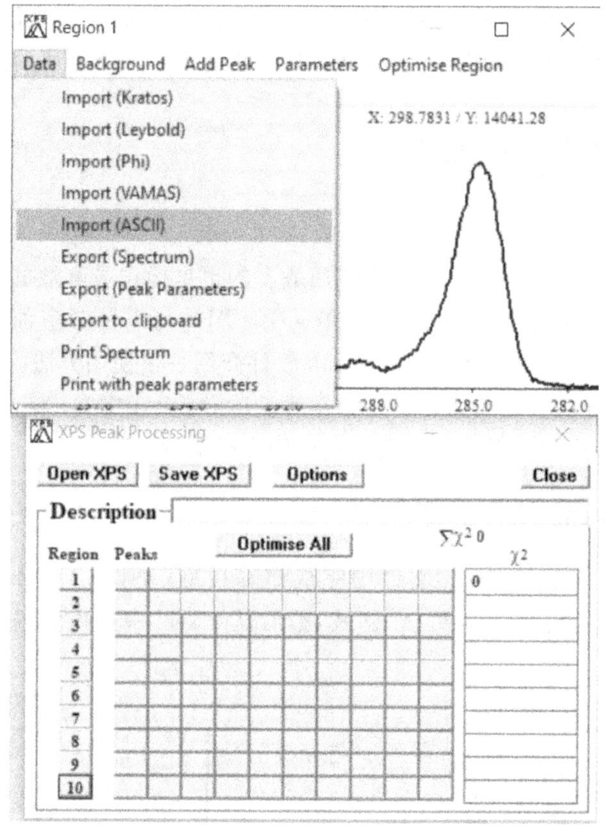

图 4-17　在 XPS Peak41 中导入数据

如图 4-18 所示，在打开的 Region 1 窗口中，点击 Background，选择 Boundary 的默认值，即不改变 High BE 和 Low BE 的位置，Type 一般选择 Shirley 类型扣背底。

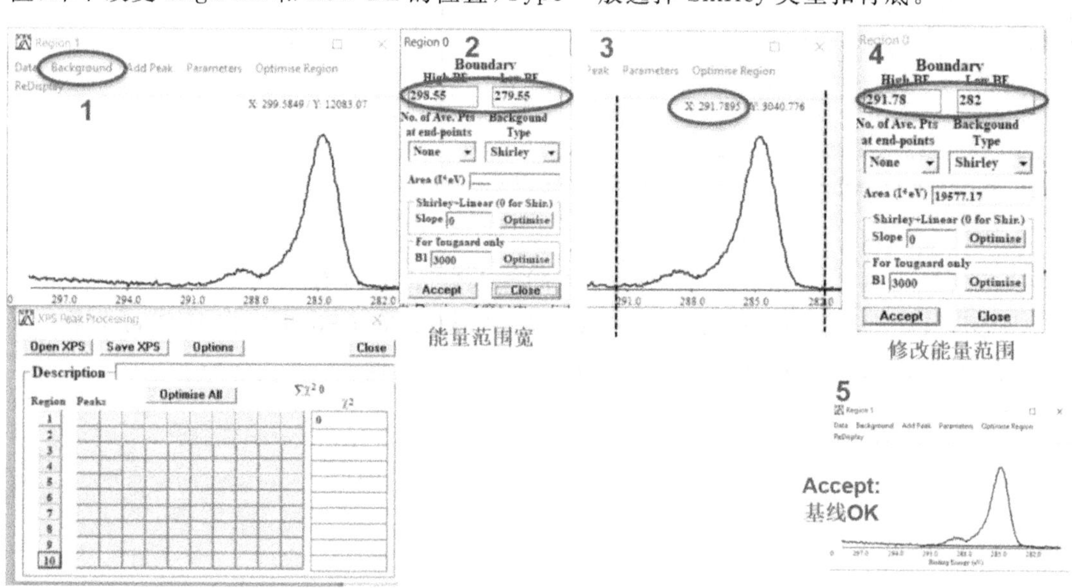

图 4-18　背底扣除流程

如图 4-19 所示，根据查得的资料加峰，具体操作为：查资料、数据手册等，先确定需要拟合的化学态数量和能量位置；选择 Add Peak，选择合适的 Peak Type(如 s，p，d，f)；Position：峰位能量，固定时点 fix 前的小方框；半峰宽(FWHM)和峰面积，固定时点 fix 前的小方框；各项中的 constaints 可用来固定此峰与另一峰的关系：如 W4f 中同一价态的 W4f7/2 和 W4f5/2 的峰位间距可固定为 2.15eV，峰面积比可固定为 4∶3 等；%Lorentzian-Gaussian 选项中的 fix 先去掉对勾。点击 Accept 可完成对该峰的设置；点击 Delete Peak 可去掉此峰，再选择 Add Peak 可以增加新的峰，如此重复。

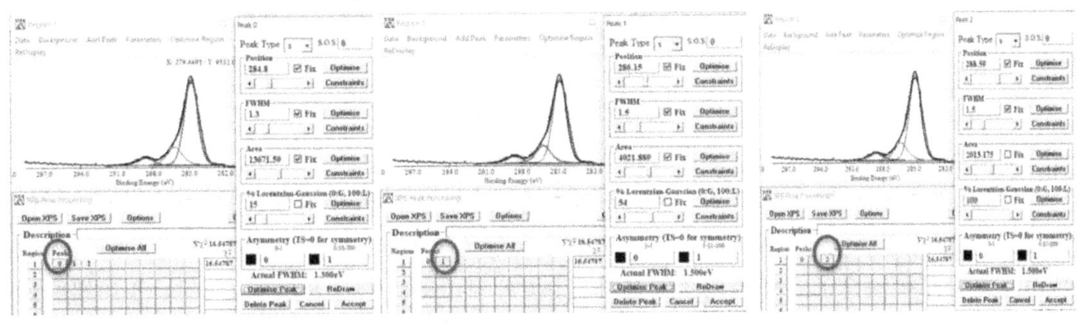

图 4-19　加峰流程图

如图 4-20 所示进行拟合的优化，选好所需拟合峰的个数及大致参数后，点击 XPS Peak Processing 中的 Optimise All 进行拟合，观察拟合后总峰与原始峰的重合情况，如不好，可多次点击 Optimise All；拟合完成后，分别点击 XPS Peak Processing 窗口总的 Region Peaks 下方的 0、1、2 等，可查看每个峰的参数，此时 XPS 峰中变红的曲线为被选中的峰。如对拟合结果不满意，可改变这些峰的参数，然后再点击 Optimise All。

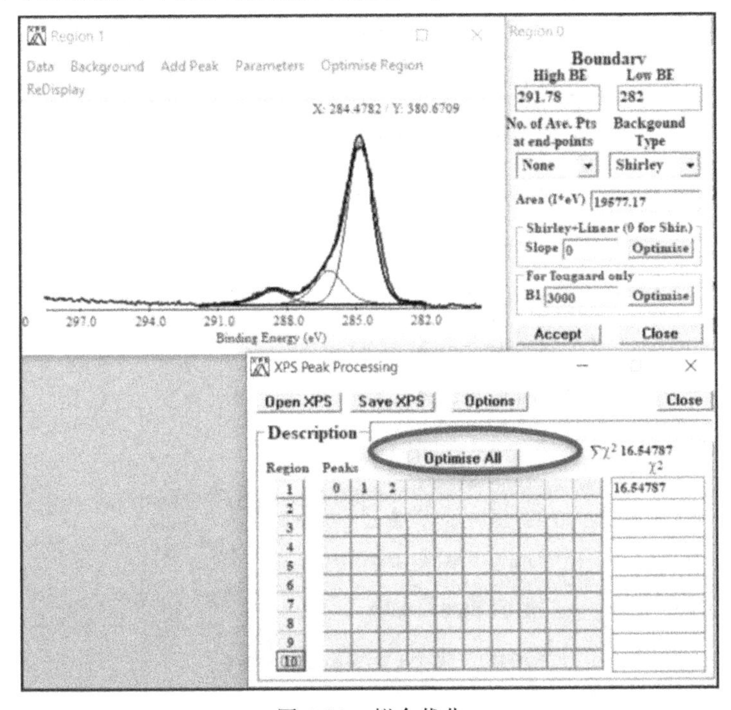

图 4-20　拟合优化

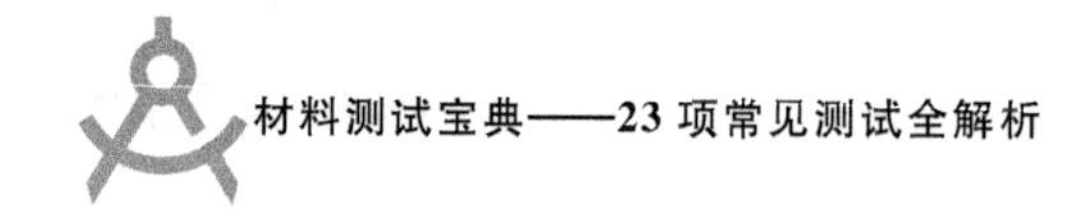

如图 4-21 所示，点击 Save XPS 可将谱图存为. xps 格式的图，下次要打开时点击 Open XPS 可以打开这张图，并可对图进行编辑。

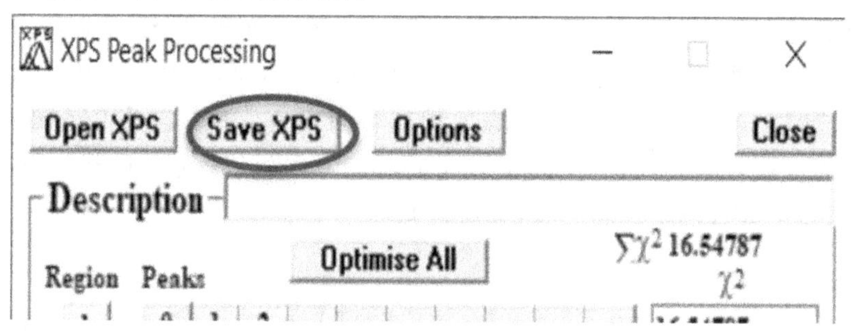

图 4-21　XPS 数据保存

如图 4-22 所示，XPS 图的数据导出方法比较多，主要包括以下几种。

(1)点击 Data 中的 Export(Spectrum)，可将拟合好的数据存为. dat 格式的 ASCII 文件(该文件可用记事本打开)，然后在 Origin 中导入该 ASCII 文件，可得到一个包含多列的数据表。这里需要注意的是每列的抬头名称出错(如. dat 文件中的 Raw Intensity 分开到两列中作为两列的抬头，即 Raw、Intensity)，这时需要根据做出的图与. xps 原始谱图进行比较，更改每列的名称，即可得到正确的谱图。

(2)点击 Data 中的 Export(Peak Parameters)，即将各峰参数导出为. par 格式的文件(也可用记事本打开)，通过峰面积可计算某元素在不同峰位的化学态的含量比。

(3)点击 Data 中的 Export to clipboard，即将图和数据都复制到剪贴板上，打开文档(如 Word)，点击粘贴，即把图和数据粘贴过去，不过该图很不清晰。

(4)点击 Data 中的 Print with peak parameters，即可打印带各峰参数的谱图。

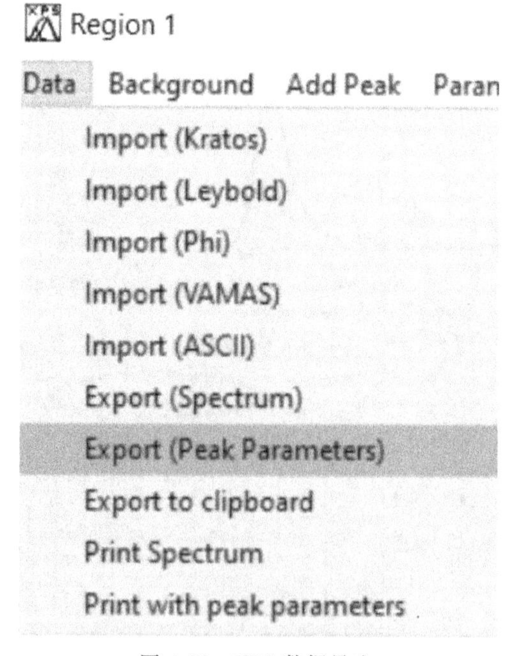

图 4-22　XPS 数据导出

4.4.2　谱图解读

数据分析的基础是认识图谱。前面章节已经介绍了各种 XPS 的数据包括图谱、Mapping 和深度曲线的测试项目，这一节的重点是认识图谱中各类谱线以及它们提供的重要信息。要分析 XPS 的图谱，进行元素的定性定量、化学态的定性定量以及谱峰的分峰拟合等，首先最重要的是认识图谱。无论全谱还是精细谱都带有特定的信息，怎么去甄别这些信息，从中挑出对自己有用的信息并排除干扰的信息，是非常重要的。

通常 XPS 的图谱中包括以下这些谱峰：光电子谱峰(photoelectron lines)；轨道自旋分裂峰(spin-orbital splitting)；多重分裂峰(multiplet splitting)；震激震离峰[shake-up/off lines(satellite)]；能量损失谱峰(energy loss lines/plasmon lines)；俄歇谱峰/俄歇参数(auger lines)；价带谱(valence lines and bands)。

通常在全谱中最容易识别的是光电子谱峰和俄歇谱峰，如图 4-23 所示。而在精细谱中，可以清楚地看到震激峰(shake-up)、能量损失峰等。

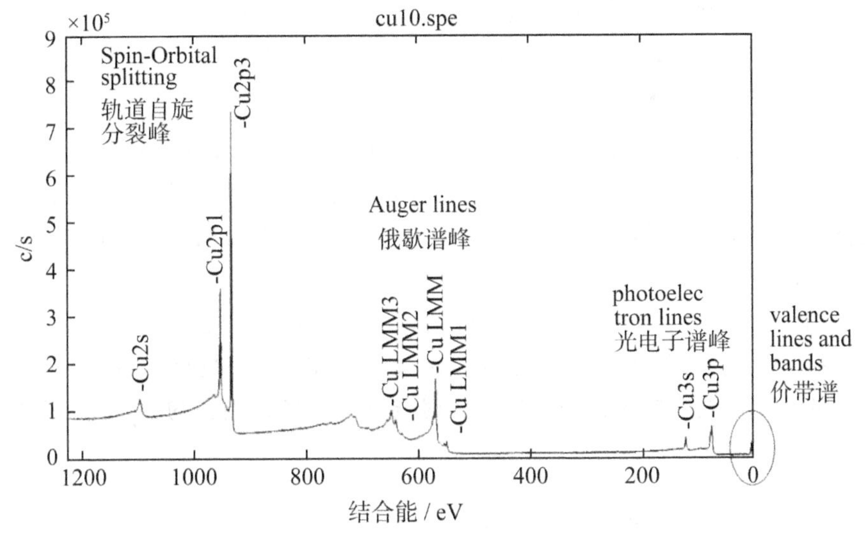

图 4-23　Cu 元素全谱谱峰的标注

(1)光电子谱峰

非弹性背底：XPS 图谱中常常会呈现出一系列特征的阶梯状背底，也就是谱峰的高结合能端背底总是比低结合能端的高。这是由于体相深处发生的非弹性散射过程造成的。光电子出射中会发生非弹性碰撞，通常只有靠近表面的电子才能没有能量损失地逃逸出去，在离表面较深处的电子发生碰撞后会损失能量，结果是动能减小，结合能增大，所以在高结合能端出现较高的背底信号，如图 4-24 所示。

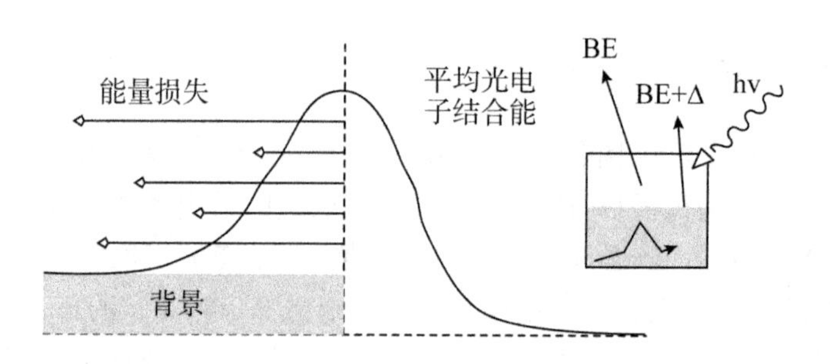

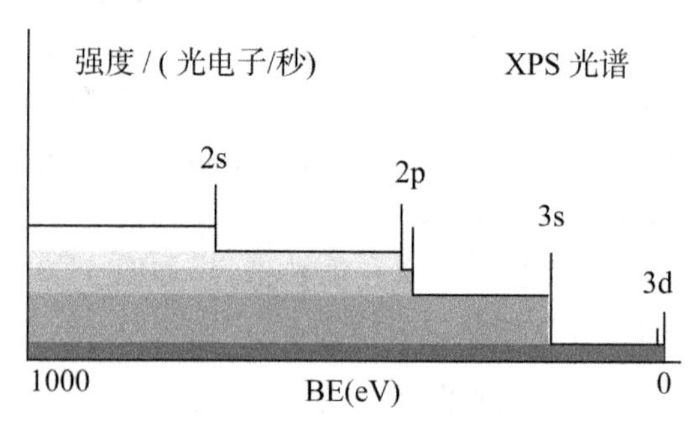

图 4-24　非弹性背底

(2)轨道自旋分裂峰

参照图 4-25,当一个处于基态的分子发生光电离后,在生成的离子中必有一个未成对电子。当该电子的角量子数>0 时,除了 s,那么 p/d/f 必然会产生自旋—轨道间的耦合作用,轨道角动量和自旋角动量同向和反向,相吸引或相斥,发生能级的分裂,对应是两个不同的能量,产生自旋分裂峰。

对于 p 轨道,会产生 p12 和 p32(简化写成 p1 和 p3),d 轨道会产生 d32 和 d52(简化写成 d3 和 d5),f 轨道会产生 f5/2 和 f7/2(简化写成 f5 和 f7),对应的谱峰面积比率分别为 1∶2、2∶3 和 3∶4。这些概念在分峰拟合的时候都是要考虑进去的。总之,识别轨道分裂峰非常重要。

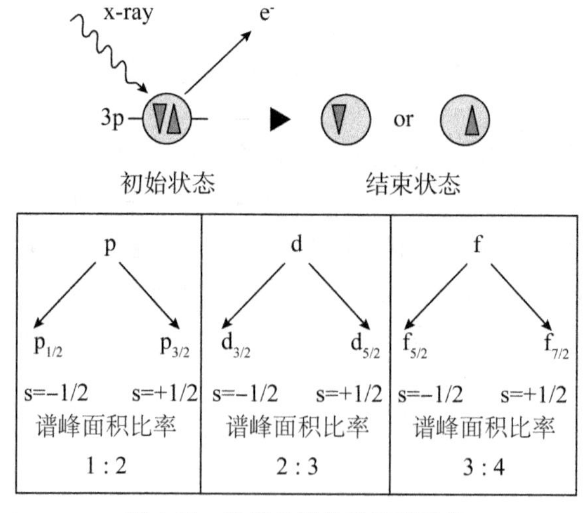

图 4-25　轨道自旋分裂原理示意

(3)多重分裂峰

多重分裂峰:与价电子层中存在未配对电子相关。

如图 4-26 所示案例:测量 Mn 价态中 Mn3s 更具有明确的价态信息;Mn3s 终态为单峰 3s1/2,但如果元素 Mn 的价电子层 3d 有未成对电子时,XPS 中发生 3s 与 3d 耦合形成多个终态,于是 Mn3s 不再是对称单峰 3s1/2。

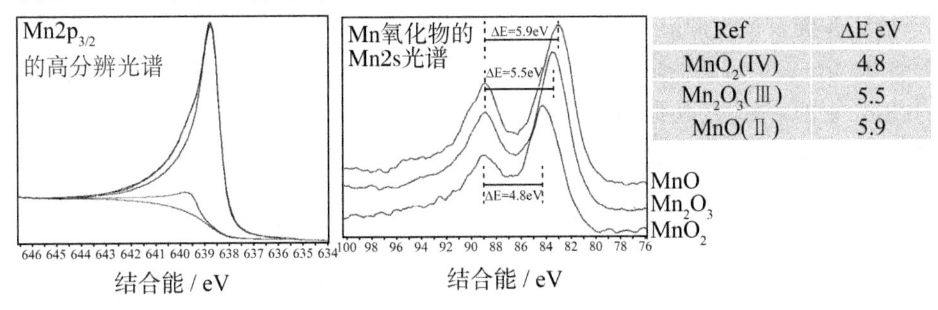

Ref	ΔE eV
MnO_2(IV)	4.8
Mn_2O_3(Ⅲ)	5.5
MnO(Ⅱ)	5.9

图 4-26　Mn2p 和 Mn3s 的多重分裂[1]

(4)震激、震离峰

震激:价带电子向更高束缚能级跃迁,造成的能量消耗和损失(对应的光电子能量下降,结合能在高位),对研究分子结构有价值。

震离:价带电子向真空能级跃迁,变成自由电子,造成的能量消耗和损失,但震离不明显。

图 4-27 所示是 Cu 不同的化合物的标准图谱,从图中我们可以看出,CuO 与 $CuSO_4$ 有不同的震激峰(卫星),从而可以判断不同的价态。

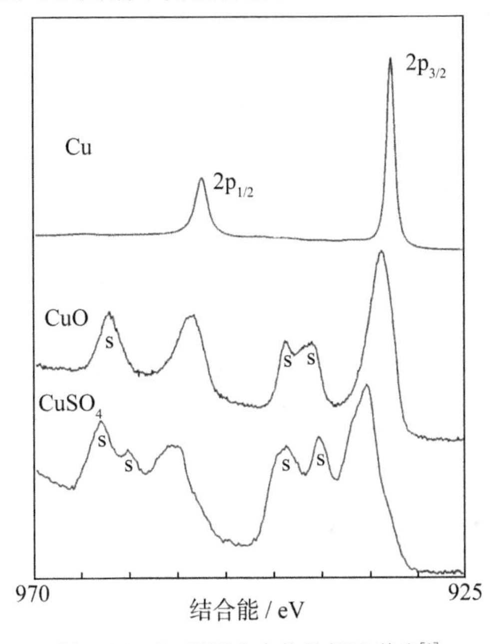

图 4-27　Cu 不同化合物的标准谱峰[1]

(5)能量损失谱峰

能量损失谱线：对于某些材料，光电子在离开样品表面的过程中，光电子与其他电子相互作用造成能量损失；而在XPS低动能(高结合能)侧出现一些伴峰，即能量损失峰；当光电子能量在100～1500eV时，非弹性散射的主要方式是激发固体中自由电子的集体振荡，产生等离子激元。

电子的集体震荡产生的能量损失在图谱中会出现有规律的一组谱峰，在文献上通常描述成plasmon lines，也称之为能量损失峰；如果不认识这些是能量损失谱峰，可能会把它们判断成其他元素的谱峰，或其他的化学态，造成误判。比如图4-28中Al2p和Al2s中的能量损失谱峰与其他元素的光电子谱峰有重合现象。

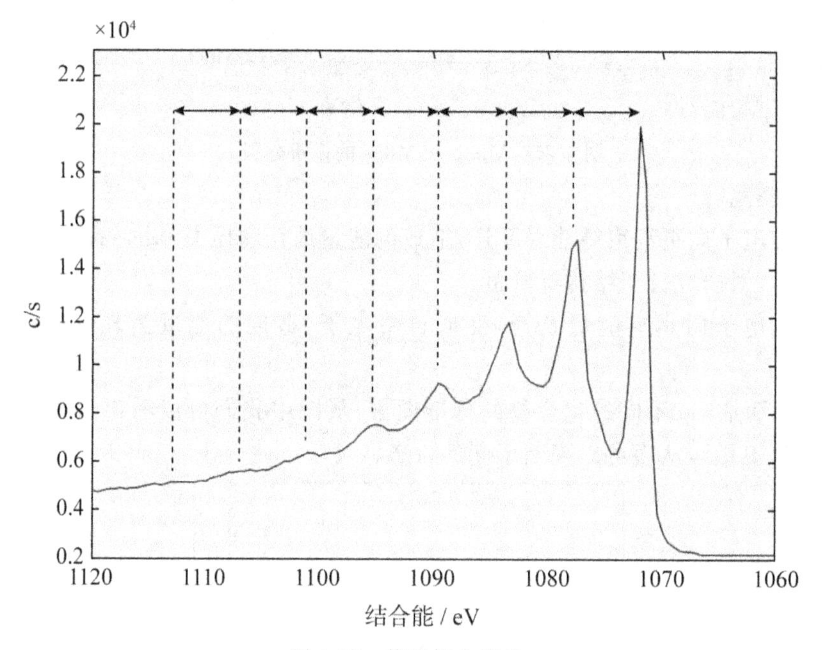

图4-28 能量损失谱峰

(6)俄歇谱峰

在光子激发原子产生光电子后，其原子变成激发态离子。激发态离子是不稳定的，会产生退激发(能量弛豫)。光电子出射后产生电子空穴，外层电子向空穴跃迁填补空穴会释放能量，此能量被次外层电子获得，就可以克服轨道的束缚逃逸出去，这个逃逸出去的电子就是俄歇电子(见图4-29)。在多种退激发过程中，最常见的就是俄歇电子的跃迁，因此在XPS图谱中必然有俄歇伴峰。

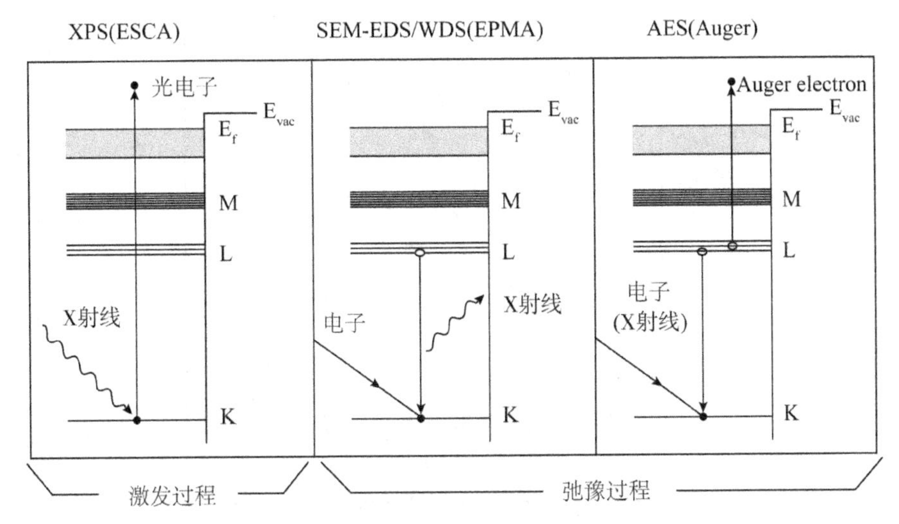

图 4-29　俄歇电子产生的原理

图 4-30 所示是典型的需要借助俄歇谱峰分析数据的案例，图(a)是 Cu 不同价态的光电子谱峰图，图中可以看到 Cu 单质与 Cu_2O 的光电子谱峰的位置和峰形都很相似，所以单从光电子谱峰上无法确定化学态，但俄歇谱峰(图 b)跨越 3 个能级，Cu 单质与 Cu_2O 所对应的动能区别比较大，基本相差 2eV，很容易区分价态。

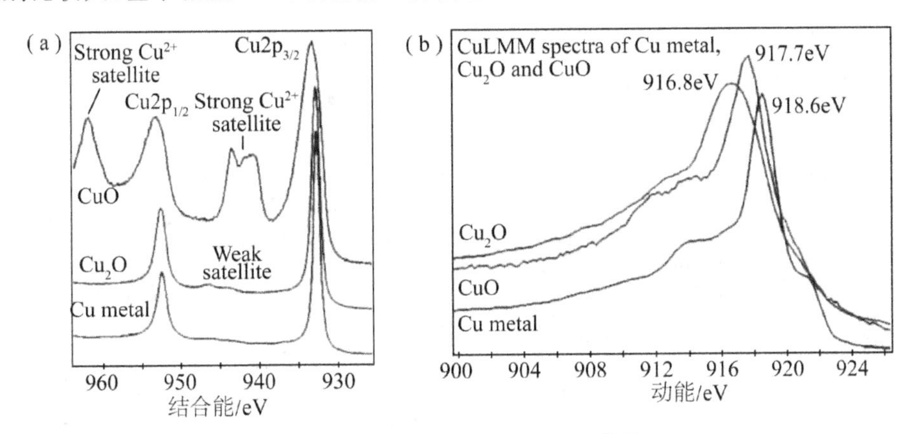

图 4-30　俄歇谱峰分析应用案例[1-6]

(7)价带谱

如图 4-31 所示为 PET 和石墨碳的价带谱信息，两个以上的原子以电子云重叠的方式形成化合物，各原子内层电子几乎仍保持在它们原来的轨道上运行，只有价电子才形成有效的分子轨道，属于整个分子。正因如此，不少元素的原子在它们处在不同化合物分子中时的 X 射线内层光电子的结合能值并没有什么区别，在这种情形下研究内层光电子谱线的化学位移便显得毫无用处。如果观测它们的价电子谱，有可能根据价电子谱线的结合能的变化和价带谱峰形变化的规律来判断该元素在不同化合物分子中的化学态及有关的分子结构。价带谱线对有机物的价键结构很敏感，其价带谱往往成为有机聚合物唯一特征的指纹谱，具有表征聚合物材料分子结构的作用。

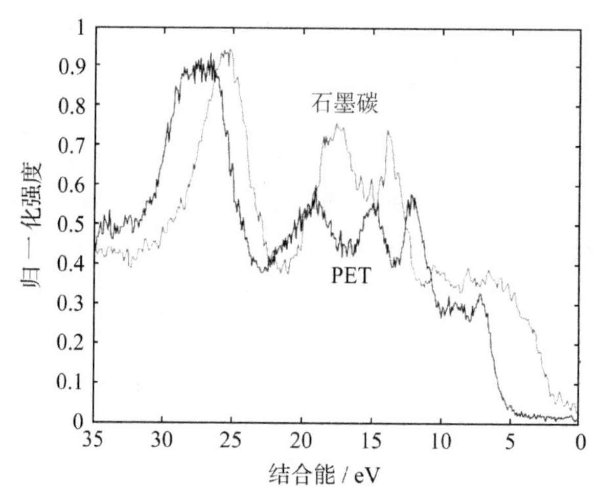

图 4-31　PET 和石墨碳的价带谱[1-6]

4.5　案例分享

4.5.1　基线错误

数据分析需要正确选择背底扣除的方式，图 4-32 中(a)(b)图中紫色的线是背景线；(c)(d)图绿色的线是背景线，但是基线均跑到谱线上方，这种扣背底的方法是错误的，那么后续谱峰拟合、化学态定性定量肯定也不正确。

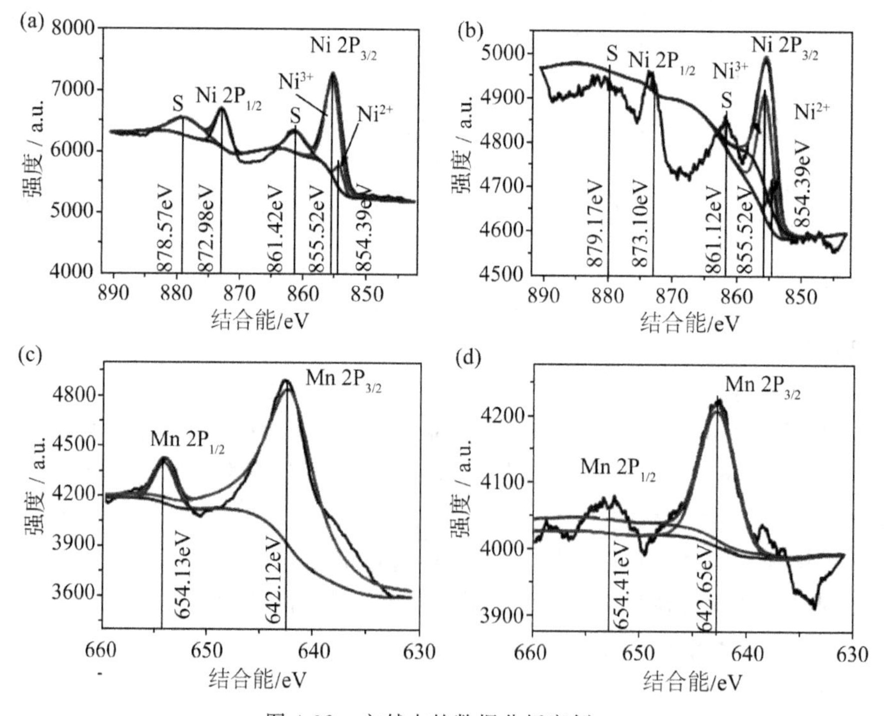

图 4-32　文献中的数据分析案例一

一般采用一种扣除背底的方式有 Linear、Shirley、Tougaard 和 Smart，根据谱峰的实际峰型和情况来正确选取本底类型，这样定量出来的结果是比较准确的，一组数据建议用一种扣背底的方法。

4.5.2　拟合及标峰错误：卫星峰和化学态错误

图 4-33 中，(a)图是文献中出现的图，图中错误的地方有：Ti 的 3 价是因为由非弹性碰撞导致的背景抬高，却被标记成 Ti-C。从图(b)正确的图谱中可以看出，p 轨道是自旋分裂峰，一对 2p3 与 2p1 表示一种化学价态，图(a)的 3 价则不对，图(a)中紫色的背景线没有和图谱交叉也是不正确的。

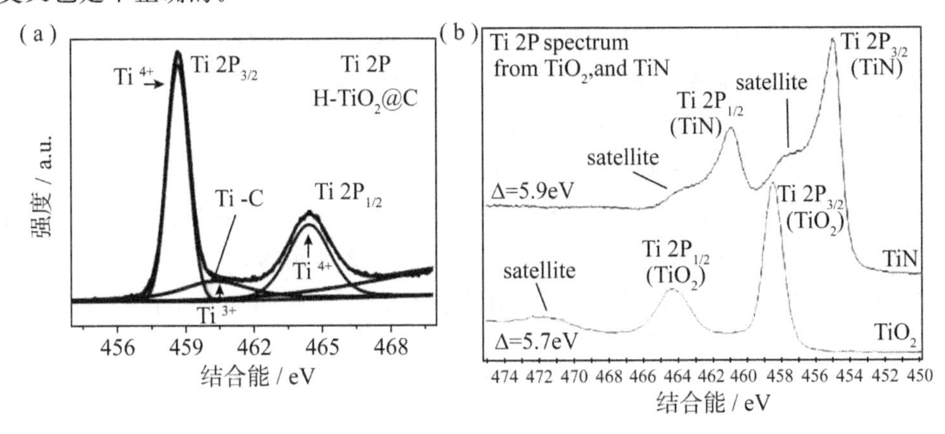

图 4-33　文献中的数据分析案例二

图 4-34 中，Ca2p 是自旋轨道分裂峰，分峰拟合时需要考虑峰与峰之间的能量差为 3.5eV，面积比例为 2p3∶2p1＝2∶1(如图(b))。图 4-34(a)中随意给峰，无视分裂峰原则。在(a)图的上图中在 2p3 谱峰中添加 2 个不同化学态，2p1 更换一个化学态，下图在 2p3 谱峰中添加 3 个不同化学态，2p1 更换一个化学态。这是文献中错误比较明显的案例，自己分析数据的时候要尽量避免。

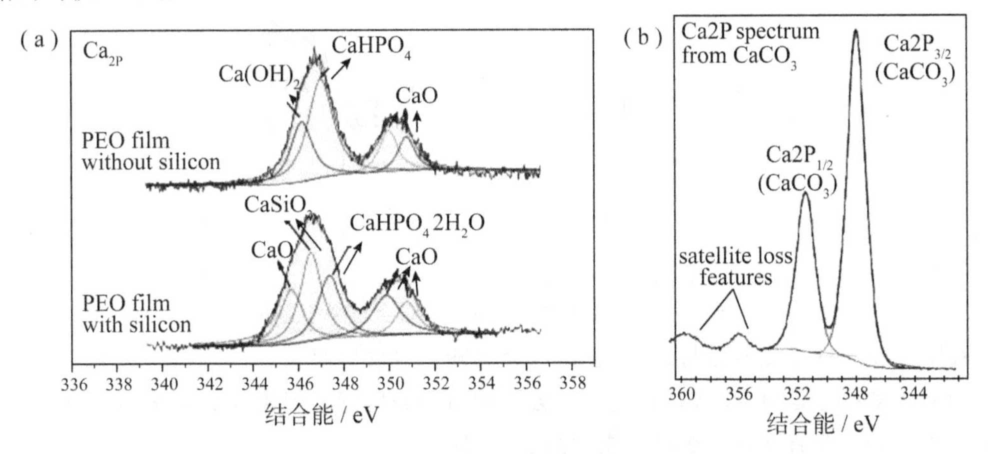

图 4-34　文献中的数据分析案例三

4.6 常见问题解答

1. XPS 测试样品的深度是多少?

一般XPS测试的是样品表面1～10nm的深度,但不同的样品的具体深度是不同的。这与X射线的能量及材料的非弹性散射平均自由程有关。

2. XPS 测试可以得到哪些信息?

(1)通过全谱定性分析可以得到样品表面(1～10nm)元素大于1%含量的Li-U的元素信息;

(2)通过精细谱分析可以得到元素的化学价态以及半定量的结果。

3. 为什么 XPS 测试后分析价态的位置和参考的文献不一样?

(1)先确定下分析数据前数据是否已矫正;

(2)矫正的方式选择和文献里的是否相同;

(3)每个设备都有能量分辨率,XPS用Al靶的能量分辨率是在小于等于0.5eV范围,如果参考的值在正负0.5eV之间变动,可以认为是没什么区别的;

(4)再查更多的资料[1]确定是否自己的化学价态是在这个范围,一个化学价态对应的是一个结合能的范围,如图4-35所示。

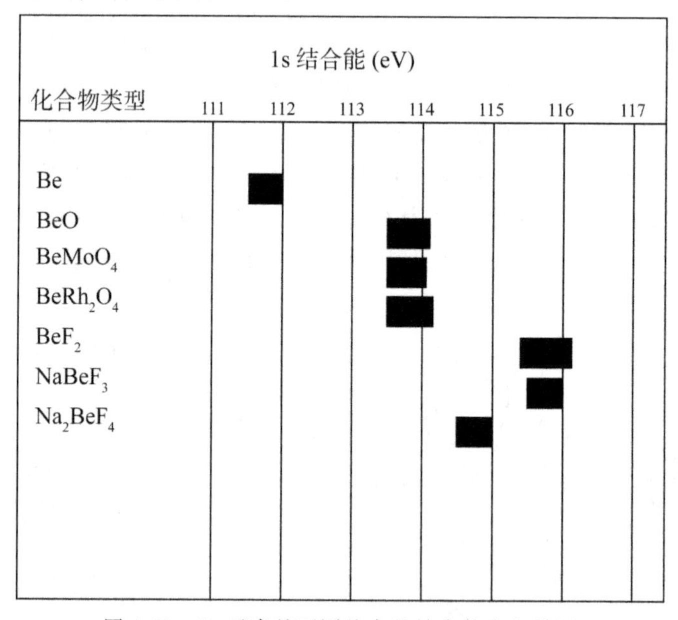

图4-35 Be元素的不同价态的结合能参考范围

4. XPS 粉末样品压不压片、平整度情况会影响元素含量吗?

如果元素组分是混合均匀的,应该不会影响组分的比例。但是样品不平整,可能会影响信号质量。如果含有含量较少的元素,建议压片制样。

5. XPS 可以测试液体样品吗? 怎么制样?

针对无蒸汽压、不挥发的液体如离子液体、液态金属等,可以滴在硅片上直接测试。

大部分液体样品无法直接测试，需要将溶液分散在硅片上，真空干燥后再测试。尽量用硅片，不要用玻璃，因为玻璃透明，而且较厚，不利于找到合适的测试位置。

6. 全谱分析有何不足之处？

全谱分析所得到的信号比较粗糙，只是对元素进行粗略的扫描，确定元素有无以及大致位置。对于含量较低的元素而言，信噪比很差，不能得到非常精细的谱图。通常，全谱分析只能得到表面组成信息，得不到准确的元素化学态和分子结构信息等。

7. XPS 全谱分析与 EDS(Energy Dispersive X-ray Spectroscopy)有何异同？

(1)EDS 与 XPS 的相同点：两者均可以用于元素的定性和定量检测。

(2)EDS 与 XPS 的不同点：

①基本原理不一样：简单来说，XPS 是用 X 射线打出电子，检测的是电子；EDS 则是用电子打出 X 射线，检测的是 X 射线。XPS 分析的是表面 1～10nm 深度的信息，EDS 分析的是体相微米级别的信息。

② EDS 只能检测元素的组成与含量，不能测定元素的价态，且 EDS 的检测限较高(含量>2%)，即其灵敏度较低。而 XPS 既可以测定表面元素和含量，又可以测定其价态。XPS 的灵敏度更高，最低检测浓度>0.1%。XPS 可以测试 Li～U 元素的范围，EDS 现在普遍可以测试 C 以后的元素，偏重原子。

③用法不一样：EDS 常与 SEM、TEM 联用，可以对样品进行点扫、线扫、面扫等，能够比较方便地知道样品的表面(和 SEM 联用)或者体相(和 TEM 联用)的元素分布情况；而 XPS 则一般独立使用，对样品表面信息进行检测，可以判定元素的组成、化学态、分子结构信息等。

8. XPS 表征的是样品的表面还是体相？为什么？

XPS 是一种典型的表面分析手段。其根本原因在于：尽管 X 射线可穿透样品很深，但只有样品近表面一薄层发射出的光电子可逃逸出来。

样品的探测深度(d)由电子的逃逸深度(λ，受 X 射线波长和样品状态等因素影响)决定。通常，取样深度 $d=3\lambda$，对于金属来说 λ 为 0.5～3nm；无机非金属材料为 2～4nm；有机物和高分子为 4～10nm。

9. 为什么 XPS 是一种半定量分析手段？

鉴于光电子的强度不仅与原子的浓度有关，还与光电子的平均自由程、样品的表面光洁度、元素所处的化学状态、X 射线源强度以及仪器的状态有关。因此，XPS 技术一般不能给出所分析元素的绝对含量，仅能提供各元素的相对含量。

参考文献

[1] 尹宗杰，汪霆，邢化朝. XPS 数据处理方法技巧[J]. 山东化工，2017(12)：89-91.

相关网站

(1)https://srdata.nist.gov/

NIST 网站是认可度比较高的网站，里面可以通过结合能查找资料，也可以通过元素查找资料，有相对应的参考文献。

(2)http://www.xpsfitting.com

XPSFITING 网站是集图谱和结合能数据为一体的网站，可供分析 XPS 数据的用户查阅。

(3)http://xpssimplified.com/periodictable.php

XPSSIMPLIFID 是热电公司的数据手册，里面有常见的化合物的图谱、峰与峰之间能量查、数据分析的小建议，等等。

(4)http://www.lasurface.com/database/elementxps.php

LASURFACE 和 NIST 网站一样查找资料。

(5)各表面分析仪器生产厂商(ThermoFisher Scientific、ULVAC-PHI、Kratos 等)提供的资料。

(6)【Handbook】【XPS】【Polymer】High Resolution XPS of Organic Polymers

专门针对有机化合物的一般手册，里面有化合物的结构、对应元素的分峰拟合的参数。

第5章 X射线荧光光谱仪

在冶金、地质、有色、建材、商检、环保、卫生等各个领域，经常使用X射线荧光(XRF)光谱仪对样品中的元素进行定性和半定量分析，这是一种对元素的种类表征的较为常见的方法。本章介绍X射线荧光光谱仪的基本测试知识，并对测试原理、仪器简介、样品制备、数据解读等方面进行详细阐述，着重对测试时样品的制备及常见的测试问题进行分析解答。

5.1 原理及应用

5.1.1 基本原理

XRF光谱仪主要由激发源(X射线管)和探测系统构成。X射线管产生入射X射线(一次射线)，激励被测样品。样品中的每一种元素会放射出二次X射线，并且每种元素所放出的二次射线具有特定的能量特性。探测系统测量这些放射出来的二次射线的能量及数量。然后，仪器软件将探测系统所收集的信息转换成样品中的各种元素的种类及含量。利用X射线荧光原理，理论上可以测量元素周期表中的每一种元素。在实际应用中，有效的元素测量范围为11号元素(钠)到92号元素(铀)。

众所周知物质是由原子组成的，每个原子都有一个原子核，原子核周围有若干电子绕其飞行。不同元素由于原子核所含质子不同，围绕其飞行的电子层数、每层电子的数目、飞行轨道的形状、轨道半径都有所不同，形成了原子核外不同的电子能级。在受到外力作用时，例如：用X光子源照射，打掉其内层轨道上飞行的电子，此时该电子腾出后所形成的空穴，由于原子核引力的作用，需要从其较外电子层上吸引一个电子来补充，这时原子处于激发态，其相邻电子层上电子补充到内层空穴后，直至最外层上的电子从空间捕获一个自由电子，原子又回到稳定态(基态)。这种电子从外层向内层迁移的现象被称为电子跃迁。由于外层电子所携带的能量要高于内层电子，它在产生跃迁补充到内层空穴后，多余的能量就被释放出来，这些能量是以电磁波的形式被释放的。而这一高频电磁波的频率正好在X波段上，因此它是一种X射线，称为X荧光。因为每种元素原子的电子能级是特定的，它受到激发时产生的X荧光也是特定(能量和波长)的。因此，只要测定X射线的能量或波长就可以判断出原子的种类和元素的组成，根据该波长荧光X射线的强度就能定量测定所属元素的含量。

如图5-1所示，X射线荧光的产生主要包括：

(1)原子处于激发态：来自X射线管(源)的辐射将原子深层(内电子层)的电子电离(驱逐)出去。

(2)原子发射：电离使得原子变得不稳定，产生的空穴由外层电子填充。比如，入射的X射线使某元素的K层电子激发成光电子后，L层电子跃迁到K层，此时就有能量ΔE释放出来，且$\Delta E=E_K-E_L$。

(3)X射线发射：电子跃迁产生的能量以X射线光子形式产生了独特的原子"指纹"。荧光X射线的波长λ与元素的原子序数Z有关，其数学关系如公式(5-1)所示：

$$\lambda=K(Z-S)-2 \tag{5-1}$$

式中：K和S是常数。

(4)X射线探测：收集来自所有原子的X射线，测量并组合成一张光谱图。

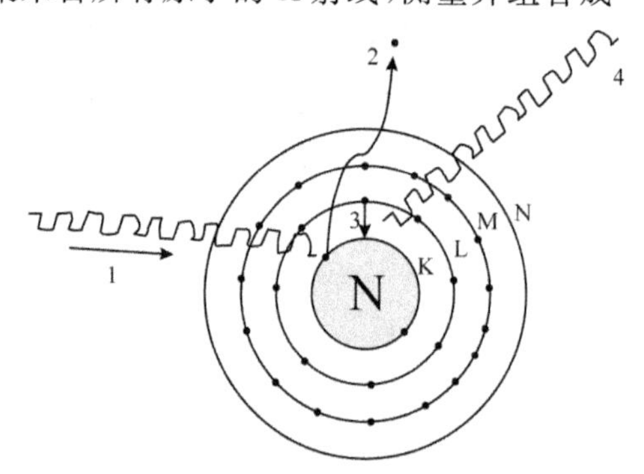

图5-1　XRF的工作原理示意图

XRF光谱仪是在一定的条件下，利用初级X射线光子或其他微观离子激发待测物质中的原子，使之产生荧光(次级X射线)而进行物质成分分析的仪器。荧光X射线是一种电波辐射，具有波粒二象性，具有一定的波长，同时也具有一定的能量。根据这两种特性，XRF光谱仪分成了两种类型，一种是波长色散型(Wavelength Dispersive X-Ray Fluorescence，WD-XRF)：样品中待测元素的原子受到X射线或高能辐射激发而引起内层电子的跃迁，同时发射出具有一定特征波长的荧光X射线，使用合适的晶体将发射光谱根据波长的差异进行分离和检测来对待测元素进行定性和定量分析；另一种是能量色散型(Energy Dispersive X-Ray Fluorescence，ED-XRF)：样品中待测元素的原子受到X射线或高能辐射激发而引起内层电子的跃迁，同时发射出具有一定特征波长的荧光X射线，利用脉冲高度分析器直接将光谱根据能量的差异进行分离和检测来对待测元素进行定性和定量分析。

5.1.2　应用范围

XRF光谱仪应用广泛，可用于岩石、矿物、土壤、植物、沉积物、冶金、矿业、钢铁、化工产品等样品中常量和痕量的定量分析。具有快速方便、制样简单、无损测量、分析元素宽、灵敏度高等优点。

具体可应用在以下几个方面：

(1)电子、磁性材料领域用来研究半导体、磁光盘、磁性材料、电池、线路板、电容器等。

(2)化学工业领域中可用来研究无机制品、有机制品、化学纤维、催化剂、涂料、颜料、药品、化妆品、洗涤剂、橡胶、调色剂等的成分。

(3)钢铁、有色金属工业领域中可用来研究和测定各种合金成分。

(4)陶瓷、水泥工业中可用来测定水泥、水泥原料、陶瓷、熟料、白灰石、黏土、玻璃、耐火材料、岩石等。

(5)农业、食品工业中可用来检测土壤、肥料、植物、食品等。

5.2　常见仪器

5.2.1　仪器的简单构成

X 射线荧光光谱仪主要由 X 荧光激发源、滤波器、样品测试台、X 射线检测器、数据处理器和控制系统构成。多数采用高功率的封闭式 X 射线管为激发源，配以晶体波长色散法和高效率的正比计数器和闪烁计数器，并用电子计算机进行程序控制、基体校正和数据处理[1-3]。WD-XRF 光谱仪的结构如图 5-2 所示。

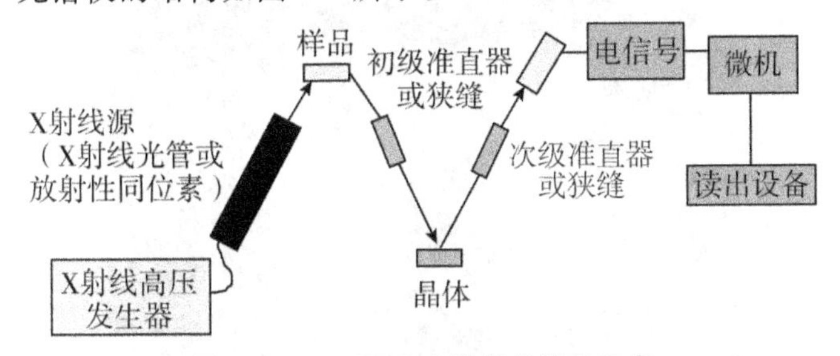

图 5-2　WD-XRF 光谱仪的结构示意

(1)X 射线激发源(X 射线管)的来源与要求(见表 5-1)

表 5-1　X 射线激发源(X 射线管)的来源

靶材	单一靶材	复合靶材
类型	分析重金属(钨靶) 分析重金属(铬靶)	Cr-Mo 靶

靶材的原子序数越大，X 光管压越高，连续谱强度越大。常见靶材的 X 光管适用的范围见表 5-2。

表 5-2　不同靶材 X 光管适用的范围

阳极	重金属	轻金属	附注
Rh $Z=45$	良	优	适合轻、重元素，RhK 线对 Ag、Cd、Pd 有干扰
Au $Z=79$	优	差	通常用于重金属的痕量分析，但不包括 Au、As、Se
Mo $Z=42$	良	差	用于贵金属分析，MoK 线激发 Pt 族 L 谱，不干扰 Rh-Ag 的 K 系谱线
Cr $Z=24$	差	优	用于轻金属的常规分析，Cr 谱线干扰 Cr 和 Mn 的测定，对激发 Ti 和 Ca 很有效

(2)滤波器的作用

消除或降低来自X射线管发射的原级X射线谱,尤其是靶材的特征X射线对待测元素的干扰,可改善峰背比,提高分析的灵敏度。

(3)滤波片的位置与作用

在激发源与样品之间安装初级滤波片,在样品与检测器之间安装次级滤波片。滤波片的作用有:消除光管特征线的干扰;微量分析时可提高峰背比;减弱初级光束强度;抑制管光谱的光谱杂质。

(4)X射线探测器

探测器的工作原理是以X射线的光电效应为基础把X射线光子转换成可测量的电压脉冲。

5.2.2 常见仪器

1. 赛默飞 ARLAdvant'X Intellipower 3600

ARLAdvant'X Intellipower 3600型扫描X射线荧光光谱仪见图5-3。

图5-3 ARLAdvant'X Intellipower 3600仪器

2. 荷兰帕纳科 AxiosMAX(见图5-4)

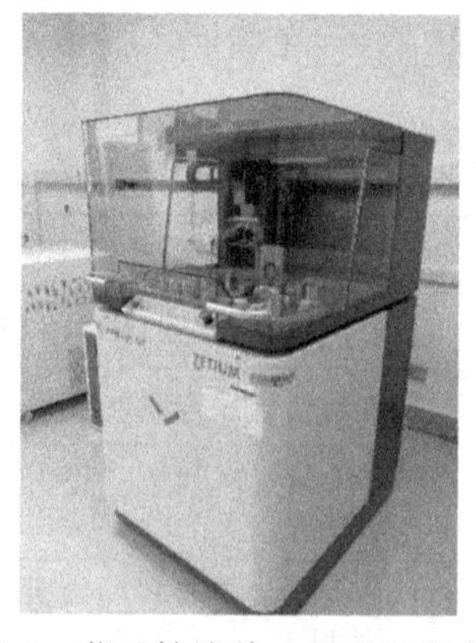

图5-4 荷兰帕纳科 AxiosMAX仪器

5.3　测试样品

5.3.1　测试样品要求

XRF光谱仪可以测试的样品比较多，粉末、块体、液体等都可以进行测试，具体要求如下：

(1)粉末类的样品需要2g以上；

(2)块状样品要求有一边必须大于2.5cm，并且标明测试面(表面光滑平整)；

(3)测试样品必须保持干燥；

(4)测试样品不能受到X射线照射而发生变化；

(5)对C元素含量超过10%的样品，需要先将样品烧成灰，计算样品的烧失量，并将烧失量提供给测试人员，以便使测试的数据更加精准；

(6)由于受XRF光管Rh靶的影响，若测试样品含Rh、Ru、In、Pd这类元素，需要提前跟测试人员说明。

5.3.2　制样方法

不同样品需要进行不同的制样，液体样品可以直接用液体杯装样测试分析，因此这里就不再对液体样品的制样方法进行描述；金属样品如果经过简单的切割后大小、形状合适，只需进行表面抛光即可测试；而粉末样品的制样方法就比较复杂。下面详细介绍制样。

(1)固体样品的表面处理

固体表面有时不能代表整个样品块，因此在测试时必须要区分我们分析的仅仅是样品表面还是整个材料，或者二者都要分析。

在进行表面处理时，必须要除去样品表面的氧化物以及其他腐蚀物，而且要有一定的光洁度。样品的光洁度直接影响测得的X射线强度，一般光洁度越高强度越大，轻元素对此尤其敏感。分析线的强度和研磨面的方向有关，入射线和出射线构成的平面和研磨方向平行时吸收最小，垂直时吸收最大，采用样品旋转就能使这种影响平均化。实质上，表面的光洁度不一样时，入射的一次X射线和荧光X射线的光程随表面磨纹的粗细而改变。

此外，在对样品进行表面处理时，可能引入杂质，使得样品成分的分析结果偏低，因此在进行表面处理时需要注意：使用碳化硅、氧化铝和氧化铈磨料时，样品表面可能会沾上这些元素，如果磨料是撒在包铅或者包锡的抛光轮上，则有可能会沾上铅、锡等元素，处理结束后必须除去样品表面所有的润滑剂、磨料和切割用的冷却剂。

(2)粉末样品

粉末样品可以采用标准添加法、内标法、稀释法和强度参考内标法等来处理，同时配置粉末标样也比较容易，可以直接把松散的粉末放在一定的容器里进行测量分析，也可以附着在薄膜上测量，因此粉末样品的处理通常既方便又迅速。较为常用的方法是制成压片或熔融片来进行测量分析。

①压片法

压片法是将经过粉碎或研磨的样品加压成形的制样方法。压片法的优点是：制样简单、快速；能够减少表面效应；制样设备简单；可提高分析精度。但其缺点是：不能有效地消除矿物效应和克服粒度效应。

压片法的注意事项：样品需要达到一定的粒度并且均匀；样品要烘干，且装料密度要一致；要保持容器及压片的模具清洁，防止样品间的相互玷污。

②熔融法

熔融法是把粉碎后的氧化物粉末样品与熔剂按照一定的比例混合，在高温下共熔，使得样品与熔剂形成均匀的玻璃体。熔融法的优点是：可以消除成分、密度、粒度的不均匀性，完全消除粒度效应；便于使用标准添加法、标准稀释法和内标法；标样的合成比较容易；制得的玻璃样品可以长时间保存等。其缺点是：样品会被稀释，分析的元素的强度会降低；制样需要花费大量时间，且需要一定的技巧；金属样品不可以直接进行熔融，还需要先经过氧化处理。

5.4 测试项目及数据解读

5.4.1 测试的范围及模式

由于不同设备安装的靶材和晶体不同，从测试的范围上说，XRF光谱仪可以测试元素周期表中从Be到U，即波长从0.01nm到2nm的范围，但大部分的设备只能进行原子序数从钠(Na)到铀(U)之间的元素的定性和半定量分析。测试轻元素采用低电压、大电流，测试重元素采用高电压、小电流。超轻元素Be、B、C、N需要特殊晶体，一般设备不能测试。

XRF光谱仪测试模式有单质模式和氧化物模式。在测试的时候勾选就可以，或者部分仪器的软件可以换算数据，如只测试的时候选择单质模式，可以换算导出氧化物模式。

5.4.2 数据解析

测试结果给出的是txt格式或者Word版测试结果，数据以氧化物形式或元素形式计算结果。如图5-7所示分别为单质模式和氧化物模式的测试结果。

	元素名称	质量百分数/%
1	Si	67.19
2	K	14.30
3	Zr	12.08
4	Al	5.77
5	Na	0.66

	化合物名称	质量百分数/%
1	SiO_2	67.19
2	Al_2O_3	14.30
3	K_2O	12.08
4	ZrO_2	5.77
5	Na_2O	0.66

图5-5 单质模式(左)和氧化物模式(右)的测试结果

5.5 常见问题解答

1. 为什么要求XRF测试粉末样品用量最好达到2g以上?

因为需要和淀粉一起压片做,如果样品量太少,需要加很多淀粉,容易导致结果不准确,样品量越多准确性越高。

2. 为什么XRF测试要求薄膜(块体)样品尺寸直径要大于2.5cm?

因为薄膜(块体)样品需要放进测试槽,测试槽的直径是2.5cm,如果样品太小会固定不了。

3. XRF测试可以精确到多少?

XRF测试原则上可以精确到ppm级别,但这个精度是基于标准物质的,常规的XRF测试只是半定量测试,误差不好判断,仅作为元素含量百分比的参考。

4. 为什么测试选择的是氧化物的模式,测试出来的数据有的是单质的形式存在?

因为卤素本身没有氧化物形式的化合物存在,出来的数据就是单质的形式,如表5-3中Cl、I元素。

表5-3 数据示例

化合物	质量百分数/%	标准偏差
MnO	66.28	0.24
ZnO	21.11	0.23
Cr_2O_3	12.34	0.08
Cl	0.083	0.041
V_2O_5	0.0481	0.025
Na_2O	0.043	0.009
Fe_2O_3	0.0427	0.007
TiO_2	0.0231	0.0024
MoO_3	0.02	0.0026
I	0.0101	0.0021

5. XRF的测试范围?

XRF测试的是材料的表面,X荧光的穿透能力与材料有关,与材料浓度的关系较大,所以不确定性也很大(一般金属是20~30μm,塑料是2~3mm)。

一般是半定量测试,可测试的深度是毫米级,可作为一种快速的无损分析。定量分析需要做标样。

6. X荧光光谱仪有什么类型? 有什么区别?

XRF光谱仪有两种类型,能量色散型和波长色散型。两者的区别是:波长色散型利用晶体分光,把不同波长的特征X射线分开,根据Bragg公式和Moseley定律做元素的定性分析；根据元素含量越高，射线的强度就越强，通过一定的方法来校准和校正，最后进行定量分析。能量色散型不用晶体分光，直接用半导体检测器检测样品的特征X射线的能量，进行定性和定量分析。

7. XRF测试的数据表格5-4里Sx是什么意思？

表格中的Sx表示总硫。

表5-4 数据示例

EI(元素)	质量百分数/%	标准偏差
Fe	71.53	0.23
Sx	27.93	0.22
Si	0.391	0.002
Mg	0.149	0.002

8. XRF是否可以测试有机液体？

可以测，如沥青，但是因为碳氢占比太高，测出来误差大，一般不建议做。

参考文献

[1] 王毅民，高新华，茅祖兴．波长色散X射线荧光仪器进展[J]．现代科学仪器，1995(2)：28-30，38．

[2] 杨明太，张连平．能量色散X射线荧光光谱仪现状及其发展趋势[C]．第八届中国核学会“三核”论坛论文集，2011：1307-1311．

[3] 安国玉．波长色散X射线荧光分析的新发展[J]．现代科学仪器，2006(5)：28-30．

第 6 章　电感耦合等离子体原子发射光谱仪

在材料成分分析测试领域中，经常使用电感耦合等离子体发射光谱仪（Inductively Coupled Plasma-Optical Emission Spectroscopy，ICP-OES）对样品中的多种金属元素以及部分非金属元素进行定量和定性的分析。本章介绍 ICP-OES 的基本测试知识，并对仪器原理、仪器基本组成、测试样品要求、数据解读等方面进行详细阐述，并结合测试案例对测试过程中的常见问题进行解答。

6.1　原理及应用

6.1.1　原子光谱的理论基础

(1)基态和激发态

不同的原子具有不同的能级，在一般的情况下，原子处于能量最低的状态，即基态。当电子或其他粒子与原子相互碰撞，如果其动能稍大于原子的激发能，就可使该原子获得一定的能量，从基态过渡至某一较高能级，这一过程叫作激发。原子的基态和激发态如图 6-1 所示。

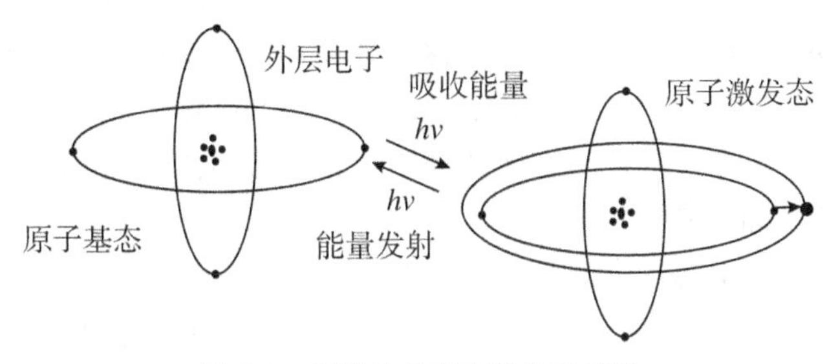

图 6-1　原子的基态和激发态示意

(2)发射光谱的产生

原子发射不同波长的光谱机理如图 6-2 所示。原子（离子）受电能或者热能的作用，外层电子得到一定的能量，由低能级 E_0（基态）被激发而跃迁到高能级 E_1（激发态），原子（离子）由基态到激发态获得的能量 $\Delta E=E_1-E_0$，被称为激发能或者激发电位。在高能级上运动的电子处于不稳定状态，当它由激发态跃迁回基态时，电子多余的能量便会以光的形式发

射出去，其波长 λ 为

$$\lambda=\frac{c}{\upsilon}=\frac{ch}{E_1-E_0} \tag{6-1}$$

公式(6-1)中，c 为光度；h 为普朗克常数；υ 为频率；E_1 为激发态的电子能量；E_0 为基态的电子能量。

同时，我们根据量子理论知道，原子吸收固定的能量后可以被激发到不同的高能级。电子处于不同的高能级轨道直接跃迁回基态轨道($E_3 \geqslant E_0$；$E_2 \geqslant E_0$；$E_1 \geqslant E_0$)，此时，原子会辐射出不同波长的光。

$$\lambda_1=\frac{ch}{E_1-E_0};\lambda_2=\frac{ch}{E_2-E_0};\lambda_3=\frac{ch}{E_3-E_0} \tag{6-2}$$

公式(6-2)中，E_1、E_2、E_3 分别代表电子处于不同激发轨道时的能量。

同时，处于激发态的原子中的电子也可能会经过几个中间能级才跃迁回基态，此时，原子也会辐射出不同波长的光。

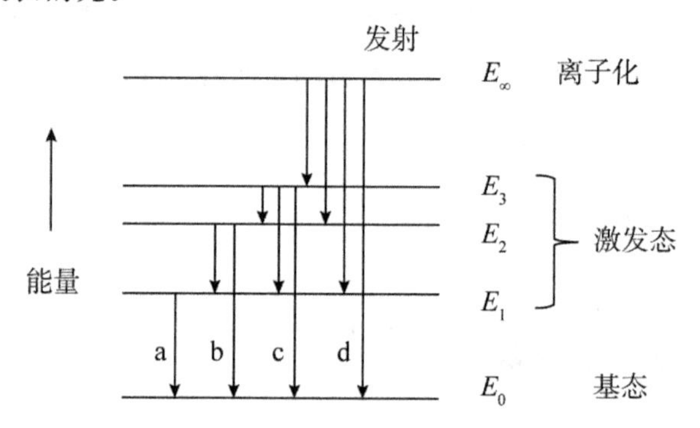

图 6-2 原子发射不同波长的光谱机理

6.1.2 电感耦合等离子体光源

等离子体(Plasma)一词首先由朗缪尔(Langmuir)在 1929 年提出，目前一般指电离度超过 0.1%被电离了的气体，这种气体不仅含有中性原子和分子，而且含有大量的电子和离子，且带正负电的粒子的浓度处于平衡状态，从整体来看是处于电中性的。从外观上看像火焰，所以在测试工作中，为了更形象地描述问题，很多时候会把炬管处形成的等离子体叫作“火焰”。等离子体在宇宙中是一种广泛存在的物质状态，比如太阳表面以及其他恒星表面的电离层其实都是一个巨大的等离子体。

在光谱分析工作中，电感耦合等离子体光源(简称 ICP 光源)是由频率 3～100MHz 的射频电源通过电磁感应产生加热的等离子体，作为光谱源发光源通常使用的频率是27.12MHz 或 40.68MHz，功率在 0.8～1.5kW 范围。

6.1.3 ICP 的形成条件及过程

ICP 的形成就是工作气体的电离过程，现在商用仪器绝大部分都是用氩气作为工作气体。形成稳定的 ICP 炬焰需要四个条件：高频率、高强度的电磁场，工作气体，维持气体稳定放电的炬管以及电子-离子源。

炬管是由直径 20mm 的三重同心石英管组成(炬管还有其他材质的，这里以石英炬管为例)。石英外管和中间管之间通 10～20L/min 的氩气，其作用是作为工作气体形成等离子体并冷却石英炬管，称为等离子气或者冷却气；中间管和中心管之间通入 0.5～1.5L/min氩气，称为辅助气，用以辅助等离子体的形成；中心管用于导入试样气溶胶，氩气流量一般为 0.5～1.0L/min。

冷却(等离子)氩气以外管内壁相切的方向进入 ICP 炬管内，解决了石英管壁的冷却问题，防止其被高温的 ICP 烧熔。炬管置于高频线圈的正中间，水冷的线圈连接到高频发生器的输出端。高频电能通过线圈耦合到炬管内电离的氩气中。当线圈上有高频电流通过时，则在线圈的轴线方向上产生一个强烈振荡的环形磁场。开始时，炬管中的氩原子并不导电，因而也不会形成放电。当点火器的高频火花放电在炬管内使小量氩气电离时，一旦在炬管内出现了导电的粒子，由于磁场的作用，其运动方向随磁场的频率而振荡，并形成与炬管同轴的环形电流。原子、离子、电子在强烈的振荡运动中互相碰撞产生更多的电子与离子，终于形成明亮的白色炬焰，其外形犹如一滴刚形成的水滴。在高度电离的 ICP 内部所形成的环形涡流可看作只有一匝的变压器次级线圈，而水冷的工作线圈则相当于变压器的初级线圈，它们之间的耦合，使磁场的强度和方向随时间而变化，受磁场加速的电子和离子不断改变其运动方向，导致焦耳发热效应并附带产生电离作用。这种气体在极短时间内在石英的炬管内形成一个新型的稳定的“电火焰”光源。具体如图 6-4 所示。

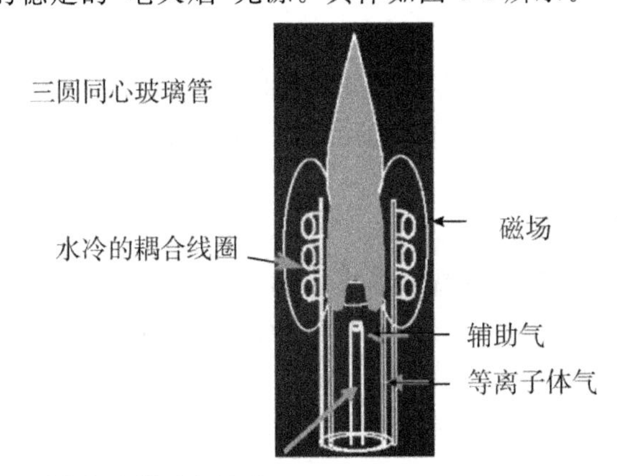

图 6-4　ICP 的形成示意

6.1.4　定量分析原理

对于任意元素的任意谱线来说，谱线强度和元素的浓度成正比，即

$$I=ac \tag{6-3}$$

考虑到实际的光谱光源中，某些情况下会有一定程度的谱线自吸现象，使谱线强度有不同程度的降低，必须对上式加以修正。

$$I=ac^b \tag{6-4}$$

公式(6-4)是由罗马金(Lomakin)等由实验得出的，通常被称为 Lomakin-Scherbe 公式。式中，I 是电子由激发态返回到基态时，辐射光的强度；a 是与等离子体温度、元素性质等有关的一个常数，这个常数推导过程比较复杂，我们只需要知道 a 是一个常数即可；b 是自吸系数，大多数情况下，$b \leq 1$，b 值与光源特性、样品中待测元素含量、元素性质等因素有关，在 ICP 光源中，多数情况下，我们可以认为 b 近似等于 1。

简单理解，就是光强 I 和元素浓度在一定范围内是正比关系，图 6-5 是 Agilent 720ES Cu 327.395 某一次测试的标准曲线图。

标准系列浓度 (mg/L)	Cu 强度
0.00	83.46
0.25	7995.46
0.50	15808.10
2.00	61605.80
5.00	154907.78
10.00	307766.00

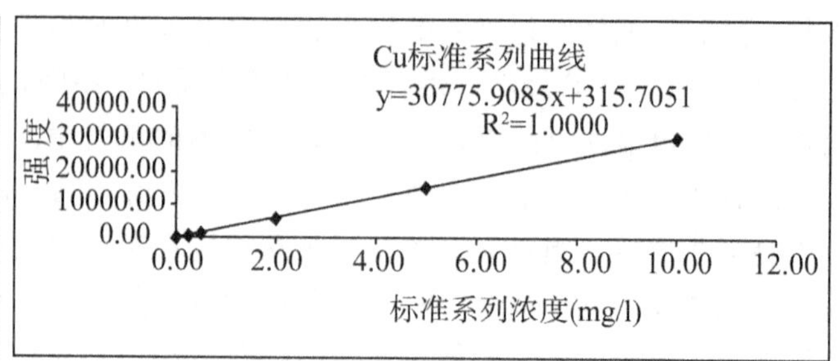

图 6-5　Cu 327.395 的标准曲线

6.2　仪器的基本组成

6.2.1　进样系统

进样系统是 ICP 仪器中极为重要的部分，我们这里只讨论液态溶液进样的情况。进样系统一般包括雾化器、雾化室、炬管，以及连接这些部件的毛细管、泵管，等等。

6.2.2　RF 发生器

RF 发生器通过工作线圈给等离子体输送能量，维持 ICP 光源稳定放电，目前 ICP 的 RF 发生器主要有两种震荡类型，即自激式和他激式。RF 发生器的作用主要是把高频能量通过工作线圈耦合到等离子体。

6.2.3　分光系统

样品溶液经过高温的 ICP 光原后，会得到不同波长混合而成的复合光。为了进行定性定量分析，复合光必须通过分光系统对其按不同波长进行分离。不同波长光具有不同的颜色，所以分光又称为色散。经色散分光后，得到一条按波长顺序排列的光谱。

6.2.4　检测器

光电转换器件是光电光谱仪接收系统的核心部分，主要是利用光电效应将不同波长的辐射能转化成光电流的信号，再积分放大后，通过输出装置给出定性或者定量的分析结果。常用的光电转换器件有光电倍增管及固体成像器件。随着制造技术的成熟、性能的提高，固态成像器件已成为原子发射光谱最理想的光电转换器件。目前较成熟的主要是电荷注入器件(Charge Injection Device，CID)、电荷耦合器件(Charge-Coupled Device，CCD)。

6.2.5　分析仪器的区别和应用范围

电感耦合等离子体发射光谱仪(ICP-OES)、电感耦合等离子体质谱仪(Inductively Coupled Plasma-Mass Spectrometry，ICP-MS)、原子吸收光谱仪(Atomic Absorption Spectrometer，AAS)是三种不同的分析仪器，理论上有着本质的区别，但是这三种仪器又都是测量元素含量的仪器，且在一定程度上测试结果有着可比性。因此，我们有必要对这三种仪器进行一个简单的比较，如表 6-1 所示。

表 6-1　三种仪器间的对比

	ICP-MS	ICP-OES	AAS
适用范围	ppb，ppm	ppm	ppm
检出限	优秀	好	好
工作效率	很好	优秀	好
动态线性范围	10^5	10^5	10^3
精密度	1%～3%	0.2%～2%	0.1%～1%
光谱干扰	很少	中等	一些
化学干扰	中等	很少	很多
耐盐分	0.1%～0.4%	3%～30%	0.5%～3%
样品用量	少	中等	高
能否半定量	能	能	否
运行成本	高	中等	中等

简单来说，对于测试溶液而言，如果目标元素在 ppm 级，也就是浓度 mg/kg 或 mg/L 时优先选用 ICP-OES 进行测试，如果目标元素是 ppb 级别，也就是浓度 μg/kg 或 μg/L 优先选用 ICP-MS 进行测试。而 AAS 由于对多元素分析存在很大的局限性，所以只有批量的单元素测试的样品可以考虑，AAS 在检出限方面可类比 ICP-OES，所以对于大部分的样品，根据被测元素的大概浓度，选择 ICP-OES 或者 ICP-MS 测试即可。如图 6-9 所示，标记颜色的元素绝大部分型号的 ICP-OES 和 ICP-MS 都可以测试。而 AAS 可测元素的种类主要受限于实验室元素阴极灯是否齐全。

H																	He
Li	Be											B	C	N	O	F	Ne
Na	Mg											Al	Si	P	S	Cl	Ar
K	Ca	Sc	Ti	V	Cr	Mn	Fe	Co	Ni	Cu	Zn	Ga	Ge	As	Se	Br	Kr
Rb	Sr	Y	Zr	Nb	Mo	Tc	Ru	Rh	Pd	Ag	Cd	In	Sn	Sb	Te	I	Xe
Cs	Ba	La	Hf	Ta	W	Re	Os	Ir	Pt	Au	Hg	Tl	Pb	Bi	Po	At	Rn
Fr	Ra	Ac															
			Oe	Pr	Nd	Pm	Sm	Eu	Gd	Tb	Dy	Ho	Er	Tm	Yb	Lu	
			Th	Pa	U	Np	Pu	Am	Cm	Bk	Cf	Es	Fm	Md	No	Lr	

图 6-9 ICP-OES 可测元素范围

6.2.6 常见仪器

ICP-OES 光谱分析已经是非常成熟的元素分析技术了，各大仪器厂商提供的仪器技术上基本都已经非常成熟，在这里简单介绍一下安捷伦公司旗下的一款非常经典的机型 Agilent 720ES。同时，由于 ICP-MS 分析技术常和 ICP-OES 分析放在一起对比，所以我们也有必要简单介绍一款 ICP-MS 仪器，这里要做介绍的 ICP-MS 型号是 Agilent 7700X。

1. Agilent 720ES

Agilent ICP-OES 720ES 提供非常出色的检测性能、十分快的分析速度和非常高的稳定性。采用新一代 VistaChip II CCD 检测器，具有极高的量子化效率，提供非常高的分析性能。整个检测器实现：一次进样，同时检测波长 167～785nm 之间所有的分析谱线，真正实现全谱直读，极大地提高分析速度。光栅、棱镜、检测器均为固定安装，整个单色器系统无任何移动部件，确保仪器具有非常稳定的光学性能。该仪器还提供了快速自动谱线拟合技术(Fast Automated Curve-fitting Technique，FACT)，进一步提高光谱分辨率，是强有力的谱线分离技术，对于部分元素间的排除光谱作用非常强大。对于 ppm 级别的测试样品而言，Agilent 720ES 是一个非常理想的测试仪器。

图 6-10 为 Agilent 720ES 的实验室实拍图。

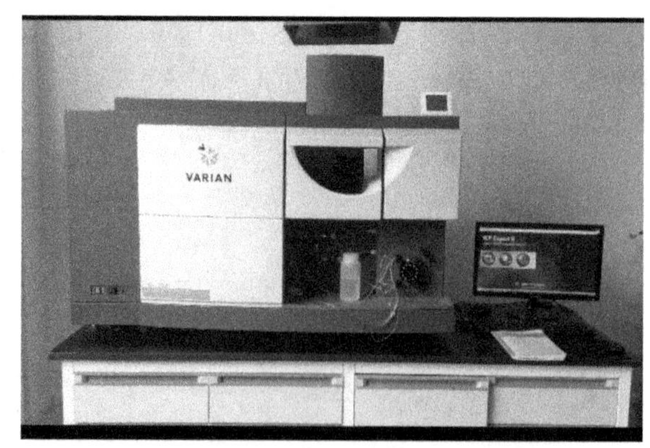

图 6-10 Agilent 720ES 仪器图

2. Agilent 7700X

安捷伦 7700 系列 ICP-MS 是世界上体积最小的商品化 ICP-MS。7700 系列具有适应多种样品类型、应用范围广泛、性能稳定耐用的特点，是大多数常规实验室进行低含量(ppb 级别)元素分析的很好选择。

Agilent 7700X 集合了可消除多原子干扰单一碰撞池模式简单性的特点以及独特的高基质进样系统(HMI)优良基质耐受性的特点。八极杆反应系统(ORS)技术具有更高的灵敏度、比以往复杂高基质样品中更高效的干扰消除，这使得在常规分析中不需要任何反应池气体。在有效的 ORS 下氦碰撞模式也就不需要任何干扰校正公式了。这两个因素重新定义了 ICP-MS 的易用性，消除了复杂样品多元素分析中最常见的两种误差来源。该仪器对于 ppb 级别的测试非常有优势，可以一次性完成多个元素的测试。图 6-11 为厂家提供的 Agilent 7700X 实拍图。

图 6-11　Agilent 7700X 仪器图

6.3　测试样品

6.3.1　测试样品要求

由于测试样品种类非常多，样品的性质也有非常大的差异，不同的样品有着不同的要求，在这里我们简要叙述一下几类常见样品的要求。

(1)可以直接测试的液体样品：此类样品是指无机酸性或者中性的液体样品，不包括液体的有机溶液或者液体油等类型的样品。此类样品如果是碱性，pH 值最好不要超过 10.0，碱性更强的溶液，需要用稀硝酸将样品稀释成酸性。同时样品溶液需要澄清透明，不能有固体的小颗粒或者絮状物，如果含有以上杂质，需要将样品过滤或者离心处理。最终测试溶液需要 5～10ml。

(2)强碱性液体样品：强碱性液体样品的 pH 值在 10 以上，由于仪器的进样系统有很多的石英部件，强碱溶液会对玻璃有一定的腐蚀作用，所以此类样品必须用硝酸将样品调节成酸性方可进行测试。同时样品溶液需要澄清透明，不能有固体的小颗粒或者絮状物，如果含有以上杂质，需要将样品过滤或者离心处理。最终测试溶液需要 5～10ml。

(3)含有有机物的溶液:溶液中有机物含量达到5%以上时(乙酸溶液除外,乙酸达到10%左右时,还是可以直接测试的),会影响等离子体的稳定性,极有可能会造成离子体的熄灭,此时需要对样品溶液进行一定倍数的稀释处理或者消解处理。处理后的样品溶液需要澄清透明,不能有固体的小颗粒或者絮状物,如果含有以上杂质,需要将样品过滤或者离心处理。最终测试溶液需要5～10ml。

(4)粉末固体样品:粉末类样品,是我们测试中最常见的一种样品类型,这类样品需要根据样品的性质对其进行一定的前处理,将粉末样品转化成液体样品后,方可进行测试。在样品比较充足的情况下,每样品准备100mg左右,如果被测元素是样品的主要组成元素(含量达到0.1%以上时),样品的最少测试需要量可以是20mg,样品更少的情况时,由于分析天平称量样品的质量存在较大的不确定度,就会导致最终结果的不确定度增大。如果测试的是样品中的杂质元素(含量低于0.01%时),样品应尽量准备100mg或者更多。杂质元素一般是环境中比较常见的一些元素,比如K、Ca、Na、Mg、Fe、Al等,由于这些元素在环境中非常常见,那么测试的本底含量就会比较大,增加样品量,可以减小这种环境本底的影响。对于此类样品,需要详细说明样品的主要成分信息,以及被测元素的大概含量范围,以方便工程师快速找到合适的前处理方案。

(5)动物组织样品:动物组织类样品也是测试中比较常见的一种类型,包括动物血液和其他组织样品。血液样品尽量准备0.05ml以上,实验允许时,应该准备1ml左右。其他组织样品如果质量在1g以内的,整体取样即可。如果是一些大型动物的组织样品,则需要进行一定的处理,准备1g样品即可。由于这类样品很容易腐烂变质,所有的动物组织类样品在送样前,需要进行冷冻处理,样品冷冻后方可进行打包寄快递,快递箱需要用比较厚实的保温泡沫箱,并且要加足量的干冰(注意一定要用干冰,不是普通的冰袋),快递三天内到达的,建议要装5kg干冰。

(6)土壤、矿物类样品:这类样品由于很难被完全消解,样品应该做到粒度尽量地小,所以样品需要进行研磨,并过200目以上的筛。样品准备0.1g以上。

以上仅仅列出了部分常见的样品类型,对于一些特殊的样品,在送样前应和测试方沟通相关的样品信息,以便确定测试方案。

6.3.2 样品前处理

针对不同的样品情况,样品前处理方法一般可以分为湿法消解和干法消解两大类。

1.湿法消解

湿法消解是指用无机强酸和/或强氧化剂溶液将样品分解、氧化,使待测元素转化为离子形态的方法。常用的试剂有浓硝酸、浓盐酸、浓硫酸、高氯酸、氢氟酸、过氧化氢等。用于湿法消解的加热设备有电热板、水浴锅、石墨炉消解仪、微波消解仪等。很多样品在单一试剂下很难被完全消解,因此在实际的测试中需要根据样品的性质,选择将两种或者多种试剂联合使用,以便使样品快速消解。

(1)电热板消解:此方法简单、易于操作,适用于大部分样品,包括大部分的氧化物、盐类、金属等样品。将一定量的样品,称量到玻璃烧杯或者聚四氟乙烯材料的烧杯中(消解时预计用到氢氟酸时，应该用聚四氟乙烯材料的烧杯），根据样品的性质，选择加入一定量的酸或者几种酸的混合酸，消解时最常用的是盐酸和硝酸的组合酸。然后将样品放置在电热板上加热消解样品，易于消解的样品会很快消解完全，消解完全是指所有消解完毕时，没有任何的固体残渣，消解液澄清透明。不易消解的样品，应该延长消解时间和消解的温度，必要时可以在烧杯上盖上一个表面皿，增加回流萃取的效果，以使被测元素尽可能地被消解到消解液中去。消解完成，待消解液冷却至室温后，将消解液过滤定容至一定体积的容量瓶中，摇匀待测。

（2）微波消解：微波消解技术是利用微波的穿透性和激活反应能力加热密闭容器内的试剂和样品，可使制样容器内压力增加，反应温度提高，从而大大提高了反应速率，是目前比较先进的一种消解技术。该方法适用于大部分类型的样品，不适用于消解过程中产生大量气体的样品（大量的气体产生可能会导致微波消解罐爆裂）。同时，该方法适于处理同一类型的批量样品，零散的样品不太适合。处理过程如下：准确称量一定量的样品至微波消解罐中，根据样品的性质，加入一定量的酸（常用的是硝酸、盐酸、氢氟酸，或者这几种酸的混合酸）。室温下放置一段时间，待初始反应完成后，将微波罐的盖子盖好，放入微波消解仪中，用设置好的消解升温程序对样品进行消解。整个消解过程全自动完成，只需要在消解程序完成，温度下降到 50℃以下时，将消解管取出，放在通风橱进行过滤定容等操作即可。

（3）石墨炉消解仪：石墨炉消解仪采用先进的一体环绕加热方式，比传统的电热板消解更高效节能。大部分的石墨炉消解仪已经实现了可以设置不同的升温程序，能满足不同类型的样品消解需求。该方法适用于大部分类型的样品处理，且操作灵活，是现在无机实验室前处理样品的一个重要方法。处理过程如下：准确称量一定量的样品至样品消解管（有石英材质和聚四氟乙烯材质的）中，根据样品的性质，加入一定量的酸（常用的是硝酸、盐酸、氢氟酸，或者这几种酸的混合酸）。室温下放置一段时间，待初始反应完成后，将样品消解管依次放入石墨消解仪中，用设置好的消解升温程序对样品进行消解。整个消解过程全自动完成，只需要在消解程序完成，温度下降到 50℃以下时，将消解管取出，放在通风橱进行过滤定容等操作即可。

2. 干法消解

部分样品含有大量不易被消解的有机物成分，此时，可以考虑用干灰法处理样品。比如，油类样品、高分子聚合物、生物样品等，这些样品直接消解，往往存在着不易消解的问题，这些样品就可以用干灰化法处理样品。将一定量的样品放在坩埚中，然后将样品坩埚放入高温马弗炉内，加热到 450～700℃之间，以使样品中的有机成分彻底被分解，剩下无机灰分，再用少量的无机酸对灰分进行消解处理即可。此方法可适当加大取样量，有利于降低方法检出限；但是干灰法也存在一定的不足之处，就是在高温灰化过程中，可能会造成待测元素的损失，回收率偏低。

前处理方法还有碱溶液消解、高温碱熔融法消解等，由于这些处理方法过程比较复杂，本身又有很大的局限性，测试工作中已很少采用，所以在此不做详细介绍。

6.4 测试项目及参数解读

6.4.1 基本术语解读

检出限:相对于99%的置信度元素,在溶液中可被检出的最低浓度。具体是对空白或接近空白的溶液进行多次测量,3倍的标准偏差即是检出限。这是仪器所能检出的高于背景噪声的最低限。检出限(Detection Limit)和测量下限(Determination Limit)的英文简写都是DL。测量下限是指有一定准确度要求,可进行定量测定的分析元素的最小浓度(或质量),而检出限带有可定性检出的最小浓度(或质量)的含义。

方法检出限(Method Detection Limit,MDL):一般认为是3~5倍的DL。

动态线性范围(Linear Dynamic Range,LDR):配置一系列浓度溶液,测定回收率在95%~100%以内,认为符合LDR。

准确度:指测定值和真实值的差别。

精密度:表示测量的再现性,是仪器稳定性的一个指标,通常用标准偏差或者相对标准偏差来表示。也通常简称为"精度"。

准确度和精密度是两个不同的概念,但它们之间有一定的关系。应当指出的是,测定的准确度高,测定结果也越接近真实值。但不能绝对认为精密度高,准确度也高,因为系统误差的存在并不影响测定的精密度。相反,如果没有较好的精密度,就很难获得较高的准确度。

6.4.2 标准溶液配置

ICP光谱分析中,必须重视标准溶液的配制,不正确的配制方法,将导致系统偏差的产生;介质和酸度不合适,会产生沉淀和浑浊,易堵塞雾化器并引起进样量的波动;元素分组不当,会引起元素间谱线互相干扰;试剂和溶剂纯度不够,会引起空白值增加、检出限变差和误差增大。

另外配制应注意,用高纯度酸或者超纯度酸;配制用水尽量用超纯水,没条件的也至少用三级水,而且需要不定期地监控实验用水的水质情况;配制混合标准元素时,应分成几组配制,避免谱线相互干扰及形成沉淀;标准溶液应该逐级稀释,每次的稀释倍数应在100倍以内;对于ppm级的标准溶液稳定期为2~4个星期;ppb级的标准溶液稳定期为1个星期,有条件的应该做到现配现用;准备标准溶液时,应同时准备校正空白。

6.4.3 常见测试问题

1. 造成仪器稳定性差的因素有哪些?

仪器稳定性差时,主要有以下几个方面的表现形式:内标数据不稳定;同时多次测试同一个样品,数据变化较大。如果仪器出现这方面的问题,主要从以下几个方面进行分析。

从样品方面分析:样品中是否存在极小的小颗粒物或者胶体;样品中是否存在高盐分的

情况;样品中是否存在有机物。解决办法是对样品进行重新过滤或者进行适当倍数的稀释。

从测试环境分析:由于仪器的检测器对环境的温湿度比较敏感,当环境温度大于30℃,或者湿度大于80%时,仪器的稳定性可能会受到一定的影响。解决办法:改善测试环境,将实验室的环境尽量控制在温度22～26℃,湿度40%～60%之间。

从仪器的进样系统分析:当仪器的进样系统(包括进样毛细管、蠕动泵软管、雾化器、雾化室、炬管)经过长时间的使用后,也可能会导致仪器的稳定性出问题。解决办法:管路部分进行更换,雾化器、雾化室、炬管进行清洗或者更换。

仪器的检测器或者光路系统故障:当以上所有可能都已排除,仪器还存在问题时,需要考虑这方面的问题,虽然这是小概率事件,但还是有可能的,这需要专业的工程师来诊断分析。

2. 记忆效应的影响及解决办法有哪些?

记忆效应是指一个新样品的分析结果,受到残存在进样系统分析过的样品的影响,表现出所测结果与仪器分析经历有关。比如,刚刚测试了一个高含量Ag元素的样品,再测试下一个样品,下一个样品即使不含有Ag,也会导致测试结果有一定的数据,这便是记忆效应。比较常见的具有记忆效应的元素有:Ag、Au、B、Hg、Mo、Si、Sb、Sn、W、Zr。消除记忆效应的方法有:稀释;保证足够的冲洗时间;测试中间2%硝酸冲洗;必要时,需要更换或者清洗雾化器、雾化室、炬管等。

3. 测试过程中的误差有哪些?

ICP测试有多个环节,一般至少包括称量、消解、定容、稀释、仪器测试等环节,每一个环节都可能引入一定的不确定度。

称量时,天平称量样品的质量存在一定的误差;消解时可能存在被测元素的损失、消解不完全、额外引入污染等;定容时或者稀释时,容量瓶的容积存在一定的误差,操作人员不同的操作水平会带来误差;仪器测试时,仪器当时的状态、稳定性,以及溶液的状态都会影响测试结果,也会引入一定的误差。

从以上说明我们看出,整个的测试环节,每个环节都或多或少地存在一定的不确定度,而且这种不确定度不能完全消除,只能尽可能地减小。那么最终的测试结果其实是有一定的不确定度存在的。注意,我们这里说的不确定度不是指错误的操作,错误的操作不能算是不确定度。所以对于ICP测试而言,提高工程师的经验水平,规范操作所有测试的环节,有助于减小不确定度,使测试结果更接近样品的真实含量。

4. 如何处理部分特殊样品的测试问题?

测试Ag元素时,不能用到盐酸或者王水,因为产生的AgCl是沉淀(溶解度比较低)。一般测试Ag的样品只能用到纯硝酸消解,部分样品可以配合氢氟酸来消解。样品同时测试Ag以及另外几个元素,纯硝酸不能消解样品时,必须再配合盐酸才能把样品主体消解,对这类样品,前处理需要进行两次,一次是只用纯硝酸消解样品,得到的消解液用来测试Ag元素,另外一次是用硝酸和盐酸的混合酸消解样品,得到的消解液测试除Ag之外的其他元素。Ag的测试是一个难点,还会存在其他多种可能的情况,需要具体情况具体分析。

液体样品时含有有机物时,应该备注有机物的信息,包括有机物的名称、大概的含量水平，高含量的有机物一般是不可以直接进样测试的，需要进一步酸化处理或者稀释处理后才能测试。

对于无机液体，应该说明液体的酸碱性，尤其是高浓度的碱液样品，是不能直接测试的，会腐蚀仪器的石英进样系统。同时，如果样品中含有氢氟酸或者其他形式的氟离子，亦应说明大概的含量水平。

6.4.4 示例说明

1. 数据计算

$$C_x(\text{mg/kg})=\frac{C_0(\text{mg/L})*f*V_0(\text{mL})*\ 10^{-2}}{m(\text{g})*10^{-2}}=\frac{C_1(\text{mg/L})*V_0(\text{mL})*\ 10^{-2}}{m(\text{g})*10^{-2}} \tag{6-5}$$

$$W\%=\frac{C_x(\text{mg/kg})}{10^6}*100\% \tag{6-6}$$

$$C_1(\text{mg/L})=C_0(\text{mg/L})*f \tag{6-7}$$

式中：m 为分析样品时所取用的样品的质量，单位 g，该数据由分析天平记录所得；V_0 为样品消解后定容的体积，单位 ml；f 为稀释倍数；C_0 为测试溶液元素的浓度，单位 mg/L，该数据由仪器测试所得(已自动扣除空白值)；C_1 为样品消解液原液的元素浓度，单位 mg/L，该数据由式(6-7)计算得出，如果样品是可直接测试的液体，C_1 是最终测试结果；C_x 为所测元素的最终测试结果，单位 mg/kg，由上述公式(6-5)计算所得；W 为所测元素最终测试结果，以%表示，由上述公式(6-6)计算所得。

具体的测试数据见表 6-2。

表 6-2 具体测试数据

样品质量 m_0(g)	定容体积 V_0(mL)	测试元素	测试溶液元素浓度 C_0(mg/L)	稀释倍数 f	消解液/原样品溶液元素浓度 C_1(mg/L)	样品元素含量 C_x(mg/kg)	样品元素含量 W(%)
0.0361	10	Mg	0.54	100	53.63	14854.57	1.49%
0.0361	10	Mn	4.04	100	404.48	112045.43	11.20%
0.0361	10	Al	0.91	1	0.91	252.60	0.03%

如果需要样品中被测元素的原子比或者摩尔比时，只需要用 C_1 或者 C_x 列数据除以该元素的相对原子量，再进一步化简即可。比如以上数据，我们想得到 Mg、Mn、Al 之间的原子比，用 C_x 数据除以对应元素的相对原子量，再把得到的数据进一步简化，就可以得到表 6-3中的数据。

表 6-3 测试元素的原子比

测试元素	相对原子质量	测试元素原子比	测试元素原子比(简化后)
Mg	24.31	611.17	1.00
Mn	54.94	2039.49	3.34
Al	26.98	9.36	0.00

6.5　案例分享

1. 常见元素的金属氧化物的测试

两个样品要求测试 Co、Li、Mn、Ni 元素含量，但是没有提供详细的样品信息，样品外观为黑色，我们初步判断不是碳粉。但是我们知道这几个元素的氧化物都是黑色的，所以我们判断该样品应该就是这几个元素的氧化物组成的混合物，或者是这几个元素组成的复杂的氧化物。无论是何种情况，这类样品都是应该可以用王水消解掉的。分析完成以后，我们开始测试样品，样品在王水的消解下，非常容易地被消解了，消解后的样品呈现粉灰色，这至少表明样品中含有高含量的 Co、Ni 元素。测试结果和预期基本上相符。

2. 样品同时测试金(Au)、银(Ag)时的样品测试

样品中同时存在 Au、Ag 元素，且要求测试这两种元素的含量。样品中 Au 元素的含量预期在 5%左右，Ag 元素预期在 6%左右。首先，我们对测试元素的性质做一下分析：Au 这个元素，尤其是单质时，必须要在王水中才能被消解，而王水是由硝酸和盐酸混合成的一种混合酸(体积比是 1∶3)；而 Ag 元素有一个很特殊的性质，就是遇到氯离子时会产生氯化银沉淀。从以上分析我们可以看出，这类样品做测试时，是存在一个矛盾问题的，就是 Au 必须用王水才能完全消解，而测试 Ag 不能用含有盐酸的试剂。

分析出以上情况后，我们决定用两种不同的前处理方法来分别测试 Au 和 Ag。首先，我们取一部分样品，加入王水，对样品进行充分消解，之后过滤样品，得到样品溶液 A；我们再取另外一部分样品，我们只用纯硝酸对样品进行消解，经过充分的消解后，之后过滤样品，得到样品溶液 B。用样品溶液 A 测试 Au 元素，用样品溶液 B 测试 Ag 元素。测试结果和预期基本上相符，不过测 Au、Ag 的样品还有多种可能的情况，要具体情况具体分析。

3. ICP-OES 和 ICP-MS 两种仪器验证异常测试数据

样品要求 ICP-MS 测试 Se 元素，样品是一种合成饲料，预计 Se 含量大概在 0～4.5mg/kg 之间。测试完成后，我们计算数据发现，B 组样品远远偏离预计结果，达到 308mg/kg。由于偏离预期非常多，我们排查了仪器的状态，仪器一切正常，那么是不是可能存在未知的干扰导致结果异常呢？这种可能性非常低，但是不能完全排除。所以我们决定用 ICP-OES 测试这个样品溶液，来验证 ICP-MS 的测试结果。ICP-OES 最终的测试结果是 293.84mg/kg。ICP-OES 的测试数据表明 ICP-MS 的数据是没有问题的，两种仪器的测试结果基本一致，测试数据得到了很好的验证。

6.6　常见问题解答

1. 测试时在 ICP-OES 和 ICP-MS 之间如何选择？

ICP-OES 仪器比较适合测试被测元素为 ppm 级别的样品溶液，就是说被测样品溶液如果达到 mg/kg 级，一般来说选择 ICP-OES 是没有问题的。而 ICP-MS 仪器的优势在于可以测试 ppb 甚至 ppt 级别的样品溶液，所以当被测样品的溶液是 ppb 级别或者以下时，选择

ICP-MS更为合适，当然并不是ICP-MS不适合测试ppm级别的样品溶液，只要把标准曲线做到相应的浓度或者把样品溶液进行一定倍数的稀释，也是可以达到测试ppm级别溶液的目的。

如果样品中同时需要测高浓度(ppm级别)和低浓度(ppb级别)的元素时，比较合理的方案是用ICP-OES测试其中的高浓度元素，再用ICP-MS测试低浓度元素。当然，这种情况也可以单独用ICP-MS测试。

以上说明的是样品是溶液的情况，如果样品是固体粉末等需要消解的样品时，被测元素是样品明显的组成成分时，可以考虑用ICP-OES测试，如果只是含量很低的杂质元素时，可以考虑用ICP-MS测试。

2. 样品量较少时，可以提供的最少样品量是多少？

对于液体样品，我们建议每种样品提供5～10ml溶液，固体粉末类的样品应提供100mg以上。当样品特别少，比如液体样品不足5ml时，我们希望此时按最大能力来提供样品。测试时，可以进行一定倍数的稀释以增加样品量来完成测试。粉末样品尽量提供20mg以上，样品太少时，还是可以测试，只是测试的不确定度会增加。当提供的样品量过少时，请和测试工程师联系，要根据样品情况和被测元素综合判断是否可以进行测试。

3. 样品中元素含量较高，为什么测试结果和理论结果有一定差异？

ICP-OES更适合测试ppm级别的溶液，如果元素含量过高，就不可避地需要进行一定倍数的稀释等操作，稀释的过程就会引入不确定度，而且这种不确定度无法完全消除，只能尽量减少，和测试工程师的经验有一定的关系，所以会导致结果与预期有一定的偏差。

4. 样品用常规的消解方法无法完全消解，对测试结果有何影响？

我们需要分析不能消解的主要成分是什么，如果不能消解的成分并不是样品的被测元素，同时，被测元素又和这部分不能消解的成分处于游离状态，这种情况，一般来说，样品不能完全消解对测试基本上没有影响或者说影响会很小。

另外一种情况，如果不能被消解的部分包括我们要测的元素，那么这种情况下，肯定会影响测试结果，会导致测试结果偏小。

5. 同一个样品，多次平行测试，每次数据有一定的差异，造成这种差异的原因是什么？

在整体测试环节没有问题的前提下，存在一定的差异是正常的。每次测试均存在一定的不确定度，所以数据肯定都会存在一定的差异。只要这种差异不是很明显，就是正常的情况。如果差异很大，需要从两方面分析原因。

第一，需要测试方自行分析哪些环节的不当操作，可能会导致数据偏差较大；第二，应该自行分析一下样品的情况，样品是否存在不均匀的问题，是否存在易吸潮、易失水、易氧化等导致样品物理化学性质变化的因素。

推荐资料

1. METHOD 3050B ACID DIGESTION OF SEDIMENTS, SLUDGES, AND SOILS

EAP3050B是美国环保署对于沉积物、淤泥、土壤样品的前处理方法，方法中提供了此类样品的详细的处理过程和注意事项，很多实验室的其他样品湿法消解样品基本上是参考这个方法。

2. METHOD 3052 MICROWAVE ASSIDTED ACID DIGESTION OF SILICEOUS AND ORGANICALLY BASED MATRICES

EAP3052 是美国环保署硅酸盐基体和有机基体样品的微波前处理方法，方法中提供了此类样品的详细的处理过程和注意事项，很多实验室的微波消解方法基本上是参考这个方法得来的。

3. METHOD 6010C INDUCTIVELY COUPLED PLASMA-ATOMIC EMISSION SPECTROMETRY

EPA6010C 是美国环保署对于 ICPOES 的规范使用提供的一种方法。方法中对于 ICPOES 的操作规范、质量控制、异常处理等问题做了极为详细的说明。

4. 辛仁轩. 等离子体发射光谱分析[M]. 北京：化学工业出版社，2018.

5. 胡坪，王氢. 仪器分析[M]. 北京：高等教育出版社，2019.

第7章 常用热分析技术

热分析是指用热力学参数或物理参数随温度变化的关系进行分析的方法。国际热分析协会于1977年将热分析定义为:“热分析是测量在程序控制温度下,物质的物理性质与温度依赖关系的一类技术。”[1]因其能够快速准确地测定物质的晶型转变、熔融、升华、吸附、脱水、分解等变化,热分析技术在无机、有机及高分子材料的物理及化学性能分析方面扮演着重要角色。本章主要介绍常用热分析相关的基础知识,主要包括差示扫描量热法(Differential Scanning Calorimetry,DSC)、热重分析法(Thermogravimetry Analysis,TG/TGA)、同步热分析(Simultaneous Thermal Analysis,STA)。此外,对实际测试过程中的一些实验技巧或误区、相关仪器扩展均有涉及。对热分析仪器中的主要核心部件、仪器应用范围、样品要求、图谱解析等相关知识进行了简单介绍,并通过案例分享的方式进行了具体分析。

7.1 典型热分析原理、核心部件与应用

热分析(Thermal Analysis)通常是指在程序控温(和一定气氛)下,测量物质的某种物理性质与温度或时间等关系的一类技术[2]。它存在的客观物质基础是:在目前热分析仪可以达到的温度范围内,通常从−190～1500℃(或2400℃),任何一种物质的物理、化学性质不会完全相同。常用热分析主要包括差示扫描量热法、热重分析法、同步热分析三种。

7.1.1 DSC基本原理

由物理学可知,具有不同自由电子束和逸出功的两种金属相接触时会产生接触电动势。金属丝A和金属丝B焊接后可以组成闭合回路,如果两焊点的温度 t_1 和 t_2 不同,就会产生接触热电势,闭合回路有电流流动,检流计指针偏转。接触电动势的大小与 t_1、t_2 之差成正比。如把两根不同的金属丝A和B以一端相焊接(称为热端),置于需测温部位;另一端(称为冷端)处于冰水环境中,并以导线与检流计相连,此时所得热电势近似与热端温度成正比,构成了用于测温的热电偶。如将两个反极性的热电偶串联起来,就构成了可用于测定两个热源之间温度差的温差热电偶。将差热电偶的一个热端插在被测试样中,另一个热端插在待测温度区间内不发生热效应的参比物中,试样和参比物同时升温,测定升温过程中两者的

温度差，就构成了差热分析的基本原理。

差示扫描量热法(DSC)是指在程序控温下，测定输入到试样和参比物之间的热流量(或功率差)与温度(或时间)关系的一种技术。差值主要是指实验中试样与参比物之间的热流速率差(mW/mg)，参比物仅仅作为对比对象，主要目的在于揭示试样的特性。因此要求参比物热特性为已知，且呈现热稳定性，即在温度变化过程中不发生任何相态变化。其中参比样具体是指在一定温度和时间范围内，具有热稳定性的已知样品。DSC仪器中，一般是放在和装试样的坩埚一样的空坩埚中。而标准样品往往是指具有一种或多种足够均匀且确定的热性能的材料。该材料能用于DSC仪器校准、测量方法的评价及材料的评估。一般选择In、Sn、Bi、Zn、Cs这5种标准样品。

7.1.2　DSC核心部件

根据参比样和试样是否属于同一加热炉腔，我们可以简单地将DSC仪器分为热流型和功率补偿型，分别如图7-1和图7-2所示。

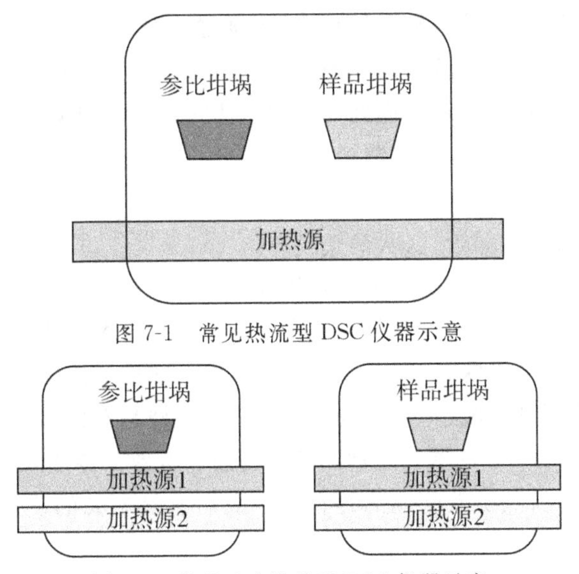

图7-1　常见热流型DSC仪器示意

图7-2　常见功率补偿型DSC仪器示意

热流型DSC：特点是单炉体设计，样品与参比在同一个环境下加热，热电偶直接与样品支架连接，炉体大，保温好，但降温慢，DSC基线稳定，重复性佳，无须经常做校正。大部分厂家的DSC选用热流型设计。

功率补偿型DSC：试样和参比物分别具有独立的加热器和传感器，整个仪器由两套控制电路进行监控。一套控制温度，使试样和参比物以预定的速率升温；另一套用来补偿二者之间的温度差。无论试样产生任何热效应，试样和参比物都处于动态零位平衡状态，即二者之间的温度差 ΔT 等于0。由于升温程序过于烦琐，维护较为复杂，生产商较少。

需要留意的是，尽管二者类型上略有差异，但是基本原理都是完全一致的。我们以图7-1为例，样品坩埚装有样品，与参比坩埚(通常为空坩埚)一起置于传感器盘上，两者之间保持热对称，在一个均匀的炉体内按照一定的温度程序(线性升温、降温、恒温及其组合)进行测试，并使用一对热电偶(参比热电偶，样品热电偶)连续测量两者之间的温差信号。由于炉体向样品/参比的加热过程满足傅里叶热传导方程，两端的加热热流差与温差信号成比例关系，因此通过热流校正，可将原始的温差信号转换为热流差信号，并对时间/温度连续作图，得到DSC图谱。由于两个坩埚的热对称关系，在样品未发生热效应的情况下，参比端与样品端的信号差接近于零，在图谱上得到的是一条近似的水平线，称为"基线"。当然任何实际的仪器都不可能达到完美的热对称，再加上样品端与参比端的热容差异，实测基线通常不完全水平，而存在一定的起伏，这一起伏通常称为"基线漂移"。而当样品发生热效应时，在样品端与参比端之间则产生了一定的温差/热流信号差。将该信号差对时间/温度连续作图，则获得DSC图谱。值得注意的是，由于DSC仪器中使用的是低温段热电偶，精确性较高，因此常规DSC不需要额外测试基线，比热容测试除外。

以下我们也对DSC仪器的核心部件及相关术语进行简短介绍与对比，主要包括升温/制冷系统、气路系统、热电偶/传感器、炉腔样品/参比。

(1)升温/制冷系统：与TG/STA相比，三者升温系统差别不大，但在降温系统中差别十分明显。常规TG/STA仅支持风控降温设备，即通过高压空气进出炉腔达到降温的作用。在DSC中，还可以配备机械降温系统与液氮降温系统。前者可以使炉腔从室温降低到−80℃，后者可以利用液氮进一步降低到−180℃，从而可以实现低温范围热响应的研究，测试温度跨度大。此外，风控降温、机械制冷、液氮制冷的联合使用，可以实现同一样品的多次升降温循环。

(2)气路系统：一般包括保护气、吹扫气。

(3)保护气：特指用作保护加热炉体通入的气体，一般用氮气。

(4)吹扫气：主要指直接通入测试炉腔内的气体，它可以使样品置于惰性或氧化性气氛中。如用氮气/氩气惰性气体吹扫，可以排除样品氧化放热造成的干扰；另外，可以驱除样品释放出来的气体，保持测试环境前后一致和稳定，并减少样品对传感器的污染。

(5)热电偶/传感器：DSC仪器中经常配备低温段热电偶。传热效率较为精准，但是耐腐蚀性较差，酸根、卤素、硫、低沸点金属的存在会严重影响热电偶的使用寿命。其中，传热杆熔断是最常见的现象。

(6)炉腔样品/参比：实验中注意选择同型号的坩埚作为参比。

7.1.3 TG基本原理

根据热电偶的测量原理，将一个热电偶制成传感器，将微量的样品置于传感器上，放入特殊的炉子内按一定的规律加热。当样品在一定的温度下发生吸放热的物理变化时，通过传感器就可以探测出样品温度的变化，进而通过专业的热分析软件，处理得出温度变化的数据或图形，根据图形再判断材料有可能发生的各种相变。将传感器和样品构成的支架系统同时放在天平上，当样品在一定的温度下发生重量的变化时，天平就可以立刻反映出来，通过专业的热分析软件，处理得出重量变化的数据或图形，同样根据图形再判断材料有可能发生的各种内在成分的变化。

热重分析法(TG/TGA)是指在程序控温和一定气氛下，测定样品的质量与温度或时间变化的一种热分析技术，其主要用于研究固态和液态物质的分解、化合、脱水、吸附、脱吸、升华、蒸发等伴有质量改变的热变化现象。热重实验中测得的记录曲线称为 TG 曲线，纵坐标为试样质量或者残余质量百分占比，横坐标为试样的温度或者时间。TG 曲线的一阶微分称为 DTG 曲线，代表了失重速率的变化过程，单位为%/min，DTG 峰的峰值温度代表了相应失重台阶速率最大的温度点，经常用于表征失重温度。

7.1.4　TG 核心部件

高灵敏度天平是 TG 仪器中决定仪器类型的关键部件。按天平位置的不同大致分为三种，如图 7-3 所示，从左至右分别为下皿式热天平、上皿式热天平、平卧式热天平。三种类型天平各有利弊，经常出现在各个生产厂家的仪器中。

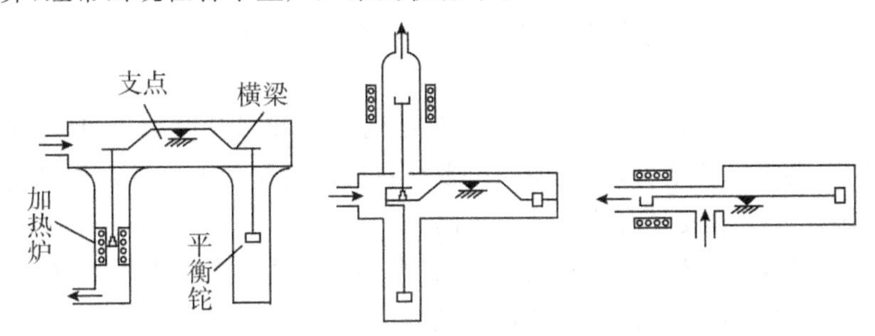

图 7-3　热重仪器天平类型示意图

下皿式热天平：样品在底端。热天平的悬挂系统结构简单、质量较轻，因此可用于高灵敏度的仪器。然而，天平易受下方加热炉内上升的热气流、热分解产物和热量等干扰，在试样坩埚附近产生较大的对流。由于横梁一端受热，使热重基线漂移加大。热分解产物容易附在试样坩埚和吊丝上，使测量误差增大。操作不太方便，放置样品困难。传感器的位置取决于样品的位置。更换传感器困难。有害气体会冲进天平室。

上皿式热天平：样品在上部。避免了下皿式天平的缺点。更换样品容易，样品室更换容易，样品放置稳固。然而，结构设计复杂，需用较大质量的平衡锤来避免试样支持器的倾倒，由于天平总负荷的增大，限制了天平测量灵敏度和精度的提高，也存在浮力效应(减基线)。上皿式和下皿式的热天平的炉子垂直放置，轴对称性好。

平卧式热天平：样品在底部。无须悬挂，试样支架直接挂在天平横梁的一端，水平伸入炉膛内，结构更为简单，通入气流量的波动对热重测量结果影响很小，浮力效应较小。然而，需要大流量气体，样品和传感器放置较难，传感器的膨胀加热过程中由于横梁的膨胀会产生增重现象。水平式双天平可以减弱这种漂移。

除此之外，以下我们也对 TG 仪器的其他核心部件及相关术语进行介绍与对比，主要包括升温/降温系统、气路系统、热电偶/传感器、炉腔样品/参比。

(1)升温/制冷系统：与 DSC 相比，常规 TG 一般仅支持风控降温设备，即通过高压空气进出炉腔达到降温的作用。因此在高温阶段，TG 降温过程尚且可控，但是临近室温附近，降温过程无法呈现直线降温模式。

(2)气路系统：同样包括保护气、吹扫气。

(3)热电偶/传感器：与DSC相比，TG仪器中的热电偶对低、中、高温段均具备较好的精准度。温度范围一般包含室温到1200℃。同样，也需要注意酸根、卤素、硫、低沸点金属的存在与否，尽可能延长传热杆的使用寿命。

(4)炉腔样品/参比：TG中样品的变化量由天平直接读取，实验中不需要参比样品的存在。

7.1.5 TG-DSC基本原理

同步热分析(STA)：同步热分析法特指热重-差热分析(TG-DTA)和热重-差示扫描量热技术(TG-DSC)，属于最常用的同时联用技术。TG-DTA是将热重技术(TG)与差热分析技术(DTA)结合在一起的一种热分析技术，实验时由同一个试样在一次测量过程中可以同步获得TG和DTA曲线。同样的，TG-DSC技术是将TG技术与差示扫描量热技术(DSC)结合在一起的一种热分析联用技术，实验时由同一个试样在一次测量过程中可以同步获得TG和DSC曲线。

TG-DSC的优点是可以在一次实验中同时得到质量和热量两组信息。STA的基本原理本身就是DSC与TG的结合，因此受到很多材料测试工作者的青睐。但是与单独TG以及单独DSC相比，其灵敏度是有着显著差异的。

原理上讲，一方面，从热重的角度，灵敏度最高的单热重大多是天平上置式，从天平中延伸出一个挂钩到炉体内，这种结构的好处是灵敏度高，天平漂移小(30～800℃的漂移小于50μg)；由于同步热需要检测热量信息，因此一般采用天平下置，这种结构的天平量程大，精度相对偏低，另外由于测DSC需要更好的温度均匀性，所以炉体也大，这就造成了天平漂移大(30～800℃的漂移大于200μg)。因此，同步热分析需要基线的扣除。其次，单热重的坩埚都是敞开的，利于分解气体的逸出，而同步热需要兼顾量热，要尽可能地屏蔽高温热辐射，就需要在坩埚上加个带孔的盖子，这样会导致热重分解向高温方向偏移。

另一方面，从差热的角度，单DSC的最高使用温度不超过700℃，常用镍镉—康铜热电偶制成的传感器，这种传感器使用温度范围窄，但是灵敏度高，易被腐蚀；TG-DSC要兼顾高温，通常使用铂-铑热电偶制成的传感器，灵敏度相对较低；另外单DSC装载样品使用铝皿，TG-DSC使用氧化铝作为坩埚，铝的热导率是氧化铝的20倍以上，此外铝坩埚的厚度一般只有0.1mm，而氧化铝坩埚的厚度接近1mm，这就进一步增加了二者的传热效率的差异；单独DSC中铝坩埚是加铝盖并压紧的，这样可以避免由于样品蓬松，中间的空气产生热阻，而TG-DSC由于要兼顾热重信号，样品不能压实，只能在坩埚上面加一个打孔的盖子，这又进一步加大了同步热与单DSC的量热差距。

因此，TG-DSC并非是TG和DSC的简单叠加，在条件允许的情况下，应尽可能选择单TG和单DSC，可以得到更好的数据。

7.1.6 热分析仪器经典型号

1. TG-DSC仪器：NETZSCH STA 449 F3

STA 449 F3是耐驰公司推出的一台同步TG-DSC热分析仪。作为高性价比的NETZSCH F3系列产品的新成员之一，具有坚固、灵活、易于操作等特点，非常适合同时测试热效应(转变温度、热焓)与质量的变化。通过选择合适的炉体,安装高性能传感器、配以最恰当的附件,采取顶部装样的同步热分析仪几乎可以满足所有的应用需要。它综合了高性能的热流型 DSC 与高灵敏度级天平,可以提供无与伦比的称重与测量范围。STA 449 F3 包含了高性能的 TG 与 DSC 测试系统。其天平系统具有漂移小、范围广等特点。该系统可配备不同量程的天平,并可在全量程范围内实现高灵敏度。这归功于其领先的电子天平技术。

温度范围可以包含室温至 1650℃,升降温速率:0.001~50K/min(取决于炉体配置);可以耐受的气氛包括惰性、氧化、还原性气体,广泛应用于化学、物理、材料、医学、农业、生物、地理、石油、化工、食品等领域。通过真空系统和流量控制系统,用户可以进行任意气氛控制下的测试。双炉体提升装置和自动进样器(ASC)对于高性能的热分析仪器是非常有利的,可以大大改善样品的处理量,从而提高测试的效率。在宽广温度范围内,各种 TG-DSC 传感器可以提供真正的 DSC 测试。TG、TG-DTA 传感器则可满足特殊要求下的测试。坚固耐用的硬件、界面友好的软件、灵活多样的设计配以丰富的选项使得 STA 449 F3 成为实验室中质量控制和材料研究的理想工具。STA 449 F3 可以与 QMS 或者 FTIR 联用,亦可同时与二者联用。即使配以自动进样器,所有测试也可同步进行。

2. TG 仪器:NETZSCH TG209F1

耐驰 TG209F1 热重分析仪可用于热稳定性、分解过程、吸附与解吸、氧化与还原、成分分析、添加剂、水分与挥发物测量、分解反应动力学研究。

TG209F1 可以测量升温或恒温时,样品质量随时间或温度的变化,多用于陶瓷材料、矿物、金属、食品、黏合剂和涂料的热重法分析实验。值得注意的是,测量之前,TG209F1 通常不需要再耗时做基线。独特的 BeFlat 功能能自动补偿任何影响测量的外部因素,这样工作时间减少高达 50%,为测量留下更多的时间。

TG209F1 的核心是由高性能的陶瓷制成的炉体,这不仅使得样品测试温度可达 1100℃,同时可使得升温速率高达 200K/min。用户可在几分钟内获得温度的测试分析结果,比其他品牌的热重分析仪更快。新设计的陶瓷炉体,即使用于研究含有腐蚀性成分的材料,其寿命也比传统的热重分析仪长好几倍,完全可用于分析氟化或氯化聚合物。反应气和吹扫气是垂直方向上流动的,可以避免其在相关组件(样品支架)上的冷凝。这样不仅对测试材料是有利的,而且减少了分解产物的持续沉积污染,减少了先前测试对后续测试的累积性影响。

3. DSC 仪器:Mettler DSC3

梅特勒-托利多的 DSC 是目前世界上商品化的 DSC 仪器中量热灵敏度最高的(同等测试实验条件下的荷兰国际热分析协会的数据表明)。2015 年 5 月 8 日热分析 DSC3 同步上市,DSC3 采用独一无二的由 56 对或 120 对金/金钯热电偶以星形方式排列的 DSC 专利传感器(MultiSTAR DSC Sensor),确保具有极高的灵敏度及平坦基线。DSC3 的解析度、温度精度和重复性极高,信噪比很大,信号时间常数很小,分峰能力极强。由于传感器基材为陶瓷,热电偶材质为金/金钯,且在表面覆盖了极薄的氧化铝涂层,所以 DSC3 具有超强的耐化学腐蚀性。由于采用了模块化设计,DSC3 作为梅特勒-托利多热分析超越系列产品之一,是人工或自动操作的最佳选择,适用于从质量保证和生产到技术研发的广泛用途。DSC3 还能进行多频温度调制 DSC(TOPEM)实验。DSC3 与光量热装置结合,可扩展为 UV-DSC;与显微镜结合,可扩展为 DSC-显微镜系统(这在热分析市场上是独一无二的)。

DSC3 配备的传感器是 FRS 5+,普适性传感器 FRS 5+最大的特点就是基线十分平坦稳定,可用作精确比热测定。并且具备超强的抗化学腐蚀性,可以增加支架使用周期。温度范围最低包括−150℃,最高可至 700℃;升温速率可以包括 0.02~300℃/min,降温速率则包括 0.02~50℃/min,广泛适用于聚合物(热塑性塑料、热固性树脂、弹性体、黏合剂和复合材料)、药物、食品、化学品等的质量控制和研究开发。

7.1.7 应用范围

典型热分析技术已经广泛应用于无机、有机及各种高分子化合物,包括化学、化工、冶金、地质、塑料、玻璃、电器、生物、医学、轻工等领域,凭借固液均可测试、样品量较少、仪器灵敏度较高等优点,为应用化学、生物及医学、材料科学的迅速发展提供了坚强的技术支持。具体而言,DSC、STA 测试主要可以表征材料在相转变、融化、凝固、吸附、解析、裂解、氧化还原、玻璃化、结晶、熔融、比热、组分分析等方面的信息,而 TG 由于不能及时关注材料热效应,因此往往局限于吸附、解析、裂解、氧化还原、组分分析等方面。

例如,如图 7-4 所示,通过 DSC 技术,我们可以明确获得硅橡胶材料在对应程序控温条件下升温阶段熔融温度数值,并可以将升温、降温的微小差距进行对比,从而指导厂家生产。

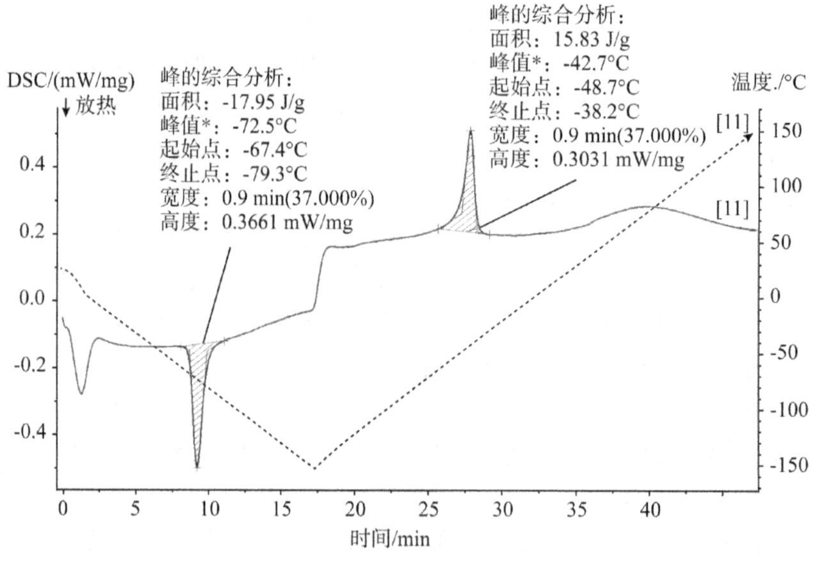

图 7-4 硅橡胶样品的 DSC 曲线

7.2 测试项目讲解

通过总结高校用户和企业用户需求,我们发现客户通过典型热分析测试的研究范围集中于:熔融温度(Melting Temperature)T_m/结晶温度(Crystallization Temperature)T_c,玻璃化转变温度(Glass Transition Temperature)T_g,结晶度(%),比热(C, Specific Heat

Capacity)，热稳定性/氧化稳定性(氧化诱导时间 Oxidation Induction Time，等温 OIT；氧化诱导温度，Oxidation Induction Temperature，动态 OIT)；分解温度。接下来我们逐一进行测试项目的讲解，并配以谱图分析。

7.2.1　熔融温度(T_m)/结晶温度(T_c)

熔融温度 T_m 是指完全结晶或半结晶聚合物从固态向具有不同黏度的液态转变阶段，输入到试样的能量大于相应基线能量的峰，呈现吸热峰。结晶温度 T_c 是指聚合物的无定型液态向完全结晶或半结晶的固态转变阶段，输入到试样的能量小于相应基线能量的峰，呈现放热峰。熔融焓 ΔH_m 是指在恒压下，材料熔融所需要的热量，呈现吸热峰，焓变为正，单位为 kJ/kg。反之，结晶焓 ΔH_c 则是在恒压下，材料结晶所放出的热量，呈现放热峰，焓变为负，单位为 kJ/kg。

尤其要注意的是吸热或放热的方向，在 DSC 曲线上需要额外标注。exo 代表放热，endo 代表吸热，或者如图 7-5 所示，箭头方向注明吸热或者放热。

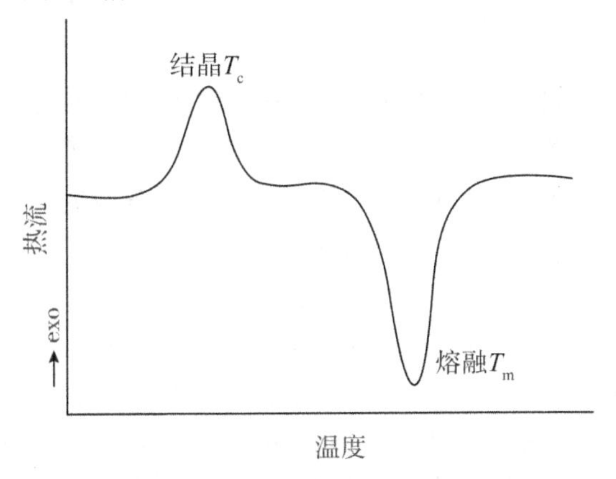

图 7-5　典型 DSC 曲线

熔融/结晶过程中特征温度主要包括 5 种，如图 7-6 所示。

外推转变开始温度 $T_{外推转变开始温度}$：基线与对应于转变开始的曲线的交点所对应的温度。

外推起始温度 $T_{外推起始温度}$：基线与对应于转变开始的曲线最大斜率处所作切线的交点所对应的温度。

峰温度 $T_{峰温度}$：峰达到的最大值(或最小值)所对应的温度。

外推终止温度 $T_{外推终止温度}$：外推基线与对应于转变结束的曲线最大斜率处所作切线的交点所对应的温度。

外推转变结束温度 $T_{外推转变结束温度}$：基线与对应于转变开始的曲线的交点所对应的温度。

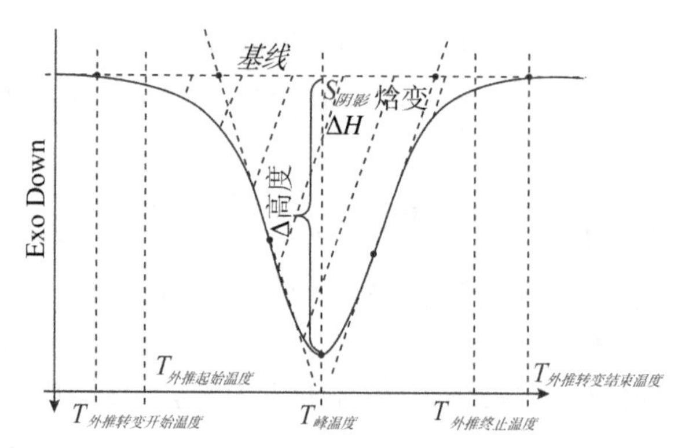

图 7-6　熔融结晶特征温度

此外，由于高分子聚合物测试过程中普遍存在热处理前后的结果差异，GB/T 19466.1—2004 附录 B 明确建议：高分子聚合物 DSC 建议分三步（热处理），即第一次升温—降温—第二次升温。

7.2.2　玻璃化转变温度 T_g

如图 7-7 所示，玻璃化转变是非晶态高分子材料固有的性质，非晶态聚合物或者结晶聚合物中的非晶相从玻璃态变为高弹态，是高分子运动形式转变的宏观体现，它直接影响到材料的使用性能和工艺性能，因此长期以来它都是高分子物理研究的主要内容。在较低温度环境时，高聚物呈刚性固体态，在外力作用下只有很小的形变，与玻璃相似，所以称这种状态为玻璃态。如果把这个环境温度升高至一定温度，则其在外力作用下，形状会有明显的变化，在一定的温度区间内，形态变化相对稳定，这个状态称为高弹态。如果温度继续升高，则形变量随温度的升高逐渐增加，直至变为黏性流体，这时其形状已不能恢复，这个状态即为黏流态。一般把玻璃态向高弹态的转变叫作玻璃化转变，形态转变过程的温度区间称为玻璃化温度；高弹态向黏流态转变，这个转变过程区间的温度称为黏流温度。

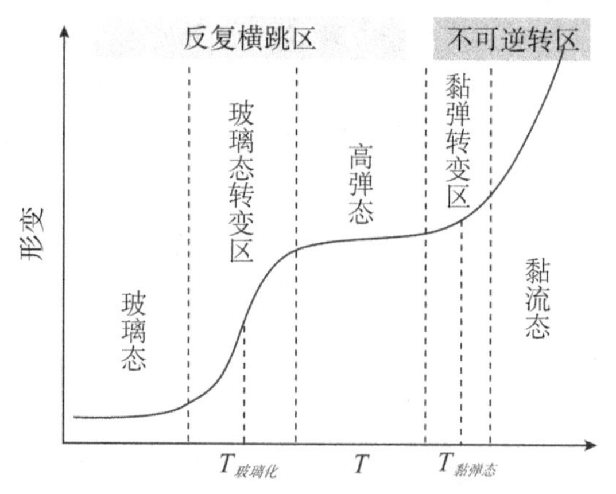

图 7-7　温度导致样品形态变化示意

关于玻璃化温度 T_g 的确认，通用的方法包括中点法和拐点法，如图 7-8 和图 7-9 所示。

中点法：DSC 曲线低温侧的外推基线与高温侧的外推基线间的中线与曲线的交点为 $T_{g中点法}$。

拐点法：DSC 曲线上斜率最大处对应的温度点，即 DSC 曲线的一阶微分 DDSC 的峰值温度（$T_{g拐点法}$）。

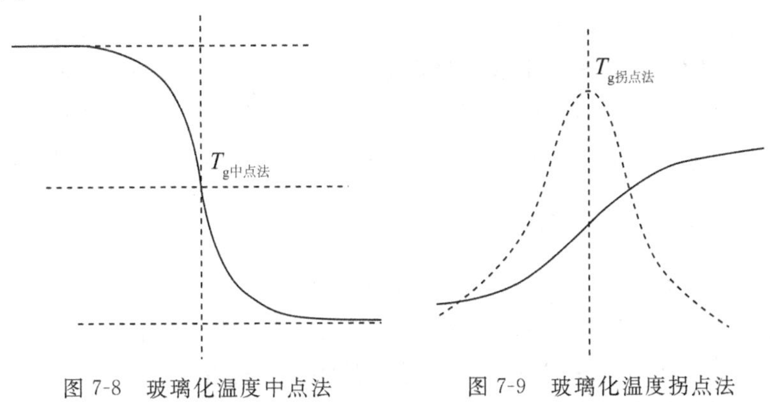

图 7-8　玻璃化温度中点法　　　　图 7-9　玻璃化温度拐点法

此外，GB/T 19466.1—2004 附录 B 也明确建议高分子聚合物在测试 T_g 值时需要考虑是否需要热处理。

值得注意的是，材料的特性及选择的试验方法和测试条件的不同，测试结果 T_g 可能和材料已知的 T_g 值不同。当样品固定时，任何能影响分子链运动性能的因素都会影响它的玻璃化温度。

其中，升温速度是 DSC 测试中影响最为重要的参数，具体影响如图 7-10 所示。

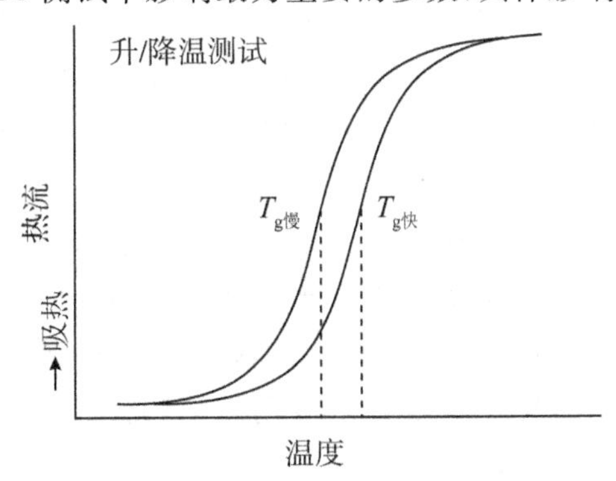

图 7-10　升/降速率对 T_g 的影响

(1)升温测试速率的影响

升温测试时，速率越快（慢），所测得的聚合物的 T_g 向高（低）温方向移动，即所测 T_g 越高（低）。这是一种滞后现象：玻璃化转变实质是个高分子链段由冻结到运动的转变，这是一个松弛过程，转变需要一定时间。很显然，如果升温速率加快，链段的运动过程将滞后于升温过程，当链段发生玻璃化转变时，外界显示温度将高于系统内部实际转变温度，而我们无法获知该转变温度，而是以外界显示温度近似代替，从而导致所测聚合物 T_g 偏高。

也就是说，升温快，仪器显示温度要高于样品本身的温度，所以样品出现玻璃化转变时，仪器的显示温度要高，即所测得的 T_g 就偏大。如果温度太快，可能直接检测不到玻璃化转变。

(2)降温测试速率的影响

降温速率越快(慢),测得的 T_g 同样会越高(低)。降温速率加快,系统冷却速度就会增大,而且这一速度将远大于系统偏离进行结构调整的速度。这样由于系统来不及进行结构调整,以形成无规固体,即玻璃态形成的倾向增强有助于形成玻璃态,从而在温度较高时就发生了玻璃化转变,玻璃化温度自然偏高。降温速越快,玻璃化转变的倾向越大,从而使 T_g 向高温方向移动。它实际还是一种滞后现象:系统结构调整滞后于系统冷却速度的结果。

7.2.3 结晶度(C,%)的计算

结晶度:用来表示聚合物中结晶区域所占的比例。

聚合物结晶度变化的范围很宽,一般为30%~85%。同一种材料,一般结晶度越高,熔点越高。结晶是分子链的一种有序排列,而熔点是将分子的组装结构全部破坏掉,形成分子链形式。一般结晶度越高,分子链排列越规则,就需要越高的温度来破坏。因此熔点也越高。常见的结晶性塑料有聚乙烯PE、聚丙烯PP、聚甲醛POM、聚酰胺PA6、聚酰胺PA66、PET、PBT等。

结晶聚合物熔融时会放热,聚合物熔融热和其结晶度成正比,结晶度越高,熔融热越大。因此DSC测定其结晶熔融时,得到的熔融峰曲线和基线所包围的面积即为聚合物内结晶部分的熔融焓 ΔH_f。结晶热焓和熔融热焓在这里是两个等值的量,它们只是逆向的过程。一般认为,聚合物结晶度的大小正比于结晶熔融时的熔融热 ΔH,ΔH 与吸收峰面积 A 成正比例关系。求出未知结晶度聚合物的 ΔH,再求出该聚合物已知结晶度或完全结晶情况下的熔融热 ΔH_f^*,再结合结晶度的计算公式(7-1)计算。如图7-11和图7-12,假设样品100%熔融热均为140J/g。

$$结晶度=\Delta H_f/\Delta H_f^* \times 100\% \tag{7-1}$$

图7-11中,依据结晶度公式,结晶度(%)=52.25/140×100%=37.3%。

值得注意的是,图7-12中存在重结晶峰。实际计算时,还需要减去重结晶峰面积,因为室温下结晶不充分的材料在升温至结晶温度附近,可能会发生重结晶。结晶度(%)=(38.67-22.4)/140×100%=11.6%。

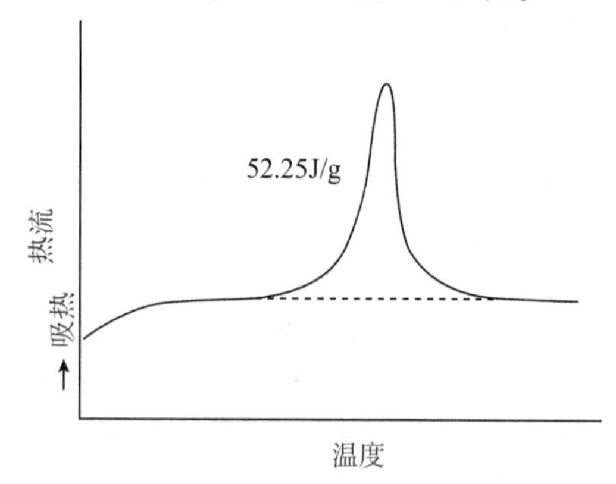

图7-11 物质A对应DSC数据

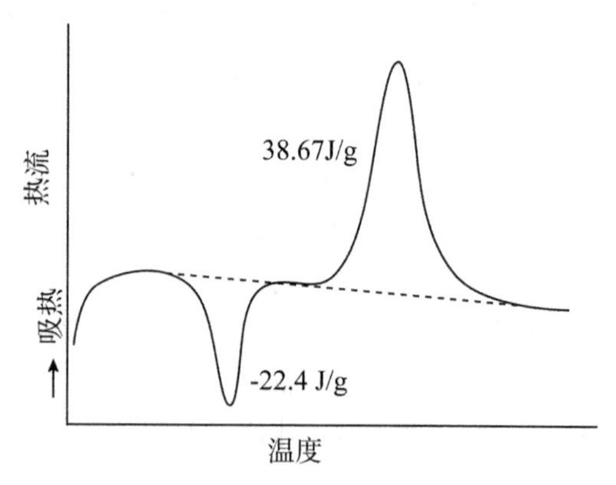

图7-12 物质B对应DSC数据

7.2.4　热稳定性/氧化稳定性

氧化诱导时间(Oxidation Induction Time,等温 OIT):在常压、氧气或空气气氛及规定温度下,通过量热法测定材料出现氧化(放热)的时间(min)。等温 OIT 的客观物质基础:一般物质与氧气发生氧化时呈现放热状态,尤其是有机物。

测试过程:试样和参比物在惰性气体中以恒定的速率升温,达到规定温度时,保温5min。之后,切换成相同流速的氧气或空气。将试样保持在该恒定温度下,直到在热分析曲线上显示出氧化反应。等温 OIT 就是开始通氧气或空气到氧化反应开始的时间间隔。氧化的起始点是由试样放热的突增来表明的,可通过 DSC 曲线观察。

OIT 的数值大小,可以用于判定所选温度参数是否合理:当试样的 OIT 小于 10min 时,说明所选氧化温度偏高,我们应在较低温度下重新测试;当试样的 OIT 大于 60min 时,则说明所选氧化温度偏低,改进实验应在较高温度下重新测试。

氧化诱导温度(Oxidation Induction Temperature,动态 OIT):在常压、氧气或空气气氛中,以规定的速率升温,通过量热法测定材料出现氧化(放热)的温度。

测试过程:试样和参比物在常压、氧气或空气气氛中以恒定的速率升温,直到在热分析曲线上显示出氧化反应,对应的温度即为动态 OIT。

7.2.5　样品分解/反应温度

相较于 DSC,TG 图谱集中于样品在升温/保温过程中质量的变化。热重曲线上的平台通常表明试样在平台温度段为稳定的化合物,或者是由一些稳定的组分组成的混合物。平台间的高度差和质量变化一一对应,可按化学计量配比确定出在相应反应中分解、反应产物的构成。此外与 TG 曲线上某些特征点相对应的温度,还可作为一些试样的特征参数,或者聚合物及某些有机化合物试样热稳定性范围的度量指标。

反应起始温度和终止温度,对于反应区间的确定具有重要意义。一般确认方法如图7-13所示。

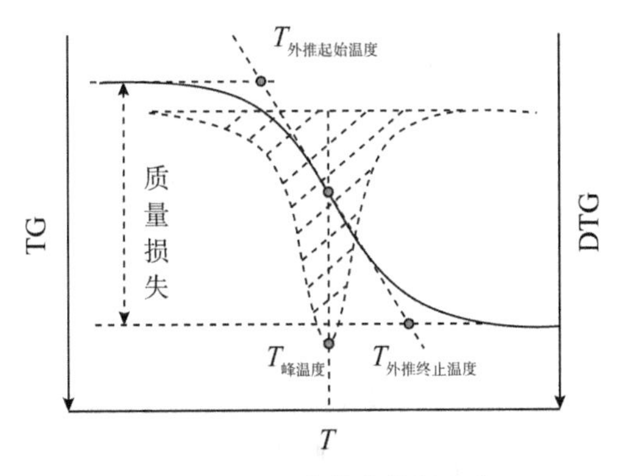

图 7-13　TG 曲线中特征温度

外推起始温度 $T_{外推起始温度}$:基线与对应于转变开始的曲线最大斜率处所作切线的交点所对应的温度。

峰温度 $T_{峰温度}$:转变开始的曲线最大斜率处所对应的温度。

外推终止温度 $T_{外推终止温度}$:外推基线与对应于转变结束的曲线最大斜率处所作切线的交点所对应的温度。

如图 7-14 所示,空气条件下,低温范围内,样品中含量最高的成分 A(占比 53.38%)首先发生了分解;之后在高温区,样品的第二大成分 B(占比 39.62%)发生了化学变化。之后,样品质量不再发生变化,说明残渣较为稳定,占比约 7.0%。

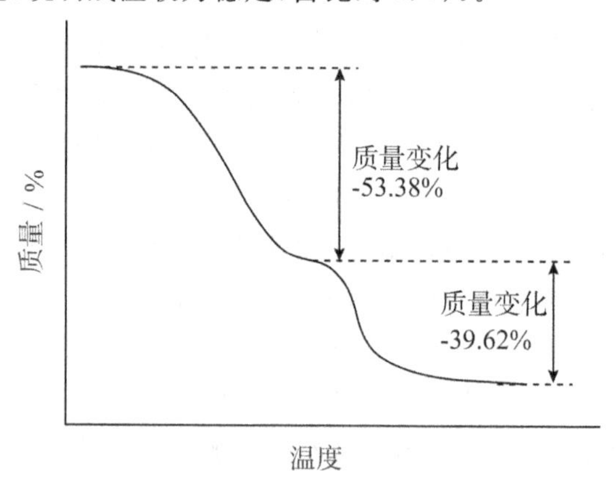

图 7-14　TG 曲线中样品失重图

此外,我们可以发现,常规的 TG 匀速升温测试经常存在时间分配“不合理”的情形:采用同样的升温速率,会造成台阶区域机时浪费,样品失重明显区域等不到完全分解。为了减少这种机时不合理问题,高解析 TG 应运而生。简而言之,高解析即在台阶区域会按照预设速率较快进行,样品分解温度段则会减慢升温速度,确保在此温度段停留足够多的时间,从而使得样品尽量完全反应。简而言之,采用高解析模式可以促进台阶的明显化,DTG 曲线更为尖锐和明显。实验过程得到一定的优化。

但是,很多情况下,样品本身质量没有明显变化并不代表样品热效应高低与否,如图 7-15所示。

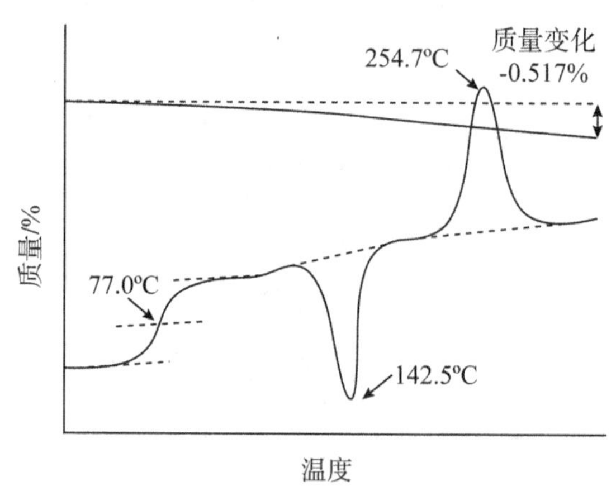

图 7-15　STA 曲线同步反应质量、差热变化

该物质的热稳定性十分优秀,在室温到 300℃仅有 0.517%的失重,代表其中些微杂质的去除。相较于平缓的 TG 数据,样品的相变十分明显。在 77.0℃时样品出现玻璃化过程,

之后在142.5℃和254.7℃出现对应的结晶和熔融效应。因此,相较于单DSC、TG,STA图谱可以将物质增重/失重和吸放热过程更紧密地联系起来。样品在升温/保温过程中质量的变化,可以及时对应着化学反应或者物理过程的吸放热特性,更利于推断相应反应中分解、反应产物的构成。

7.3 样品要求与实验参数影响

GB/T 19466.1—2004中明确指明,热分析的测试结果经常受到测试条件的影响:升温速率的快慢,样品体积以及量的多少,仪器基线的区别,等等。所以应该争取在同一实验条件及其他参数下进行实验。需要注意的是,强制要求所有参数的完全一致是很不现实的,很多可能的影响因素造成的实际差别并没有想象中大,相较于样品自身的物化特性,产生的影响微乎其微。因此,分清主次因素,避免主要误差,才是最正确、合理的态度。实验中的主要影响参数包括以下一些。

(1)测试质量。对于大多数样品而言,样品质量一般可以控制在10～20mg,具体为:粉末样品准备20mg左右,液体样品3ml以上,块体样品尺寸不要大于直径3mm,高2mm;样品尽量不要含酸根、卤素、硫、低沸点金属等成分,如果含有少量卤素成分,可以适当降低升温速度并加大吹扫气量,将反应产生的气体尽快排除,减少对仪器、支架的损害。如果样品本身为含能材料,那么需要减少样品量(大约在5mg以内),防止样品的迸溅或短时间快速反应;如果样品本身密度较轻,可以适当减少吹扫气量,并增大样品量,从而减少样品初始反应时的极限漂移。

另外,在热效应不明显的时候,可以适当增加样品量;同样的,如果样品特征峰分离不明显,也可以适当减少样品量,使数据得到优化。

(2)温度范围。单DSC样品实验温度一般不能超过500℃,一方面是考虑高温段的灵敏度降低,另一方面是减少样品分解的风险。同样的,单TG常规最高温在1200℃,超过1400℃一般需要考虑使用STA设备,因为后者有更高的耐热性。同时,尽量避免高温段的保温过程,减少对仪器的损害。

(3)升温速率。如果热效应结果相邻峰或者热重台阶相互重叠,导致实验获得的热效应不明显,那么优先措施是减少样品量重新测试,从而使结果得到一定优化。一般情况(国标规定)下,20℃/min可以作为样品测试条件未知时的默认选择,根据对应结果,再进行优化测试。

(4)坩埚材料。一般情况下,TG测试使用浅底的无盖氧化铝坩埚,如果样品需求量较大,可以适当增加坩埚体积从而放置更多的样品;DSC一般使用加盖的铝坩埚,铝坩埚价格较为低廉,同时为了避免前一个样品对后一个的影响,铝坩埚往往是一次性使用。TG-DSC坩埚往往使用氧化铝坩埚,并且为了避免热流失,往往会加盖(盖子上有一个小孔)测试,氧化铝坩埚可以耐受1600℃的高温,满足高温段的要求。此外,也有一些特殊样品需要注意,例如对于有机液体样品,为了避免样品挥发,往往使用高压铂金坩埚,这种坩埚可以用螺旋拧紧,保证密闭环境;同时,内部的铂金材料可以增加坩埚的传热系数,增加灵敏度。

此外,实验过程中,温度范围要保证能够将目标温度点充分包含,并根据实际确认保温

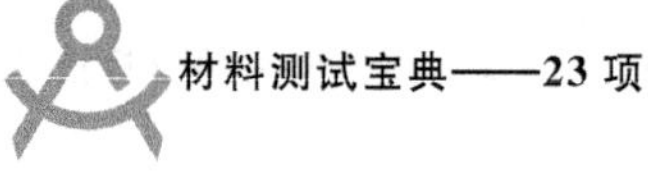

与否。此外，反应气氛也会直接影响温度变化过程中化学反应的具体变化过程。

7.4 数据处理

不同于核磁、质谱等表征拥有专门的打开软件，热分析数据更多是依靠 origin 作图，进而联系样品自身的物化性质进行处理。数据中的各参数对应意义如图 7-16 所示。值得注意的是，很多热分析数据并不能直接给出某种结论，往往需要结合其他表征进一步佐证相关推论。

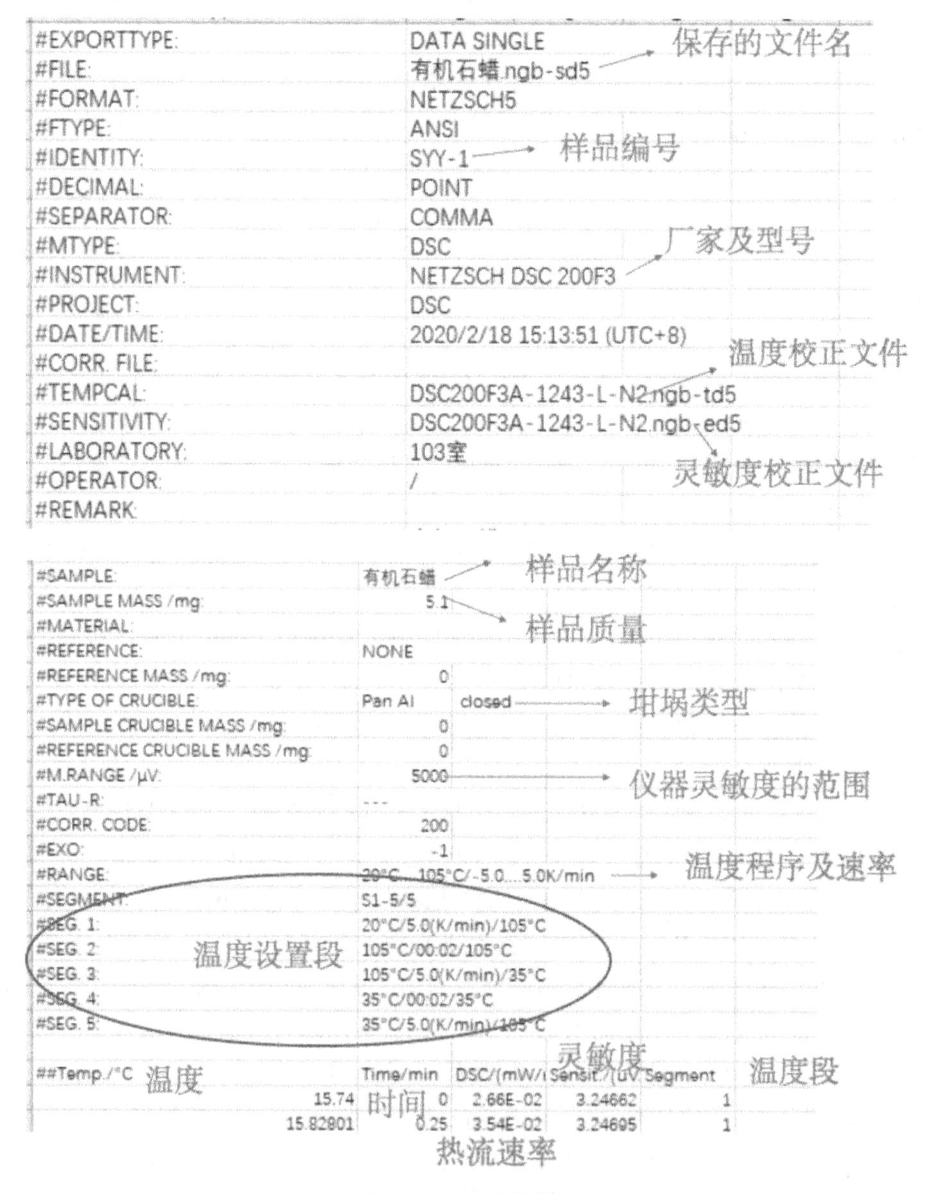

#EXPORTTYPE:	DATA SINGLE
#FILE:	有机石蜡.ngb-sd5
#FORMAT:	NETZSCH5
#FTYPE:	ANSI
#IDENTITY:	SYY-1
#DECIMAL:	POINT
#SEPARATOR:	COMMA
#MTYPE:	DSC
#INSTRUMENT:	NETZSCH DSC 200F3
#PROJECT:	DSC
#DATE/TIME:	2020/2/18 15:13:51 (UTC+8)
#CORR. FILE:	
#TEMPCAL:	DSC200F3A-1243-L-N2.ngb-td5
#SENSITIVITY:	DSC200F3A-1243-L-N2.ngb-ed5
#LABORATORY:	103室
#OPERATOR:	/
#REMARK:	

#SAMPLE:	有机石蜡	
#SAMPLE MASS /mg:	5.1	
#MATERIAL:		
#REFERENCE:	NONE	
#REFERENCE MASS /mg:	0	
#TYPE OF CRUCIBLE:	Pan Al	closed
#SAMPLE CRUCIBLE MASS /mg:	0	
#REFERENCE CRUCIBLE MASS /mg:	0	
#M.RANGE /µV:	5000	
#TAU-R:	---	
#CORR. CODE:	200	
#EXO:	-1	
#RANGE:	20°C...105°C/-5.0...5.0K/min	
#SEGMENT:	S1-5/5	
#SEG. 1:	20°C/5.0(K/min)/105°C	
#SEG. 2:	105°C/00:02/105°C	
#SEG. 3:	105°C/5.0(K/min)/35°C	
#SEG. 4:	35°C/00:02/35°C	
#SEG. 5:	35°C/5.0(K/min)/105°C	

##Temp./°C	Time/min	DSC/(mW/	Sensit./(uV	Segment
15.74	0	2.66E-02	3.24662	1
15.82801	0.25	3.54E-02	3.24695	1

图 7-16　实验数据图

7.5 常见问题解答

1. DTA(差热分析法)和DSC(差示扫描量热仪)的区别有哪些?

在热分子早期,DTA测试也是一种常见的测试手段。但是由于其仅可以测试相变温度等温度特征点,与DSC相比,不可以检测到相变温度点时的热量变化,因此DTA已经基本上被淘汰。

DTA曲线上的放热峰和吸热峰无确定物理含义,而DSC曲线上的放热峰和吸热峰分别代表放出热量和吸收热量。DTA曲线上凸表示样品的温度比参比样品的温度高,下凹表示样品的温度比参比样品的温度低。DSC曲线上凸表示有热量释放出来,下凹表示有热量吸收,两者的趋势应该是大致一样。

2. DSC测试是否都需要消除热历史?

热历史:在测试样品之前,样品所经历的加热熔融、降温结晶、退火之类的过程,这些过程都会在做DSC时反映出来。

做DSC时,消除热历史之后再做DSC是为了能表现出材料本身的结晶行为。

消除热历史的条件确定:消除热历史,一般是升温—降温—再升温的过程,第一次升温就是消除热历史的过程,消除热历史的温度(第一次升温的温度)一般是在样品的熔融温度以上。

对于考察样品本身的DSC数据,则一般采用第一次降温和第二次升温时的结果。

3. TG数据曲线有轻微波动性,大概是什么原因?

这个一般可能是因为样品太轻,气流流速过快,导致曲线有不断重复的些许的波动。如果最终和整个质量变化相比比较轻微,那么就不影响整个结果的确定。

参考文献

[1] 孙利杰. 热分析方法综述[J]. 科技资讯,2007(09):17.
[2] 中华人民共和国国家标准 GB/T 6425—2008.

推荐书目

[1] 沈兴. 差热、热重分析与非等温固相反应动力学[M]. 北京:冶金工业出版社,1995.
[2] 刘振海. 热分析导论[M]. 北京:化学工业出版社,1991.
[3] 于伯龄,姜胶东. 实用热分析[M]. 北京:纺织工业出版社,1990.
[4] 傅若农,常永福. 气相色谱和热分析技术[M]. 北京:国防工业出版社,1989.
[5] 陈镜泓,李传儒. 热分析及其应用[M]. 北京:科学出版社,1985.
[6] 王玉枝,周毅. 分析技术基础[M]. 北京:中国纺织出版社,2008.

第 8 章　有机元素分析仪

在精细化工、药物、石油化工等领域中，经常使用有机元素分析仪同时对有机固体、高挥发性物质和敏感性物质中的 C、H、N、S、O 元素含量进行半定量分析，这是一种研究有机物组分较为常见的表征方法。本章介绍有机元素分析仪的基本测试知识，并对测试原理、仪器简介、样品要求、测试常见问题等方面进行详细阐述，着重对测试时样品的要求及常见的测试问题进行分析解答。

8.1　测试原理

有机元素通常是指在有机化合物中含量较高且分布较广的元素，比如碳(C)、氢(H)、氧(O)、氮(N)、硫(S)等。可以通过测定有机化合物中各种元素的含量，确定化合物中各种元素的组成比例，从而推断得到该化合物的化学实验式。

有机元素分析仪主要是利用高温燃烧法测定原理来分析有机样品中常见有机元素的含量。在高温有氧的条件下，已知样品质量的有机物在氧气中进行充分燃烧，使样品中的有机元素分别完全转化为对应的稳定形态，比如 CO_2、H_2O、N_2 和 SO_2 等。通过测定这些稳定形态的燃烧产物的多少，并进行换算即可推断出试样中各个元素的含量。

仪器有三种测试模式：CHNS 模式、CHN 模式、O 测定模式。

CHNS/CHN 测定模式下，样品在可熔锡囊或铝囊中称量后，进入燃烧管，在纯氧气氛中燃烧转化成 CO_2、H_2O、N_2 和 SO_2(可见式 8-1)，通过色谱柱分离后进行检测，测得样品中的 C、H、N、S 的含量。

$$C_xH_yN_zS_t + uO_2 \rightarrow xCO_2 + \frac{y}{2}H_2O + \frac{z}{2}N_2 + tSO_2 \tag{8-1}$$

O 测定模式下，样品在 H_2/He 中进行高温裂解得到 CO 和其他气体，分出 CO 并由热导检测，最终计算出氧的含量。

8.2　应用领域

目前，有机元素分析仪主要应用于化学和药物学产品的研究，如精细化工产品、药物、肥料、石油化工产品的碳、氢、氧、氮元素含量分析，从而揭示化合物性质变化，得到有用信息，是科学研究的有效手段。具体主要应用在以下方面：

节能减排：燃料、煤、油品成分分析。

环境监控：混合肥料、废弃物、软泥、淤泥、矿泥、煤泥、沉淀物、肥料、杀虫剂和木料、固液垃圾。

地质材料：海洋和河流沉积物、土壤、岩石和矿物。

农业产品：植物和叶子、木料、食物、乳制品(如牛奶)。

化学和药物产品：精细化工产品、药物产品、爆炸物、催化剂、有机金属化合物、聚合物、合成橡胶、皮革、纤维材料和纺织产品。

石油化工和能源：煤炭、石墨、焦炭、原油、燃料油、石油、汽油添加剂、润滑油、油品添加剂。

物理性质：水泥、陶瓷、玻璃纤维、轮胎、燃料、色素、建筑材料、绝缘材料。

8.3　常见仪器

目前市面上常用的有机元素分析仪主要是由 Perkin-Elmer、Elementar 公司、欧维特公司生产的。下面介绍三种市面上比较常见的型号。

8.3.1　PE 2400 II

PE 2400 II 型 CHNS/O 元素分析仪(见图 8-1)是一款久经考验的仪器，可快速测定有机物等各类样品中的碳、氢、氮、硫及氧元素含量。2400 II 型元素分析仪采用经典的普雷格耳-杜马斯(Pregl-Dumas)法，将样品置于纯氧环境下燃烧，采用先进的前沿色谱分离技术分离燃烧产物，并自动定量测定燃烧所产生的气体。该仪器已得到全世界数千家实验室现场验证认可。高速微处理器控制、固态组件以及内置诊断程序赋予其出色的性能表现和优异的可靠性。

CHNS 模式：样品在纯氧中燃烧转化成 CO_2、H_2O、N_2 和 SO_2，通过色谱柱分离后进行热导检测，测得样品中的 C、H、N、S 的含量。

O 模式：是样品在 H_2/He 中进行高温裂解得到 CO 和其他气体，分出 CO 并由热导检测，即可测得样品中氧的含量。

PE 2400 II 型分析系统采用分离色谱技术，将样品燃烧产物 N_2、CO_2、H_2O(SO_2、CO)进入色谱柱进行分离，每种气体一步一步地稳定分离出来，后分离出来的气体随着前面已经分离出来的气体同时流经检测器，由于 TCD 检测器的近似可叠加性，因此信号呈阶梯形状，刚检测到的信号减去前面一种的信号即为现在正被检测气体的真正信号值。

图 8-1　PE 2400II 设备外观[1]

8.3.2　Vario EL Ⅲ

Elementar 专注有机元素分析领域百余年，Vario EL Cube 便是经典之作，它已然成为元素分析的代名词。Elementar 独有的先进的“吹扫捕集吸附柱”技术，即便是测试 C/N 比高达 7000∶1，抑或是 C/S 比高达 5000∶1 的样品都能获得良好的检测结果。Elementar 公司元素分析仪的设计宗旨是最小化样品前处理步骤和保证实验安全，仪器可以实现全天候无人值守操作。

Vario EL Ⅲ型元素分析仪(见图 8-2)根据 F. 普雷格尔测碳、氢方法与 J.-B.-A. 杜马测氮方法，通过一定量的氧气助燃分解样品，以氦气为载气，将燃烧气体带到燃烧管、还原管，管内分别装氧化剂和还原铜，并填充银丝以去除干扰元素(如卤素等)，最后流出气体除载气氦气外，只有二氧化碳、水。通过高氯酸镁以去除水分，在吸收管前后各有一个热导池检测器，由二者响应信号差给出含水量。除去水分后气体再通入烧碱石棉吸收管，吸收管前后热导池信号之差为二氧化碳含量。最后一个热导池测纯氦气与含氮载气信号差，得出氮含量。

测定氧时，将样品在高温管内热解，氦气将热解产物通过涂有镍或铂活性炭填充床，使氧全部转化成一氧化碳。混合气体通过分子筛柱分离，通过热导池检测器检测一氧化碳气体进行分析。另一种方法使热解气体通过氧化铜柱，将一氧化碳氧化成二氧化碳，用烧碱石棉吸收后由热导示差信号测定，或者利用库仑分析法测定。

测定硫时，在热解管内填充氧化剂，硫被氧化成二氧化硫，测定生成的二氧化硫来定量。可以用气相色谱法、氧化银吸收管前后热导差示响应求出含量，也可通过库仑滴定法测试。

图 8-2　Vario EL Ⅲ设备外观[2]

8.3.3　EA3000

EA3000 元素分析仪(见图 8-3)采用了 Turbo Flash 动态燃烧技术,不仅可设置最佳氧气体积,还可提供独立的程序化定量加入速率。独有的最佳化燃烧过程、彻底的燃烧技术,能够轻松面对复杂基体,大大改善了元素和同位素测定的分析精度,使其具有迄今为止最高水平的分析性能。

EA3000 元素分析仪采用色谱法分离原理,配合高灵敏度热导检测器,实现对 CHNS/O 的精确分析测量。试样在催化氧化(裂解)-还原反应管经高温转变为 N_2、CO_2、H_2O、SO_2、CO,经色谱柱或吸附-解吸方法将混合气体分离为各个独立的组分。然后采用热导检测器或红外吸收检测器分别测定各组分的响应值,并计算出样品元素含量。

图 8-3　EA3000 设备外观[3]

8.4　测试样品要求

1. 样品要求

(1)样品应不含吸附水分且均匀的固体微粒或液体,样品量不少于 50mg。

(2)样品必须纯度有保证才能保障测试结果的准确性。如果样品有杂质,测试时,杂质中的 C、H、N、S、O 会干扰样品测试。

(3)挥发性样品用低熔点合金容器密封称量,确保测试的样品量准确。

(4)禁止分析酸、碱性溶液和爆炸物等烈性化学品,以防发生危险。

(5)含氟、磷酸盐或含重金属的样品可能会对分析结果或仪器零件的寿命产生影响,也不宜进行分析。含金属元素样品测试时,金属微粒会随载气流动进入吸附柱,影响吸附柱的使用寿命。含磷化合物高温燃烧$+O_2$生成五氧化二磷,五氧化二磷和样品燃烧后的水分生成酸性的化合物,会损害仪器。

2. 样品制备与测试注意事项

(1)样品必须要干燥,最好在测定前进行真空干燥(干燥时间视样品而定),确保样品不含水。如果样品不干燥或者吸潮,会导致样品称量有误差,影响测试结果。同时元素分析仪测定样品中 H、O 的含量,所以待测样品必须干燥,不能含有水。

(2)土壤样品颗粒必须均匀,否则结果准确性和稳定性受影响。CHNS模式测试需在土壤样品上覆盖氧化钨粉末状。防止土壤中的碱和石英玻璃反应而损坏仪器。同时防止生成难燃盐,影响土壤样品氧化分解。

(3)含硅物质不能测定O模式。无机硅中 SiO_2 分解温度是1600℃,氧测不出来。有机硅可以分解,但分解的硅可能和氧结合生成一氧化硅,导致测试结果偏低。同时燃烧生成的硅颗粒会使催化剂失效。CHNS模式测试没有影响,但是要在还原管口填充银丝,避免硅吹到仪器里面。

(4)石墨样品测试时,应该减小称样量,加大氧气量,保障可以完全燃烧分解。

(5)样品称量过程中包样时,不能把样品皿弄破,否则重量不准,导致测试不准确。

3. 测试试剂和气体的要求

所需要试剂为优级纯、分析纯或经蒸馏制备;标准物质:苯甲酸、乙酰苯胺、环己酮-2,4-二硝基苯腙、对氨基苯磺酸等。

8.5 有机元素分析仪结果分析

有机元素分析仪利用高温燃烧法测定原理,对物质中C、H、N、S、O元素含量同时进行半定量分析。在高温有氧条件下,有机物均可发生燃烧,有机元素分别转化为相应稳定形态,如 CO_2、H_2O、N_2、SO_2 等。通过测定样品完全燃烧后生成气态产物的多少,并进行换算即可求得试样中各元素的质量百分比含量(见图8-4)。一般测试时每个样品平行测试二次,两次结果相差在0.3%之内即可(除非有其他行业标准比如煤或者土壤等)。如果两次结果相差大于0.3%,则需要补测一次该样品。

有机元素分析测试结果报告					
检测项目	有机元素分析仪				
订单编号	20xxxxxxxx				
样品数量	2				
测试模式	CHNS模式				
检测日期	2020.xx.x				
仪器型号	Elemantar: Vario EL cube				
试验结果					
样品编号	N(%)	C(%)	H(%)	S(%)	O(%)
1	7.98	54.97	2.469	0.02	/
1	8.15	55.13	2.534	0.045	/
2	24.25	63.59	2.672	0.033	/
2	23.92	63.83	2.745	0.058	/

图8-4 有机元素分析仪结果模板

8.6　常见问题解答

1. 有机元素分析仪测试的结果是质量百分比还是物质量百分比？是半定量数据还是定量数据？

有机元素分析仪测试给出的结果是样品中各个元素的质量百分比数据，是半定量分析结果。

2. 对于同一个样品进行多次测试时，测试出的结果有偏差的原因是什么？

对于同一个样品多次测试出现偏差主要有样品均匀性不够、称样误差、氧化剂失效、样品吸潮等原因。

3. 样品中只含有 CHNS 元素，为什么测出来的各元素的含量之和不等于 1？

有机元素分析仪在测试各个元素时都会存在误差，所以样品中只含有 CHNS 元素测出来的结果也可能不等于 1，一般误差范围在 2%之内都可以。元素分析仪测试各个元素允许误差小于等于 0.3%。

4. 测试时对于不含硫的物质，测试出现 S%含量的原因及处理方法怎样？

如果 S 空白峰面积值<100，S%的值应该被忽略，因为这个 S 峰面积值小于曲线最小值，所以计算出 S%的结果将被忽略。打印报告时减空白(减去 100 的峰面积值)，此时打印出的报告是 S=0。其次 S 空白值不会影响 CHN%的测定。

5. 测试样品的结果与样品理论值有较大偏差的常见原因有哪些？

测试结果与理论值有较大偏差可能原因：样品性质不稳定，组分发生变化，如容易氧化等；样品容易吸潮；样品的纯度未达到测试要求；样品不均匀；测试仪器有故障等。

6. 样品测试结果中，N 的含量测定值异常高，而且 N 有双峰出现的原因是什么？

需要检查还原管中线状铜是否变黑，确定是否需要更换。

推荐资料

1. 现代分析仪器分析方法通则-元素分析仪方法通则(JY/T 017—1996)
   本规则规定了用元素分析仪测定有机物中的碳、氢、氧、氮、硫元素含量的方法，适用于吸附分离和色谱分离式的微量型元素分析仪。
2. 特色有机元素分析仪应用(Thermo Scientific)
   https://www.thermofisher.com/cn/zhhomeindustrial/spectroscopy-elemental-isotope-analysis/trace-elemental-analysis/organic-elemental-analysis-oea.html
   有机元素分析仪在土壤和植物检测、环境、工业(润滑油、油脂、聚合物和塑料、炭黑等物质生产)、制药领域中的应用。
3. 有机元素分析仪标准查询与下载
   https://www.antpedia.com/standard/standard.php?keyword=%E6%9C%89%E6%9C%BA%E5%85%83%E7%B4%A0%E5%88%86%E6%9E%90%E4%BB%AA

4. 元素分析仪校准规范(JJF 1321—2011)
https://max.book118.com/html/2019/0802/5310314200002112.shtm
5. 王约伯,高敏.有机元素微量定量分析[M].北京:化学工业出版社,2013.
本书总结了中国科学院上海有机化学研究所元素分析实验室目前开展的所有常规测试项目所使用的方法。测试项目包括有机元素微量定量分析、微量和痕量金属和部分非金属的定量和定性分析、部分物理常数的测定等。

第 9 章　总有机碳分析仪

在环境检测及材料性能测试领域中，经常使用总有机碳分析仪对液体环境中的有机碳含量进行定量和分析，是一种对有机物组分较为常见的表征方法。本章介绍了总有机碳分析仪的基本测试知识，并对测试原理、仪器简介、样品制备、数据解读等方面进行详细阐述，着重对测试时样品的制备及常见的测试问题进行分析解答。

9.1　总有机碳分析仪测试原理及应用

9.1.1　总有机碳测试基本原理

碳是日常生活中最常见的元素之一，是生命起源、演变基本单元中的重要骨架。碳的分类可以成单质和化合物。碳元素和氢元素构成的有机物又是生命产生的物质基础。水是生命的源泉，水中碳的形式可以分为以下几种：(1)水溶性非挥发有机碳；(2)水溶性挥发有机碳；(3)水不溶性部分挥发有机碳；(4)含碳物质吸入或嵌入的部分无机悬浮物。为了表征水样中总有机物的含量，一般选用总有机碳分析仪检测水样中的碳浓度。总有机碳分析仪是一种能快速、精确检测水样中总有机碳(Total Organic Carbon，TOC)含量的仪器，简称为 TOC 分析仪。仪器具有操作流程简单、测试速度快、重复性好、灵敏度高等优点，因此被广泛应用于检测地表水、海水、工业用水、制药用水中的有机碳含量。总有机碳分析仪的分析原理是采用特定化学方法将有机物中的碳氧化成二氧化碳并检测其含量，通过将总有机碳与二氧化碳对应起来，确定最终水样中总有机碳的含量[1]。

水样中总的碳含量被称为总碳(Total Carbon，TC)。水样中总的无机碳含量被称为无机碳(Inorganic Carbon，IC)。总有机碳中根据有机碳是否可以吹除分成可吹除有机碳(Purgeable Organic Carbon，POC)和不可吹除有机碳(Non-purgeable Organic Carbon，NPOC)。根据有机碳的状态分成溶解性有机碳(Dissolved Organic Carbon，DOC)和悬浮状有机碳(Suspended Organic Carbon，SOC)。根据有机碳是否挥发可分成挥发性有机碳(Volatile Organic Carbon，VOC)和不可挥发性有机碳(Non-volatile Organic Carbon，NVOC)。

目前广泛应用的测定 TOC 的方法是燃烧氧化-非色散红外吸收法。测试流程如图 9-1

所示，第一步先测得水样中的TC值，即先将一定量的测试水样注入仪器高温炉内的石英管中，以高纯合成空气(30% O_2+70% N_2)为载气，在900～950℃温度下，以铂和三氧化钴或三氧化二铬为催化剂，使有机物燃烧裂解转化为二氧化碳；载气分别通过电子除湿冷却器和卤素脱除器以除去水分和含卤素的气体，然后用非色散红外(Non-Dispersive InfraRed, NDIR)检测器做出浓度-时间曲线并加以积分计算，以测定样品所释放的CO_2总量，从而确定水样中碳的含量。因为在高温下，水样中的溶解性二氧化碳、部分可溶性碳酸盐、碳酸氢盐也分解产生二氧化碳，故测得的碳含量为水样中的总碳(TC)。

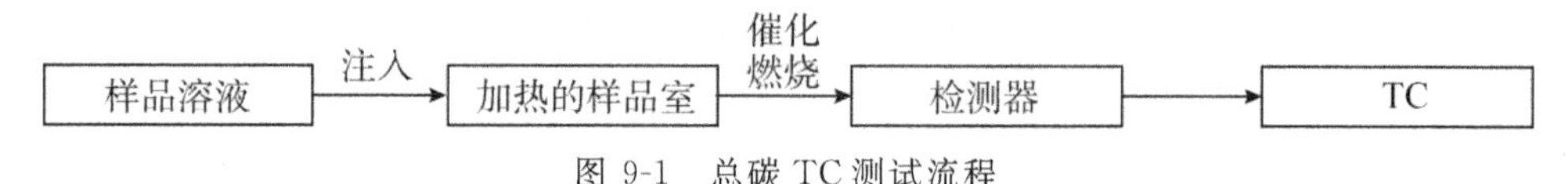

图9-1　总碳TC测试流程

第二步(若使用差减法获得TOC含量，则第二步需要测IC)是将水样通入温度为150℃的低温炉，低温炉中的石英管装有磷酸浸渍的玻璃棉，能使无机的碳酸盐在150℃分解为CO_2，水样中溶解的二氧化碳也可以在此条件下逸出，有机物却不能分解氧化。低温炉中生成的CO_2导入非色散红外气体分析仪，测定无机碳的含量。之后将测定的总碳(TC)和无机碳(IC)做差减，二者之差即为总有机碳，测试流程如图9-2所示。岛津仪器测IC的原理是加稀磷酸调节溶液pH到2并曝气，碳酸盐和溶解的二氧化碳会溢出，导入NDIR检测器检测。

另一种方法，当水样中碳酸盐的含量过高时，因为碳酸盐无法在高温炉的催化剂上完全分解，因此会导致TC值偏低的情况发生。因此，就需要使用NOPC法进行测试。水样中的TOC可以使用两个公式来计算，一个是TOC=TC−IC，另一个是TOC=NPOC+POC。其测定流程如下：首先仪器吸入样品至曝气室，通入仪器载气将POC带出至燃烧管，将可吹除有机碳携带至燃烧管氧化为二氧化碳而被检测。之后，仪器向曝气室注入一定量的磷酸，将样品酸化并曝气，使水样中溶解的和碳酸盐、碳酸氢盐分解产生的二氧化碳吹出。最后，将处理后的水样注入燃烧管，测定NPOC。将POC与NPOC两部分相加，即得TOC。测试流程如图9-3所示。通常来说，在水中溶解度大的挥发性有机物，通气处理中的挥发性是十分有限的(见表9-1)。一般的自然用水、公用水和纯水中含有的挥发性有机物很少，此NPOC可以认为是TOC。

表9-1　通气处理(氮气)的挥发性有机物的残留率(118℃)

有机物	通气处理前浓度/(mg/L)	通气处理后浓度/(mg/L)	残留率/%
甲醇	117.5	116	98.6
乙醇	106.5	105	98.5
异丙醇	129	127	98.5
正丁醇	117	115	98.3
丙酮	106	101	95.3
乙醛	130	117	90.0
醋酸乙酯	102	88	86.3
酪氨酸	117	116.5	99.5
苯	85	2.5	2.9
环己烷	79	2	2.5

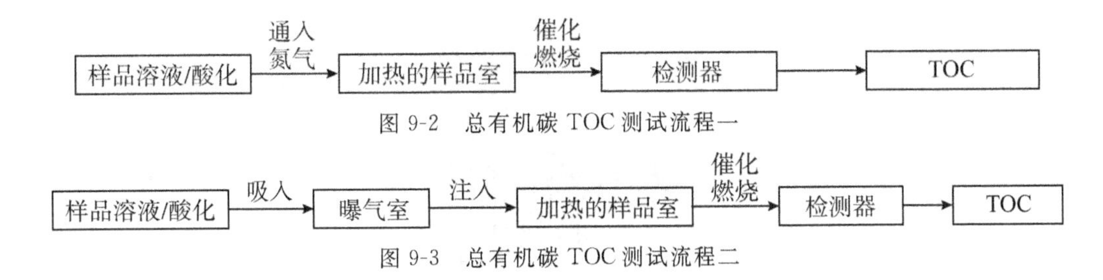

图 9-2　总有机碳 TOC 测试流程一

图 9-3　总有机碳 TOC 测试流程二

9.1.2　TOC 分析仪的应用范围

TOC 分析仪在环境方面的应用主要是各种水样的质量监控，包含来自地下、地表或海洋中的原水，特别是饮用水的监测。由于饮用水在生产过程中使用添加剂如氯、二氧化氯或臭氧，这些化合物容易与饮用水中的有机物结合生成致癌的三卤甲烷。国家规定成品饮用水中的三卤甲烷含量应低于 0.025mg/L，总有机碳 TOC 含量应低于 4mg/L。

TOC 分析仪同时可用于监控生活污水、废水或垃圾沥出液等，工业上常用于监控工业废水和城市工厂排放的废水。特别在工业生产中可用于检测原水中的总有机碳，也可通过检测目标水和废物中的有机物负荷，开展工业研发。

TOC 分析仪还常用于制药行业，1991 年日本药典规定利用超滤方法生产的注射用水必须检测 TOC 值。1996 年美国药典规定 TOC 法用于注射用水和纯化水中的可氧化物质试验。1998 年欧洲药典规定 TOC 法为注射用水和纯化水中的可氧化物质试验的唯一有效办法。我国也在 2005 年中国药典中增加 TOC 值检测。利用经过系统适宜性检测的合格的 TOC 仪器进行实测样品的 TOC 值检测，要求样品中的 TOC 值低于 0.5mg/L。

TOC 分析仪在电子工业中也有着广泛的应用[2]，主要用于监控回收水，防止抛光机的过载；检测刻蚀溶液的有机杂质，监控溶液的退化性能；检测晶片生产中的超纯水性能；检测电镀液中的有机添加剂的水准，保证印刷线路板的质量。

在其他工业中应用如监控发电厂中冷凝水、冷却水、锅炉水和废水中的 TOC 值；在石油化工行业检测无机化学药品 H_2SO_4、H_2O_2 的纯度；在饮料和食品工厂中检测原水的质量及中水的纯度。

9.1.3　常见仪器简介

TOC 分析仪常见仪器型号有 SHIMADZU TOC-V 系列、Elementar Vario TOC 等。日本岛津的 TOC 分析仪如图 9-4 所示。该仪器根据型号不同分成燃烧催化氧化法和湿化学催化氧化法两种类型，燃烧催化氧化法利用 680℃高温燃烧催化氧化，不仅对低分子、易分解的有机物，而且对难溶性或高分子有机物也可高效率地进行氧化。高灵敏度的检测器在检测超纯水或污水时，最低的检测线为 4μg/L。湿化学氧化法则采用过硫酸钠处理与紫外光照以及加热相组合的方式将有机物进行氧化，可最大限度地降低空白试剂的影响，提高灵敏度与测试精度。

该系列可选装的配件丰富，有自动进样器 ASI-V、八通道进样器 OCT-1、总氮测定单元 Tnm-1、固体样品燃烧装置 SSM-5000A、气体样品进样组件、POC 组件、载气纯化组件等。

图9-4 SHIMADZU TOC-L分析仪

德国Elementar Vario TOC分析仪是德国高温TOC分析仪的先驱，如图9-5所示。Elementar Vario TOC分析仪采用高温燃烧法催化氧化有机物，对于难以氧化的化合物如腐殖酸或其他持久有机化合物来说，高温燃烧法能够氧化所有有机化合物，获得良好的准确度和精密度。Elementar Vario TOC cube包含优化的管路和连接系统，对于含有颗粒的液体样品也能获得可靠的分析结果。结合独特的基质分离技术，高浓度的含盐溶液也能大体积进样然后分析。

Elementar Vario TOC不断升级改进，基于一个非常紧凑的基本单元可以根据客户需求进行相关调整。可以是手动或自动进样方式的改变，可以是液体或固体的分析，以及选择NDIR、CLD或EC检测手段分析TOC。Elementar Vario TOC分析仪显著简化了日常操作，通过合理的设计，可轻松到达各个部位，结合滑动式燃烧炉设计简化了维护步骤。

图9-5 Elementar Vario TOC分析仪

9.2　样品

9.2.1　样品处理方法

(1)带固体悬浮物样品

对含有悬浮物的样品进行 TOC 分析时(此处所述的悬浮物主要是指样品中能通过 50 目筛,筛孔大小约为 0.28mm 的杂质),由于悬浮杂质中的有机物在测试过程也会完全分解,易造成结果偏差较大。最好保证溶液肉眼可见为澄清,悬浮物过 0.45μm 及以下的滤膜。

测试仪器进样器采用的特氟隆管内径为 0.5mm 左右,因此无法测量不能通过进样管的悬浮杂质。即使样品中的固体颗粒能通过进样管,但如果杂质颗粒分布不均匀,分析重现性会较差。同时杂质颗粒中质量较大且易沉淀的固体可能积聚在注射器底部,刮伤八通阀进样器马达,导致仪器漏液。因此检测前应尽可能对样品进行沉淀和分离。

下列几种操作常用于测量含有悬浮物的样品:

①上清液 TOC 的分析

将含有悬浮颗粒的样品放置在特定的样品容器中,密封保存一段时间使悬浮物沉淀,取容器中的上层清液进行测定。由于各类悬浮物的沉淀和分离性质不一,花费时间会较长。但可测定出可溶解的 TOC。

②过滤液中 TOC 的分析

对测试样品进行过滤处理,用玻璃纤维滤纸或滤膜过滤测试样品,去除悬浮杂质。由于滤纸或过滤器可能含有 TOC,使用前用纯水或样品进行充分清洗;若采用玻璃纤维滤纸,可在过滤前对其进行预热处理。

③搅拌后样品的 TOC 分析

样品中的悬浮物也要进行分析时,在搅拌前对搅拌器进行充分的清洗。可用磁力搅拌器或其他装置对样品进行充分搅拌。若搅拌后样品检测分析结果出现重现性下降,可能的原因是由于样品中所含的悬浮物没有均匀分布到整个悬浮液中。

④样品均质后的 TOC 分析

若样品均质化处理充分,样品中的悬浮物形成均匀的微小颗粒,检测结果会较为准确且重现性好。

(2)含酸、碱和盐样品

若样品中含有酸、碱、盐等成分,会出现腐蚀 NDIR 检测器造成其稳定性下降、噪声增加的现象。同时酸碱盐在测定过程中易与燃烧管和催化剂反应,造成仪器使用寿命显著降低。

含酸碱盐的样品在检测分析前,需进行稀释处理,将酸、碱、盐的浓度需降低到 1000mg/L以下,特别针对碱性样品还需进行中和处理。

①酸性样品

首先酸性样品的浓度应稀释到 1000mg/L 以下。若达不到稀释要求,样品浓度最高不得超过 5000mg/L。然后选用氢氧化钠或氢氧化钾将溶液 pH 值降低为 2～3,在反应过程中会生成热稳定的氯化钠或硫酸钠，可防止样品燃烧时产生酸性气体。当样品 pH 值调整为 2～3后，仪器通过喷射方式清除样品中的 IC，采用 NPOC 分析法测定 TOC。

中和硝酸的反应过程中会生成硝酸盐，在仪器测试的热分解过程中，硝酸盐会产生酸性气体；若样品中含有盐酸或次氯酸，中和反应过程中会生成热分解的盐如氯化铵、氯化钙、氯化镁等，此类盐在测试过程中易生成氯化氢气体，会对 NDIR 检测器检测池的镀金表面造成不可逆的腐蚀，极大影响 NDIR 检测器的灵敏度。样品中含有硝酸根、盐酸根、次氯酸根时无法检测。卤素脱除器为装有铜丝的树脂管，加装卤素脱除器可以拦截酸性的腐蚀性气体，因此可以检测上述样品。在卤素脱除器中的铜丝大部分变黑时应及时进行更换。

②碱性样品

在样品中加入适量的稀盐酸，将溶液的 pH 值调节至 2～3，中和反应生成盐。盐的浓度越低越好，因此尽可能地将碱性样品稀释。

对碱性样品进行检测分析时，可能出现灵敏度迅速降低、重现性变差、催化剂迅速老化、燃烧管磨损等问题。因此，NPOC 法较适合分析碱性样品(需要根据样品的碱性对加酸量进行调整)。

③盐类样品

当样品含盐量较多时，应尽量稀释样品，降低盐浓度，延长燃烧管和催化剂的使用寿命。仪器检测含盐量较大的样品后，样品中的盐类会积聚在燃烧管内，增加对载气通过的阻力，影响分析的重现性。同时也会逐渐包裹催化剂颗粒，影响样品与催化剂颗粒的接触。

9.2.2 标准溶液的配置

(1)总碳(TC)标准溶液

精确称取 2.125g 干燥的邻苯二钾酸氢钾(使用前需 105～120℃加热 1h，之后在干燥器中冷却)，放入容量瓶中，然后再加入新制超纯水(即 UP 水，不可用一般蒸馏水和 RO 水，在 TOC 分析方面超纯水被称为零水)定容至 1L 溶解，此液浓度为 1000mg/L。以此为原液，可根据需要，稀释成不同浓度的标准液。

(2)无机碳标准液

标准液如下配制：准确称取碳酸氢钠(硅胶干燥器干燥 2h)3.50g 和碳酸钠(280～290℃加热 1h，干燥器中冷却)4.41g，加入 1L 的容量瓶中，加零水至 1L 标线，混合均匀，浓度为 1000mg/L。

9.3 结果解析

9.3.1 总有机碳的计算分析

TOC 的结果根据样品的种类不同、测试方法不同、仪器型号不同等可以分成多种计算方法[3]。其对应关系如公式所示：

$$TOC = POC + NPOC \tag{9-1}$$

$$TOC=DOC+SOC \tag{9-2}$$

$$TOC=VOC+NVOC \tag{9-3}$$

$$TC=IC+TOC \tag{9-4}$$

$$TC=IC+(POC+NPOC) \tag{9-5}$$

$$TC=IC+(DOC+SOC) \tag{9-6}$$

$$TC=IC+(VOC+NVOC) \tag{9-7}$$

由所对应的公式关系，得知常规测定总有机碳 TOC 的方法为：

(1)差减法

$$TOC=TC-IC \tag{9-8}$$

此对应关系适用于水样中总有机碳 TOC 含量远高于总无机碳 IC 含量时。

(2)NPOC 法

$$TOC=POC+NPOC=NPOC \tag{9-9}$$

此对应关系适用于纯水中 TOC 含量小于 500 ppb 或者当总无机碳 IC 含量远远大于总有机碳 TOC 含量时。

(3)加和法

$$TOC=POC+NPOC \tag{9-10}$$

此对应关系适用于水样中的可吹除有机碳 POC 不可忽略时。

9.3.2 总有机碳的结果说明

本实验测试的样品为实验室制备含四环素的水样，样品中不含有机染料，样品无色透明。通过德国 Elementar Vario TOC 分析仪送样平行检测三次，测试结果如图 9-6 所示。

TIC vol.	TC vol.	NPOC vol.	TIC Area	TC Area	NPOC Area	TNb Area	TIC [mg/l]	TC [mg/l]	TOC (Diff.) [mg/l]
0.25	0.25		3429	58876			4.26	67.107	62.847
0.25	0.25		2990	60465			3.781	68.894	65.112
0.25	0.25		1962	60728			2.659	69.19	66.531

图 9-6 实验水样的检测结果

通过测试结果，可得知总有机碳 TOC 值，由仪器直接测定的总碳 TC 值减去仪器测定的总无机碳 IC 值得出。测试结果也表明，总有机碳 TOC 值远高于总无机碳 IC 值。

9.4 常见问题解答

1. 测试的样品经过催化降解，为什么随着降解过程进行 TOC 值反而升高了或者没有变化？

因为某些大分子染料等物质(如罗丹明 B)无法在催化剂表面充分降解，导致 TC 测试值偏低；催化降解后虽然褪色了，但是分解为小分子，可以在催化剂表面充分降解，使测定值趋于准确。在降解过程中可能目标污染物也没有完全降解为二氧化碳从溶液中逸出，导致 TOC 值没有降低。

2. TOC 测试过程中的影响因素有哪些？

下列试剂或硬件失效或疲惫会影响 TOC 结果：

(1)无机物质的累积,如盐、氧化物、碱性样品或IC含量高的样品,造成检测灵敏度和重现性降低,因此需要清洁或更换铂催化剂。

(2)仪器中的燃烧管长期与盐接触,导致燃烧管结晶或龟裂,因此仪器的燃烧管需要定期进行清洗或更换。

(3)仪器中的二氧化碳吸附剂长期吸收CO_2,致使装置中的碱石灰变质,造成检测时NDIR基线容易变得不稳定,因此需要定期更换。

(4)长期使用TOC工作仪,仪器中的管路会发生污染,黏结污垢,造成测试精度下降,误差偏大。因此要定期冲洗TC进样口、IC进样口、采样管、ASI进样针、8-通阀和ASI之间的连接管,并对蠕动泵、柱塞头、橡胶管等耗材易损件进行定期更换。

3. TOC测试中差减法与NPOC法有什么区别?

差减法即TC－IC,同NPOC的测试过程有本质不同。TC－IC过程是检测出TC与IC值后,自动相减获取结果。差减法在结果中会体现所有测试过程的多种误差,理论上这些误差是叠加关系,误差值会比较大。NPOC测试是将样品直接酸化后测出的TOC结果,NPOC测试路径不同,步骤精简,同条件下引入的误差概率小,误差值较小。但对于POC(吹出性碳)比较高的样品,更适合选用单测POC的方式,同时要考虑空气中二氧化碳背景问题(通气使用经过二氧化碳吸收器的载气,因此不用担心空气背景问题,在仪器定期维护、气密性好时)。

4. TOC测试中出现负值?

因为碳酸盐在TOC催化剂上无法完全降解,而在IC反应液中可以完全降解生成二氧化碳被仪器检测,所以会导致TC值低于IC值。此种情况下IC值相对较为准确,若要获得TOC值,建议使用NPOC法测试,若溶液中有机成分挥发性较低,NPOC值约等于TOC值。

5. 为什么在稀释后,TOC测定值与稀释前差别较大?

即使是利用高性能膜技术新制的超纯水,其中往往也含有10μg/L的TOC及IC,久置的超纯水甚至会高达1mg/L。再乘以稀释倍数后会导致较高的误差。

参考文献

[1] 王兆平,杨慧.总有机碳分析仪的工作原理与应用[J].河南水产,2012,3:35.

[2] 郭可勇,刘明,张维.总有机碳分析仪测定原理及测定影响因素[J].电力与电工,2009(2):15-17.

[3] 李琛,赵迎晨,杨涛涛,等.制药用水总有机碳分析仪(TOC)校准方法及常见问题分析[J].计量与测试技术,2016(8):54-55.

第三篇　结构分析

第 10 章　多晶 X 射线衍射

材料的性能与应用取决于材料的元素组成与结构，材料的结构分析主要是指测定材料中原子或者分子的空间排列方式，这主要是通过波长与原子间距大小相近的各种探针（X 射线、中子或电子等）与材料的衍射作用来实现的。而这些根据研究体系可以粗略分为单晶衍射和多晶衍射。由于绝大多数的材料难以获得单晶，或者单晶样品的制备非常耗时，或者某些材料体系本身就不是单晶，如纳米材料、合金、超晶格等，因此多晶衍射技术是最为广泛使用的结构表征技术。本章将讨论多晶 X 射线在物相鉴定和测定晶胞参数、晶粒尺寸、结晶度等方面的应用。

10.1　原理及应用

10.1.1　基本原理

X 射线投射到晶体中时，会受到晶体中电子的散射，然后会以每一个原子为中心发出球面波。因为晶体中原子是呈周期性排列的，所以这些球面波之间就存在着固定的位相关系，在空间产生干涉，导致在某些散射方向有的球面波相互增强，有的相互抵消，从而出现衍射。图 10-1 展示了 NaCl 晶体中原子对 X 射线的散射，这些散射线在特定方向出现干涉加强，这就是劳厄衍射。

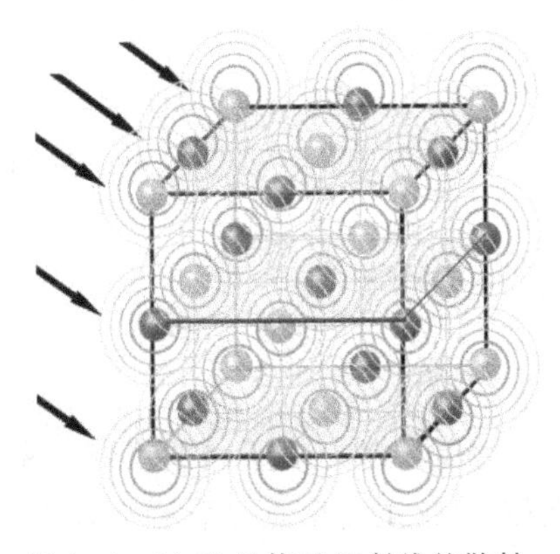

图 10-1　NaCl 晶体对 X 射线的散射

布拉格父子采用“反射”的物理图像解释了劳厄衍射，将晶体中的原子层看作一组组平行的“晶面”，将晶体中各原子对X射线的散射等效为晶面对X射线的反射（如图10-2所示），由光程差出发给出了衍射发生的角度条件，此即著名的布拉格公式（见式10-1）。

$$2d\sin\theta=n\lambda \tag{10-1}$$

式中：λ 为入射X射线波长；θ 为掠入射角；d 为衍射晶面间距。

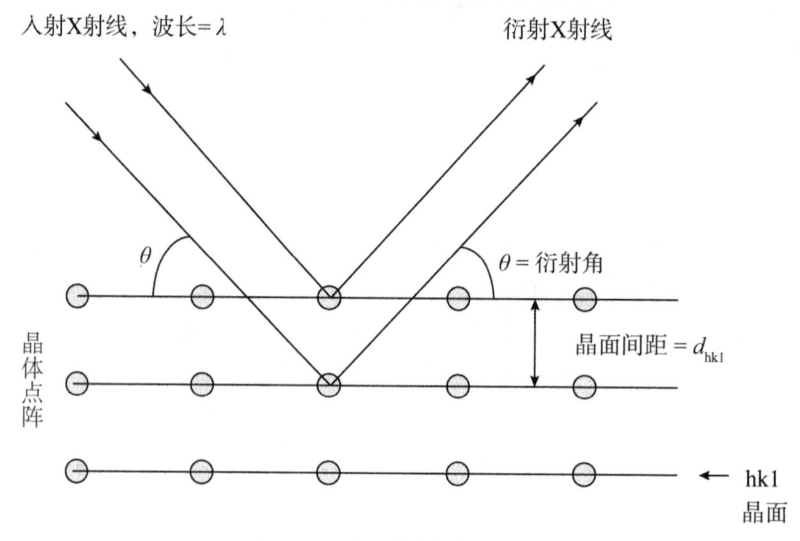

图10-2 布拉格晶面反射模型

10.1.2 应用范围

X射线衍射是物质表征和质量控制不可缺少的方法，常用于对物质的组成和原子尺度量级的结构进行鉴定和研究，比如：

确定物质单胞中各种原子的排列方式，进而研究材料的一些特殊性质与其原子排列的关系。

确定物质中化合物（物相）的种类和含量，进而研究相含量对性能的影响。

此外，X射线衍射还常用于测定材料的晶胞参数、晶粒大小、微观和宏观应力、织构、取向度、结晶度、金属间化合物有序度等性质，进而研究材料的构效关系。可以说X射线衍射在物质结构鉴定和研究中起着决定性的作用。

比如，在矿物成分和含量的研究中，通常先用XRD测试得到物质谱图，再通过数据库比对分析得到矿物的成分，进而计算出含量。这种技术对矿物研究者的后续试验分析提供了有力的证据保证。

10.2 常见仪器

通常来说，测试到的衍射信号越强越好。不同的仪器厂家甚至同一仪器厂家不同的型号，会采用不同的策略来增强信号，这主要是通过采用功率更大的光管和先进的检测器来实现的。常用的X射线光管功率通常在几百瓦到3kW左右。功率再增高，固定靶的散热问题难以解决。有些采用“转靶”来提供光管的功率，最高可以达到 18kW。不过多数仪器厂家是采用阵列探测器来增强信号强度，目前一维阵列探测器已经逐渐成为主流的配置。阵列探测器采用多通道同时计数的方式来增强信号，可以在短时间内累积更高的计数。通常来说，阵列探测器的测试速度可以达到常规闪烁体探测器的几十倍甚至上百倍，并可以达到更低的检出限，原始谱图的平滑程度更好。

XRD 谱图的分辨率和使用的狭缝系统、测角仪半径密切相关。大的测角仪半径、小的狭缝系统可以得到更好的分辨率，但会导致更低的测试强度。测试人员需要仔细地平衡这些参数以获得更好的测试效果。

不同型号的仪器硬件配置差异较大，因此建议同一批样品或者需要对比分析的样品尽量在同一台仪器上完成测试。

表 10-1　几种常见仪器情况对比

仪器生产商	布鲁克	理学	帕纳科	丹东浩元
国家	德国	日本	荷兰	中国
常见型号	D8 advance	Ultima IV	EmpyreanAeris 系列	DX-2800

10.3　测试样品要求

XRD 可以测试粉末、薄膜、块体、镀层、液体，基本没有不能测试的非气体物质。

粉末要求颗粒小于 100 目，最好在 1～10μm 之间。通常需要使用玛瑙研钵研磨将粉末研磨至手摸无颗粒感，类似于面粉的质感。尽量提供不少于 0.1g 的样品量。

块体样品尽量长宽不大于 20mm，高不大于 15mm，并且要求表面平整光洁，最好将块体样品的测试面打磨一下，并且标出测试面。

液体样品准备 1ml 即可。使用特殊带深槽模具，滴加制样，然后表面调节平整即可测试。

10.4　不同 XRD 测试模式及参数解读

10.4.1　广角 XRD

广角、小角 XRD 因测试角度范围而得名，并没有明确的角度界定，通常把低于 10°的衍射称为小角衍射。一般大家口中的 XRD，没有特别说明测试条件的都指的是广角 XRD。

通常广角 XRD 角度测试范围为 5°～90°，视不同的材料而定。通常氧化物、陶瓷、水泥、熟料等样品测试范围为 10°～90°；有机材料或者有机金属配位材料晶面间距较大，测试范围通常为 3°～60°；金属材料的晶面间距较小，测试范围通常为 25°～110°。以上范围的选择主要是由于 PDF 卡片的角度范围大都是这样。如果是测试未知物质或者后期需要解析结构以及精修，测试角度可以是 5°～120°。

广角 XRD 的测试速度也有不同要求:就定性而言,纯相或者主相物质的定性分析,一般选择 10°/min 或者 5°/min 即可;少量相或者微量相物质尽量慢扫,测试速率以 2°/min 及以下最佳。就定量或者结构精修而言,测试速率以 1°/min 及以下为佳。总而言之,测试速率和峰强度呈直线关系,速率越小,峰强越高,谱图质量越精细,得到的信息越多。

10.4.2 小角 XRD

小角 XRD 和广角 XRD 对应,即测试低于 10°的角度区域,称为小角 XRD,通常测试范围一般为 0.5°~10°。小角 XRD 一般用于表征大尺寸周期性结构,如介孔材料和 MOF 材料等。

小角 XRD 也有不同测试速率的区别,如 1°/min 和 0.5°/min。测试速率越小,谱图质量越高。

10.4.3 变温 XRD

变温 XRD,顾名思义,就是改变温度测试 XRD,是一种原位测试方式。通常可测温度范围是 95~1200K,测试气氛可以是空气、氮气、氩气、真空或者二氧化碳。一般情况下需要设置测试的温度点,如室温、100℃、300℃、500℃等,升温速率以及 XRD 的角度测试范围。此外,还要求样品在测试温度范围内不熔化。

变温 XRD 除了有温度和气氛的设定,测试角度范围和测试速率也和广角 XRD 一样,需要提前设定。一般来说,范围可以根据需要设置,到 90°或者 120°影响不大。但是测试速度直接影响仪器的运行时间,一般来说,变温 XRD 的测试速率为 10°/min,如果需要慢扫需要提前和测试老师沟通清楚,具体设置多少需要根据样品熔点、气氛来确定。

10.4.4 微区 XRD

微区 XRD 是专门用于测试异形样品或成分分布不均匀样品的一种 XRD 测试项目。使用单毛细管将 X 光聚焦到一个较小的区域,如 1mm 范围内,可以测试指定某个小区域的 XRD 谱图。

因为测试区域较小,能获得的衍射信号较弱,所以通常测试区域需要大于等于 0.5mm,不能太小。另外测试角度范围默认是 5°~90°,其他角度需要先和测试老师沟通后再做决定。比如需要测试块体样品(尺寸要求是长宽一般 1~2cm,厚度不超过 5mm)上面某一个或一些小区域的 XRD,就可以用微区 XRD 来测试。测试速率和范围参考广角 XRD 部分。

10.4.5 掠入射 XRD

对于薄膜样品的 X 射线衍射测试,常规 Bragg-Brentano 对称衍射几何(B-B 衍射几何)并不能得到很好的效果,因为薄膜样品通常很薄,常见的厚度在 2~5μm 以下,甚至只有几百纳米,可以预期来自薄膜层的衍射信号很弱,如果衬底本身是多晶材料,那么会导致薄膜信号淹没在衬底的衍射信号中。对于薄膜样品,掠入射衍射是更佳的选择(见图 10-3)。在掠入射衍射测试中,X 射线以固定小角度掠入射薄膜,并使用平行光路控制样品中信号采集深度，光管和样品的角度位置保持不变，检测器大角度范围旋转收集衍射信号。采用这种非对称衍射几何的好处是，几乎可以完全屏蔽衬底的信号，并且由于掠入射，会增加 X 射线在薄膜中的路程，从而得到更强的薄膜信号和更弱的背景，简而言之，使用薄膜附件衍射谱图信噪比更好。

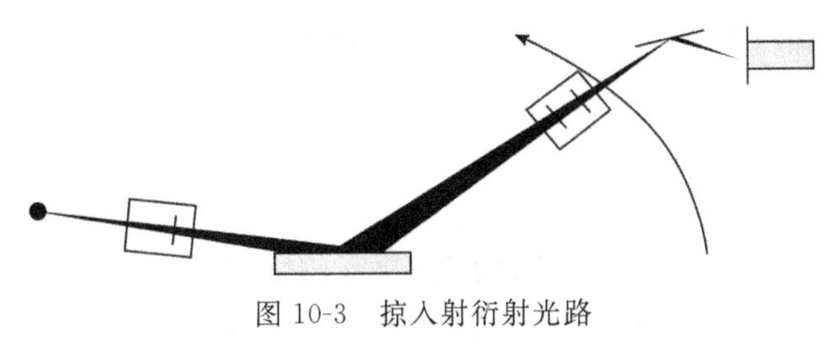

图 10-3　掠入射衍射光路

10.5　数据解析

10.5.1　常用 XRD 数据分析软件和数据库介绍

对于测试得到的谱图，都需要使用专门的 XRD 数据处理软件并结合特定的数据库来进行解析。一般来说，各品牌的仪器厂家都有自己的数据处理软件，如帕纳克公司的 Highscore，布鲁克公司的 EVA，理学的 PDXL 等。也有专门制作 XRD 数据处理软件的公司编写的软件，如 Jade 软件和 Match 软件等，通常来说，这些软件不针对特定仪器厂商，通用性更好。国际衍射数据中心也有专门的物相鉴定软件 Sleve 和 Sleve+。

数据库方面，除了一些专业领域的数据库如美国矿物晶体学数据库等外，最大最全的数据库当属国际衍射数据中心（ICDD）出版的 PDF 卡片库，有 PDF2 和 PDF4 两个不同的版本。其中 ICDD-PDF-4+数据库是世界上最大最全的无机物数据库，同时含有粉末衍射数据和单晶结构数据，可以快速、准确地进行物相定性定量分析，里面 444100+套特色衍射数据条目，其中 336500+的 PDF 卡片内含有原子坐标位置；此外还有 47100+套有机物衍射数据条目，内含数据检索软件，且所有数据均含有数字化的衍射谱，便于全谱分析。并且该数据库含有 343400 套具有参比强度 I/Ic 值，可快速进行 RIR 定量分析。另外，欧洲科学家近些年也组织了晶体学公开数据库（COD），也已经收集了近三十万张卡片，可以免费下载使用。

10.5.2　谱图解读

1. 物相鉴定

物相是指试样中由各种元素形成的具有固定结构的化合物（也包括单质元素和固溶体）。物相分析可以给出物相的组成和结构。比如我们经常用到的石英，成分是 SiO_2，由 Si 和 O 组成，但 SiO_2 可以是非晶态玻璃石英，也可是晶态石英晶体，石英晶体在不同的热力学条件下也有不同的变体，如石英、方石英、鳞石英，它们在 XRD 谱图上出峰位置和谱峰强弱顺序是不同的，这是一种指纹特征，这意味着可以通过比对 XRD 谱图获知样品中 Si 和 O 元素的赋存状态以及它们在空间的不同排布方式。

任何结晶物质均具有特定结晶结构(结晶类型、晶胞大小及质点种类、数目、分布)和组成元素。一种物质有独特衍射谱与之对应,多相物质的衍射谱各个互不相干,是独立存在物相衍射谱的简单叠加。衍射角度是晶胞参数的函数;衍射强度是结构因子函数(取决于晶胞中原子的种类、数目和排列方式)。任何一个物相都有一套 d-I 特征值及衍射谱图。因此,XRD 可以对多相共存的体系进行全分析。

物相分析最主要的方法就是把测得的这个 XRD 谱图与数据库中的谱图进行对比。具体的比对步骤,不同的软件有不同的算法,如 Sleve 软件需要先寻峰再检索,Jade 和 Highscore 软件可以不寻峰直接按照峰形匹配。

为了提高物相鉴定的准确度,一般无机物的测试范围是 5°~120°,步长为 0.02°,测试速率 2°/min 左右。速率太快,可能导致某些含量低的物质不出峰,从而使物相鉴定结果与预期差别较大。下面晶粒尺寸和结晶度的测试要求与物相鉴定一致。

物相检索需要优先知道样品的元素成分,这可以通过了解样品的配方获得,或者进行 XRF 或 ICP 测试来获得。对于一无所知的样品,可以利用检索软件进行匹配,这种检索方式叫模糊搜索或者叫大海捞针,这种方法虽然操作简单,但是出错的概率很大。为了提高检索的准确度,可以设定限制条件,一般是限定化学元素。限定元素之后可以加快检索速度,并且也可以极大地减少出错的概率。但是需要注意的是,对于元素组成复杂的样品,选择化学元素并不是选择试样中含有的全部元素一次性全部加入,而是有步骤有目的地加入元素作为限制条件。

这里以 Jade6 软件为例,说明物相鉴定的操作流程:

(1)打开文件,选择 File-Read(见图 10-4)。

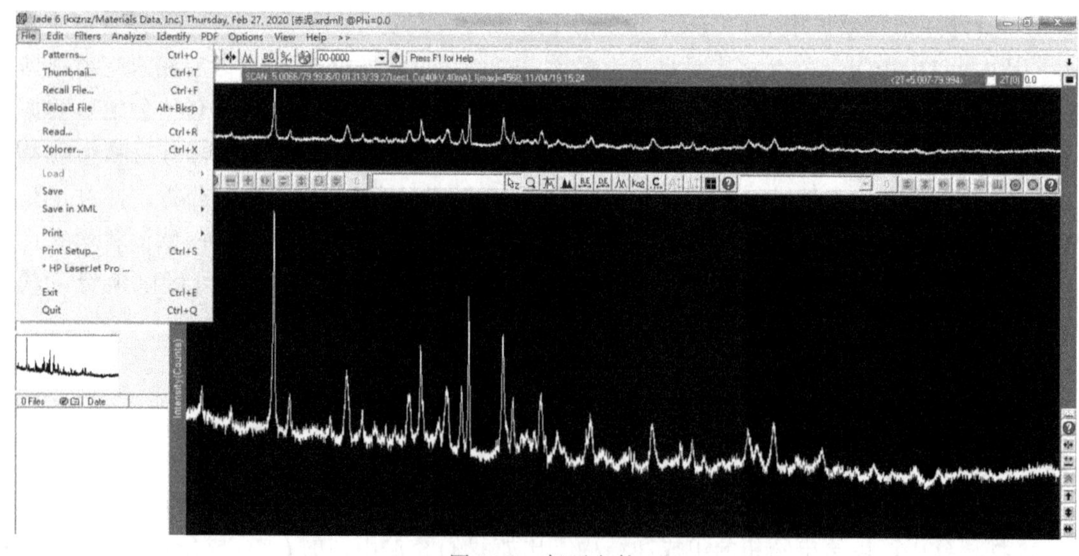

图 10-4 打开文件

(2)扣背景。双击 BG 自动扣背景或者单击 BG 之后，点击 BE 拖动红色基线点，之后点击 BG 进行手动扣背景(见图 10-5)。(Jade 进行物相鉴索不用扣背景和平滑)

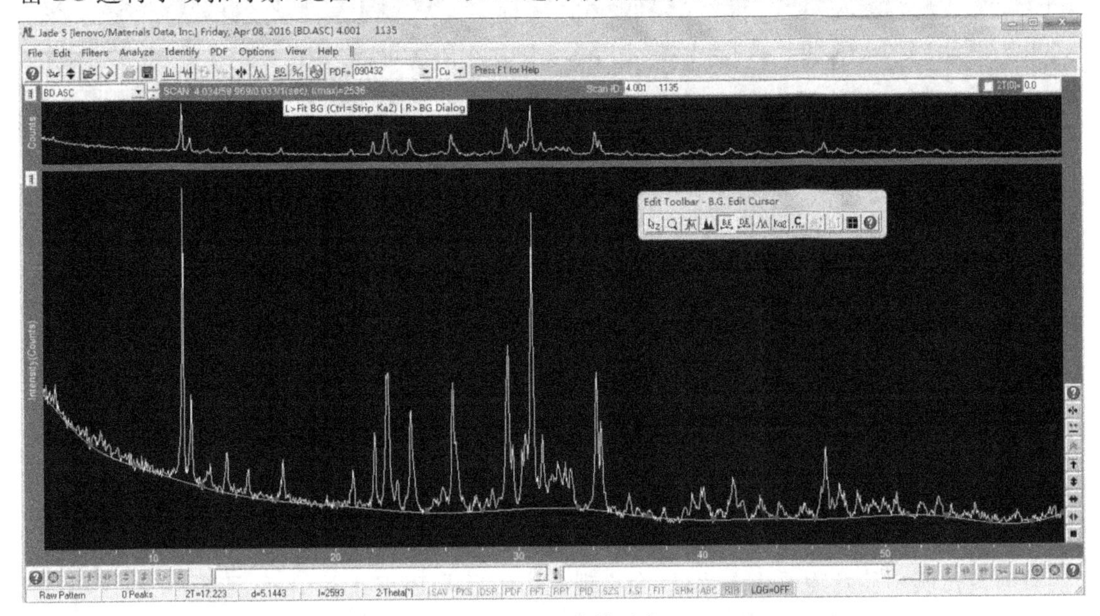

图 10-5　扣背景示意

(3)物相鉴定。选择物相种类及所含元素，选择完毕点击“OK”(见图 10-6)。

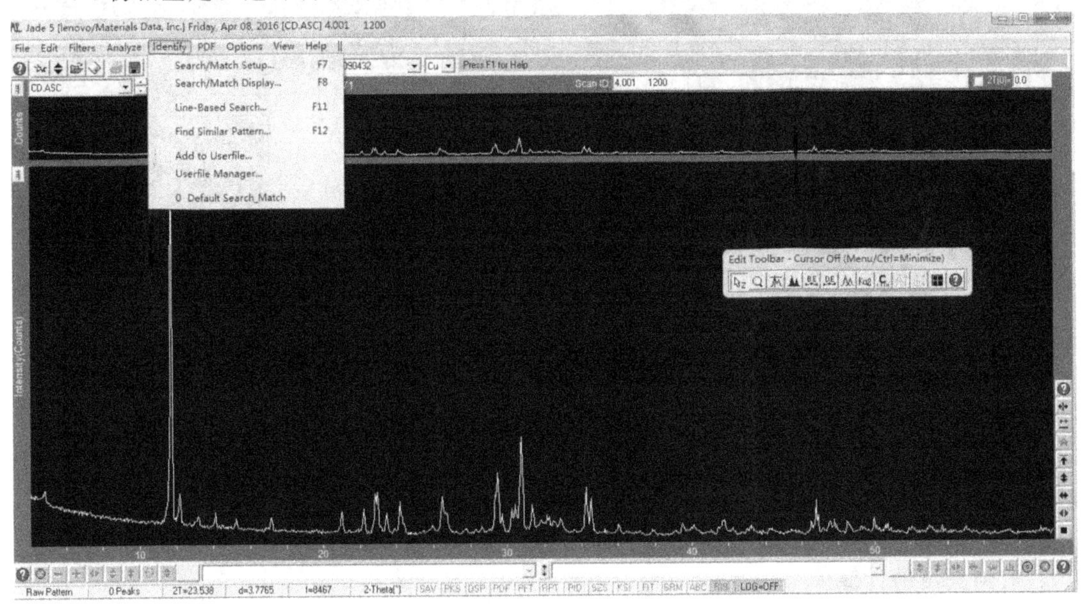

图 10-6　物相鉴定示意

(4)得到可能的物相，按照 FOM 因子的大小从小到大排列，Jade6 会把 FOM 因子小于 10 的候选卡片标记为蓝色，这些都是可能性较大的候选卡片，依次将候选卡片和测试峰位对比确认，根据元素信息和课题专业知识选择合适的卡片即可(见图 10-7)。

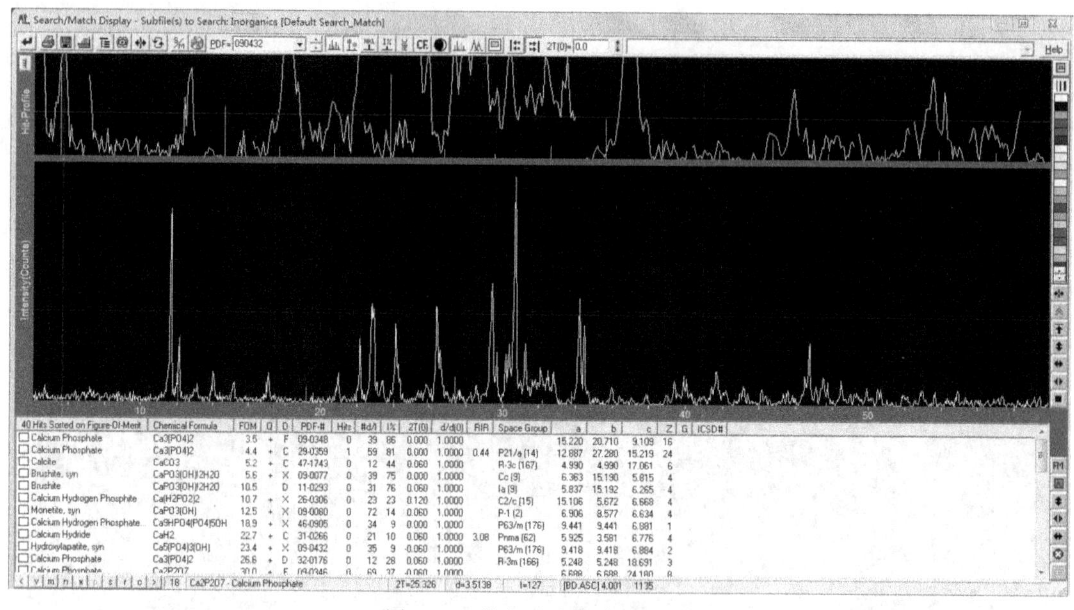

图 10-7　物相鉴定完毕后界面

(5)双击其中任意物质或卡片号，会出现此物质标准 PDF 卡片信息(见图 10-8)。

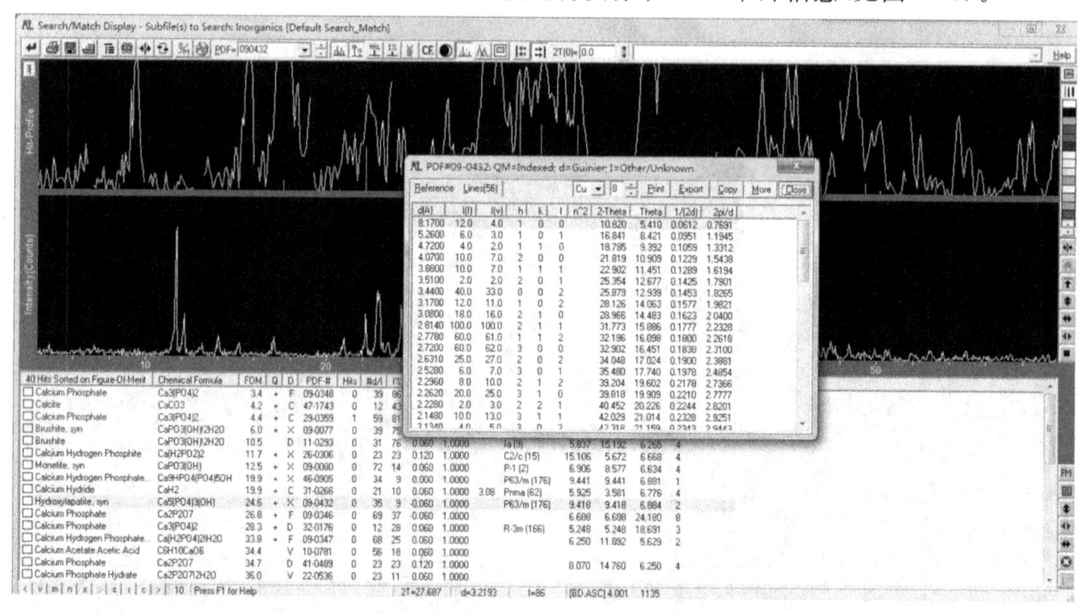

图 10-8　标准 PDF 卡片信息示意

2. 结晶度的计算

结晶度是材料中的结晶部分占整个材料的质量分数。一般结晶度越高，内部质点的排列就越规则，晶粒越大，熔点越高，对应的衍射峰也越强。结晶度较差，一般是因为晶粒过于细小，或者晶体中有位错等缺陷，对应的衍射峰也会比较宽。在 Jade 中，通常使用先拟合、再软件计算的方式来获得结晶度数据。

具体操作流程如下：

(1)选择合适的拟合区域，包含非晶峰区域，但不要包含太宽的角度范围，若出现下面的提示框，说明一次拟合峰数太多，需要选择区域分开拟合。未出现此提示框说明峰的数量可以直接进行全谱拟合(见图 10-9)。

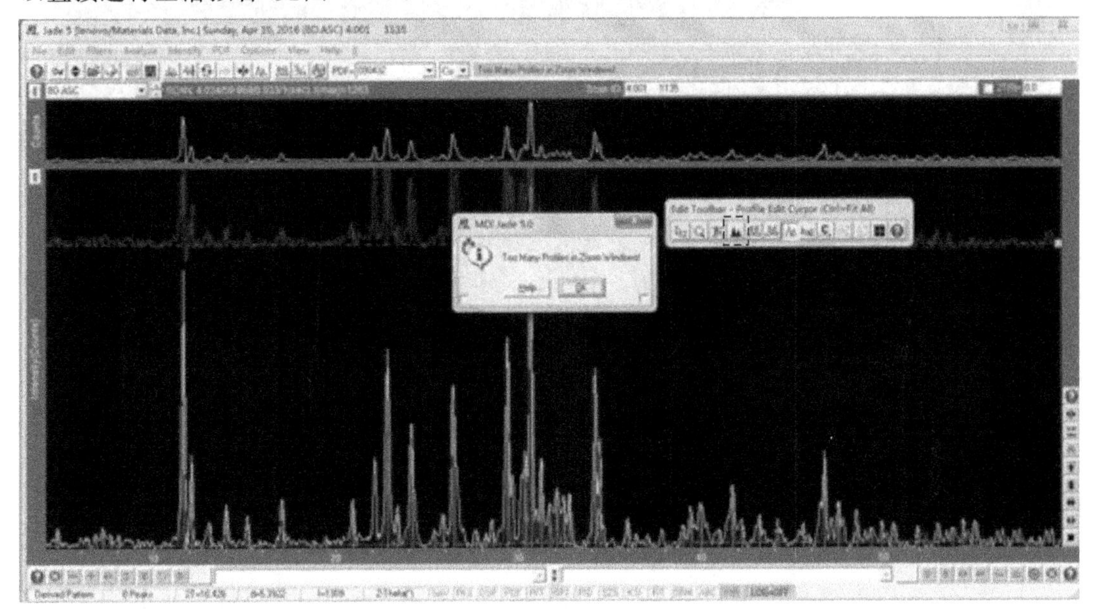

图 10-9　结晶度计算步骤一

(2)拖动鼠标，选择区域(蓝色部分)显示部分衍射峰，点击整体拟合键(见图 10-10)。

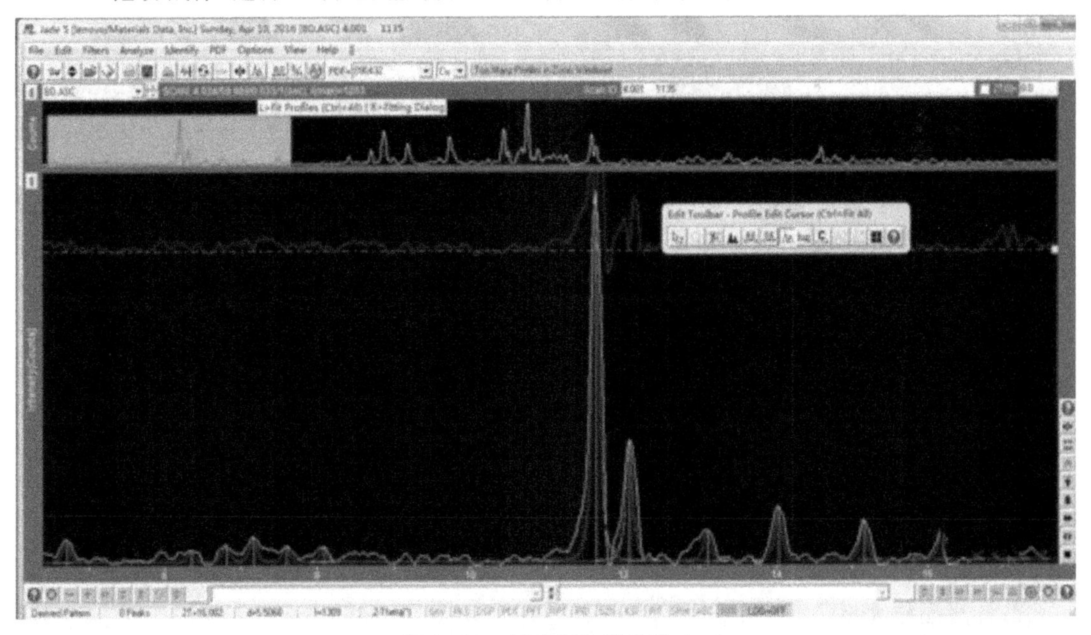

图 10-10　结晶度计算步骤二

(3)点击局部拟合键，手动填峰，再点局部拟合键，以此重复，使图中红色基线基本平缓，R 值不再变小即可。注意在重复拟合的时候需要不断保存拟合文件，避免软件崩溃，拟合从头再来(见图 10-11)。

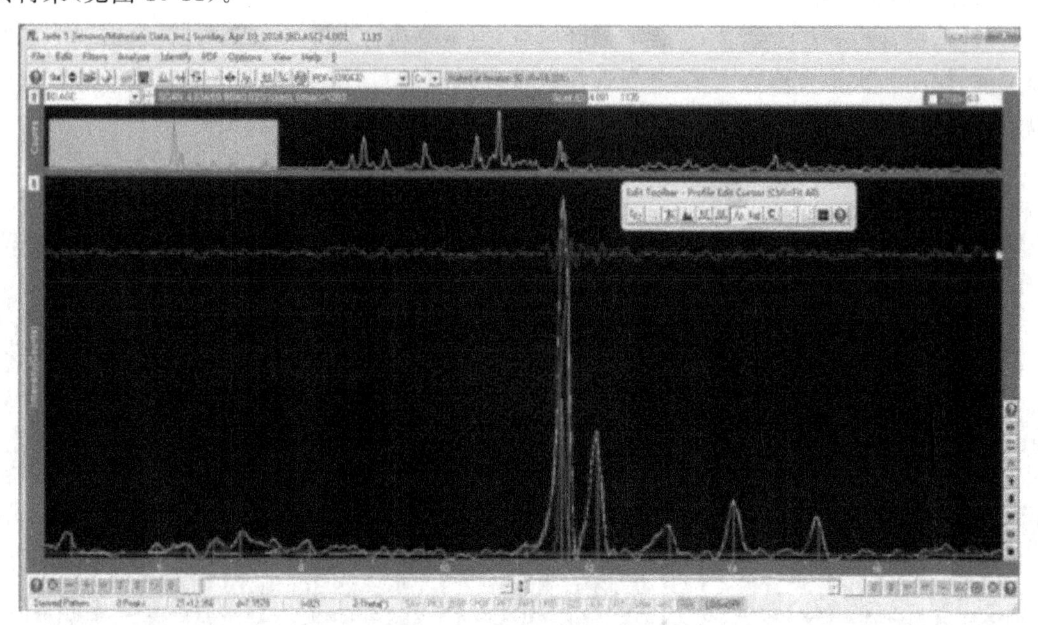

图 10-11　结晶度计算步骤三

(4)拟合完成后,点击“View—Reports&Files—Peak Profile Report”显示拟合报告。

(5)与标准 PDF 卡片比对,点击勾选掉标准卡片中不存在的峰,下方即可显示结晶度数值(见图 10-12)。

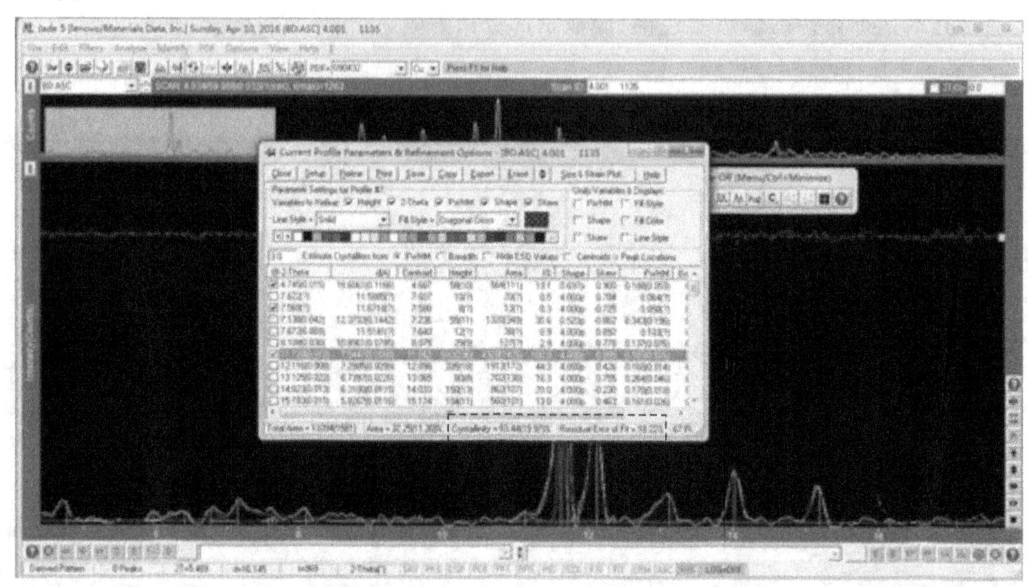

图 10-12　结晶度计算步骤五

3. 计算晶粒大小

晶粒大小计算常用公式(谢乐公式):

$$D=k\lambda/\beta\cos\theta \tag{10-2}$$

式中：D 为晶粒尺寸；λ 为 X 射线波长；β 为衍射峰值半高宽的宽化程度；θ 为布拉格角；K 为 Scherrer 常数。

其中 X 射线波长、布拉格角 θ 和 K 值都是已知的，所以公式中的唯一变量是半高宽 β。用 Jade 计算半高宽的方式有两种。第一种是先寻峰，找到 2θ 和晶面间距 d，如图 10-13 所示。需要注意谢乐公式只适用于晶粒尺寸小于 100nm 的情况，否则结果不可信。

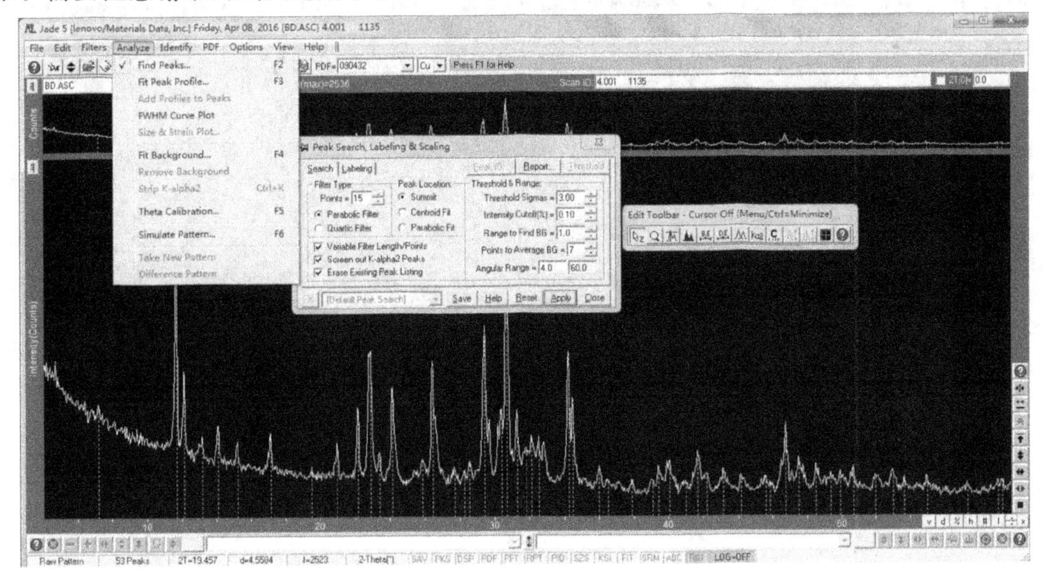

图 10-13　寻峰结果

然后点击“View—Reports & Files—Peak Search Report”，输出寻峰报告，可见 2θ、晶面间距 d、半高宽 FWHM 等数据；将半高宽数据代入谢乐公式，得到对应峰的晶粒尺寸大小（见图 10-14）。

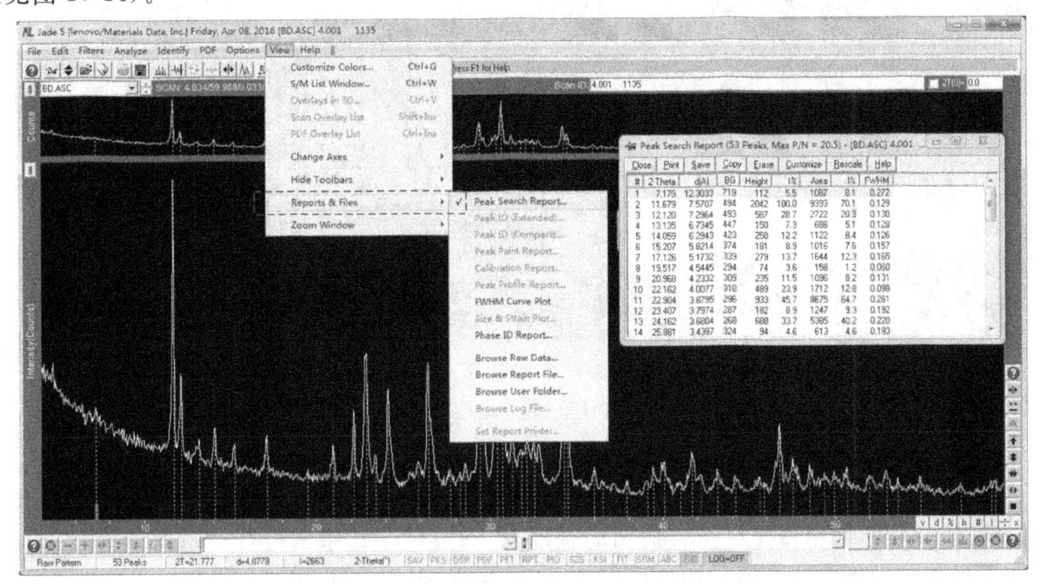

图 10-14　寻峰报告输出

第二种方法是先点击菜单栏下方的“BG”图标，再点击“BE”图标后（见图 10-15），拖动图

中“红点”调整基准线，进行手动扣背景。

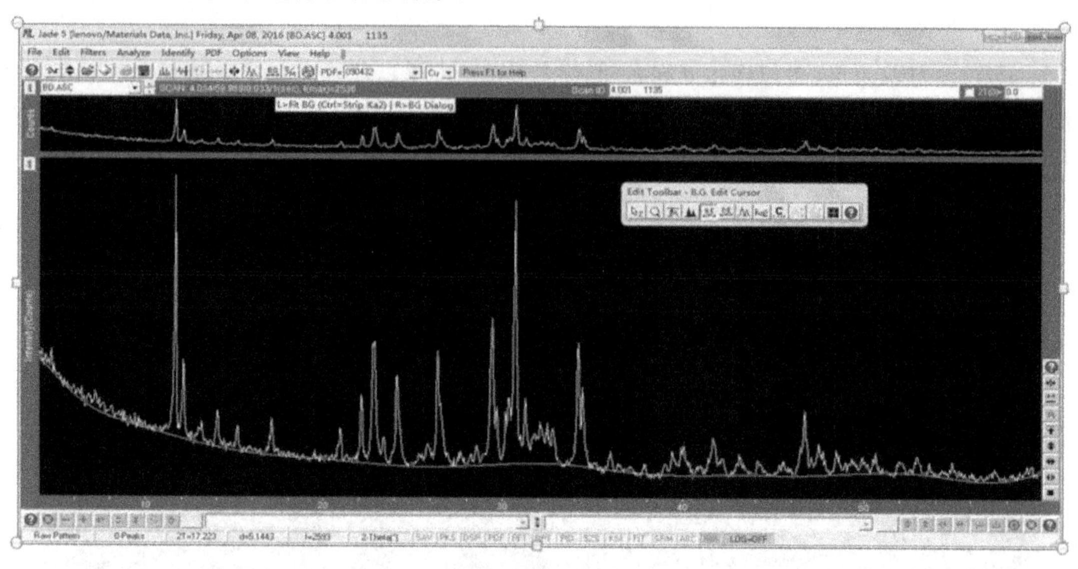

图 10-15 手动扣背景

然后选择图示红色虚线所标快捷键，即两个峰挨着，背底是蓝色的图标，手动选择所需峰，可显示出此峰的面积、强度、半高宽(见图 10-16)。

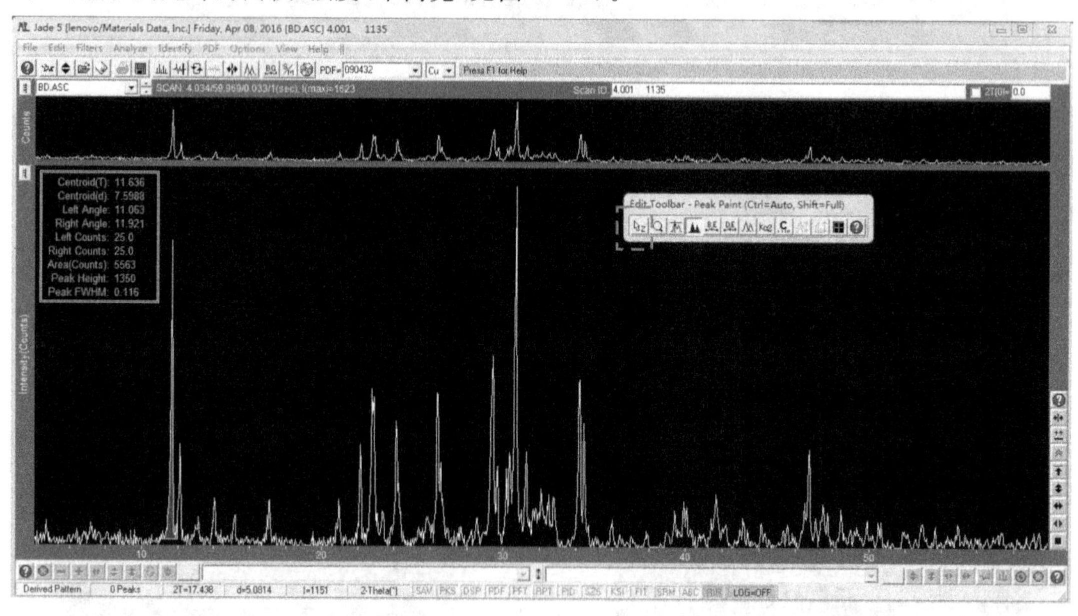

图 10-16 选中对应峰后

6. 结构精修

结构精修是 XRD 数据分析的进阶版，物相鉴定、结晶度计算等是对于样品含有的物相、结晶情况的概括，而精修是在拟合谱图的基础上，通过最小二乘法进行一系列计算，在原子层面上得到对应物质的晶体结构信息，包括晶胞参数、原子占位、键长键角等。

结构精修对测试数据质量也有一定要求，一般要求谱图最强峰的计数要超过

10000counts，中等强度的峰强度在 3000～5000counts 以上。测试的角度为广角范围，尽可能收集高角度区域（如测试到 120°）的数据，且步长至少要小于等于 0.02°。如果材料需要精修，建议精修测试条件：测试范围 5°～120°，步长 0.01°～0.02°，测试速率 0.5°/min，即一个样品测试 3～4h。

目前主流的精修方法包括 Pawley、Le Bail、Rietveld 三种，这三种方法也是各有特色，Pawley 方法和 Le Bail 方法都是用于结构未知的粉末衍射谱图，能够提取结构因子振幅，从而更有效地从粉末衍射谱图中解出晶体结构。而 Rietveld 法是给定一个大致正确的结构模型，选择合适的峰型参数、仪器参数、背底函数进行拟合，得到一个修正的与实际相符的结构模型。其优点是应用较广，能较精确地确定晶体结构、定量定性分析物相和材料的微结构，对材料结构的把握较前两者更为准确；缺点是需要一个较为准确的初始模型，计算过程相对复杂，有时候需要前两种精修方法和 Rietveld 法一起使用去解决一个问题。常用程序有 FullprofGsasTopas。

Rietveld 精修流程大致如下：首先需要给到一个正确的晶体结构模型，里面包括空间群、晶胞参数等晶体结构信息，即 cif 文件；然后给出材料的高质量 XRD 测试谱图，导入精修软件之后通过不断地进行 Rietveld 精修，直到拟合达到合理可靠的水平。

图 10-17 是常见的精修结果图，黑色 Observed 表示测试谱线，红色 Calculate 表示拟合谱线，蓝色 Difference 表示前两者之差，绿色竖线是布拉格位置，两个 R 值和 χ^2 是判断精修结果好坏的指标，一般要求 R_{wp}（weighted profile R-factor）要小于 15%，即认为合理，小于 10%更可靠，越小越好。另外，χ^2 越接近 1 越好。

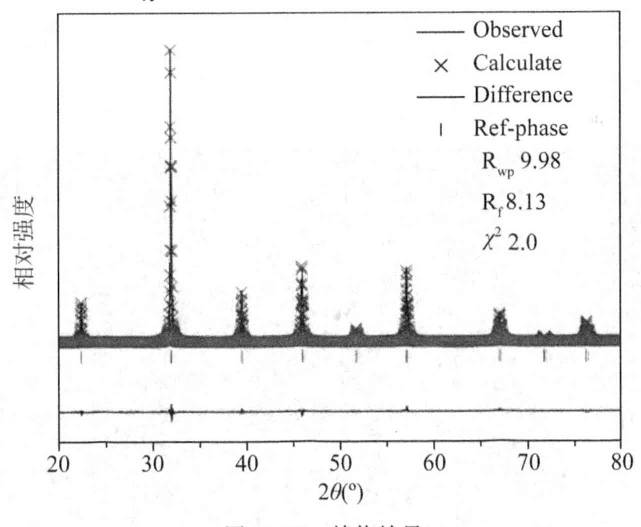

图 10-17 精修结果

将 cif 文件导入相应的软件中可画出晶体三维结构图（见图 10-18），通过三维结构图可以直观地看到晶胞的形状、原子的排列方式。通过结构精修，可以精确得到物质的结构信息，比如含量、化学式、结构式，具体到每个原子占据的位置，每两个原子的距离、角度等，精修是微观结构分析的强有力手段。

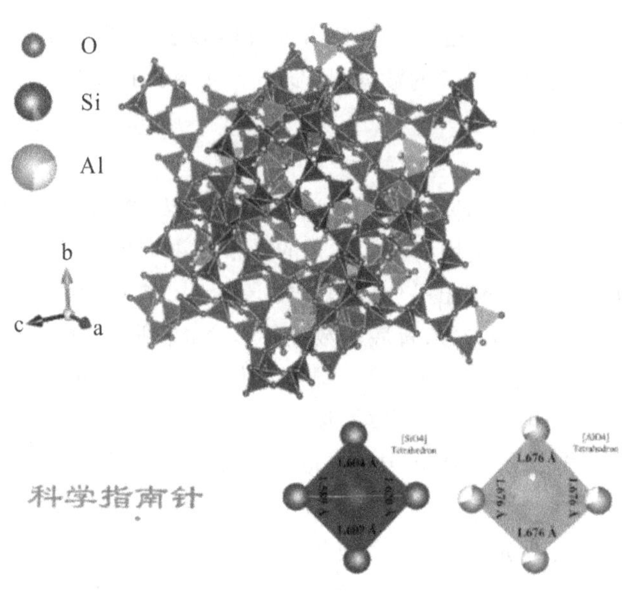

图 10-18 精修三维球棍模型图

10.6 案例分享

10.6.1 不限制化学元素导致错误定性

如图 10-19 所示，在不确定元素的时候做大海捞针式的检索(大海捞针即不限制化学元素，默认样品中可能存在元素周期表中的所有元素)，结果检索出来很多相似的、都能和一些峰匹配的物相。而且有的峰和谱图匹配很好，难以确认，干扰较大。

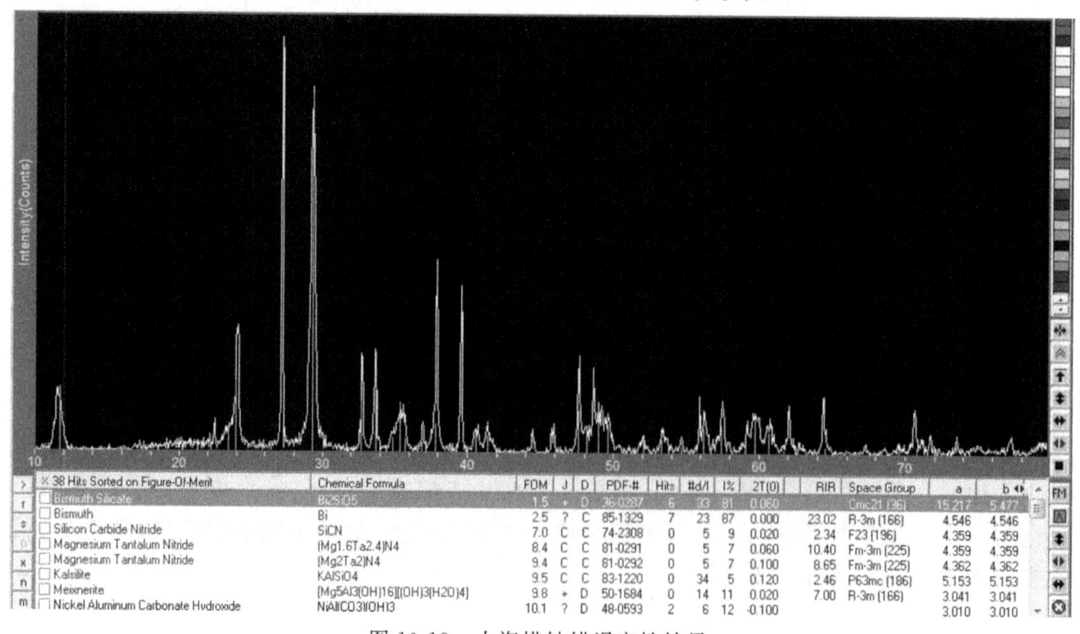

图 10-19 大海捞针错误定性结果

所以一般为了更准确确认物相，需要先做元素分析，比如做下 XRF、ICP 等，再结合 XRD 做物相分析。图 10-20 所示是做了元素分析之后限定化学元素的检索结果，和大海捞针的结果差别很大。所以，平时在对样品掌握的情况不足的时候，建议先做元素分析再做物相鉴定，不然会误判。

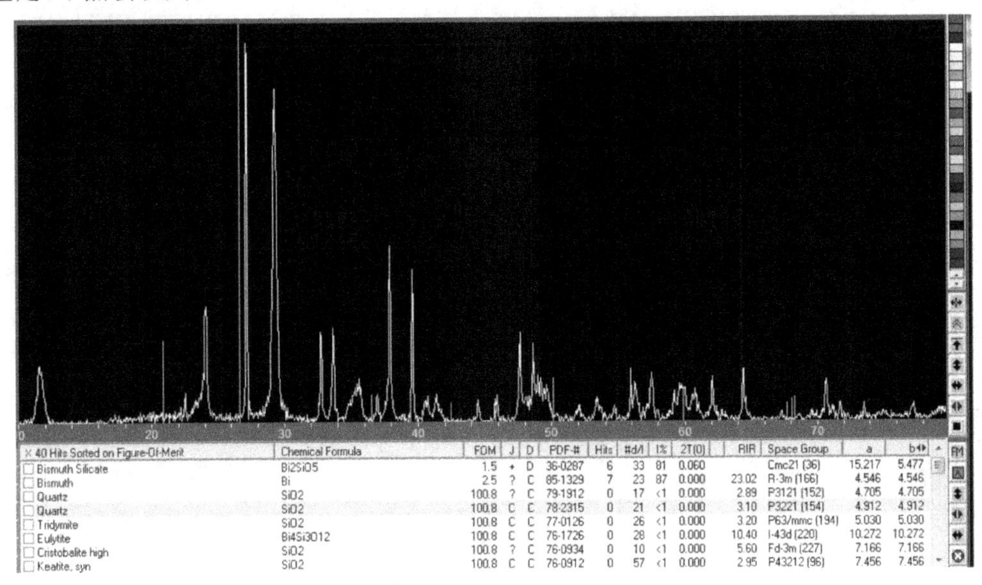

图 10-20 限定化学元素物相鉴定结果

10.6.2 测试时间对结果的影响示例

图 10-21 是每步停留不同时间的测试谱图。从图中可以看出，当每步停留时间为 0.025 秒的时候，只有一个大尖峰，峰强计数是三百多 counts，谱线不平滑，有很多毛刺(噪声)。逐渐增加测量时间到每步停留 2 秒后，峰强计数达到了二万六，谱图也明显光滑了，几乎看不见噪声，并且还出现了三个小的特征峰。所以，延长测试时间是提高测试谱图质量的有效途径。

延长测试时间可以有效提高峰强度，还可以提高对微量相或者少量相的检测强度。这对于杂质含量的检测以及结构精修等对数据质量要求较高的需求是非常有效的手段之一。

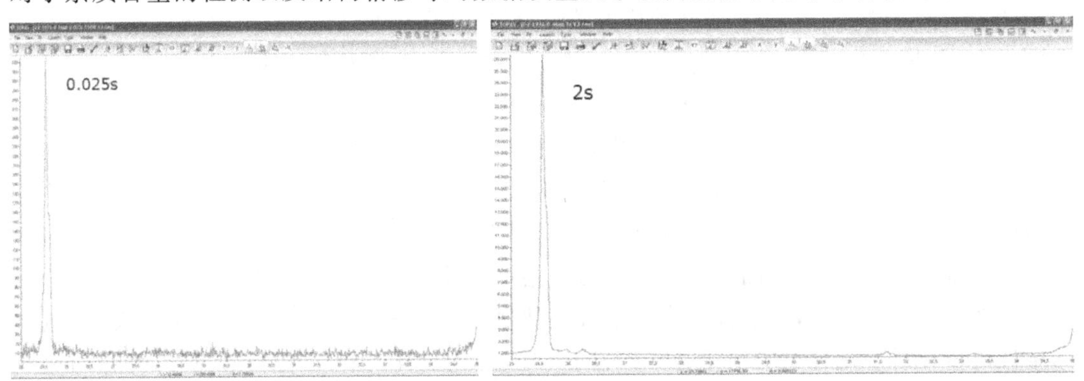

图 10-21 不同测试时间的 XRD 谱图

10.6.3 测试步长对数据的影响示例

图10-22给出了不同步长的XRD谱图差别。图中的测试范围大约是34°～36°，测试步长是0.01°～0.05°/步。从图中可以看到，当步长是0.01°的时候(黑线)，峰强度是最高的，数据点也是最多的。当步长从0.01°/步增加到0.05°/步时，从图中可以看到，峰强度明显减弱，并且峰的位置也发生了一定的偏移，尤其是第二个峰，当步长为0.05°/步时，基本没有产生峰的形状，这说明步长过大，会有一些衍射峰检测不到。所以，一般来说，要得到质量好的谱图，步长可以选择小一点，0.01°～0.02°最佳。

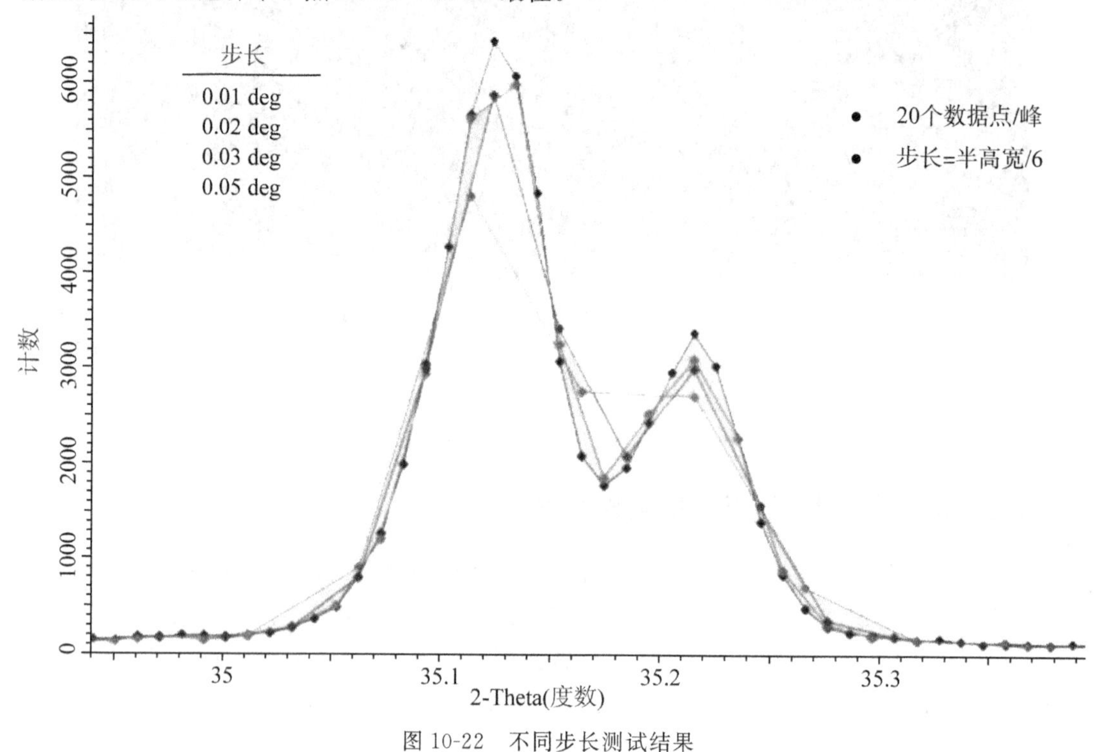

图10-22 不同步长测试结果

10.6.4 样品粒度对测试结果的影响

图10-23是同一个样品在研磨前后的测试谱图，从图中可以看到，研磨前后的测试结果差别很大，尤其是在19.5°、21°、25.5°和28°附近，研磨后的峰都明显弱化甚至完全消失，那么这必然会对定性分析造成很大的困扰，甚至误判。

此外，样品颗粒大小对定量结果的影响也很大，实验证明，把硅和锆按质量比1∶1均匀混合后去制样测试，发现当研磨15秒之后，定量的结果是硅占44%，锆占56%，研磨25秒之后是硅占47.7%，锆占52.3%，直到研磨了45秒之后，两者占比约为50%和50%，与实际情况非常接近。所以，样品颗粒大小对物相鉴定或者定量都有很大的影响。

那么，我们平时怎么来掌握研磨程度呢？研磨时间太短，会造成颗粒尺寸过大，给数据的定性定量分析造成很大的误差；研磨时间太长，会造成样品颗粒纳米化，使衍射峰加宽重叠，也会给数据分析造成误差。一般研磨到200～300目左右是最佳的，用玛瑙研钵或者球磨机去研磨最好，不要用陶瓷研钵。

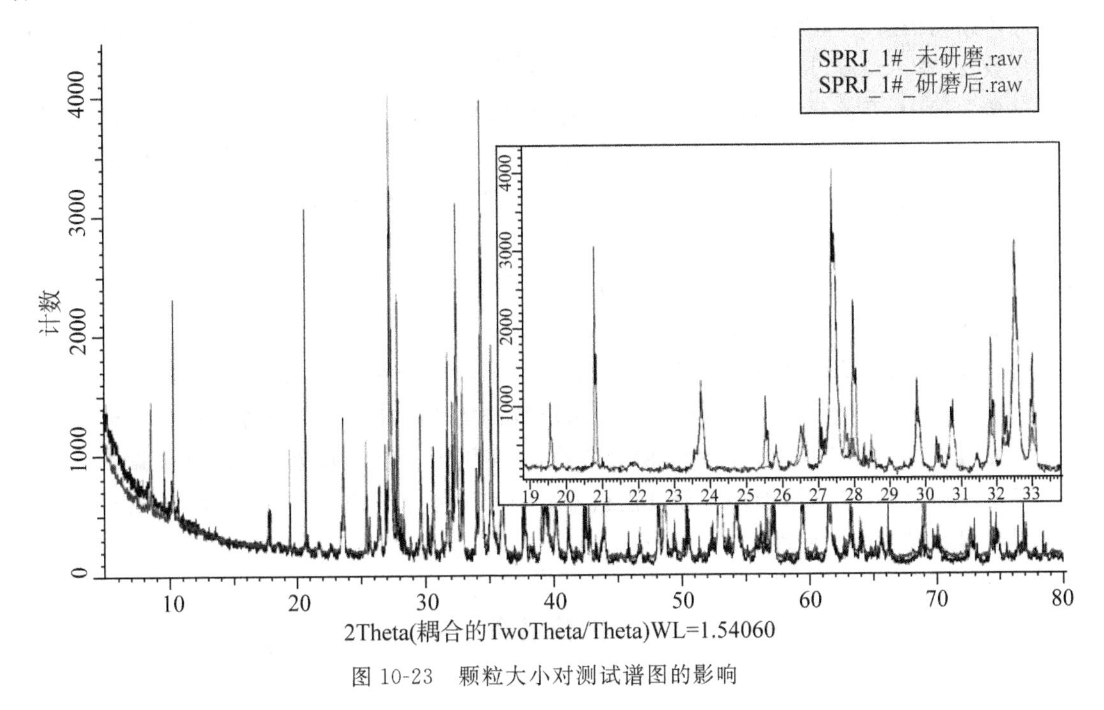

图 10-23　颗粒大小对测试谱图的影响

10.7　常见问题解答

1. 测 XRD 时，样品量只有 20mg，可以测试吗？样品量少对测试结果可能会有哪些影响？

可以，有微量室的老师都可以测。量少可能导致谱图峰强不高，并且如果样品架是普通玻璃的话可能测试到基底。

2. 测试结果跟学校测的差距很大，没法直接放一起作图比较，这可能是什么原因导致的？

同一个样品在不同仪器上测试，因为不同仪器信号值情况不同，测试结果可能偏差较大，所以一般是不能直接比较的，这样可能导致信号强的直接把信号弱的给覆盖了。建议把需要比较的样品在同台仪器或同种型号的仪器上测试。

3. 测试结果基线不平或者数据毛刺比较明显，遇到这种情况应该怎么处理？

毛刺多，主要是因为样品的结晶度较差，无定型物质较多；其次可能是制样时没制好、仪器不稳定、精度不够等。遇到此类问题，可以重新制样测试，如果情况没有改善，逆向推导是样品结晶性差的缘故。

相关网站

(1)无机晶体数据库(The Inorganic Crystal Structure Database，简称 ICSD，收费)

网址：http://icsdweb.fiz-karlsruhe.de/index.php

简介：由德国的 Thegmelin Institute (Frankfurt) 和 FI (Fachinformationszentrum

Karlsruhe)合办。它只收集并提供除了金属和合金以外、不含 C-H 键的所有无机化合物晶体结构信息。包括化学名和化学式、矿物名和相名称、晶胞参数、空间群、原子坐标、热参数、位置占位度、R 因子及有关文献等各种信息。该数据库从 1913 年开始出版，至今已包含近 10 万条化合物目录。每年更新两次，每次更新会增加 2000 种新化合物，所有的数据都是由专家记录并且经过几次的修正，是国际最权威的无机晶体结构数据库。

(2)COD 数据库(Crystallography Open Database 的简称，免费开源数据库)

网址：www. crystallography. net

(3)美国矿物结构晶体数据库(AMCSD，免费开源数据库)

网址：http://rruff. geo. arizona. edu/AMS/amcsd. php

简介：这个网站是一个包括发表在美国矿物学家、加拿大矿物学家、欧洲矿物学家和物理化学矿物学家学报，以及从其他期刊中选取数据集的晶体结构数据库的接口。概述库是由美国矿物学会和加拿大矿物学协会监管，由美国国家科学基金会资助。数据库提供交互式软件套件，可以用于查看和设置晶体结构和计算晶体的不同性质，例如几何形状、衍射图案和晶体电子密度。

推荐书目

[1] 李树棠. 晶体 X 衍射学基础[M]. 北京：冶金工业出版社，1990.

[2] 梁敬魁. 粉末衍射法测定晶体结构(上_下)[M]. 北京：科学出版社，2011.

[3] 黄继武. 多晶材料 X 射线衍射_实验原理、方法与应用[M]. 北京：冶金工业出版社，2012.

第 11 章　红外光谱仪

在材料性能测试的领域中，用红外光谱仪对未知物包含官能团进行定量和定性分析，是一种确定未知物组成和结构常见的表征方法。本章主要介绍与红外光谱测试相关的基础知识，主要涉及红外光谱测试相关领域的主要概念，如吸光度、透过率、ATR 模式、基线校正、背景扣除等。另外对常见测量项目的测量方法和辅助分析方法进行简单介绍。

11.1　红外原理及应用

11.1.1　基本原理

红外吸收光谱是一种分子吸收光谱，主要研究对象是分子中的化学键，特别是有机化合物分子的结构鉴定。分子中的化学键总是处于某一种运动状态中，每种运动状态都具有一定的能量，属于一定能级。一般情况下，分子的转动和振动处于基态，当物质被红外光照射时，分子的转动和振动将吸收红外光而发生能级跃迁，特定官能团或化学键吸收特定频率的红外光，称之为基团频率或化学键的特性频率。

不同官能团或化学键的特性频率不同，同一官能团或化学键的特性频率在不同物质中出现时吸收位置相对固定。一定频率的红外光源辐射分子时，被分子中相同振动频率的化学键振动吸收，记录分子对于红外辐射吸收情况的曲线称为红外光谱图。

红外吸收光谱有多种表达形式：T-λ、T-σ、A-λ 和 A-σ，一般常用 T-λ 曲线或 T-σ 曲线表示。纵坐标为百分透射比 $T\%$，因而吸收峰向下，向上则为谷；横坐标是波长 λ(单位为 μm)，或波数 σ(单位为 cm^{-1})。

λ 与 σ 之间的关系为

$$\sigma(\mathrm{cm}^{-1})=10^4/\lambda(1/\mu\mathrm{m}) \tag{11-1}$$

红外光谱根据频段可以分为近红外区、中红外区和远红外区。

1. 近红外区(泛频区 4000～13158cm^{-1})

近红外区是—OH，—NH，—CH 等官能团的特征吸收区。该区的光谱可用来研究稀土和其他过渡金属离子的化合物，并适用于水、醇、某些高分子化合物以及含氢原子团化合物的组成及定量分析。

2. 中红外区(基本振动区 400～4000cm^{-1})

中红外区是绝大多数有机和无机化合物的化学键振动基频区(分子中化学键的振动及分子转动),可以用于化合物鉴定。同时,由于中红外光谱仪最为成熟且简单,因此该区是应用极为广泛的光谱区,目前在该区已积累了大量的数据,为化合物鉴定提供了必要的数据库资料。通常,中红外光谱法又简称为红外光谱法。

3. 远红外区(转动区 10～400cm^{-1})

金属有机化合物的键振动(分子转动以及晶格振动)。由于低频骨架振动能很灵敏地反映出结构变化,可以用于研究异构体的结构。此外,还能用于金属有机化合物(包括络合物)、氢键、吸附现象等的研究。但由于该光区能量较弱,除非其他波长区间内没有合适的分析谱带,一般不选择在此范围内进行分析。

11.1.2 应用范围

19 世纪初科研人员证实了红外光的存在,20 世纪初进一步了解到不同官能团具有不同的红外吸收频率。1950 年研究出自动记录式红外分光光度计。1970 年人们出现了傅里叶变换型红外光谱仪。目前,红外测定技术如全反射红外、显微红外、光声光谱以及色谱-红外联用等也不断发展和完善,推动了红外光谱法在各个领域中的广泛应用。

作为一种分子振动-转动光谱,红外光谱最重要的应用是有机化合物的结构鉴定。通过对比谱图中各个吸收峰的解析,可以获取分析样品中官能团、顺反异构、取代基位置、氢键结合以及络合物的形成等结构信息。与标准谱图比较,可以进一步确定化合物的结构;近年来红外光谱的定量分析应用也有不少报道,尤其是近红外、远红外区的研究报告在增加。如近红外区用于含有与 C、N、O 等原子相连基团化合物的定量分析;远红外区用于无机化合物研究等。

任何气态、液态、固态样品均可进行红外光谱测定,这是其他仪器分析方法难以做到的。由于每种化合物均有红外吸收,尤其是有机化合物的红外光谱能提供丰富的结构信息,因此红外光谱是目前有机化合物结构解析的重要手段之一。

11.2 常见红外光谱仪器

常见的红外光谱仪有色散型红外光谱仪和傅里叶型红外光谱仪。这两种红外光谱仪组成基本相同:光源、样品室、单色器以及检测器等部分。但是两种仪器在各元件的具体材料上有较大差别。色散型红外光谱仪的单色器一般在样品室之后。红外光谱仪的主要组成如下:

1. 光源

红外光谱仪的光源通常是惰性固体,用电加热使之发射高强度的连续的红外辐射。常用的是能斯特灯和硅碳棒。能斯特灯的材料是稀土氧化物(氧化锆或氧化钍),一般加工成圆筒状,两端连接铂引线,其工作温度为 1700℃。此种光源具有很大的电阻负温度系数,需要预先加热并设计电源电路控制电流强度,以免灯过热损坏。其缺点是比硅碳棒贵,机械强度差，操作不如硅碳棒方便。硅碳棒是由碳化硅烧结而成，坚固、发光面积大，在室温下是导体，工作前不需要预热，工作温度为 1300～1500K。与能斯特灯相反，碳化硅棒具有正的电阻温度系数，电触点需水冷以防放电。其辐射能量与能斯特灯接近，但在$>2000cm^{-1}$区域能量输出远大于能斯特灯。

2. 样品室

因玻璃、石英等材料不能透过红外光，红外吸收池要用可透过红外光的 NaCl、KBr、CsI 等材料制成的窗片。用 NaCl、KBr、CsI 等窗片需要注意防潮。固体试样常与纯 KBr 混匀压片，然后采用粉末试样压片外直接进行测试。液体和气体样品，一般需要液体池和气体池进行红外光谱的采集。

3. 单色器

单色器由色散元件、准直镜和狭缝构成。色散元件常用光栅作为分光元件。由于闪耀光栅存在次级光谱的干扰，因此需要将滤光片分离次级光谱。在红外仪器中一般不使用透镜，以避免产生色差。

4. 检测器

红外检测器有热检测器、热电检测器和光电导检测器三种。第一种用于色散型红外光谱仪中，后两种多用于在傅里叶型红外光谱仪。

11.2.1　色散型红外光谱仪

色散型红外光谱仪的光路如图 11-1 所示：光源光被分成两束，分别作为参比和样品光束通过样品池。各光束交替通过扇形旋转镜 M7，利用参比光路的衰减器对经参比光路和样品光路的光的吸收强度进行对照。因此通过参比和样品后溶剂的影响被消除，得到的谱图信息是样品本身的吸收。

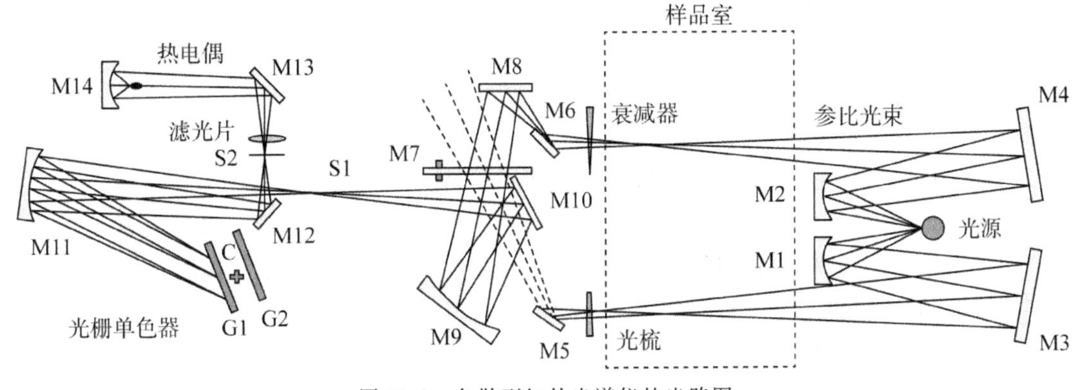

图 11-1　色散型红外光谱仪的光路图

色散型仪器的特点：

(1)双光束仪器。使用单光束仪器时，大气中的 H_2O、CO_2 在重要的红外区域内有较强的吸收，因此需要参比光路来补偿，使这两种物质的吸收补偿到零。采用双光束光路可以消除它们的影响，测定时不必严格控制室内的湿度及人数。

(2)单色器在样品室之后。由于红外光源的低强度，检测器的低灵敏度(使用热电偶时)

需要对信号进行大幅度放大。而红外光谱仪的光源能量低，即使靠近样品也不足以使其产生光分解。而单色器在样品室之后可以消除大部分散射光而不至于到达检测器。

(3)切光器转动频率低，响应速率慢，以消除检测器周围物体的红外辐射。

因为色散型红外光谱仪存在众多问题，现在几乎很少有人使用，目前人们基本都使用傅里叶型红外光谱仪。

11.2.2 傅里叶型红外光谱仪

目前几乎所有的红外光谱仪都是傅里叶型的。色散型仪器的主要不足是扫描速度慢，灵敏度低，分辨率低。因此，色散型仪器自身局限性很大。

傅里叶型红外光谱仪的光源发出的光被分束器分为两束，一束经反射到达动镜，另一束经透射到达定镜，两束光分别经定镜和动镜反射再回到分束器。动镜以一恒定速度做直线运动，因而经分束器分束后的两束光形成光程差并产生干涉，干涉光在分束器会合后通过样品室，然后被检测。

傅里叶型红外光谱仪的优点：

(1)大大提高了谱图的信噪比。傅里叶型红外光谱仪所用的光学元件少，无狭缝和光栅分光器，因此到达检测器的辐射强度大，信噪比大。

(2)傅里叶型红外光谱仪是在整个扫描时间内同时测定所有的频率信息，一般只要1s左右即可，它可用于测定不稳定物质的红外光谱。而色散型红外光谱仪在任何一瞬间只能观测一个很窄的频率范围，一次完整扫描通常需要8s、15s、30s等。

(3)波长精度高($\pm0.01cm^{-1}$)，重现性好。

(4)分辨率高。

11.3 测试样品

11.3.1 测试样品要求

红外光谱的试样可以是粉末、溶液、块状、薄膜样品。

粉末样品：样品干燥不含游离水，水本身有强烈的红外吸收，会严重干扰样品的谱图，而且会侵蚀吸收池的盐窗。粉末样品质量大于10mg，200目以上，可用于直接压片的粒度。

溶液样品：不可以与溴化钾反应，样品体积大于2ml。

块状、薄膜样品：样品干燥不含水，尺寸大于0.5cm × 0.5cm，一定要标明测试面。

11.3.2 测试模式解读

1. 粉末常规压片

将KBr和样品置于120℃烘箱中烘干，用天平称取1mg左右样品和150mg KBr。将样品和KBr一起置于玛瑙研钵，使样品和KBr充分研磨均匀，置于模具中，在油压机上压成透明薄片，压片模具如图11-2所示，薄片应透明均匀。压片模具及压片机因生产厂家不同而异。

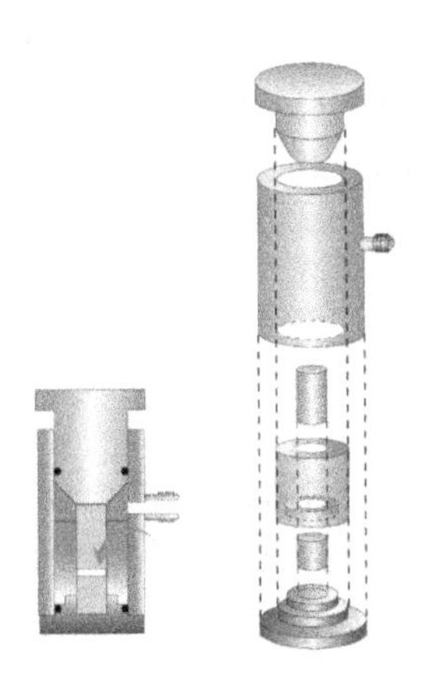

图 11-2　压片模具示意

2. 液体池

对于沸点较低、挥发性较大的试样，可注入封闭的液体池中，液层厚度一般为 0.01～1mm。

沸点较高的试样，直接滴在两片盐片之间，使之形成液膜。

对于吸收很强的液体，需要适当减薄液膜厚度，如果不能得到满意的谱图，可以使用适当的溶剂配置成稀溶液进行测试。

常用的红外光谱溶剂应当在所测试光谱区间本身没有强烈的吸收，不浸透侵蚀盐窗，对试样没有溶剂化效应等。

由于 KBr 盐窗怕水，一般水溶液不能测定红外光谱。利用聚乙烯薄膜是水溶液红外光谱测定的一种简易方法。如图 11-3 所示，在金属管上铺一层聚乙烯膜，其上压入一橡胶圈。滴下水溶液后，再盖一层聚乙烯薄膜，用另一橡胶圈固定后测试。需注意的是，聚乙烯、水及重水都有显著的红外吸收，应以不影响待测样品的红外吸收为宜。

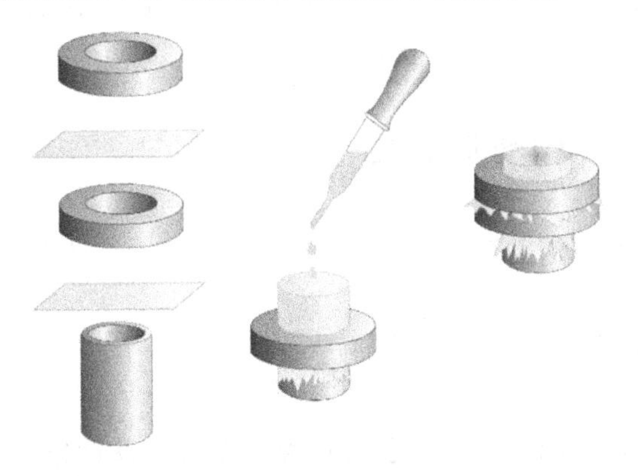

图 11-3　液体池示意

3. ATR 模式

衰减全反射附件简称为 ATR 附件，是目前红外光谱分析工作者经常使用的一种红外样品测试手段。这种方法在测试过程中不需要对样品进行任何处理,对样品不会造成损坏。

ATR模式可用于样品深度方向及表面分析。利用特殊棱镜,在其两面夹上样品,入射光从样品一侧照射进入,经在样品、棱镜中多次反射后到达检测器。用于测定不易溶解、熔化、难于粉碎的弹性或黏性样品,如涂料、橡胶、合成革、聚氨基甲酸乙酯等表面及其涂层。可用于表面薄膜的测定。

11.4 测试项目及参数解读

红外光谱的纵坐标有两种表示方法,即透过率(T)和吸光度(A)。纵坐标采用T表示的光谱称为透过率光谱,纵坐标采用吸光度A表示的光谱称为吸光度光谱。

11.4.1 透过率

使用连续波长的红外光源照射样品,样品中的分子会吸收一些波长的红外光。没有被吸收的红外光到达检测器,检测器将收集到的红外光信号转换变换,得到单光束光谱。但是为了得到样品的红外光谱,需要从样品的单色光束光谱中扣除背景单色光束(仪器内部各种零部件和空气的信息)。

一束特定波长的红外光透过样品后的光强和红外光透过背景的光强的比值称为透过率。

11.4.2 吸光度

特定波长光的吸收强度即为吸光度(A)是透过率倒数的对数:

$$A=\lg \frac{1}{T} \tag{11-1}$$

透过率和吸光度可以相互转化。透过率光谱可以看出样品对不同波长红外光的吸收情况,但是透过率存在一个问题:透过率和样品质量不成正比关系,透过率光谱不能用于红外光谱的定量分析。吸光度值A在一定范围内和样品的厚度和样品浓度成正比关系,所以吸光度光谱可以用于红外光谱的定量分析。

11.5 数据解析和数据处理

对于红外光谱数据,我们主要从位置、形状、相对强度三个方面来分析。

1. 位置

某一基团存在的最有用的特征,即特征振动频率。

2. 形状

基团存在的辅证,可以用来研究分子内是否存在缔合以及分子的对称性、旋转异构、互变异构等。

3. 相对强度

可以用作定量分析,也可以指示某特殊基团或元素的存在。

11.5.1　基线校正

不管是用普通模式还是红外附件测得的红外光谱，其吸光度光谱的基线不可能处在 0 线上。采用卤化物压片法测得的光谱，由于颗粒研磨得不够细，压出来的片不够透明而出现红外光散射的现象，使得光谱的基线出现倾斜；采用糊状法或液膜法测定透射光谱时，在采集背景光谱的光路中如果没有放置相同厚度的晶片，测得的光谱基线会往上漂移，这是因为晶片并不是 100%透光的；用红外显微镜或其他红外附件测定光谱还会出现干涉条纹。因此，对于基线倾斜、基线漂移和干涉条纹的光谱，需要进行基线校正。

所谓基线校正，就是把吸光度光谱的基线人为地拉回到 0 基线上。在进行基线校正之前，通常都将光谱转换成吸光度光谱。当然也可以对透射率光谱进行基线校正，校正后的光谱基线与 100%线重合。

从红外光谱窗口数据处理菜单中选择基线校正命名，就能对光谱进行基线校正。基线校正有两种方法：一种是自动基线校正；另一种是人为校正，即逐点地对光谱数据校正。如图 11-4[1] 所示。

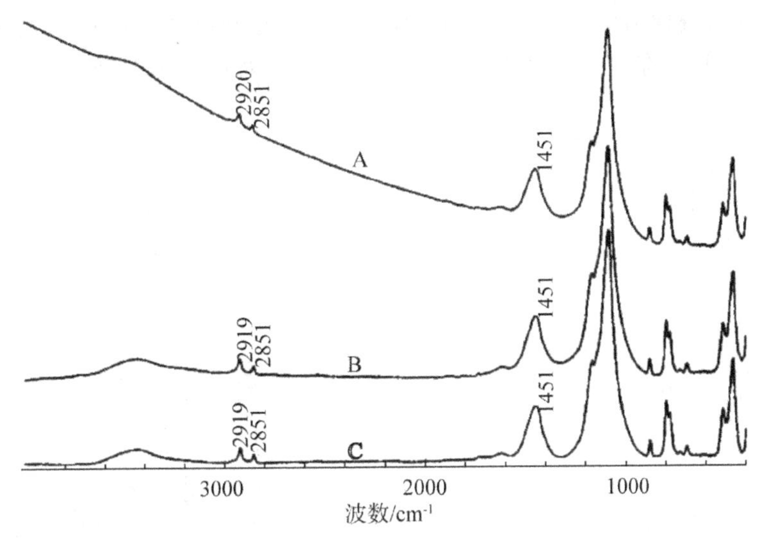

A-校正前；B-自动校正；C-手动校正

图 11-4　基线校正

11.5.2　背景扣除

傅里叶型红外光谱仪基本上都采用单色路系统。测试光谱时，既要采集样品的单光束光谱，也要采集背景的单光束光谱。从样品的单光束光谱中扣除背景的单光束光谱，得到样品的光谱数据。

在测试透射红外光谱时，如果用空光路采集背景单光束光谱，这时扣除的背景单光束光谱主要是光路中的二氧化碳和水汽的吸收，同时扣除仪器的影响。例如，采用 KBr 压片法测试红外光谱时，需要先测试一个纯 KBr 片，来消除 KBr 的影响。并且压制好的 KBr 片有一定的吸附空气中水汽的影响，而且时间不同，空气中水分也会有很大差异，因此每次测试样品时都需要重新压制一个纯 KBr 片。在测试硅片或者云母片上生长的薄膜的红外光谱时，在背景光路中插入一块大小、厚度相同而未生长薄膜的片，来扣除背景的影响，直接得到薄膜的红外光谱。

在测试样品状态为液体的红外光谱时，在背景光路中装上溶剂的液体池，来扣除溶剂的光谱，直接得到溶质的光谱，这种方法比较难实现，因为很难实现控制溶剂光谱的厚度，同时要求溶剂厚度精确到纳米级别，这是不可实现的。此时可以采用吸光度光谱差减法，测试出溶液的红外光谱，再测试出溶剂的红外光谱，这两张红外光谱波数基本相同，吸光度相减可以得到溶质的红外光谱。

11.5.3 官能团分析

如图 11-5 所示，波数在 1724.95cm^{-1}峰是一个强吸收峰，比较固定且特征较强，归属于羰基峰(C=O)，C=O 来自于酯基和亚胺羰基中；波数在 1300～1500cm^{-1}归属于苯环的伸缩振动。波数在 1000～1300cm^{-1}附近峰，归属于酯键中 C—O 峰伸缩或者弯曲振动，通常有多个峰，位置、强度和形状均随结构的不同而有明显差异。波数在 3432.19cm^{-1}峰归属于聚酰亚胺中的亚胺键伸缩振动。C—H 键广泛存在于涤纶和聚酰亚胺中，其特征峰在 500～1000cm^{-1}范围内普遍存在。波数在 2959.25cm^{-1}处峰对应于聚酰亚胺中 N—H 的伸缩振动。

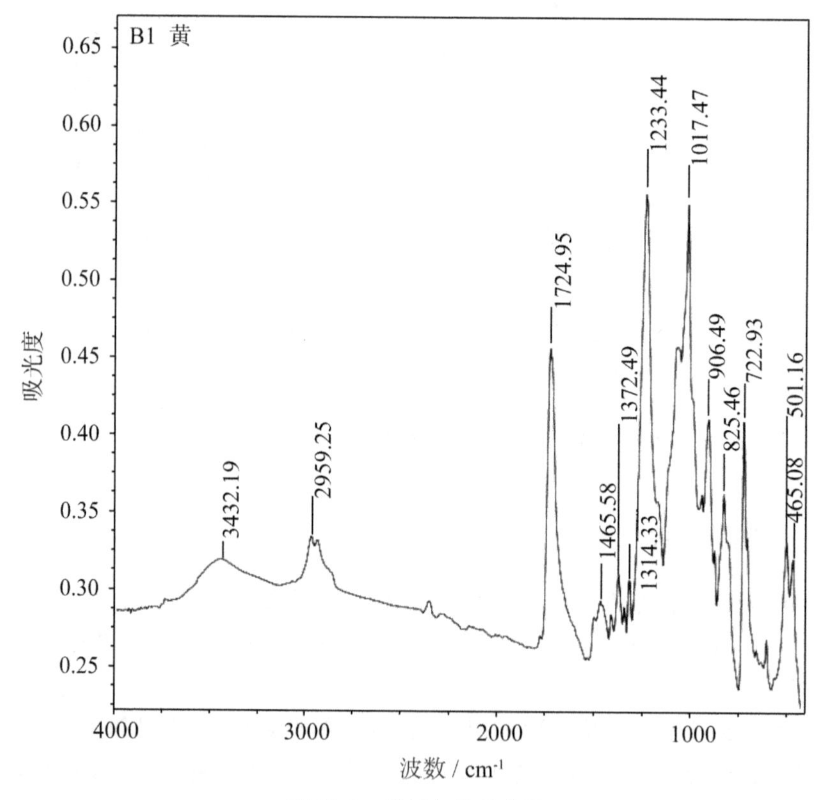

图 11-5 暖绒红外吸收谱

11.5.4　对比分析

图 11-6 中 2-1 与 2-3 为未经过处理的原木的红外光谱，两种原木中化学官能团的组成波数基本相同，但从相对吸收强度看，各种官能团的相对含量存在差异，波数在 $3400cm^{-1}$ 附近峰归属于木素中羟基—OH 伸缩振动峰，$2920cm^{-1}$ 与 $2850cm^{-1}$ 附近双峰分别归属于亚甲基中 C—H 键反对称伸缩振动与甲氧基中 C—H 伸缩振动峰，$1731cm^{-1}$ 与 $1738cm^{-1}$ 峰都表征为非共轭的酮、羰基和酯中的 C=O 伸缩振动的特征峰，仅在黄麻韧皮部木质素中存在。

$1400\sim1600cm^{-1}$ 一系列峰为苯环的特征吸收峰，在 2-3 的原木中还出现了 $1230cm^{-1}$ 吸收峰，为芳香环上=C—O 伸缩振动所引起，$1026cm^{-1}$ 与 $1032cm^{-1}$ 峰都为纤维素与半纤维素中伯醇的 C—O 伸缩振动峰。

我们对比 2-1 与 2-3 两种原木的光谱图可以发现，除了木素中羟基峰强度差异不大，在 2-3 原木中，各个官能团峰强度都高于 2-1，这说明 2-3 原木中的纤维素、半纤维素含量高于原木 2-1。

在 2-2 红外光谱图中，羟基峰强度明显增大，且 $1602cm^{-1}$ 处苯环中 C=C 特征伸缩振动峰也明显增大，这说明了 2-2 中的组成木质素的基元结构含量明显增加，并且 $1372cm^{-1}$ 处出现了明显的苯环上 C—H 面内摇摆峰。$1032cm^{-1}$ 处的峰归属于纤维素与半纤维素中伯醇中 C—O 伸缩振动峰。同时强度也高于 2-1 与 2-3，说明了纤维素与半纤维素含量也增加。

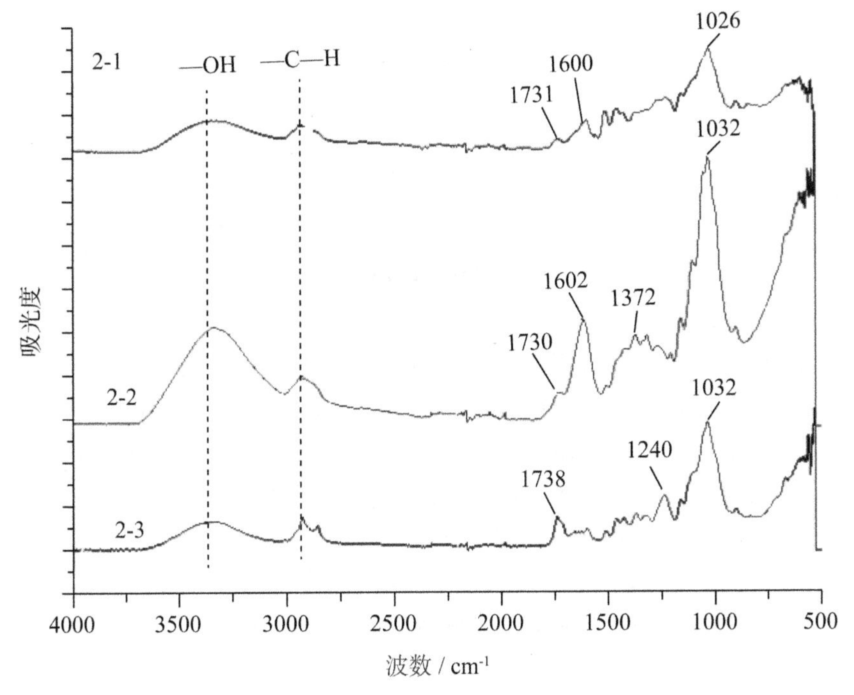

图 11-6　原木红外光谱

11.6 常见问题解答

1. 研磨时间多久合适?

普通样品研磨 4～5min,非常坚硬的样品,可先研磨样品,因为样品量少,容易研磨细,然后再加入 KBr 一起研磨。研磨时间过长,样品和 KBr 容易吸附空气中的水汽;研磨时间过短,不能将样品和 KBr 研磨细。

2. 样品中不含水,为什么会出现水峰?

样品吸收空气中的水;KBr 没有烘干。一般来说 KBr 粉末和样品容易吸附空气中的水汽,KBr 粉末和样品在使用之前应经 120℃烘干,一般来说 KBr 粉末在长期保存在 40℃烘箱中。

3. 选择吸收带的原则有哪些?

(1)必须是被测物质的特征吸收带,如分析酸、酯、酮,要选择与其基团振动有关的特征吸收带;

(2)所选择的吸收带的吸光强度应与被检测物质的浓度有线性关系;

(3)所选择的吸收带应有较大的吸收系数且周围尽可能没有其他吸收带存在以避免干扰。

参考文献

[1] 王子明,赵美丽,张杨. 异丁烯基聚乙二醇醚与丙烯酸共聚物结构形成过程[J]. 化学反应工程与工艺,2019,35(3): 234-241.

推荐书目

[1] 翁诗甫. 傅里叶变换红外光谱分析[M]. 2 版. 北京:化学工业出版社,2010.

本书总结了北京大学红外光谱实验室从事红外谱学基础研究和分析研究工作,包括红外光谱实验室开展的所有常规测试项目所使用的方法。测试项目包括确定未知物组成和结构、对官能团进行定量定性分析、部分物理常数的测定等。

[2] 陈浩. 仪器分析[M]. 3 版. 北京:科学出版社,2017.

本书总结了仪器分析测试技术,体现基础理论、仪器的基本和应用技术有机结合的特点,并增补了在仪器分析领域最近发展起来的新型仪器分析法。

第 12 章　紫外可见吸收光谱

紫外可见吸收光谱(Ultraviolet Visible Spectroscopy,UV-Vis),又被称为紫外光谱,它是利用某些物质的分子或离子对紫外光和可见光的吸收程度来产生,可用来分析物质的组成、含量及结构。

12.1　紫外原理及应用

12.1.1　基本原理

紫外可见吸收光谱法的原理是基于物质分子吸收紫外或者可见光辐射后,其外层电子的跃迁。当用一束连续光照射某一有机化合物的分子时,由于不同物质在分子层面上的组成与结构的不同,导致其具有不同的能级特征,其能级差不同,而各物质只能吸收与它们分子内部能级差相当的光辐射,所以不同物质对不同波长光的吸收具有选择性[1]。如图12-1所示,某些频率的光子被化合物分子吸收后会引起分子的价电子从低能级跃迁到高能级。电子跃迁吸收的光通常在远紫外区(10～200nm)、近紫外区(200～400nm)和可见光部分(360～760nm),所以紫外光谱又称为电子光谱。由于远紫外区域的吸收测量条件严苛,一般不使用此波段光进行测量。故常见紫外—可见吸收光谱区域波长范围是 200～800nm。

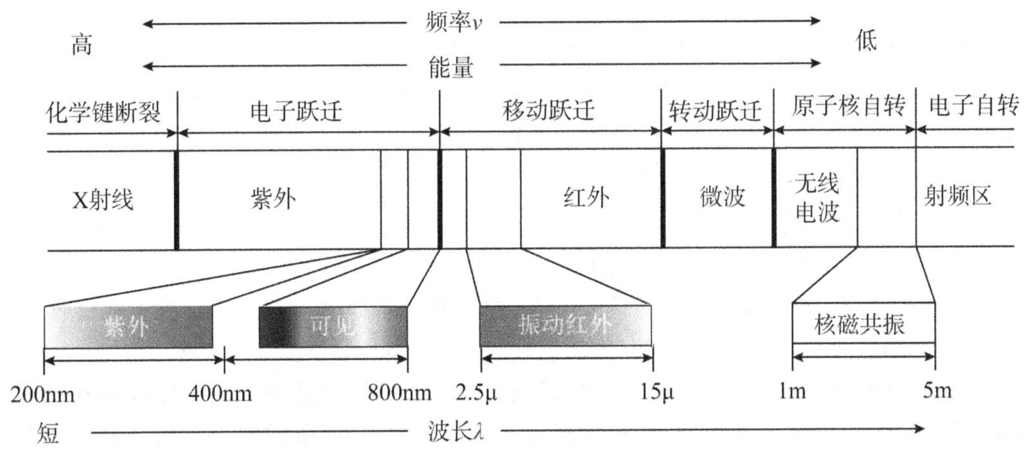

图 12-1　光波谱区及能量跃迁图

当光子击中分子并被吸收时，分子将被激发到高能量的跃迁态。紫外—可见光有足够的能量使电子被激发到一个更高能量的电子状态。从最高的被占领分子轨道(Highest Occupied Molecular Orbital，HOMO)到最低空分子轨道(Lowest Unoccupied Molecular Orbital，LUMO)。HOMO与LUMO之间的能量差称为带隙。通常情况下，这些轨道被称为成键和反键轨道。根据量子力学原理，光子的能量必须完全匹配带隙才能被吸收。因此，具有不同化学结构的分子有不同的能量带隙从而产生不同的吸收光谱[2]。分子中能产生跃迁的电子一般处于能量较低的成键σ轨道、π轨道和非键n轨道上，物质吸收紫外—可见光后，分子中的价电子从能量较低的分子成键或非键轨道向能量较高的反键空轨道跃迁，如图12-2所示。所以，在紫外光谱中观察到的吸收谱带往往对应于分子中某四种形式的电子能级的跃迁。

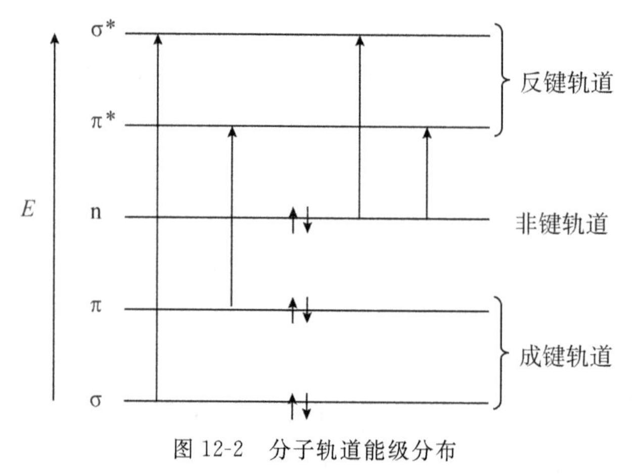

图12-2　分子轨道能级分布

(1)σ→σ*

有机化合物中饱和C—C键、C—H键以及其他单键都是σ键，由于σ键结合比较牢固，σ→σ*跃迁需要的能量较高，吸收波长λ_{max}<200nm，一般发生在真空紫外区，仅在远紫在外区通过真空紫外分光光度计才能检测到它们的吸收谱带。例如，甲烷λ_{max}=125nm，乙烷λ_{max}=135nm。

(2)n→σ*

该跃迁为含非键电子的饱和烃衍生物中杂原子(N、P、S、O和卤素原子)非键轨道中的电子向σ*轨道的跃迁，一般在150～250nm左右。原子半径较大的硫或碘的衍生物n电子能级较高，吸收光谱在近紫外220～250nm附近。

(3)π→π*

π电子跃迁到反键π*轨道所产生的跃迁，在无共轭体系中与n→σ*跃迁相似，在200nm左右；在共轭体系中，波长向长波方向移动(200～700nm)。通常，含不饱和键的化合物发生π→π*跃迁，例如C=O、C=C、C≡C。摩尔吸光系数大，ε_{max}>104，属于强吸收。

(4)n→π*

电子跃迁到反键π*轨道所产生的跃迁，这类跃迁所需能量较小，吸收峰在200～400nm左右；与π→π*跃迁相比，n→π*跃迁具有吸收波长长、所需能量小的特点。含杂原子的双键不饱和有机化合物，如C=S、O=N—、—N=N—会发生此类型跃迁。事实上，最

常用到的是 π→π * 和 n→π * 跃迁，这两种跃迁都需要分子中有不饱和基团提供 π 轨道。

12.1.2 应用范围

(1)结构分析

由于紫外—可见吸收光谱谱图简单，吸收峰个数少，特征性不强，因此对于用它来推断未知物的结构较为困难。紫外可见光谱图主要表现化合物发色团和助色团的特征，因此，在判别有机化合物分子是否共轭以及区分化合物的构型、构象等方面发挥了极大的作用。

(2)纯度检验

如果某一化合物在紫外区没有吸收峰，而其杂质有较强吸收，就可方便地检出该化合物中的痕量杂质。例如：要鉴定甲醇和乙醇中的杂质苯，可根据苯在 254nm 处有 B 吸收带，而甲醇或乙醇在此波长范围内几乎没有吸收这一特点来进行鉴别；四氯化碳中有无二硫化碳杂质，只要观察在 318nm 处有无二硫化碳的吸收峰即可。

(3)异构体的确定

有些特殊的极性化合物，在极性或 pH 不同的溶剂中光谱会有很大的变化，这表明结构存在某种平衡体系，常见的有互变异构体的平衡和酸碱平衡。如图 12-3 所示，乙酰乙酸乙酯、乙酰丙酮等 β-二羰基化合物都存在酮式和烯醇式互变异构平衡，在极性溶剂中以酮式为主，两者吸收光谱不同。如乙酰乙酸乙酯在水中显示低强度的 R 带，在乙烷中，则显示高强度的 K 带。在极性不同的溶剂中，平衡常数不同。

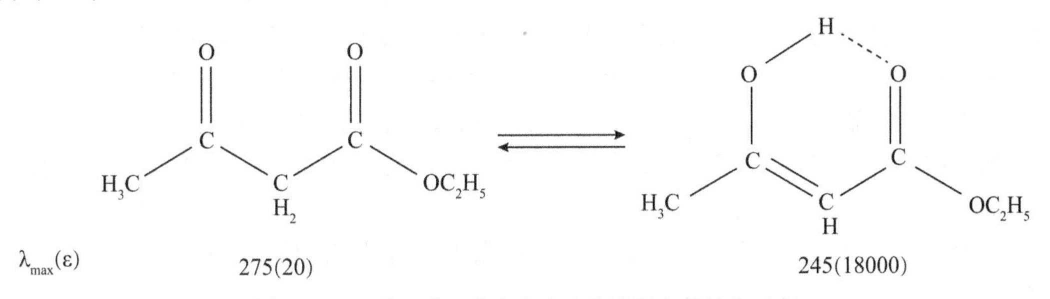

图 12-3 乙酰乙酸乙酯在水和乙烷溶剂中的结构互变

(4)反应动力学研究

借助于分光光度法可以得出一些化学反应速度常数，并从两个或两个以上温度条件下得到的速度数据，来测得反应活化能。

(5)氢键强度的测定

溶剂分子与溶质分子缔合生成氢键时，对溶质分子的紫外光谱有较大的影响。对于羰基化合物，根据在极性溶剂和非极性溶剂中 R 带的差别，可以近似测定氢键的强度[3]。在实际应用中紫外—可见光谱可利用不同的极性溶剂产生氢键的强度不同来测定化合物在不同溶剂中的氢键强度，从而确定溶剂的选择。异丙叉丙酮的 n→π * 吸收带在乙醇、甲醇及水中的 λ_{max}分别为 335nm、320nm、312nm，假定 λ_{max}的移动完全由溶剂的氢键引起，可利用一定公式计算每种溶剂中氢键的强度(极性溶剂分子与羰基氧形成了氢键，使 n 轨道能级降低而趋向稳定化，当 n 电子实现 n→π * 跃迁时，需要增加一定的能量来克服氢键的能量)。不同的极性溶剂产生氢键的强度也不同，这可以利用紫外光谱来判断化合物在不同溶剂中氢键强度，以确定选择哪一种溶剂。

(6)位阻作用的测定

由于位阻作用会影响共轭体系的共平面性质，当组成共轭体系的生色基团近似处于同一平面，两个生色基团具有较大的共振作用时，ε_{max}略为降低，λ_{max}不改变，空间位阻作用较小；当两个生色基团具有部分共振作用，两共振体系部分偏离共平面时，λ_{max}和ε_{max}均略有降低；当连接两生色基团的单键或双键被扭曲得很厉害，以致两生色基团基本未共轭，或具有极小共振作用或无共振作用，剧烈影响其紫外光谱特征时，情况变得较为复杂。在多数情况下，该化合物的紫外—可见光谱特征近似等于它所含孤立生色基团光谱的“加和”[4]。

此外，紫外—可见光谱还可以进行定量分析，可在药物释放方面进行应用，对于不含有紫外吸收的聚合物或者药物分子，可以将含有特异吸收峰的分子反应修饰到这些分子上，通过检测修饰分子的紫外信号，对聚合物以及小分子进行定性和定量的分析。

12.1.3 常见仪器

紫外—可见分光光度计是一类很重要的分析仪器，无论在物理学、化学、生物学、医学、材料学、环境科学等科学研究领域，还是在化工、医药、环境检测、冶金等现代生产与管理部门，其都有广泛而重要的应用。在工农业各个部门和科学研究的各个领域中分光光度法已被广泛采用，成为人们从事生产和科研的有力测试手段。紫外—可见分光光度法从问世以来，在应用方面有了很大的发展，特别是相关学科的发展，促使分光光度计仪器不断创新，功能更加齐全，更拓宽了光度法的应用范围。在追求准确、快速、可靠的同时，现代紫外—可见分光光度计新的增长点已逐渐向小型化、智能化、在线化、网络化的方向上靠拢。目前市场上有两类主流产品，分别为扫描光栅式分光光度计和固定光栅式分光光度计。

典型的扫描光栅式紫外—可见分光光度计有日立紫外/可见/近红外分光光度计UH4150，其具备以下几大优势：

(1)UH4150即使在切换检测器波长时会产生小的信号差异情况下也可实现高精度的测定。

安装在积分球上的多个检测器可在紫外—可见—近红外的波长范围内进行测定，如图12-4所示，检测器切换时(信号水平的差异)吸光度值的变化经过日立专业的积分球结构技术和信号处理技术处理，使得其降到最小。

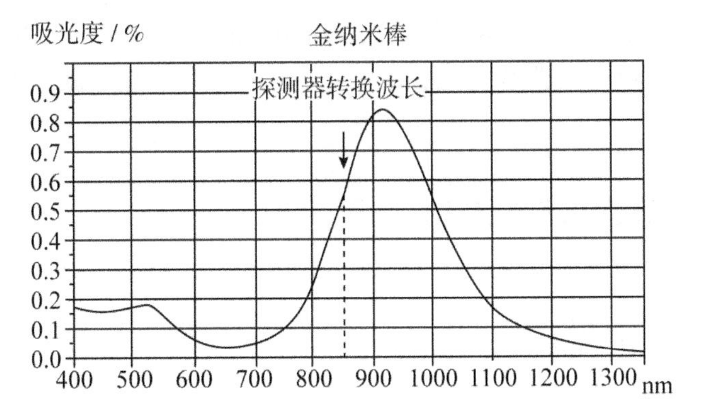

图 12-4　检测器切换时附近波长测定数据(金纳米棒的吸收光谱)

(2)日立高性能的棱镜-光栅双单色器系统可实现低杂散光和低偏振。

UH4150 采用棱镜-光栅(P-G)双单色器的光学系统,秉承 U-4100 光学系统的特点。棱镜-光栅(P-G)系统与常见的光栅-光栅(G-G)系统相比,S 和 P 偏振光强度没有大的改变。即使对于低透过率和反射率的样品,UH4150 也可实现低噪声测定。

(3)平行光束可实现反射光和散射光的精确测定。

入射角对固体样品镜面反射率的测定非常重要。由于入射角根据透镜的焦距等因素其汇聚的光束也会有所不同,因此,像导电多层膜和棱镜等光学薄膜的模拟设计值将与实际测定值不同。但对于平行光束,相对于样品入射角始终相同,实现了高精度镜面反射率的测定。此外,平行光束可用于扩散率(雾度)的评价和透镜透过率的测定。

(4)更高的样品通量

在秉承 U-4100 型光学系统高性能的同时,UH4150 提供更高通量的测定。之前型号的仪器在 1nm 数据间隔下测定时,扫描速度必须是 600mm/min。UH4150 型可在 1200nm/min 的扫描速度下以 1nm 的间隔进行测定,显著缩短测定时间。UH4150 在约 2min 内可从 240nm 测定到 2600nm。对需要在紫外—可见—近红外波长范围内测定的样品,如太阳能反射材料,尤其有效。

固定光栅型分光光度计稳定性、适应性更强,测量速度更快。它们的主要构成为:光源、分光系统、探测器和软件系统,以及它们的整体设计(这里不涉及电子和控制系统)。光纤技术使得紫外—可见分光光度计的使用变得更方便,而对于实现在线测量这一技术中灵活的光纤技术也是重要手段之一。目前,仪器正朝着小型化、在线化,测量的现场化、实时化方向发展。随着集成电路技术和光纤技术的发展,联合采用小型凹面全息光栅和阵列探测器以及 USB 接口等新技术,已经出现了一些携带方便、用途广泛的小型化甚至是掌上型的紫外—可见分光光度计。在仪器控制方面,仪器的自动化和智能化在配套软件的开发中进一步地提升了仪器的使用性能和价值。除了仪器控制软件和通用数据分析处理软件外,很多仪器生产企业针对不同行业应用开发了专用分析软件,给仪器使用者带来了极大的便利。

12.1.4　测试样品要求

(1)样品溶液的浓度必须适当,且必须清澈透明,不能有气泡或悬浮物质存在。

(2)固体样品量大于0.2g,液体样品量大于2ml。溶液应保持均匀和非散射性,不能有气泡、悬浮物或浑浊。吸光度读数一般控制在0.2～0.8。应防止试样被污染和被测组分丢失。

12.2 测试模式、基本术语

12.2.1 常用测试模式

(1)动力学模式

动力学吸光光度法是以反应物(包括催化剂)浓度与反应速率之间的定量关系为基础,用分光光度计检测与反应速率成定量关系的吸光度来测得待测物浓度的一种定量分析的方法。该方法可在反应未达平衡、反应还在进行过程中进行测定,扩大了可利用的化学反应的范围,并提高了选择性和灵敏度。

(2)光度测定模式

光度测定就是在固定波长下测量样品的吸光度或透过率。使用光度测量模式可以执行简单的吸光度和透光率百分比测量,每次会使用一种波长对样品进行测量。但是在这种测量模式下,没有可用的后期测量计算。

(3)光谱扫描模式

光谱扫描就是扫描波长范围以测量随波长变化的样品吸光度、透过率或能量谱图。在光谱扫描模式下,可以使用多种波长来测量吸光度或透光率百分比。仪器会以图形方式绘制出每个波长的吸光度或透光率百分比。可以使用一些后期测量工具,例如峰值和谷值分析以及谱点分析,可以使用这种操作模式来部分确定样品的特性。

(4)浓度测量模式

使用浓度测量模式可以执行简单的吸光度和浓度测量。在这种测量模式下,可以对照已知的浓度标准进行校准,也可以使用一个已知的系数进行校准。每次会使用一种波长对样品进行测量。在这种测量模式下,也没有可用的后期测量计算。

12.2.2 基本术语

生色团:产生某一基团或结构系统能在紫外或及可见吸收的不饱和基团光谱波长范围内出现吸收带,如C=C、C=O、NO_2等。

助色团:其本身是饱和基团(常含杂原子),连到一个在200nm以上无吸收的基团,当它连接在某生色团上时,能使后者吸收该生色团的最大吸收波长变长或向长波方向移动,并使吸收强度增加(或同时两者兼有,e增大),这样的基团叫助色团。如OH、NH_2、Cl等。

深色位移:由于基团取代或溶剂效应,最大吸收波长变长,深色位移也称为红移。

浅色位移:由于基团取代或溶剂效应,最大吸收波长变短,深色位移也称为蓝移。

增色效应:使吸收强度增加的效应。

减色效应:使吸收强度减小的效应。

末端吸收：在仪器检测限处测出的吸收。

肩峰：某些化合物的吸收曲线在上升或下降处有停顿，或吸收稍微增加或降低的峰，途中产生的小的突出，这就是所谓的肩峰，它是由于主峰内隐含有其他峰所产生的叠加信号。

等吸收点：两个或两个以上化合物吸光度相同的波长。

摩尔吸光系数：指一定波长时，溶液的浓度为 1mol/L，光程为 1cm 时的吸光度值，用 ε 或 EM 表示。ε 越大，表明该溶液吸收光的能力越强，相应的分光度法测定的灵敏度就越高。以一定波长的光通过时，所引起的吸光度值 A。

吸收带：吸收峰在紫外区域中的位置。这与化合物的结构、电子跃迁类型有关，在有机物的紫外—可见谱解析中，通常将吸收带分为以下四种类型。

(1)R 带(基团型，Radikalartig)主要是由 $n\text{-}\pi^*$ 引起，即发色团中孤电子对 n 电子向 π^* 跃迁的结果[5]。此吸收带强度较弱 $\varepsilon_{max}<100$，吸收波长一般在 270nm 以上。如丙酮在 279nm，$\varepsilon_{max}=15$；乙醛在 291nm，$\varepsilon_{max}=11$。一般 $\varepsilon_{max}<100\text{L/(mol}\cdot\text{cm)}$，测这种吸收带需用 ε 浓溶液。随着溶剂的极性增大，会产生蓝移。

(2)K 带(共轭型，Konjuierte)由 $\pi\text{-}\pi^*$ 跃迁引起，其特征是吸收峰强 $\varepsilon_{max}>10^{-4}$，具有共轭体及具有发色团的芳香族化合物(如苯乙烯、苯乙酮)的光谱中出现 K 带，随着共轭体系的增加，其波长红移并出现增色效应[6]。

(3)B 带(苯型，Benzenoid band)专指苯环上的 $\pi\text{-}\pi^*$ 跃迁。在 230～270nm 形成一个多重的吸收峰(其形状类似人的手指，俗称五指峰)，通过其细微结构可识别芳香族化合物，但一些有取代的苯环可引起此带消失[7]。

(4)E 带(乙烯型，Ethylenic band)也产生于 $\pi\text{-}\pi^*$ 跃迁，可看成苯环中 π 电子相互作用而导致激发态的能量发生裂分的结果。如苯的 $\pi\text{-}\pi^*$ 跃迁可以观察到三个吸收带：E1、E2 和 B 带[8]。

12.2.3　绘图

使用原始数据在 origin 软件中作图，以辐射波长为横坐标，吸光度 A 为纵坐标作图，得到样品溶液的最大吸收波长、吸收峰、半高宽等。

紫外—可见吸收光谱具有以下性质：

(1)同一浓度的待测溶液对不同波长的光有不同的吸光度；

(2)对于同一待测溶液，浓度愈大，吸光度也愈大；

(3)对于同一物质，不论浓度大小如何，最大吸收峰所对应的波长(最大吸收波长 λ_{max})相同，并且曲线的形状也完全相同。

12.3 数据解析

12.3.1 分析软件安装及使用

以岛津系列分光光度计配套的UVProbe软件为例，UVProbe是具有多种功能、操作便捷的软件，作为标准配置于岛津UV-Vis分光光度计中。当与Class-Agent软件配合使用时，可强有力支持Part11，是岛津紫外—可见分光光度计的使用软件。其具有多种数据处理和计算功能的测定模式。

（1）动力学测定

除了光谱和光度模式外，还有动力学模式。综合数据处理功能可提供给每个模式。

（2）自由格式的报告创建

自由创建报告模式，可利用图形和图表自由创建报告，图线的颜色和宽度可调节，文档和图表可粘贴，完成的格式可便捷地保存为模板形式。

（3）GLP/GMP支持功能

（4）审计追踪功能

可提供广泛的GLP/GMP支持功能，包括安全性能，诸如用户授权以及授权设置，对原数据的审计追踪功能、数据处理历史和仪器登入。

可与选配Class-Agent软件联用，支持FDA 21 CFR Part 11的规定。同时使用UVProbe采集数据，计算得到的数据可以以自动或手动的方式保存至数据库。

（5）安全性功能

当使用安全性功能时，登陆需要提供确认码和密码，改善的设置可适用于密码。分配给不同用户的功能受到不同的限制。

（6）审计追踪功能

数据储存在目录结构中，原始数据经过计算和其他数据处理后，数据将以新数据的形式储存于相同文件中，历史记录（用户、日期、操作等）也会保存在此文件中。

（7）数据履历功能

如果测量数据发生改变，则将更改履历追加到数据中。为了使用这些功能，UVProbe必须安装在安全模式或GLP模式下。

12.3.2 谱图解读

紫外—可见光谱通常是以吸收曲线的形式表示。纵坐标为吸收强度（ε）用$\lg\varepsilon$表示，也有用吸光度（A）或透光率T表示。横坐标多用波长（λ）表示，单位为nm。当化合物的最大吸收在某波长位置时，则波长用λ_{max}表示。

紫外—可见光谱定性分析的主要依据是最大吸收波长λ_{max}和相应的摩尔吸光系数ε，以及吸收谱线形状、吸收峰数目等。

紫外—可见光谱在化合物定性鉴定方面主要有以下几方面：

(1)样品光谱图与标准光谱图进行比较,判别是否为同一化合物。

(2)确定混合物中某一特定的组分是否存在或鉴定一个纯样品中是否含有其他杂质。

(3)推断化合物的骨架结构。

(4)判别顺反异构体、互变异构体。

不同浓度的溶液中 λ_{max} 不变是紫外—可见光谱定量分析的主要依据,浓度与峰值成正比。

对于同一物质,浓度不同时,各波长处的吸光度值不一样。但吸收曲线相似,最大吸收波长不变。将分析样品和标准样品以相同浓度配制在同一溶剂中,在同一条件下分别测定紫外—可见吸收光谱。若两者是同一物质,则两者的光谱图应完全一致。如果没有标样,也可以和现成的标准谱图对照进行比较。这种方法要求仪器准确,精密度高,且测定条件要相同。

12.3.3　数据解读

如图 12-5 所示,锐钛矿相和金红石相的 TiO_2 仅在紫外光区域存在吸收,这是由于二者较大的禁带宽度造成的。另外,二者在紫外可见吸收光谱上呈现明显的差异,金红石相 TiO_2 禁带宽度在 3.0eV,其最大光响应波长在 420nm 左右,而锐钛矿相 TiO_2 禁带宽度在 3.2eV,其最大光响应波长在 400nm 左右。以上方法常用来分析研究材料的不同晶型的光响应能力,也可以根据不同晶型的紫外可见吸收光谱的差异来鉴别材料物相。

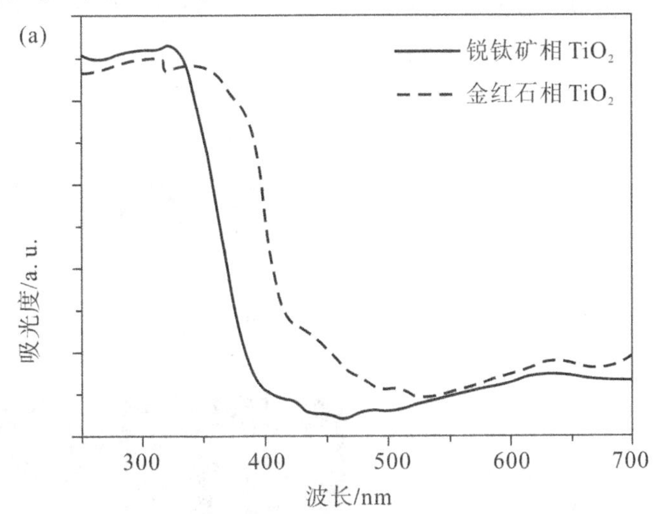

图 12-5　锐钛矿相和金红石相的 TiO_2 微球的吸收光谱

如图 12-6 所示,片状、球形和棒状的金纳米结构在紫外—可见吸收光谱上呈现巨大差异。片状金纳米结构在 600nm 和 700nm 处具有强烈吸收,而球形结构仅在 520nm 一处有特征吸收,棒状金纳米结构不仅在 530nm 左右有强烈的特征吸收,而且在 760nm 左右也出现新的特征吸收峰。造成这一差异的原因在于,不同几何结构的金颗粒在纳米尺寸下的等离子激发效应受几何形貌影响极大。此种分析方法也常被用来鉴别材料的微观构型。

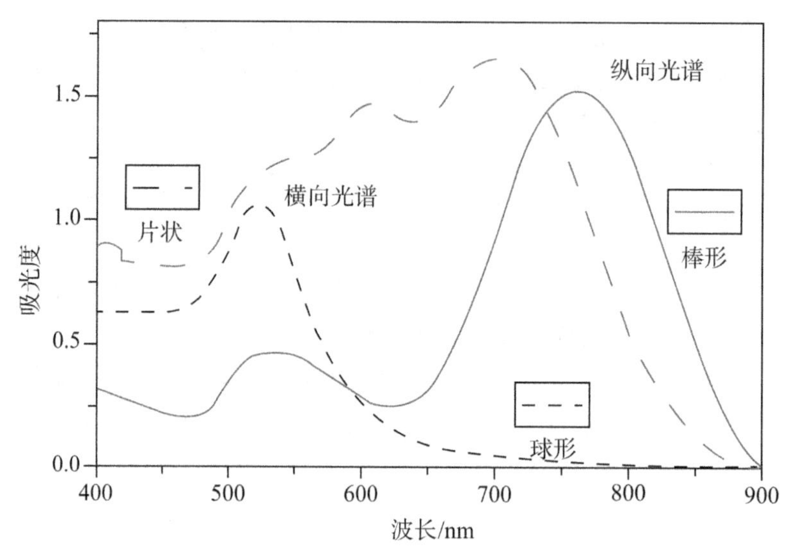

图 12-6　不同纳米结构下金的光吸收曲线

如图 12-7(a)所示,不同尺寸下的碳量子点的最大吸收波长各不相同,且随着尺寸增大,最大吸收峰出现红移。另外,从图 12-7(b)的实物展示中可以清楚地观察到不同尺寸碳量子点的水溶液呈现不同颜色,且逐渐向长波方向转变,这一现象与图 12-7(a)相吻合。造成这一现象的原因主要归于量子尺寸效应,当碳点的尺寸下降到某一数值时,费米能级附近的电子能级由准连续变为离散能级或者能隙变宽的现象,使得碳点的 HOMO 和 LUMO 轨道变化,进而造成材料的磁、光、声、热、电等性质改变。

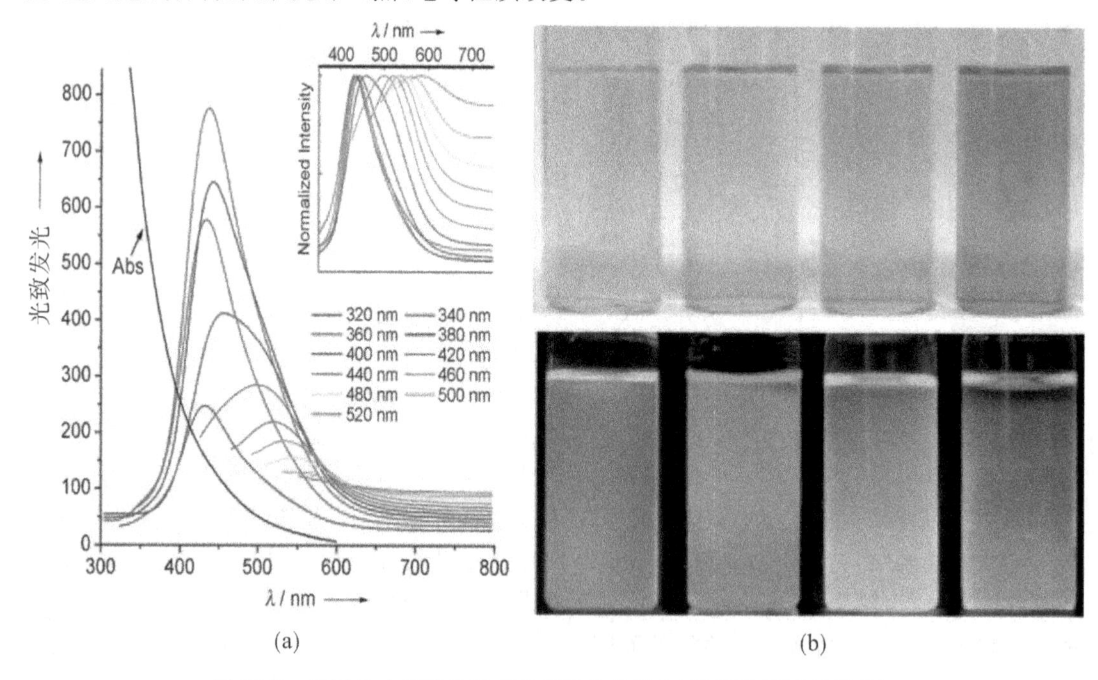

图 12-7　不同尺寸下碳量子点的光吸收曲线(a)及实物模型展示(b)

12.4　案例分享及紫外—可见吸收光谱影响因素

12.4.1　案例分享

根据有机化合物的紫外—可见吸收光谱可以推测化合物所含的官能团:化合物的紫外—可见吸收光谱基本上是分子中发色基团的特性,而不是整个分子的特性,所以单独从紫外吸收光谱并不能完全确定化合物的分子结构,必须与红外光谱、核磁共振、质谱及其他方法配合,才能得出可靠的结论[9]。紫外—可见光谱中研究化合物结构的主要作用是推测官能团、结构中的共轭体系以及共轭体系中取代基的位置、种类和数目等。如 C=C-C=C、C=C-C=O、苯环等。利用紫外光谱鉴定有机化合物远不如利用红外光谱有效,因为很多化合物在紫外没有吸收或者只有微弱的吸收,并且紫外光谱一般比较简单,特征性不强。利用紫外光谱可以检验一些具有大的共轭体系或发色官能团的化合物,可以作为其他鉴定方法的补充。

(1)推测化合物的共轭体系和部分骨架。如果一个化合物在紫外区 220～80nm 范围内是透明的,没有吸收峰,则说明分子中不存在共轭体系(指不存在多个相间双键)或杂原子生色团。这些化合物可能是脂肪族的烷烃、孤立的烯烃和炔烃、胺、腈、醇、羧酸、氯代烃和氟代烃等不含有共轭双键或环状共轭体系的化合物,以及不含有杂原子生色团,如碳基、硝基、醛基、酮基或溴和碘等取代基的化合物。

(2)如果在 210～250nm 有强吸收,表示有 K 带吸收,则可能含有两个双键的共轭体系,如共轭二烯或 α、β-不饱和酮等。同样在 260nm、300nm、330nm 处有高强度 K 带吸收,则表示有三个、四个和五个共轭体系存在。

(3)如果在 260～300nm 有中强吸收(ε=200～1000),则表示有 B 带吸收,体系中可能有苯环存在。如果苯环上有共轭的生色基团存在,则可以大于 10000。

(4)如果在 250～300nm 有弱吸收带(R 吸收带),则可能含有简单的非共轭的并含有 n 电子的生色基团,如羰基等。

(5)如果在 270～350nm 仅出现一个弱吸收峰(ε 为 10～200),这一吸收峰很可能是含有孤对电子的未共轭生色团,如羰基的 n→π＊跃迁。

(6)如果在 200～300nm 间有一个强吸收峰(ε 为 10000～20000),则说明至少有 2 个相同或不同的生色团共轭,如 α、β-不饱和酮或共轭烯烃等。如果在 210～300nm 间有一个中等强度的吸收峰(ε 为 5000～16000),这个化合物很可能是含有极性取代基的芳香族衍生物。

(7)如果紫外吸收光谱出现几个吸收峰,其中长波带已进入可见光区,这可能是含有长共轭链的化合物,或是稠环芳烃。如果化合物有颜色,则至少有 4 或 5 个共轭生色团和助色团。但某些含氮化合物,如硝基、偶氮基、重氮和亚硝基化合物以及碘仿等化合物除外。利用紫外—可见光谱可以推导有机化合物的分子骨架中是否含有共轭结构体系,简单的非共轭并含有 n 电子的生色基团,如羰基等。

紫外—可见光谱定量分析相对于定性分析较为简单，其主要理论依据是不同浓度的溶液中 λ_{max} 不变，浓度与峰值成正比[10]。对于同一物质，当浓度不同样品稳定分散于溶剂中时，各波长处的吸光度值不一样，但吸收曲线相似，最大吸收波长不变，如图 12-8 和图 12-9 所示。将分析样品和标准样品以相同浓度配制在同一溶剂中，在同一条件下分别测定紫外—可见吸收光谱。若两者是同一物质，则两者的光谱图应完全一致。如果没有标样，也可以和现成的标准谱图对照进行比较。这种方法要求仪器准确，精密度高，且测定条件要相同。

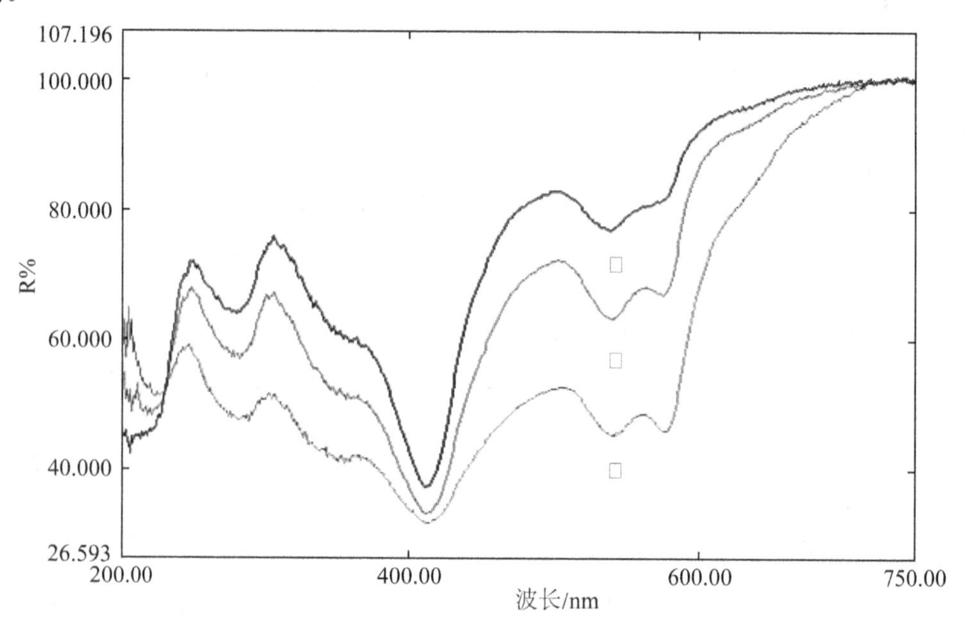

图 12-8　不同浓度人血痕纱布紫外—可见反射光谱[11]

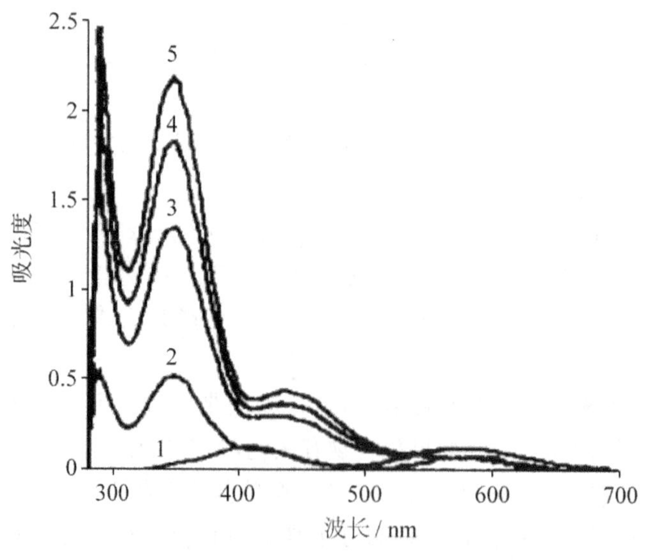

图 12-9　不同浓度 Cr^{3+} 紫外—可见吸收曲线

12.4.2　紫外—可见吸收光谱影响因素

紫外—可见吸收光谱影响因素分析：

(1)温度：在室温范围内，温度对吸收光谱的影响不大。在低温时，吸收强度有所增大，在高温时，谱带变宽，谱带精细结构消失。

(2)溶剂：由于紫外光谱的测定大多数在溶液中进行，而溶剂的不同将会对吸收带的位置及吸收曲线的形态有较大的影响。所以在测定物质的吸收光谱时，一定要注明所用的溶剂。一般来说，极性溶剂会造成 π-π^* 跃迁吸收带发生红移，而使 n-σ 跃迁发生蓝移，非极性溶剂对上述跃迁影响不太明显。

(3)pH 值：很多化合物都具有酸性或碱性可解离基团，在不同的 pH 值的溶液中，分子的解离形式可能发生变化。其吸收峰的形状、吸收峰的位置、吸收强度等都有可能发生变化。

(4)仪器的狭缝宽度：狭缝宽度越大，光的单色性越差，吸收光谱的细微结构就可能消失。

(5)偏离比尔定律的因素：按照比尔定律，当入射单色光的波长、强度和溶液的液层厚度一定时，吸光度对溶液浓度所作的曲线应为一条过原点直线，但是在实际工作中，往往会偏离线性而发生弯曲。曲线在实验中是否为直线取决于两个因素。

一是比尔定律的前提条件：稀溶液。在溶液浓度大时(通常大于 0.01mol/L)，吸光质点的距离减小，彼此间的相互作用改变了它们吸收给定波长的辐射能力，造成偏离直线。

二是能否控制好影响吸光度测量的因素，主要是化学因素和光学因素两大类。

1)化学因素(与样品有关)

①浓度较大时，吸光粒子距离减小，影响其电荷分布，使其吸收给定波长光的能力改变；

②溶液对光折射率有显著改变；

③吸光物质有离解、缔合、光化作用、互变作用或与溶剂的相互作用以及溶剂的影响。

由化学因素引起的 Beer 偏离，有时可通过控制溶液条件(如浓度、酸度、温度、时间等)设法减免。

2)光学因素(与仪器有关)

①非单色光

比尔定律只适用于单色光。但紫外—可见分光光度计为了保证足够的光强度，使用的是具有一定谱带宽度的光源，必须要采用单色器把所需的波长从连续光谱中分离出来。分离的波长的宽度取决于单色器的狭缝宽度和棱镜或光栅的分辨率。由于技术的限制，狭缝宽度不可能无限的小，所以实际测定中入射光不可能是绝对单色，因此入射光不仅含有所需波长的光，还会有附近波长的光。

入射光不纯：

a. 影响 A 与 c 的关系不成线性，即偏离比尔定律。

b. 严重影响物质的吸光系数值和吸收光谱形状(变形)。

②杂散光

杂散光指的是一些不在谱带宽度范围内的与所需波长相隔较远的光。

a. 杂散光的来源：仪器光学系统的缺陷，仪器保养不善，光学元件受尘染或霉蚀。

b. 影响：杂散光可使吸收光谱变形，也会使吸光度值改变。但现代仪器杂散光的影响可以忽略不计。

③散射光和反射光

入射光通过吸收池内外界面时，界面可产生反射作用；入射光通过测试液时，会产生散射作用。因此测量 A 值时，光强度的减弱并不完全是吸光物质的吸收，还有：

a. 溶剂、容器的吸收；

b. 吸光质点、溶剂分子的散射；

c. 吸收池内、外界面的反射。

可通过空白对比进行补偿以抵消反射作用和散射作用的影响。

④非平行光

如果以一定角度倾斜光通过吸收池，非平行光的实际光程会比垂直照射时的平行光光程增大，导致偏离朗伯-比尔定律，使 A 值偏高。故吸收池不得倾斜放置光路中。

参考文献

[1] Perkampus H-H. UV-VIS Spectroscopy and its Applications[M]. Springer Science & Business Media, 2013.

[2] Tomaszewska E, SoliwodaK, KadziolaK, et al. DetectionLimits of DLS and UV-Vis Spectroscopy in Characterization of Polydisperse Nanoparticles Colloids[J]. Journal of Nanomaterials, 2013, 2013.

[3] Antonov L, Gergovg, Petrov V, et al. UV-Vis Spectroscopic and Chemometric Study on the Aggregation of Ionic Dyes in Water[J]. Talanta, 1999, 49(1): 99-106.

[4] Hunger M, Weitkamp J. In Situ IR, nmR, EPR, and UV/Vis spectroscopy: Tools for New Insight into the Mechanisms of Heterogeneous Catalysis[J]. Angewandte Chemie International Edition, 2001, 40(16): 2954-2971.

[5] Antonov L, Stoyanov S. Analysis of the Overlapping Bands in UV-vis Absorption Spectroscopy[J]. Applied Spectroscopy, 1993, 47(7): 1030-1035.

[6] Bik A, Kaper L, Hanson M, et al. VLTK-band Spectroscopy of Massive Stars deeply Embedded in IRAS Sources with UCHII Colours[J]. Astronomy & Astrophysics, 2005, 440(1): 121-137.

[7] Davidson Ag. Effects of Temperature variation on the zero, second and fourth derivative ultraviolet absorption spectra of benzenoid drugs[J]. Analyst, 1983, 108(1287): 728-732.

[8] Wang C, Tauber M J. High-yield singlet fission in a zeaxanthin aggregate observed by

picosecond resonance Raman spectroscopy [J]. Journal of the American Chemical Society, 2010, 132(40): 13988-13991.
[9] Beitlich T, KühnelK, Schulze-Briese C, et al. Cryoradiolytic Reduction of Crystalline Heme Proteins: Analysis by UV-Vis Spectroscopy and X-ray Crystallography [J]. Journal of Synchrotron Radiation, 2007, 14(1): 11-23.
[10] Belay A, Gholap A. Characterization and Determination of Chlorogenic Acids (CGA) in Coffee Beans by UV-Vis spectroscopy [J]. African Journal of Pure and Applied Chemistry, 2009, 3(11): 34-240.
[11] 闫立强. 紫外可见漫反射光谱法无损确证血痕的研究[J]. 刑事技术, 2014(5): 30-32.

第13章 拉曼光谱

拉曼光谱仪(Raman Spectrometer)利用频率为υ的单色光通过样品时,在任何方向上产生的频率不同于入射光的散射光,以之与样品散射体分子的振动、转动能量差相对应并实现对样品的定性和定量检测。此外,拉曼增强和微探针技术的进步和应用,使空间分辨拉曼光谱技术可用于样品的微区分析以及不均匀表面的检测。多道检测和短脉冲激光技术的配合,也使得时间分辨拉曼光谱技术可用于研究短寿命自由基、化学反应的中间态和物质的瞬间过程等。因此,拉曼光谱技术在有机无机化学、生物化学、表面及界面化学、催化化学、半导体材料等研究领域中都受到了极高的重视,并成为这些学科的最重要研究手段之一。本章主要阐述拉曼光谱的经典原理、基本特征、仪器装置、实验技术及以此为基础发展所产生的表面增强拉曼、针尖拉曼、显微拉曼等光谱学新分支。

13.1 原理及应用

13.1.1 散射及拉曼散射理论

如图13-1所示,当光照射介质时,将与介质发生相互作用,光量子与分子振动、转动、各种元激发相互作用而引起非弹性散射,其谱线分布较广。将它们的强度相对于能量(即频率)的关系加以记录,就成为拉曼光谱。

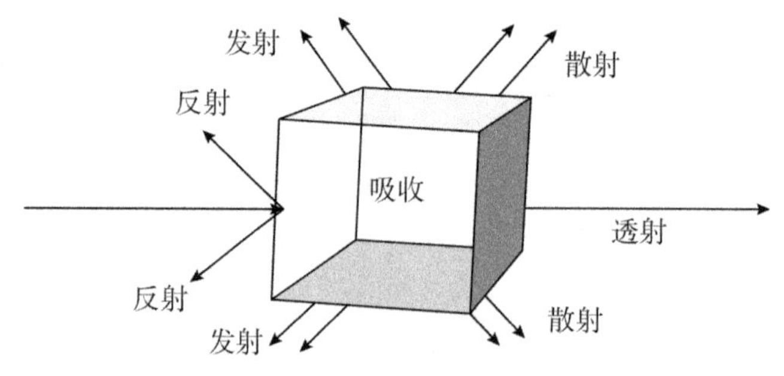

图13-1 光与物质作用示意图

经典电磁波(场)理论的观点是:介质中的电子在光波电磁场作用下受迫振动,消耗能量,激发电子振动。因而电子产生次波,次波再变为沿各个方向传播的辐射。在大多数情况中，电场作用远较磁场作用强，所以只考虑电场分量的作用。当电矢量为 $\boldsymbol{E}$ 的单色光入射到物质上时，组成物质的分子或原子的正负电荷的分布将发生变化或形成电偶极矩。在某一入射光范围内，单位体积的感生偶极矩 $\boldsymbol{P}$ 与入射电矢量 $\boldsymbol{E}$ 成正比，即

$$\boldsymbol{P}=\alpha\boldsymbol{E} \tag{13-1}$$

其中极化率 α 定义为感生电偶极矩 P 和入射光波电场强度 E 的比值。当矢量 $\boldsymbol{P}$ 和 $\boldsymbol{E}$ 不在一个方向上时，α 可写成二阶张量形式：

$$\begin{bmatrix}P_x\\P_y\\P_z\end{bmatrix}=\begin{bmatrix}\alpha_{xx}&\alpha_{xy}&\alpha_{xz}\\\alpha_{yx}&\alpha_{yy}&\alpha_{yz}\\\alpha_{zx}&\alpha_{zy}&\alpha_{zz}\end{bmatrix}\times\begin{bmatrix}E_x\\E_y\\E_z\end{bmatrix} \tag{13-2}$$

由于分子中各原子核在其平衡位置附近的振动，分子的极化率亦将随之改变，所以极化率的各个分量可以按简正坐标展开为泰勒级数形式。当我们只讨论与 Q_k 有关的振动，相应极化率分量 α_k 为：

$$(\alpha_{ij})_k=(\alpha_{ij})_0+(\alpha_{ij})_kQ_k \tag{13-3}$$

假定分子中的原子振动的振幅不大，可以近似看成简谐振动，则可得：

$$Q_k=Q_{k0}\cos(\omega_kt+\varphi_k) \tag{13-4}$$

$$\boldsymbol{\alpha}_k=\boldsymbol{\alpha}_0+\boldsymbol{\alpha}_{k'}\boldsymbol{Q}_{k0}\cos(\omega_t+\varphi_k) \tag{13-5}$$

频率为 ω_0 的光波产生的电场 E 可写为：

$$\boldsymbol{E}=\boldsymbol{E}\cos\omega_0t \tag{13-6}$$

代入偶极矩公式可得：

$$\begin{aligned}\boldsymbol{P}&=\boldsymbol{\alpha}_k\cdot\boldsymbol{E}\\&=[\alpha_0+\alpha_k\boldsymbol{Q}_{k0}\cos(\omega_kt+\varphi_k)]\cdot\boldsymbol{E}_0\cos\omega_0t\\&=\boldsymbol{\alpha}_0\boldsymbol{E}_0\cos\omega_0t+\boldsymbol{\alpha}_{k'}\boldsymbol{Q}_{k0}\cdot\boldsymbol{E}_0\cos(\omega_kt+\varphi_k)\cos\omega_0t\\&=\boldsymbol{\alpha}_0\boldsymbol{E}_0\cos\omega_0t+\frac{1}{2}\boldsymbol{\alpha}_{k'}Q_{k0}\cdot\boldsymbol{E}_0\cos[(\omega_k+\omega_0)t+\varphi_k]\\&\quad+\frac{1}{2}\boldsymbol{\alpha}_{k'}\boldsymbol{Q}_{k0}\cdot\boldsymbol{E}_0\cos[(\omega_k-\omega_0)t+\varphi_k]\end{aligned} \tag{13-7}$$

公式(13-7)中第一项对应于瑞利散射(弹性散射)，第二项和第三项分别对应于拉曼散射的反斯托克斯线和斯托克斯线(非弹性散射)。这就是经典电磁理论对拉曼光谱的解释。

13.1.2　应用范围

拉曼光谱技术几乎适用于所有样品，但其制样方式和参数调节有较大差距。如不耐激光辐射的有机分子样品，需要将激光功率降到极低值，增加采样时间。而含量过低信号微弱的小分子往往需要注入贵金属纳米溶胶或者使用针尖拉曼才能获得拉曼光谱，部分样品甚至需要修饰电极进行加压才能采集到信号。

13.2 常见仪器型号

13.2.1 法国 HORIBA JY 高分辨拉曼光谱仪

HORIBA JY 是一款智能型的全自动显微拉曼系统(见图 13-2),使用便捷、分析快速,适合多用户操作以及多种样品的切换分析。HORIBA JY 配备独有的 SWIFT 快速成像功能,可以实现超快速的共焦拉曼成像,是普通成像速度的 10 倍。真共焦设计使得它即使在超快速成像的条件下也能保证高品质的成像质量和空间分辨率。此外,HORIBA JY 还可以与偏振拉曼、颗粒分析以及拉曼 AFM 联用。

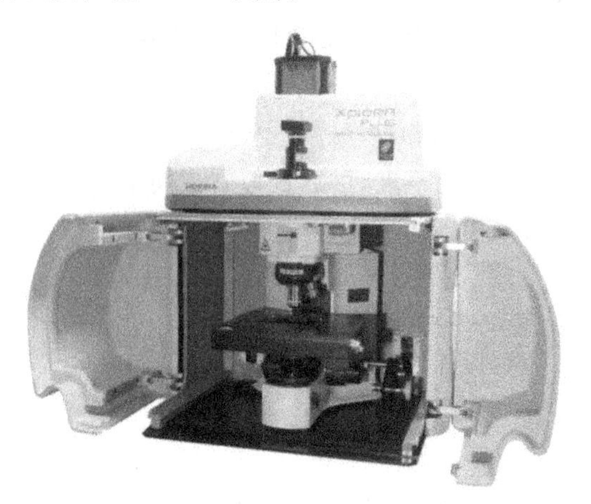

图 13-2 HORIBA JY 高分辨拉曼光谱仪

13.2.2 法国原子力拉曼联用系统——Combiscope XploRA

Combiscope XploRA 是一款高度集成原子力拉曼系统(见图 13-3)。它可使用高达 1.4 数值孔径的 100 倍物镜,非常适合透明样品的测试和高分辨成像。该设备将 AFM 的纳米量级高空间分辨率和拉曼指纹光谱技术耦合起来,实现高空间分辨率下的物理特性、化学结构测试。该设备具有 AFM 和拉曼同区域成像、针尖增强拉曼(TERS)、AFM 光杠杆反馈激光自动准直,可同时提供上方、侧向耦合光路,均可使收集效率提高。通过与扫描探针显微镜(SPM)进行耦合,构建一个功能强大且灵活的 AFM-拉曼平台。设备可通过对扫描探针上的激光反射进行快速成像或根据针尖增强拉曼散射信号对热点进行成像,因而能够准确、可靠地将激光定位到 SPM 探针针尖上。高通量的光信号收集和检测硬件保证在快速扫描的同时采集每一点的 SPM 信号和拉曼光谱。

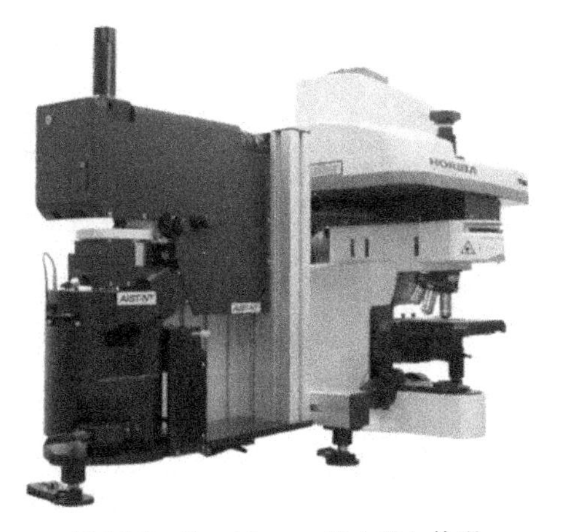

图 13-3 Combiscope XploRA 外观

13.2.3 美国 Thermo DXR 2xi 显微拉曼成像光谱仪

DXR 2xi 显微拉曼成像光谱仪(见图 13-4)是赛默飞新一代超高灵敏度快速拉曼成像产品,具有先进的拉曼成像技术和以成像为核心的拉曼成像软件 OMNICxi,采用并行数据流算法,64 位优化数位编码、双屏数据显示和控制,具备强大的数据流处理和分析能力,数十秒内可以轻松处理和分析包含数百万张以上拉曼光谱的化学成像;设备采用超低暗噪声和单光子信号水平探测的 EMCCD 探测器。以新概念"成像灵敏度"衡量拉曼成像质量,具有超高成像速度(>600 张/秒)的同时,其拉曼成像灵敏度远远优于同类产品;磁悬浮驱动与光栅尺反馈控制的三维 XYZ 样品台保证了超快速拉曼成像时样品快速移动的超高稳定性;而光栅尺反馈使得拉曼像的位置与所体现的测样品点的位置坐标完全匹配吻合。

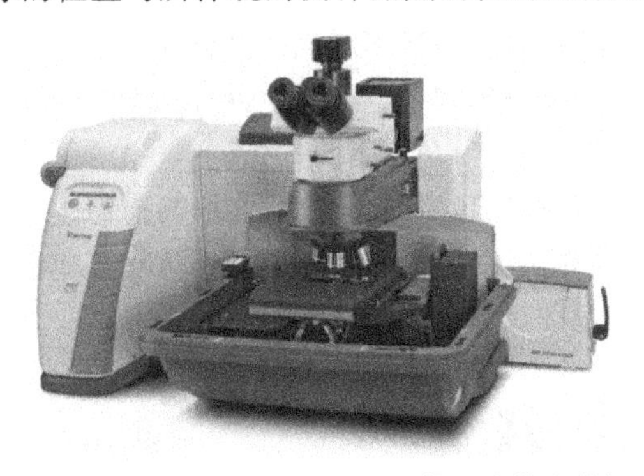

图 13-4 Thermo DXR 2xi 显微拉曼成像光谱仪

设备可进行 XY、XZ、YZ 平面和切面成像、XYZ 三维拉曼成像,以及独特的时间动力学拉曼成像,并均采用功能强大的 OMNICxi 软件直接控制,实现了真正的全自动光路准直,无须人工调节拉曼光谱仪光路,彻底解决实验室拉曼光谱仪维护的难题。装置配有业内顶尖的拉曼信号 0~180°任意取偏的拉曼偏振器。针对生物类高荧光干扰样品,新增拉曼成像过程中的光致漂白功能,能轻松实现对弱信号、荧光干扰的生物类样品的测试与分析;DXR 2xi 显微拉曼成像光谱仪与流变仪的联用,成功将流变学、拉曼光谱技术与显微镜技术优化结合,同步实现获取分子/化学结构的原位拉曼信息和流变性能的测试与分析。

13.3 测试样品

13.3.1 测试样品要求

拉曼光谱技术可以测试粉末、块体、液体、气体等样品，需样量极低，且对样品无损伤，甚至可以穿透透明的玻璃或高分子对包裹其内的物质进行检测。因此，其在司法和文物鉴定方面有着不可替代的地位。

13.3.2 制样方法

(1)固体制样方法

拉曼光谱的固体制样并不拘泥于形式，对样品的形状和大小都没有严格规定，样品少的，可以取米粒大小，样品大的甚至无法搬动的可以将激光导出，直接对样品进行扫描。然而要获得一张高信噪比的拉曼光谱图，一般会在载玻片上铺一层铝箔，将米粒大小的固体粉末放置在铝箔中心，并进行压平；如是块状难粉碎固体，最好对其进行切片或者打磨，使其表面尽量平整，然后将样品连同包覆铝箔的载玻片放入拉曼检测仪的黑箱操作平台进行观察。

(2)液体制样方式

液体与固体不同，可以看成无数层平面的叠合，因此对聚焦面的要求较低，只需要将液体放入石英液体池即可。液体池可根据大小定做，如对信号要求高，同样可以在液体池底部垫入铝箔，在对焦时可以以铝箔作为视野基础，再将聚焦面上移到液体层。

(3)气体制样方式

气体样一般需要压缩入特定透明腔体，形成几个或几十个大气压，然后使用激光射入腔体，从而得到拉曼信号。这一操作具有一定危险性，所以需要谨慎操作。

(4)拉曼成像制样方式

拉曼成像主要分为单组分成像和多组分成像，如样品表面过于不平整，则会导致虚焦而信号失真，因此一般需要对样品表面进行压平。多层块体样品建议先进行切片，使剖面光滑平整地暴露在成像光束之下。

13.4 测试项目及参数解读

13.4.1 主要实验参数的设置

各个品牌拉曼仪的参数都有自己的特色，但其主要参数的选择大同小异。

(1)激光波长：首先是拉曼的激光器波长，短波激光一般可以得到较大的拉曼效能，这是因为拉曼的信号强度与激光频率的4次方成正比。此外，短波激光有更好的空间分辨率和较少的衍射，对水性样品测量有利，而长波激光则可有效避免荧光干扰。因此，多数样品测试的时候都是使用532/633nm的激光，而对荧光干扰重的样品一般使用780nm的激光，也有一度开发过1064nm或者是超短波长的激光器，但都有显著限制。

(2)激光能量：一般激光能量越大，拉曼信号越强，但是对样品造成的热损伤也会加大。因此一般对超小的、耐热损伤的氧化物纳米颗粒，可以采取高能量以增强信号强度，而对不耐照射的有机物等则采用低功率、长时间累计信号来增加信号强度。

(3)狭缝与针孔：实现共聚焦功能的关键部件是针孔或狭缝，如果选择狭缝则光通量大，拉曼信号强，适合单点测试，而如果选择针孔则能确保高空间分辨率，降低荧光干扰，适合于拉曼成像。

(4)曝光时间：曝光时间对于刑侦及文物鉴定非常重要，在低能量照射情况下，往往靠大幅提高曝光时间才能获取足够信号。此外，其他易分解物质也可以利用超长曝光时间结合低能量照射来得到较好的数据。

13.4.2 共聚焦激光拉曼

共聚焦显微激光拉曼光谱仪可进行单点光谱分析、线扫描、快速共聚焦2D和3D成图，通过拉曼峰识别出物相分布。可对样品表面或内部(透明物质)不同深度进行拉曼点分析或成图。配备True Surface组件，可对粗糙样品表面进行实时聚焦及拉曼扫描。激光拉曼光谱分析是一种非破坏性的微区分析手段，气体、液体及各种固体样品均不需要特殊处理即可用于拉曼光谱的测定。其主要应用是对各种固体、液态、气态物质的分子组成、结构及相对含量等进行分析，实现对物质的鉴别、定性与某些流体的定量分析。

13.4.3 拉曼成像

拉曼成像是表征化学信息的有力手段。当在拉曼光谱仪的光路中使用显微镜时，采样点可以变得特别小，使得其在空间上可以分辨，因此，它能对样品的不同位置逐点扫描并获取拉曼光谱，并基于这些光谱生成伪彩图像，从而显示出材料的结构信息和分布。

(1)拉曼峰强度成像——材料浓度分布；

(2)拉曼峰位成像——分子结构、物相和材料应力/张力分布；

(3)拉曼峰半高宽成像——结晶度和相分布。

将原本单一的数据做成各种拉曼图像，为研究者提供更多深入、有价值的信息。对于普通的逐点扫描成像，典型的积分时间为每点1～10秒或者更长，所以成像通常需要几个小时或者更长时间完成。采用SWIFTTM超快速成像技术时，每个数据点的积分时间能够小于5毫秒，从而可以在秒或者分钟的时间尺度上获得一幅精细的拉曼图像。

13.4.4 表面增强拉曼

表面增强拉曼光谱(SERS)是指将待测分子吸附在粗糙的纳米金属材料表面，可使待测物的拉曼信号增强10的6～15次方倍的光谱现象(有时需加电压、紫光照等进行激励)，解决了普通拉曼光谱灵敏度低的问题，以至于使拉曼可在单分子水平上识别光谱。因其超高的灵敏度，SERS已经使拉曼光谱学应用到单个活细胞和生物分子的水平。然而，拉曼增强的机理迄今尚不清晰，人们普遍认为是电磁和化学转移两种效应共同导致了SERS的产生。此外，金属的SERS衬底的不均匀性会在表面上产生不均匀的电磁场增强，形成所谓的“热点”。这些热点效应会导致 SERS 无法进行可靠的定量测量。而常规的 SERS 因仍是远场光谱，所以不可能具有纳米级的空间分辨率，之后诞生的针尖增强拉曼光谱的发展已经很大程度上克服了上述缺点。

13.4.5 针尖增强拉曼光谱

基于近场拉曼和表面增强拉曼两种技术，人们开发了针尖增强拉曼光谱(Tip-enhanced Raman Spectroscopy，TERS)，其中的金属针尖用于入射光的激发和散射光的收集。TERS 克服了传统拉曼的主要缺点，能产生并收集强拉曼信号，其主要性能指标只受限于针尖定点的尺寸和形状的空间分辨率。除了这些优势，TERS 还不需要特殊的样品制备过程，并在样品的每个位置都产生同等强度的信号增强，而不像表面增强拉曼那样存在热点效应。

TERS 测试常常需要制备合适的探针针尖，即针尖必须涂镀一层粗糙贵金属以便于光进入表面等离子体进行耦合。为了获得高增强效率，必须控制针尖尽量贴近样品表面，还需选择适当的激发波长匹配样品共振以及合适的探针针尖使等离子体耦合效率提高，也有助于大大增强测样点的拉曼信号，从而使其空间分辨率可达到 10nm 以下。

13.5 分析软件安装及使用

OMNIC 软件的安装较为简单，其重点是如果需要拉曼成像，最好将软件包中所有软件都安装到机器中去，否则很难打开三维文件。具体流程如下：①鼠标左键双击“start. exe”运行安装程序；②鼠标左键点击“Install”按钮；③点击“I accept the terms in the License agreement”；④输入任意用户名，英文即可，选择“Typical”安装，然后点击“下一步”；⑤即将安装的信息展示，点击“OK”即可；⑥准备安装，点击“下一步”进入安装中，需要大概 3～5min 的等待时间；⑦安装成功后点击“完成”即可；⑧对照用户手册对谱峰进行标峰和识别，并且可以读取拉曼成像文件；⑨按照用户手册介绍内容对数据进一步进行处理。如图 13-5 所示。

安装完成之后即可按照手册对谱峰进行标峰和识别，并可读取拉曼成像文件。

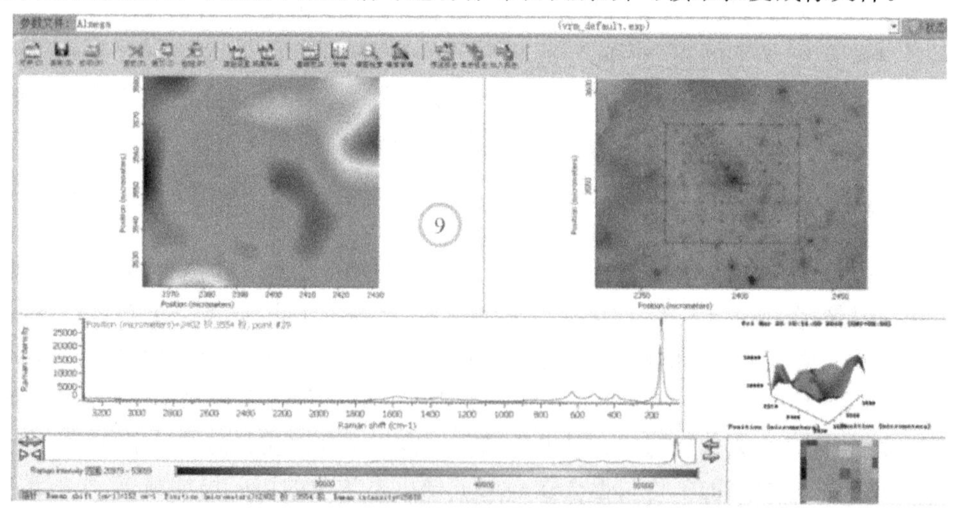

图 13-5 OMNIC 软件的安装及使用步骤简介

13.6　谱图解读

拉曼光谱是一种无损、无标记、非接触式的“指纹图谱”分析检测技术，可以为材料科学、生命科学、医学等研究领域的样品提供丰富的分子层面的信息。

固体材料中产生拉曼激活模式的机制种类很多，反映能谱范围也很广：分子振动、各种元激发、杂质、缺陷等。固体拉曼散射谱分布于整个频移范围，正因为如此，固体拉曼光谱远比液体和气体复杂，对其的分析除需要传统的群论，分子、原子间的力场知识外，更需要固体理论中有关声子、声子色散曲线、布里渊区和晶格振动等物理学知识。一般需要通过对分子点群的运算，来获取基本的原子振动的拉曼峰信息，而如缺陷、声子、元激发等信号，需要进行大量标样对比才能确定。

目前一些基础材料如氧化物类，都可以查到相应的研究文献和数据库，从而获取相应拉曼谱峰的信息，若要通过从头计算来获取复杂化合物的各个谱峰信息，其工作量较为巨大。如图 13-6 所示是石墨烯拉曼峰的实例。

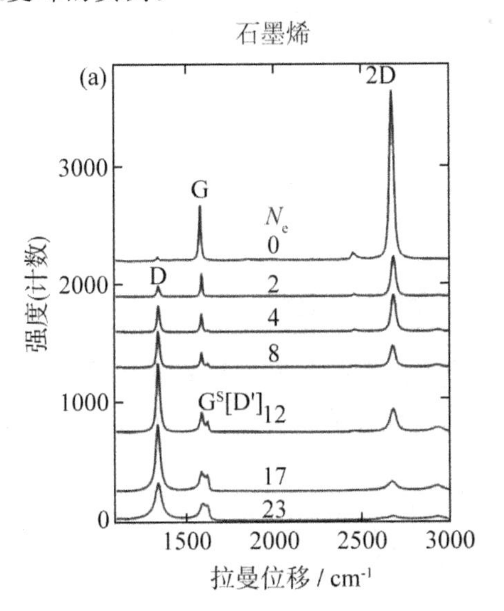

图 13-6　石墨烯拉曼峰数据案例

这是经典的石墨烯拉曼峰判别的案例，石墨烯在布里渊区中心 $q=0$ 处有 6 个简正模式：

$$\Gamma_{vib,2D}=A_{2u}\oplus B_{2g}\oplus E_{1u}\oplus E_{2g} \tag{13-8}$$

其中 A_{2u} 和 E_{1u} 代表平面的平移；B_{2g} 模式是碳原子移动方向垂直于石墨烯平面的一个光学模，E_{2g} 是双重简并的平面内光学振动，只有它是有拉曼活性的，一般被标作 G 峰，约在 $1580cm^{-1}$ 处。约在 $1370cm^{-1}$ 处出现的拉曼峰在 1970 年被 Tuinstra 和 Koenig 报道，并归于无序诱导拉曼模式，命名为 D 峰(disorder-induced)。当石墨层变厚时，还会出现 G^s，也称为 D'，所谓 G 的边带峰。而在 $2700cm^{-1}$ 的峰被认为是石墨的二阶拉曼峰 2D，它对应于无序诱导拉曼模的和频与倍频，起源于双声子参与的双共振拉曼散射。在少层数（1～4 层）石墨烯中，它的强度往往是 E_{2g} 模的 2 倍以上。

13.7 案例分享及问题解答

13.7.1 单分子针尖拉曼成像

2019 年 Nature 报道的一种 TERS 设计，将有机分子放置于贵金属的晶面上，然后使用针尖拉曼观察，分辨率可达 0.4nm 以下，实现了有机分子的分子结构识别。如图 13-8 所示。

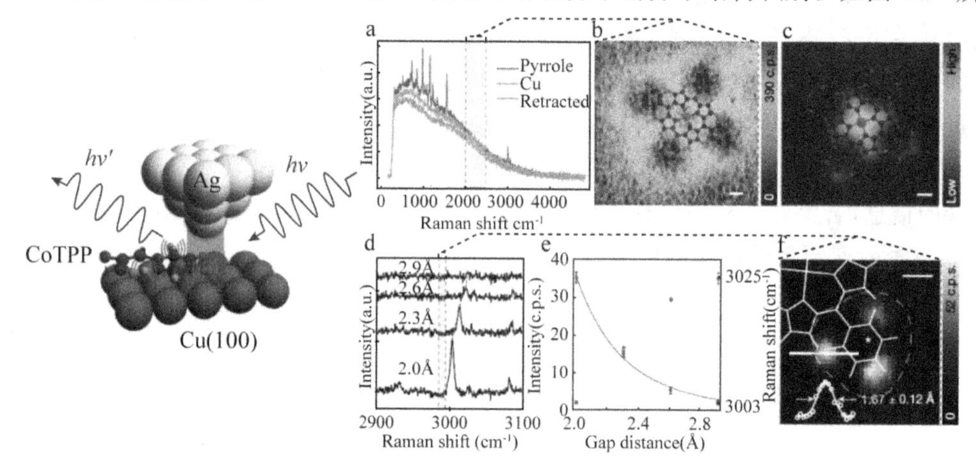

图 13-8 单分子针尖拉曼成像[1]

13.7.2 三维时间动力学拉曼成像

原位拉曼可以随着实验的进行不断采集拉曼数据从而获知反应的进程和中间体，可以清晰地看到反应器中的化学组分的生成或分解，可分析电池老化的成因。如图 13-9 所示。

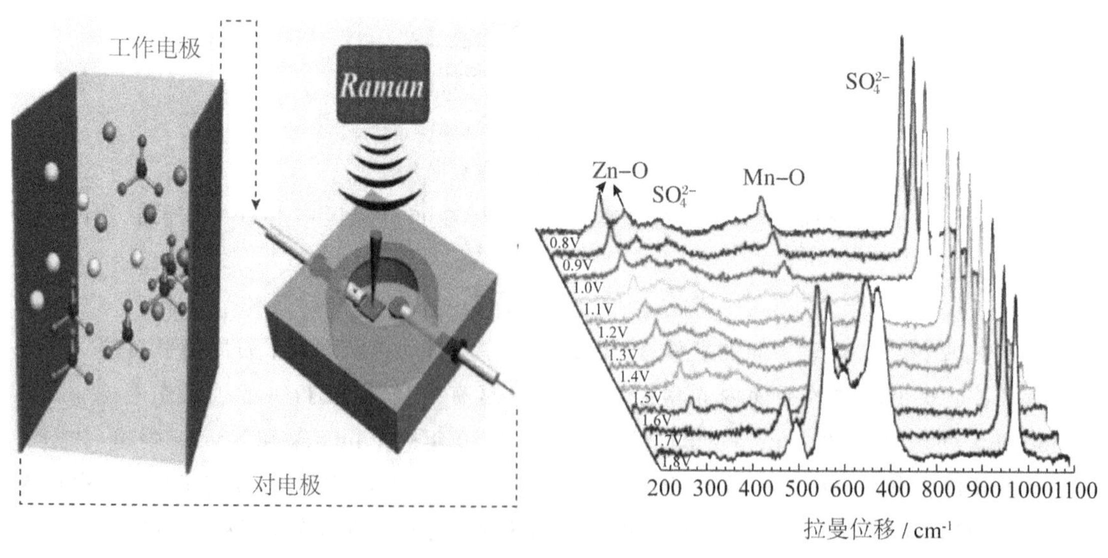

图 13-9 原位拉曼对电池反应的三维时间动力学拉曼成像[2]

13.7.3　单组分拉曼成像

图 13-10 是使用拉曼仪拍摄的拉曼成像图，依据拉曼数据，可以将光学照片上的图像和对应拉曼点数据相对应，对各个组分所对应的成分峰进行成像，红色区域是单组分含量高的区域，而蓝色是相对较少的或者是虚焦的区域。从图(d)中可以看到氧化铈在碳片上的分布较为均匀。

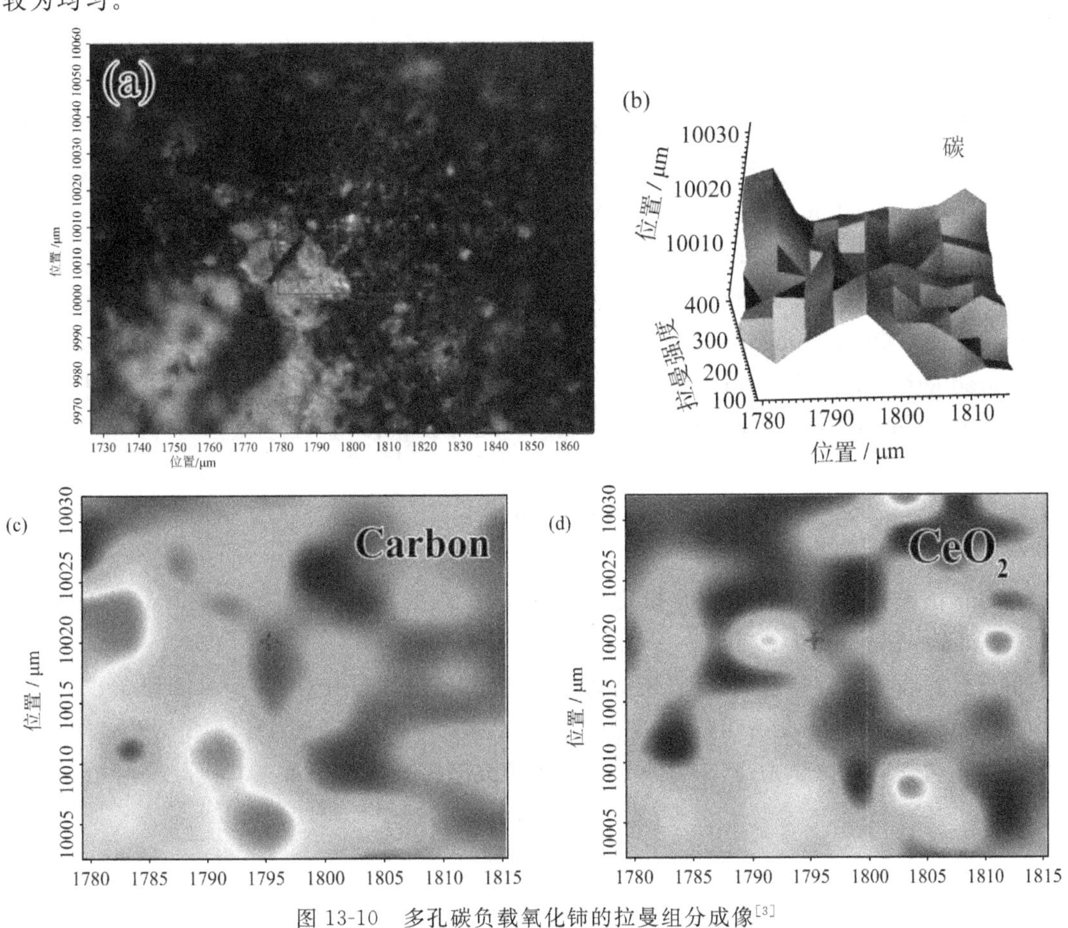

图 13-10　多孔碳负载氧化铈的拉曼组分成像[3]

13.8　常见问题解答

1. 表面增强拉曼为什么远不如预期？

表面增强拉曼不单单需要控制贵金属颗粒表面，更需要加特定电位和其他辅助条件，并不是百分之一百使用粗糙表面就能增强的，因此这个领域依然需要更多的尝试。

2. 文献上可以看到有机物多种出峰良好的情况，但自己重复实验，为什么始终不出峰？

有机物很容易被灼烧，如果测试时，起始功率设置过高，那么样品被烧毁，自然也就无法出峰，这时一般使用较低的功率，比如 0.5mW 和较长的曝光时间来获取信号。还有一类情况是有机物含量低，这时需要使用金银纳米溶胶，滴入样品来获取优质信号。

3. 一些拉曼的应用实例中，经常使用二维图将多种组分分开，这是使用的什么原理？

目前拉曼的高端处理往往采用聚类分析，如使用主成分分析法（Principal Component Analysis，PCA）来进行分类以及定量处理，这些软件都是由各个公司针对性开发而成，比如识别地沟油，识别各种蛋白，其过程较为复杂，大多需要付费购买。

参考文献

[1] Lee J，Crampton K T，Tallarida N，et，al. Visualizing vibrational normal modes of a singlemolecule with atomically confined Light. Nature，2019，568(7750)：78-82.

[2] Cheng Yang，Meina Han，Huihui Yan，et，al. In-situ probing phase evolution and electrochemical mechanism of $ZnMn_2O_4$ nanoparticles anchored on porous carbon polyhedrons in high-performance aqueous Zn-ion batteries[J]. Journal of Power Sources，2020，452：227826.

[3] Junchao Qian，Junchao Qian，Junchao Qian，et al. Enhanced photocatalytic H_2 production on three-dimensional porous CeO_2/Carbon nanostructure [J]. ACS Sustainable Chemical Engineering，2018，6：9691-9698.

相关网站

(1)由日本国家先进工业科学技术研究所（AIST）组织的免费网站：https://sdbs. db. aist. go. jpsdbscgi-bin/direct_frame_top. cgi

(2)伯乐公司收藏的世界上最全面、最优秀的光谱数据图谱库 http://www. jetting. com. cn/Bio-Rad/Sadtler/SadtlerDB_Raman. html

(3)该网站包含矿物拉曼光谱、X射线衍射和化学数据的综合数据库：https://rruff. info/

推荐书目

[1] 张树霖. 拉曼光谱学及其在纳米结构中的应用[M]. 北京：北京大学出版社，2017.

[2] 吴国桢. 拉曼谱学—峰强中的信息[M]. 北京：科学出版社，2013.

[3] 程光煦. 拉曼布里渊散射[M]. 北京：科学出版社，2007.

[4] Winefordner J D. Raman Spectroscopy for Chemical Analysis[M]. America：John Wiley & Sons Inc，2000.

[5] 吴国祯. 分子振动光谱学原理[M]. 北京：清华大学出版社，2018.

[6] 雷振坤，仇巍，亢一澜. 微尺度拉曼光谱实验力学[M]. 北京：科学出版社，2015.

[7] 张树霖. 拉曼光谱学与低维纳米半导体[M]. 北京：科学出版社，2008.

[8] Ewen Smith，Geoffrey Dent. Modern Raman Spectroscopy-A Practical Approach[M]. America：John Wiley & Sons Ltd，2005.

第 14 章　核磁共振波谱

核磁共振现象是指在外磁场的作用下，核磁矩不为零的原子核的自旋能级产生塞曼分裂，共振吸收特定频率的射频辐射的物理过程。而核磁共振技术是一门研究磁场下有机分子不同化学环境的原子核的化学位移和耦合裂分的技术。

核磁共振波谱(Nuclear Magnetic Resonance，NMR)是定性分析各种化合物成分和结构最强有力的表征手段，采用内标法也可进行定量分析。针对样品物理形态的不同，采用的分技术也不同，核磁共振波谱已经发展为液体核磁共振分析技术和固体核磁共振分析技术。核磁是研究分子结构、分子间相互作用、分子动力学或动态特征和其他各种有机溶液及混合物成分的重要图谱。该技术可分析分子量几十至数万的有机物。

14.1　核磁共振波谱分类

NMR 波谱按照测试样品的物态分类可分为液体核磁和固体核磁。液体核磁包括元素谱和作用相关谱，而固体核磁只包含元素谱。

NMR 波谱按照测定对象分类可分为元素谱和作用相关谱。元素谱包括^{1}H NMR 谱(测定对象为氢原子核)、^{13}C NMR 谱及氟谱、磷谱、硼谱、氮谱和硅谱等；作用相关谱即二维核磁谱。

NMR 波谱按照谱图维度分类可分为一维核磁和二维核磁。二维核磁主要分为 2D-J 分解谱、2D-相关谱(同核化学位移相关谱 COSY、异核化学位移相关谱 HSQC 和 HMBC、NOE 相关谱)、2D 动态谱。

有机化合物、高分子材料都主要由碳氢组成，所以在材料结构与性能研究中，以^{1}H 谱和^{13}C 谱应用最为广泛，常用的 2D NMR 主要是 COSY、NOESY、HSQC、HMBC。

本章主要介绍常用的核磁谱，因此将核磁波谱分类为：一维液体核磁、二维核磁(液体)、固体核磁(一维)，后文中的名词若无特指均表示这三类。

14.1.1　一维液体核磁

^{1}H 谱用来分析分子中^{1}H 的核磁共振效应。当样品中加入氘代试剂产生^{1}H 交换的时候，^{1}H 谱可用来确定分子结构。大部分有机化合物的^{1}H 谱化学位移范围为 δ－4～＋14，各

质子峰的积分曲线反映了它的丰度。为了避免溶剂中的质子的干扰,制样需使用氘代溶剂(氘=^2H,通常用D表示),例如:氘代水、氘代氯仿等。

^{13}C谱是分析大多数有机分子骨架的理想工具,其化学位移范围δ0~220(碳正离子可达δ330,而CCl_4约为δ−292),约为^1HNMR的化学位移的20倍,分辨率更高;其次,对于不与氢相连的碳,如sp^3—C、C=O、C=C、C=N、C=C等基团,碳谱均能给出各自的吸收峰,而氢谱中不能直接观测,只能靠电子效应对相邻H受影响程度来判断,但是^{13}C丰度低,灵敏度低,而且耦合复杂,导致核磁共振信号相对较弱。

DEPT谱(Distortionless Enhancement by Polarization Transfer),又称为无畸变极化转移技术,属于核磁碳谱,主要用于区分不同饱和度的有机碳(伯、仲、叔和季碳)。DEPT谱是通过对不同的C的不同调制,使得其在谱中的相位和强度不同,达到谱编辑的目的。DEPT45可以检测含氢原子的所有的有机碳,谱图为正峰,DEPT90中只出现CH,而DEPT135中,CH_3和CH为正,而CH_2为负,通过对这三个谱进行组合,就可以得到编辑后的谱,其中分别只包含CH_3、CH_2、CH。如果不需要编辑,则只需要DEPT90和DEPT135就可以判断出各种碳的个数了。由于DEPT是通过H的极化转移到C的,因此灵敏度要比普通C谱高。

除了碳和氢,氟大概是被研究最广泛的元素。氟的天然同位素只有^{19}F,丰度为100%,是研究NMR的理想核。^{19}F灵敏度是^1H的0.83倍,化学位移值范围大于δ350。^{19}F的自旋量子数为1/2,与邻近的氢、碳的耦合表现类似于^1H。因氟化有机物中^{19}F核的反磁性屏蔽少于1%,顺磁性屏蔽影响,^{19}F的化学位移较难预测与推理。^{19}F谱一般不使用质子去偶技术,谱图中不仅会出现相邻F-F耦合也会出现F-H耦合,但是通过峰面积积分计算相对原子数目的方法准确度并不如^1H高。

^{31}P的自然丰度为100%,具有15个质子和16个中子,^{31}P的自旋量子数为1/2,有相对较强的核磁共振信号,这也为磷化学的研究提供了直接高效的信息。^{31}P谱在原子水平上快速、准确地分析测定有机化合物分子结构,分辨率高且不受其他元素干扰,因此样品无须分离,可直接溶于氘代试剂进行分析。同时,^{31}P谱的谱带尖锐,共振谱线简单,容易识别,谱图解析相对比较容易。磷谱的范围比常见的氢谱和碳谱要大很多,一般从δ−1000~+1000 。

^{11}B同位素的自然丰度为20.0%,直接选择^{11}B模式即可进行测量,检测硼谱一般使用BF_3-Et_2O(47%)(三氟化硼乙醚溶液)作外标,外标检测法需要先检测外标溶剂和该溶剂下的样品,首先检测外标(BF_3-Et_2O),得到的信号峰定为δ0,然后置入样品,得到的信号峰不再标定,所得化学位移就是该样品的化学位移值。

^{29}Si谱主要通过有机硅的氢谱检测发展而来,硅核的性质:它有三个同位素(28,29,30),只有^{29}Si核是NMR活性核,丰度只有4.7%,并且旋磁比为负,需用饱和溶液进行测试,如果溶解度一般,可用固体核磁测试。常用的有机硅核磁共振频率有:$^1J_{Si\text{-}H}$ 147~420 Hz、$^1J_{Si\text{-}F}$ 110~488 Hz、$^1J_{Si\text{-}P}$ 7~50 Hz、$^1J_{Si\text{-}C}$ 37~113 Hz、$^1J_{Si\text{-}Si}$ 52~186 Hz。通过聚合物的Si-H的积分高度与聚合物链端R基的积分高度比可计算有机硅聚合物的聚合度。

14.1.2 二维核磁

二维核磁谱图的特点是将化学位移、耦合常数等核磁共振参数在二维平面上展开,这样将一维谱中一个频率上重叠的信号分别展开在两个独立的频率坐标轴上，可以减少谱线的拥挤和重叠，还可以提供自旋核之间相互作用的信息，在解析复杂化合物结构方面显著优于一维核磁。

常用的 2DNMR 谱图有化学位移相关谱 COSY、核极化效应谱 NOESY、异核多量子相关谱 HSQC(碳氢直连)和 HMBC(碳氢远程相关)。

COSY 指同一自旋体系里质子之间的耦合相关。$^{1}H—^{1}H$ COSY 是最常用的同核位移相关谱，它可凭$^{1}H—^{1}H$ 之间通过成键作用的相关信息，类似于一维谱同核去耦，从而可知同一自旋体系里质子之间的耦合关系，COSY 是归属谱线、推导结构强有力的工具。

核奥弗豪泽效应(Nuclear Overhauser Effect，NOE)，是指磁性核之间的空间相互作用，当一个核被共振频率波照射时，另一个核的信号发生增强或减弱的现象。NOE 是检测空间上哪些基团相互靠近的有效方法。基于 NOE，NOESY 谱是在一维谱基础上增加固定延迟时间和第三脉冲，以检测 NOE 信号和化学交换信息。$^{1}H—^{1}H$ NOESY 检测的是质子与质子间在空间的相互接近关系，若两核间有 NOE 信号，谱图中出现交叉峰，但无法检测核间距的大小。

异核多碳相关谱(HMBC)是将^{1}H 核与远程耦合的^{13}C 核建立关联的一种表征技术，根据远程耦合的特性，HMBC 远程耦合的碳氢关系谱图中，通常相隔 2～3 个键的 H 与 C 的耦合信号较多，为分辨相隔 2 个或 3 个键的碳氢相关谱，一般采用较小的 $2J_{CH}$或 $3J_{CH}$耦合常数进行调节(芳环体系 H—C 远程耦合更为复杂，需具体分析)。HMBC 分辨率高于 HSQC，可以解析 COSY 所分辨不了的季碳或杂原子相关信号峰，还可以辅助 COSY 谱分辨重叠峰。

HSQC 异核单量子关系谱，隶属于二维核磁 C—H COSY 谱图。HSQC 谱显示的是直接相连的碳氢关系信号，给出相邻碳的 CH 连接信号，当碳与季碳相连或者杂原子导致隔碳相连时，无相邻碳的 C—H 相关，HSQC 无法检测到相关信号，该问题只能借助 HMBC 进行解决。

14.1.3　固体核磁

固体核磁共振技术是以固态样品为检测对象的表征技术。对于不溶解样品或者溶解时结构发生改变的样品，固体核磁具有得天独厚的研究优势，可以研究样品从液体到固体的结构变化，还可以作为 X 射线表征的重要补充。固体核磁最大的特点是可以将粉末样品直接进行测量。

同时固体核磁也存在检测分辨率不足的缺点。在液体样品中，各种相互作用(如化学位移各向异性和偶极-偶极相互作用等)易使核磁共振谱线增宽，通过旋转促使分子快速运动将平均掉这些消极相互作用，从而获得高分辨的液体核磁谱图；在固态样品中，分子的快速运动受限，化学位移各向异性等各种作用的存在使谱线增宽严重，而使分辨率相对较低。

14.2　核磁共振波谱原理

14.2.1　一维液体核磁共振波谱原理

磁性体(某些元素的原子核和电子)本身所带有的能量显示出的磁性，在强磁场作用下

被分裂成两个或两个以上量子化的能级。该量子化能级吸收适当频率的电磁辐射，可在所产生的磁诱导能级之间发生跃迁。带核磁性的分子或原子核在磁场中吸收从低能态向高能态跃迁的两个能级差的能量，会产生共振谱，该信号可用于分子中某些原子的数目、类型和相对位置的测定。

以氢核为例[1]，由于带电核的旋转，会产生一个微小的磁场，在较强磁场中，微小磁场沿着磁场的方向重新排列，当核的自旋轴偏离了外加磁场的方向时，核自旋产生的磁场即会与外磁场相互作用，使原子核除了自旋之外，还会沿着圆锥形的侧面围绕原来的轴摆动（类似于陀螺的摆动），这种运动方式称为进动。自旋核角速度 ω_0、外加磁场磁感应强度 B_0 和进动频率 ν_0 满足关系：

$$\omega_0 = 2\pi\nu_0 = \gamma B_0 \tag{14-1}$$

氢核置于外加磁场中会产生两种取向，分别是 $m=-1/2$ 和 $m=1/2$，前者取向与磁场方向相反，后者与磁场方向相同，故后者能量较低，能量差为：

$$\Delta E = 2\mu B_0 \tag{14-2}$$

此时如果增加一个射频场，频率等于进动频率，则原子核就会与之发生共振，吸收能量使核跃迁到较高能态，这种现象就是核磁共振。由于不同原子核发生共振的频率不同，因而可利用这些差别来鉴别各种元素和同位素。高能态的原子核会通过弛豫过程回复到低能态，从而可以保持共振吸收峰的信号稳定。

14.2.2 二维核磁共振波谱原理

二维核磁共振谱具有两个时间变量，经两次傅里叶变换得到两个独立的频率变量图，第一个时间变量是脉冲序列中的某一个变化的时间间隔，用 t_1 表示；第二个时间变量为采样时间，用 t_2 表示，t_1 与 t_2 互为独立变量。

所有二维 NMR 都可以用图 14-1 说明，样品中核自旋被磁场激发以后（预备期），以确定的频率进动，这种进动显示出较长的延续性，将延续相当一段时间（发展期、混合期和检测期）。二维 NMR 就是利用这种延续性，在发展期对核自旋施加扰动，核自旋对扰动的响应将持续到检测期，因此通过检测期的信号可以间接拟合出发展期的核自旋的行为。通常发展期为 t_1，检测期为 t_2，并且用固定时间增量递增 t_1，进行一系列实验，因此检测器接收到的信号与 t_2 和 t_1 都有关，信号可表达为 $s(t_1, t_2)$。由于 t_1，t_2 是独立的时间变量，因此可以分别对它进行傅里叶变换，一次对 t_2，另一次对 t_1。两次傅里叶变换的结果就得到了两个频率变量的函数 $s(\omega_1, \omega_2)$，这就是二维核磁共振实验的核心所在。计算机进行处理时，先固定 t_1，对 t_2 时域进行傅里叶变换，得到 f_2 频域的信息，然后再对 t_1 时域进行傅里叶变换，最终得到含 ω_1 和 ω_2 两维频域变量的信号。

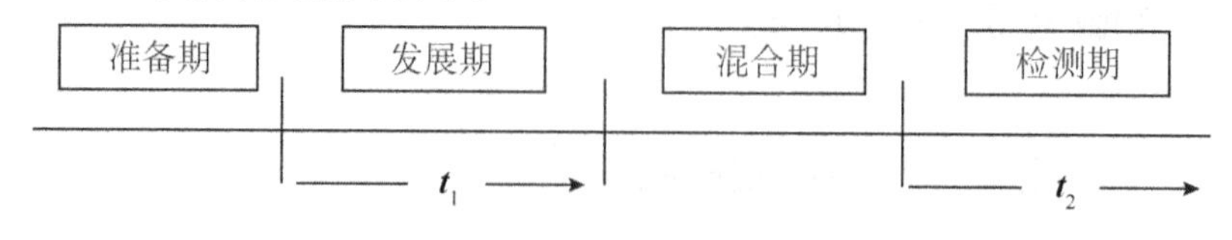

图 14-1 常规二维 NMR 实验示意图

14.2.3　固体核磁共振波谱原理

由于固体和液体的物性不同，聚集态的差异为固体核磁检测增加了难度。目前有两种方式来实现固体核磁技术[2]。

固体核磁样品检测到的相互作用分为两大类：样品内部的相互作用及由外加环境施加于样品的作用。前者主要是样品内在的电磁场在与外加电磁场相互作用时产生的多种相互作用力，主要包括：化学环境的信息（分子中由于内在电磁场屏蔽外磁场的强度、方向等），分子内与分子间偶极自旋耦合相互作用。

由于分子间偶极自旋耦合作用是远强于化学位移、J-耦合等相互作用，静态条件下观察到的核磁共振谱通常是信息被偶极自旋耦合作用掩盖下的宽线谱。所以固体核磁通常需要采用特殊手段压制偶极自旋耦合作用[2]，才有可能观察到化学位移及 J-耦合相关的信息以用于结构解析。

为了压制偶极自旋耦合作用，当前固体核磁主要采用魔角旋转（Magic Angle Spinning，MAS）技术与交叉极化（Cross Polarization，CP）技术。魔角旋转技术是将样品沿魔角方向高速旋转，平均化较强的化学位移各向异性、偶极自旋耦合和四极相互作用，使其他相对较弱的相互作用成为主信号的固体核磁技术，该技术可实现谱线窄化，提高分辨率。对于^{1}H 体系，固体核磁必须采用魔角旋转与多脉冲结合方式将质子的磁化矢量转至魔角方向才能压制偶极自旋耦合作用，得到高分辨质子谱；对于核磁旋比较小、自然丰度比较低的^{13}C、^{15}N 等体系，魔角旋转技术灵敏度较低，而交叉极化技术可将^{1}H 核的磁化矢量转移到^{13}C 或^{15}N 等杂核上，显著提高这些杂核的检测灵敏度。

14.3　应用范围

一维核磁的主要应用：有机化合物结构鉴定、高分子材料的 NMR 成像、多组分材料分析、定量分析[3]。此外，在聚合物研究上还可用于研究聚合反应机理、高聚物序列结构、未知高分子的定性鉴别、机械及物理性能分析，等等。

二维核磁的应用：分子结构测定、辅助分析有机合成反应、论证超分子作用，例如主-客体相互作用[4]。

固体核磁具有以下应用：测定固体样品、测定四极核样品（^{2}H、^{17}O 等四极核）、获取特定原子间的相对位置信息[5]、获取特定的信息（如弛豫时间）。

14.4　核磁共振波谱仪器简介

核磁共振波谱仪当前的主要生产厂家有德国的 Bruker、日本的日本电子、美国的赛默飞和 CEM、中国的中科牛津和纽曼分析，其中 Bruker 公司因 Avance 机型能提供前所未有的数字控制水平、速度、灵活性和异常纯粹的 NMR 频率生成，在 NMR 领域建立起全球技术和市场领先地位，在科研论文中大多数科学家都是使用 Bruker 公司的 Avance 机型进行核磁表征。核磁共振波谱仪主要由外磁场(永磁铁、电磁铁和超导磁体)、射频振荡器、检测探头、射频接收器、扫描发生器和记录系统组成。射频振荡器产生的射频波经调制后进入探头,探头中装有样品管和向样品发射及接收射频波的线圈,将得到的信息经接收器检测、放大,送入记录器得到核磁共振谱图。

磁场的作用是使原子核自旋体系的磁能级发生分裂。一般100MHz以下的波谱仪用永磁体或电磁体产生磁场,100MHz以上的核磁波谱仪磁场一般是由超导磁体产生磁场。液氦恒温下的超导磁体的磁场稳定且场均匀性好,可以提高谱仪灵敏度,增强分辨率。

稳场和匀场系统增强仪器稳定性和磁场均匀性,以满足反式实验、3D实验、4D实验要求的磁场稳定性。电磁体需要的稳场系统比较复杂,永磁体和超导的稳场系统相对比较简化,目前采用二十几组匀场线圈即可满足要求。

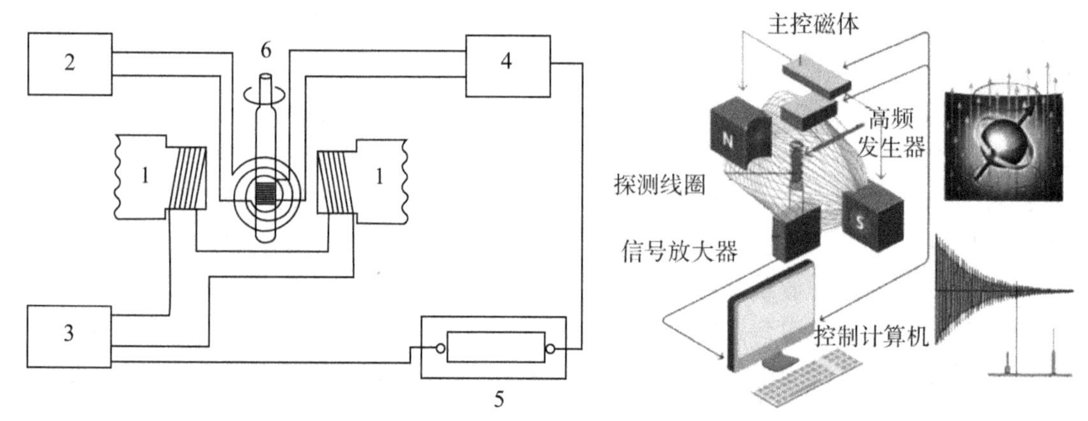

图14-2 核磁共振波谱仪的基本结构

核磁共振波谱仪中使用的核磁管和探头如图14-3所示,因核磁仪器内的检测探头高度一般为5cm,核磁管底部不得触碰探头底部,因此核磁样品管中的样品检测部位只要处于探头内即可检测。

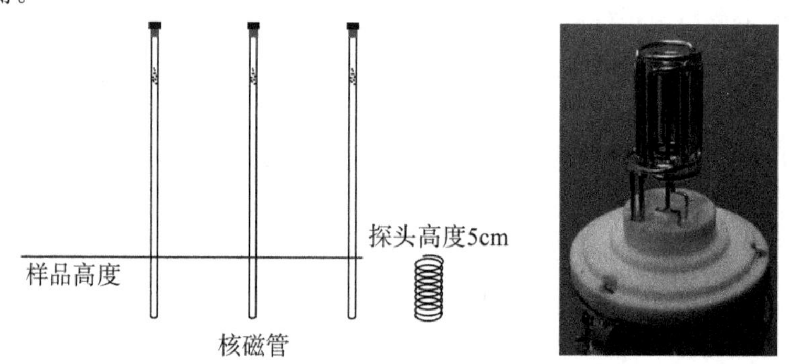

图14-3 核磁管及核磁探头

常用的Bruker核磁波谱仪根据超导磁场强度的不同,分为300～900MHz的机型,磁场强度与1 ppm的谱宽成正比,磁场强度越高,检测灵敏度越高,谱图色散越大,例如常用的600MHz波谱仪,1 ppm谱宽600Hz,比400MHz的易于辨认,更易测得耦合常数。

而对于不溶解的有机材料和无机材料,一般采用固体核磁进行检测,Bruker核磁波谱仪只需要添加固体核磁探头续用A_2B改装套件即可进行固体核磁检测,这也是Bruker核磁波谱仪占据核磁仪器市场绝大部分份额的一个重要原因。

14.5 核磁测试要求和制样要求

制样流程：清洁核磁管，烘干样品和核磁管，样品转入核磁管（溶液核磁需溶解后转入），上机测试。

核磁管的要求：(1)管壁均匀，管体规整性良好；(2)材质符合检测条件，且不影响检测元素；(3)管体表面光洁度，无划痕等缺陷；(4)匹配仪器频率。^{11}B 谱检测需用石英核磁管，排除 B 元素影响。

液体核磁（包括二维核磁）样品要求：(1)送检样品纯度大于 95%，无铁屑、灰尘、滤纸毛等杂质；(2)选择溶解度良好、极性相似、溶剂峰不影响分析的氘代试剂；(3)尽量提供样品的可能结构或来源，以及检测温度、谱宽等特殊要求。

固体核磁样品要求：(1)性状一般为很细的粉末，研磨时无颗粒感；(2)样品无磁性或导电性，以及无腐蚀性；(3)测定 ^{15}N 核磁，样品需要用同位素标记；(4)特殊性样品需提供类似的图谱参考文献，包括转速、脉冲宽度、弛豫时间等参数。

NMR 波谱常规测试的基本条件见表 14-1。

表 14-1 NMR 波谱常规测试的基本条件

核磁类型	谱图	溶剂	基准物	样品量	扫描圈数
一维核磁	^{1}H 谱	氘代试剂	TMS	5	832
	^{13}C 谱	代试剂	TMS	>15	512 起
	^{19}F 谱	无氟溶剂	$CFCl_3$	10	16
	^{31}P 谱	无磷溶剂	H_3PO_4	浓度较大	64
	^{11}B 谱	氘代试剂	BF_3	20	32
	^{29}Si 谱	氘代试剂	TMS	10	32
	DEPT 谱	氘代试剂	TMS	20	128 起
二维核磁	COSY，NOESY，HMBC，HSQC	氘代试剂	TMS	30	512 起
固体核磁	H/C/F 谱等			100 以上	1000 起

14.6 核磁共振波谱数据处理与分析

14.6.1 核磁处理软件 MestReNova 介绍（以氢谱为例）

(1)基本处理（更换字体，调整网格坐标、颜色等）

打开核磁文件 fid，进入核磁主界面，操作界面如图 14-4 所示，主要分为四个功能区，依次是拖动/放大功能区、峰位置处理功能区、傅里叶变换/定标功能区、积分/标峰功能区。

名称	修改日期	类型
pdata	2016/9/23 21:07	文件夹
acqu	2016/9/23 21:07	文件
acqus	2016/9/23 21:07	文件
audita	2016/9/23 21:07	文本文档
fid	2016/9/23 21:07	文件
format.temp	2016/9/23 21:07	TEMP 文件
pulseprogram	2016/9/23 21:07	文件
scon2	2016/9/23 21:07	文件
shimvalues	2016/9/23 21:07	文件
uxnmr.par	2016/9/23 21:07	PAR 文件

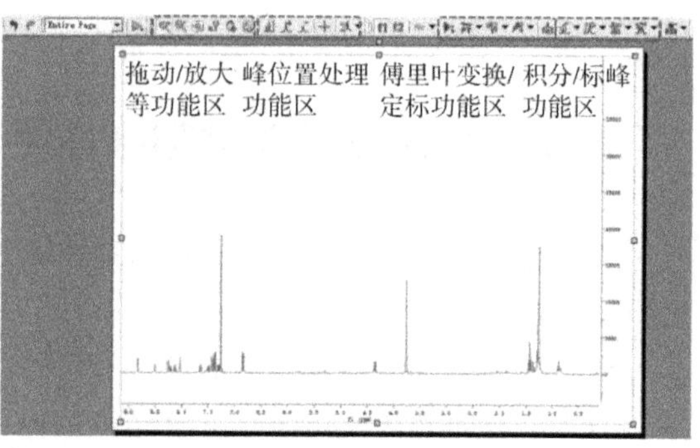

图 14-4　MestReNova 导入文件及功能区

(2)解析前处理(标峰、积分等)

1)标出信号峰的位置,即确定化学位移值;

2)标出信号峰的大小,即处理得到积分面积;

3)明确信号峰的形状,解读耦合列分,计算耦合常数,耦合列分与耦合常数是通过邻近的氢原子核反推归属特定氢原子的位置,是精准归属分子结构的关键。

对应地,借助拖动放大功能,将关键核磁峰位置的区域放大,对核磁谱图进行标峰和积分,处理谱图如图 14-5 所示,可以分析信号峰的耦合裂分和耦合常数。

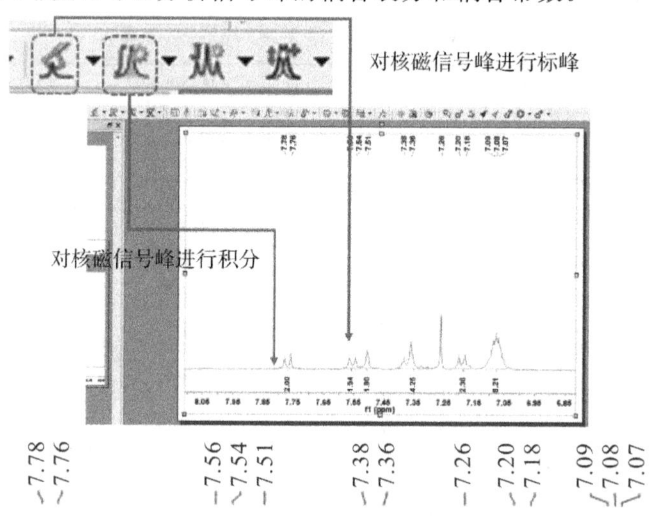

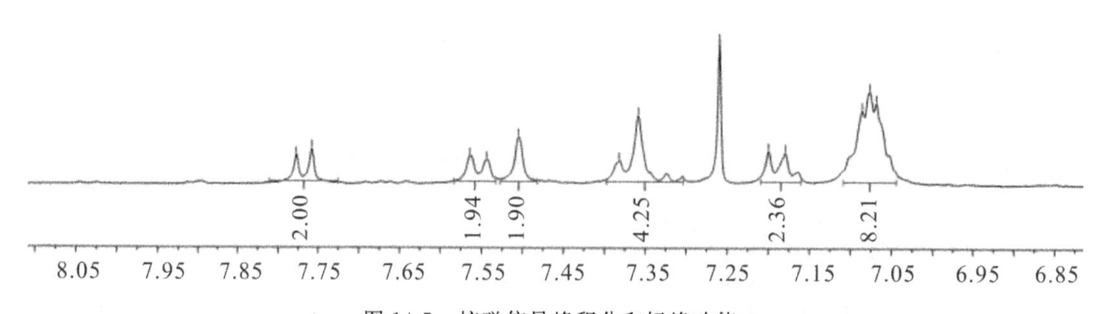

图 14-5　核磁信号峰积分和标峰功能

(3)特征峰放大

在核磁谱图局部比较密集的情况下，需要对局部核磁进行放大显示标注特征峰，可以点击 Expansion 按钮，拖选放大区域进行局部放大，如图 14-6 所示。

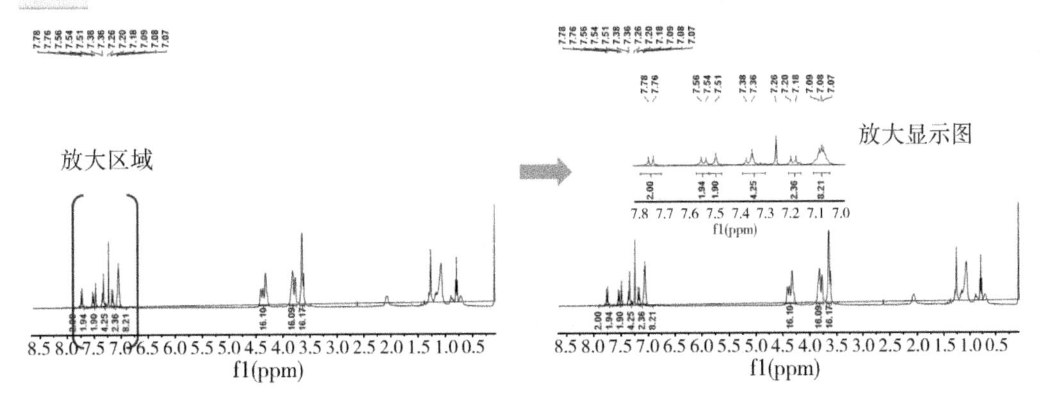

图 14-6　核磁谱图局部放大

(4)叠谱

在同系物对比和化学反应分析过程中经常需要对比两种(多种)化合物的信号峰以分析化学反应并确定化合物结构，因此需要用到叠谱分析。叠谱操作需要将同一检测溶剂的化合物核磁张贴于同一横坐标中，主要使用 Munual zoom 按钮，将所有谱图设定在固定的横坐标中，如图 14-7 所示。

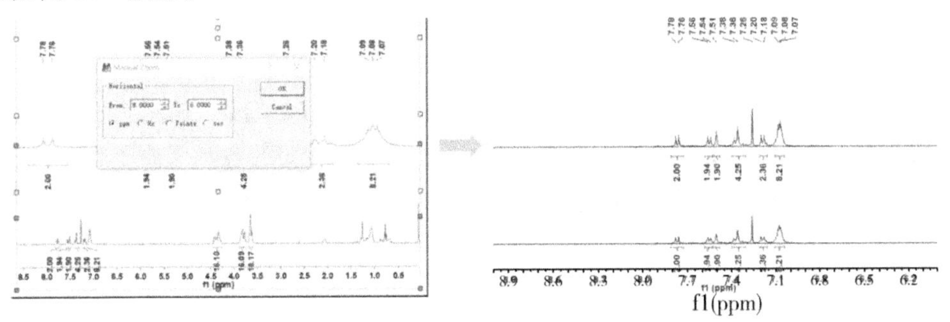

图 14-7　核磁谱图叠谱

14.6.2　一维核磁图谱解析

(1)常见有机物的结构解析方法

1)解析核磁共振氢谱：根据积分高度，计算出氢分布比例；根据化学位移，确定归属；最后根据峰分裂情况、峰型并计算耦合常数推测精细结构。

2)解析核磁共振碳谱：确认去偶碳谱上的碳数；对比确认各碳的化学环境和分子对称性；然后由偏共振谱，确定与碳耦合的氢数；最后由各碳的化学位移，确定碳的归属。

3)结合碳谱和氢谱确认碳骨架信息，对氢进一步归属。

4)结合其他杂原子谱图进一步分析化合物结构。

5)叠谱分析：结合已知化合物的核磁谱图，与测试谱图进行比对，将相同化学位移的基团进行标定，进一步分析化合物基团的电子效应，对化合物进行核磁信号峰的归属。

(2)^{1}H 谱的分析

1)根据常规解析方法确认氢的分布比例、化学位移、耦合裂分情况，初步对化合物进行归属。任雪琴等人通过核磁表征对2-乙基-1-茚酮进行了详细的研究[7]，这里我们借鉴该化合物详细讲解核磁的分析过程，如图14-8和图14-9所示。

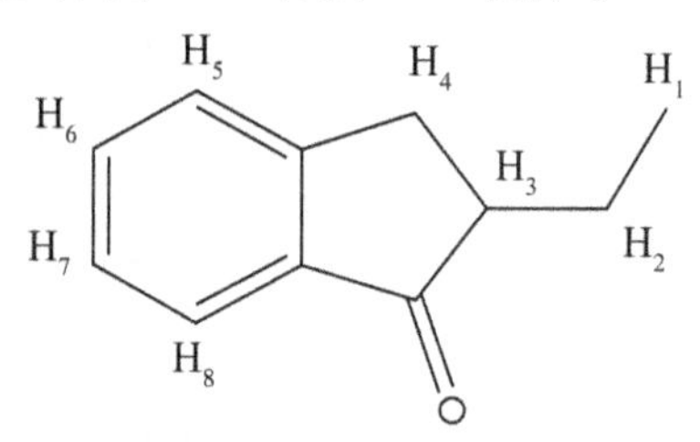

图14-8 2-乙基-1-茚酮化学式

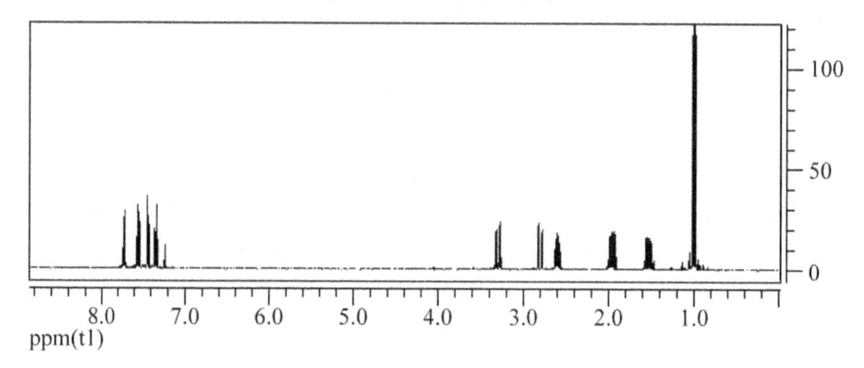

图14-9 2-乙基-1-茚酮的核磁共振氢谱图

根据质子峰在氘代溶剂中的化学位移表(附表1)，首先分析场强，高场为非芳烃氢 H_1～H_4，低场为芳烃氢 H_5～H_8；然后，积分氢原子比，确定1∶2∶3的各峰氢原子个数，确定 H_1 和 H_3，分析酰基给电子效应确定 H_8 最低场，H_6 为次最低场，H_3 较 H_2 低场，分析下甲基拉电子效应，确定 H_7 较 H_5 高场，可以初步得到2-乙基-1-茚酮的6种氢原子化学位移信息[6]，如图14-10所示。

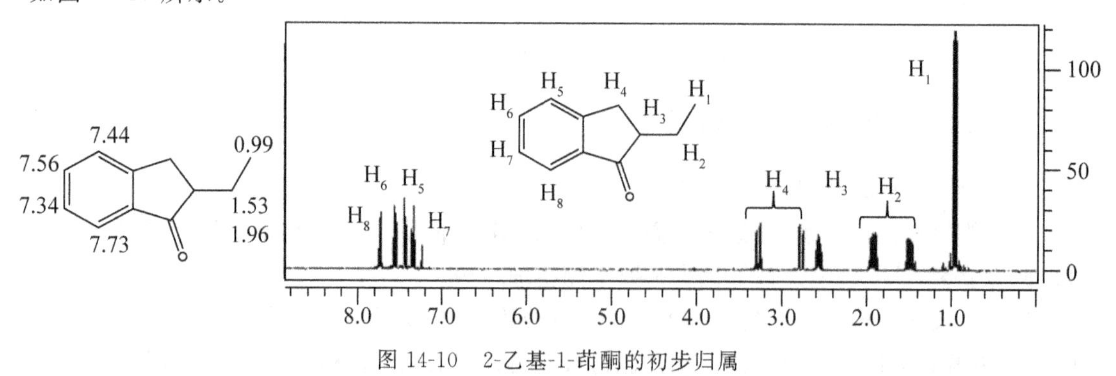

图14-10 2-乙基-1-茚酮的初步归属

2)分析化学位移的影响因素。根据电子云的感应磁场，化学位移值的基本影响因素有屏蔽/去屏蔽效应和电子云密度(延伸出电子效应)。

一般屏蔽/去屏蔽效应的影响规律：化学位移值越大，信号峰处于越低场、受到的屏蔽效应越小、去屏蔽效应越大；反之，化学位移值越小，信号峰处于越高场、受到的屏蔽效应越大、去屏蔽效应越小。如图 14-11 所示。

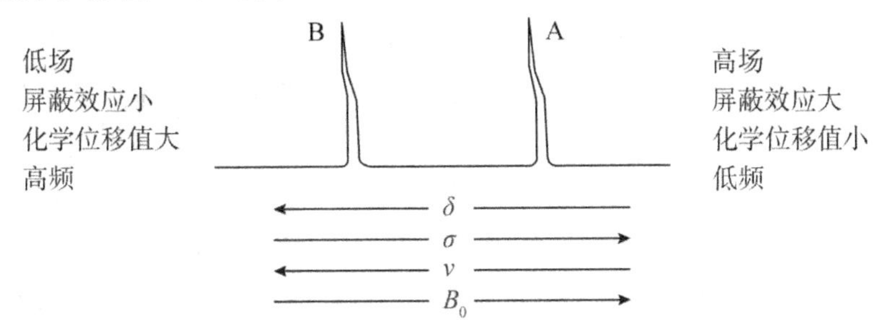

图 14-11　化学位移的高低场区分示意

电子效应一般在芳烃解析中应用较多，对于吸电子基团（如羰基、醛基、羧基、氯/溴原子以及硝基等），苯环的化学位移值普遍往低场移动；对于通过 p-π 共轭的给电子基团（如羟基、醚键、氨基等）以及其他通过 σ-π 超共轭效应的基团（如甲基等），其化学位移往高场移动。

3）计算耦合常数。耦合常数的定义：自旋耦合产生共振峰的分裂后，两裂分峰之间的距离（以 Hz 为单位）。从耦合常数可以看出基团间的关系，邻位耦合常数较大，远程耦合常数较小。

（3）^{13}C 谱的分析

碳谱的分析主要与各溶剂中碳原子的化学位移进行比对，碳原子受耦合效应较小，因此碳骨架的化学位移信息可以作为化合物结构鉴定的有力证据，借助 C 原子在氘代溶剂中的化学位移表（附表 2）可以初步分析 2-乙基-1-茚酮的碳谱位置[7]，如图 14-12 所示。

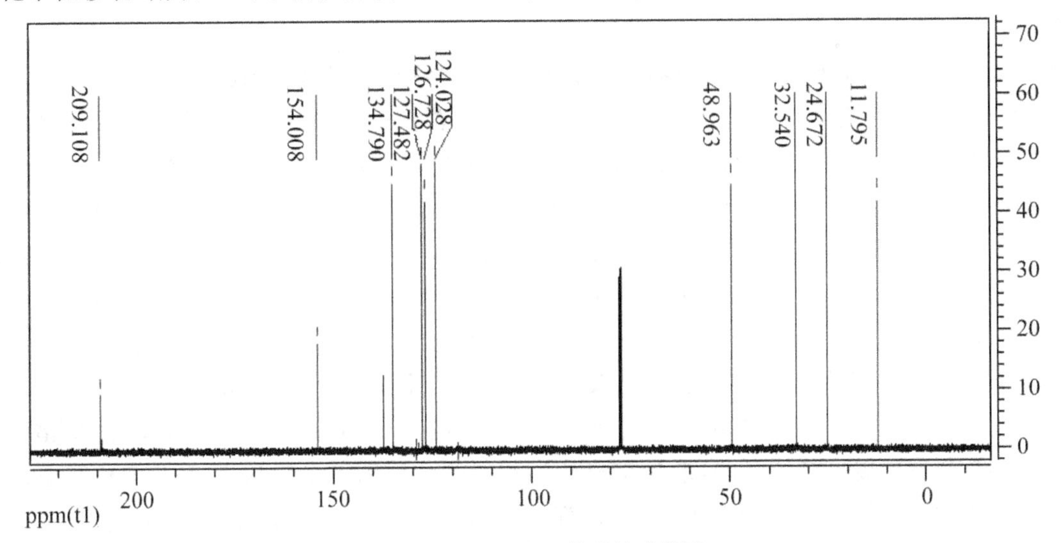

图 14-12　2-乙基-1-茚酮的碳谱图

值得注意的是，由于普通的全去耦碳谱只是对氢去耦，因此氟对碳的耦合能在普通碳谱中显示出来。氟是 1/2 核，其耦合裂分规律参照氢谱，耦合常数较大，对碳谱具有显著的影响，因此需要区分出杂质峰、溶剂峰、旋转边带，并计算不饱和度来分析含氟有机物的碳谱。

(4)^{11}F 谱的分析

一氟三氯甲烷($CFCl_3$)是氟谱中比较常用的内标试剂,$CFCl_3$ 峰(δ=0),往高场移动为负,低场移动为正。其他内标试剂有:CF_3CO_2H:δ−76.2,$PhCF_3$:δ−63.2,C_6F_6:δ−162.2,$CF_3COOC_2H_5$:δ−75.8。磁各向异性对于氟谱的影响小于氢谱,如烯基氟和芳基氟的化学位移会出现重合。氟与氢核的自旋量子数都是1/2,谱线裂分符合n+1规律。裂分的峰强比也遵守帕斯卡三角的二项式展开[$(a+b)_n$ 展开式的各项系数]。在非链状含氟化合物中影响F-F耦合和F-H耦合的主要因素是耦合的两个原子核之间的扭转角、化学环境以及邻近基团。而由于构象互变所得到的耦合常数为平均值。耦合常数随着取代基吸电子效应的增强而降低[7]。

核外未共用电子对所占电子轨道的重叠也会导致F与其他F、H、C核发生耦合。

(5)^{31}P 谱的分析

最常见的四配位磷(V)氧类化合物的化学位移位于δ−30~+100。生物体中的含磷化合物磷脂和ATP等属于该类化合物,磷谱范围一般为δ−30~0。而含有磷碳化学键的磷氧类化合物一般介于+80到+10之间。陈泳等人分析了大量含卤素分子的磷谱[8],发现卤素原子数目对会影响磷谱信号,但该影响没有规律。

当氧原子被其他氧族原子取代后,磷谱向低场方向移动。常见的硫代磷酸酯一般位于δ+50~+80。当被亚胺基团取代后,相应的磷亚胺化学位移一般为δ−10~+5。

第二类常见的磷类化合物是三配位的磷(III)类配体(PR_3),中文里习惯叫作膦。这类化合物的磷谱位移一般介于δ−200~+100。膦母体PH_3的化学位移在δ−239,随着磷原子上的氢被烷基或芳基取代,磷谱向低场移动(例如,$PMeH_2$:δ−163.5;PMe_2H:δ−99;PMe_3:δ−62.2)。

除此之外,主族无机磷类化合物相对更加复杂和多样化。从低场到高场介绍几类复杂磷化合物:1)化学位移大于δ+400,这类化合物一般是磷宾类化合物;2)化学位移δ+100~+400,有一类是二配位的磷(III)正离子,另一类化合物是磷烯;3)化学位移δ−300~+100 ppm,包括磷炔类化合物(δ−100~+50)和四配位的磷(V)正离子(δ0~+100);4)化学位移小于δ−300的含磷化合物较为少见,多数为含多个磷核的团簇,其中包括P_4被过渡金属活化后的产物。另一类非常高场的化合物为低配位的磷负离子,比如磷氰酸根负离子(δ−392)以及其相应的过渡金属化合物。

磷化物的P化学位移的变化规律,总结下来有以下几种。1)取代基电负性的影响:电子云密度大,P化学位移移向高场,反之亦然。与P相邻基团的电负性效应与^{1}H谱和^{13}C谱相似。2)金属离子核半径的影响:取代生成的磷酸盐的金属离子半径越大,P化学位移也越大。3)磷的配位数的影响:在磷化物中,磷配位数从2递增至6时,P化学位移由低场移向高场。

(6)其他非常用谱图的分析(B谱/N谱/Si谱)

B谱/N谱/Si谱的解析基本类似于氢谱,通过比对基团在对应溶剂中的化学位移值,即可对该原子进行归属确认。

14.6.3　二维核磁图谱解析步骤

利用 H 谱、C 谱、极化转移谱、二维化学位移相关谱、二维远程化学位移相关谱、H 相关的异核相关谱等 NMR 谱图确定一些简单分子的结构的研究方法如图 14-13 所示。

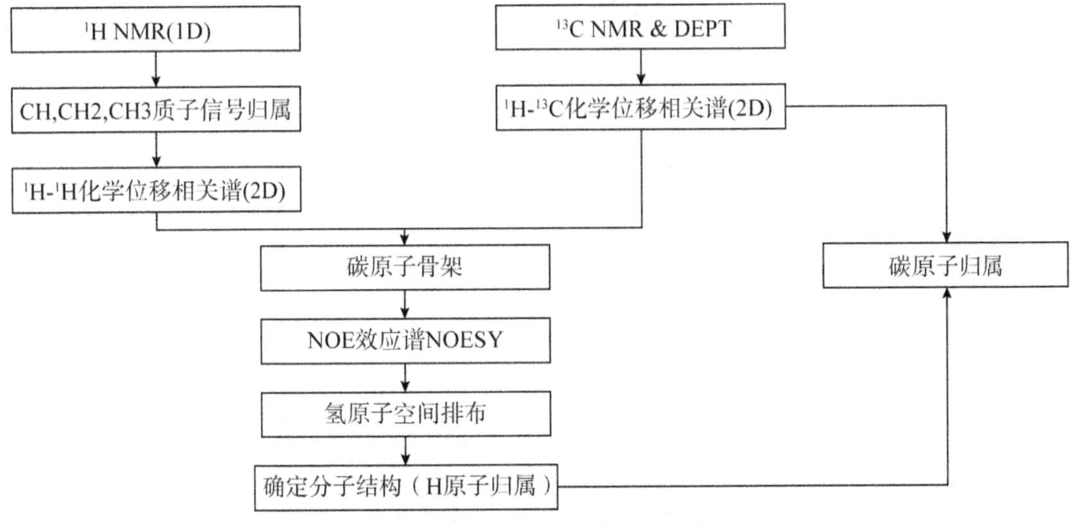

图 14-13　二维核磁图谱解析步骤

对未知物的结构分析则需再结合其他表征。另外，鉴定对有机反应过程中间产物及副产物，可以进行有关反应机理研究及合成路径探究。

14.6.4　二维核磁图谱解析

(1)同核化学位移相关谱 COSY

通过同核耦合，建立同种共振频率的核间的连接图，就得到同核化学位移相关谱，其主要研究对象为^1H-^1H 体系，该谱常简称为 COSY 谱，COSY 的信号峰以类似地势图的形式呈现出来，且沿对角线对称，信号峰主要分为两类：对角线峰和交叉峰。如图 14-14 中的点 X 和点 Y 为对角线峰，点 P 和点 Q 为交叉峰。

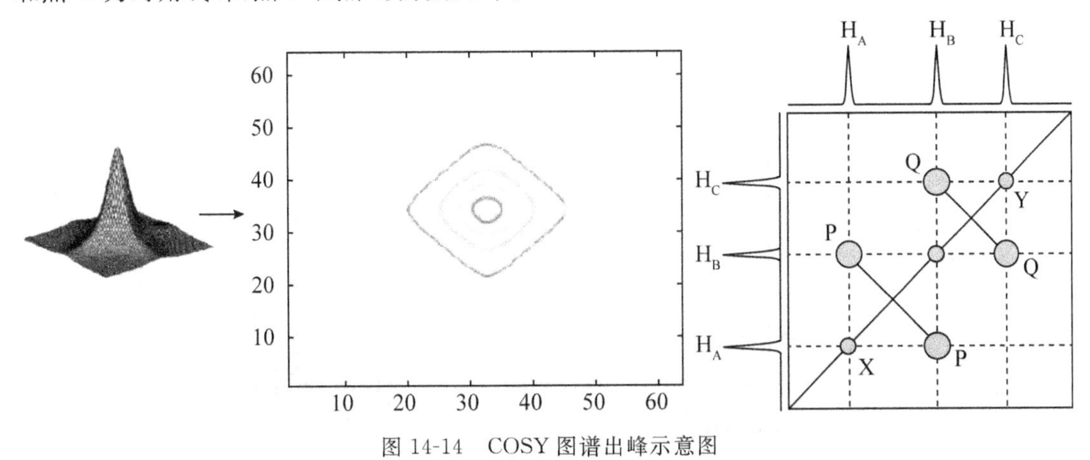

图 14-14　COSY 图谱出峰示意图

对角线峰表示同碳上氢原子之间的耦合信号，分析意义不大，而交叉峰表示不同碳原子出现的耦合信号。利用 COSY 谱可以清晰地找出核间的耦合，对谱图进行归属。如图 14-14 所示 COSY 图谱，交叉峰 P 表示 HA 与 HB 相邻，交叉峰 Q 表示 HB 与 HC 相邻，且 HA 与 HC 无交叉峰表示 A 与 C 不相邻，因此 b 图可分析得到 ABC 基团的位置是 A-B-C。

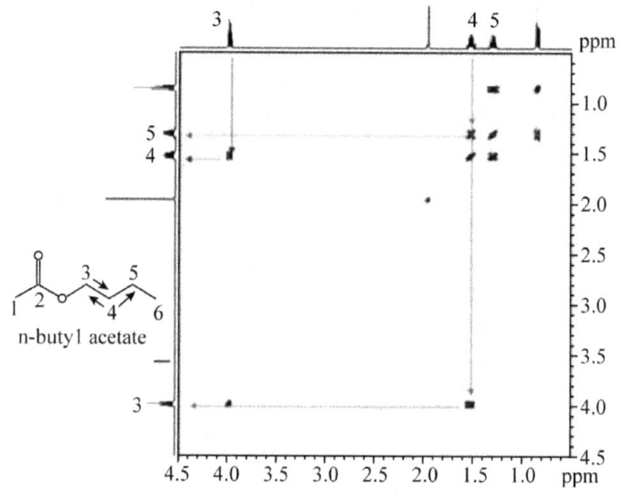

图 14-15　乙酸丁酯的 COSY 谱图

如图 14-15 所示乙酸丁酯的 H-H COSY 图谱，观察对角线峰可知，产生交叉峰有三个信号峰，低场与氧原子相连亚甲基 H 处于 δ4.0 处，即 H3，那么与 H3 产生交叉峰的为 H4。同理，与 H4 产生交叉峰的为 H5，与 H5 产生交叉峰的即为 H6(δ0.8)，因此可以借助 COSY 判断化合物各 H 原子之间的相邻状态。

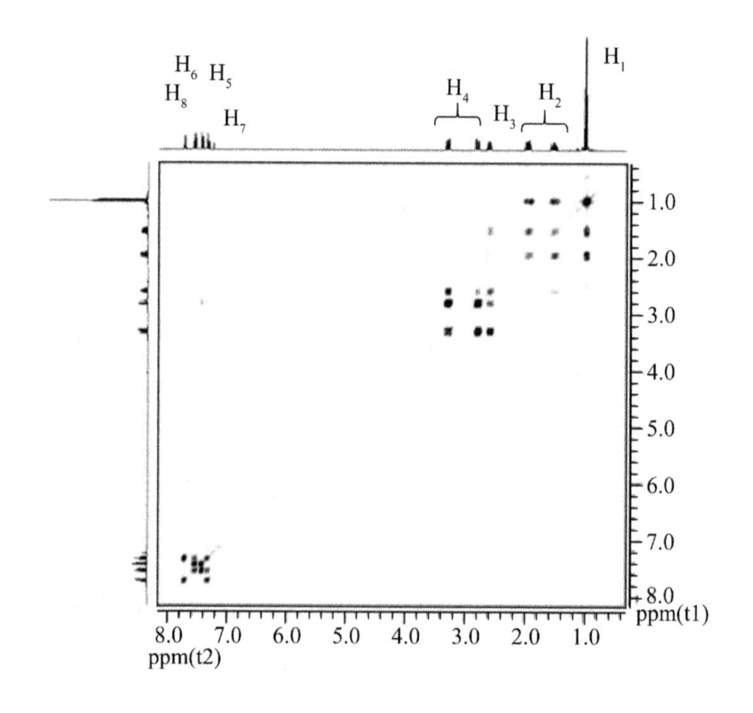

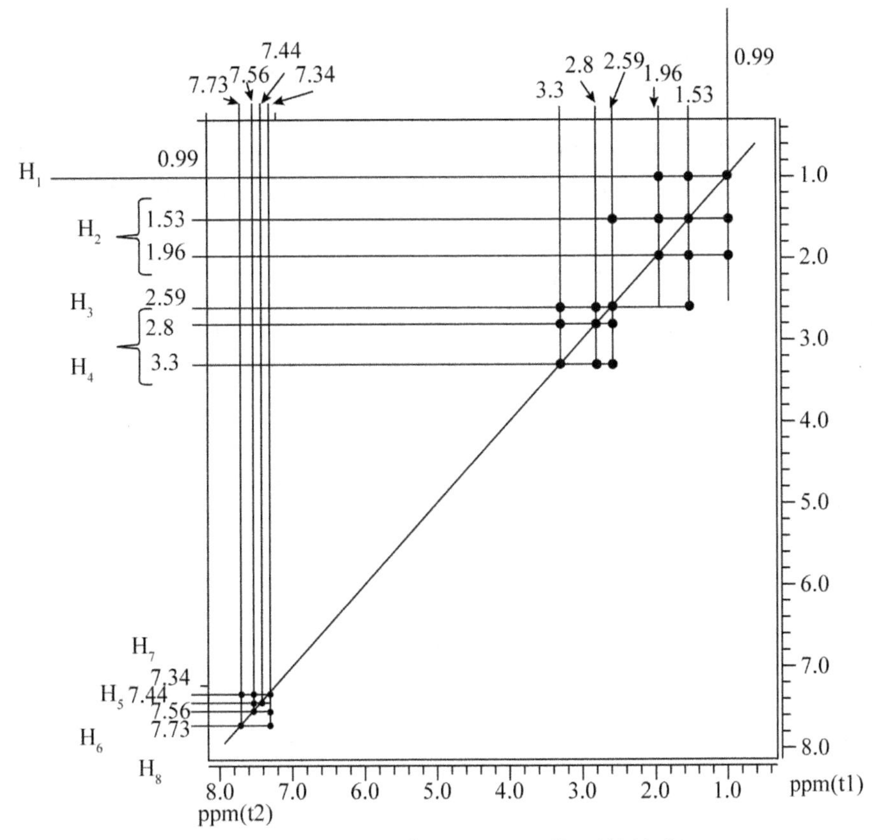

图 14-16　2-乙基-1-茚酮的 COSY 谱及谱图解析

如图 14-16 所示谱图解析[7]，根据 COSY 芳香区 4 种氢（$H_5 \sim H_8$）之间的耦合信息和非芳香区的 4 种氢（$H_1 \sim H_4$）之间的耦合信息，可以解析乙基-1-茚酮的化学位移信息，如图 14-17所示。

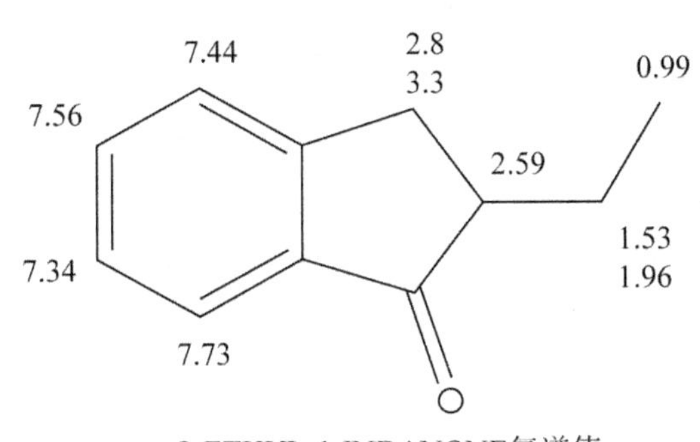

图 14-17　2-乙基-1-茚酮的精细核磁归属

通过上面的例子，可以了解 COSY 谱的重要作用：可以确定邻碳氢的耦合关系，结合异核位移相关谱，可确定碳原子之间的连接关系。而且从 COSY 谱得到的信息比从 HMQC 谱得到的信息可靠。

(2)NOE效应谱 NOESY

若化合物中有两个氢原子之间的空间距离小于5Å,相邻氢会对氢原子的核磁信号产生空间耦合,即NOE效应。该耦合信号呈现在坐标系内即NOESY谱图。

NOESY谱的外观与COSY谱相同,也常出现对角峰和交叉峰。对角峰同样意义不大,交叉峰表示两个H核在空间上相互靠近,空间距离小于5Å。而一般有机物在分子之间的H键、配位键等超分子作用下也会存在空间距离较近的情况,因此NOESY谱结合COSY谱已成为分析超分子相互作用的主要论证手段。

如图14-18所示是2-乙基-1-茚酮的NOESY谱图[7],从图中我们可以看到 $F_2 = \delta 2.8$ 和 $\delta 3.3$ 为H4的两个氢原子产生的NOE信号,在空间结构中的距离相近。

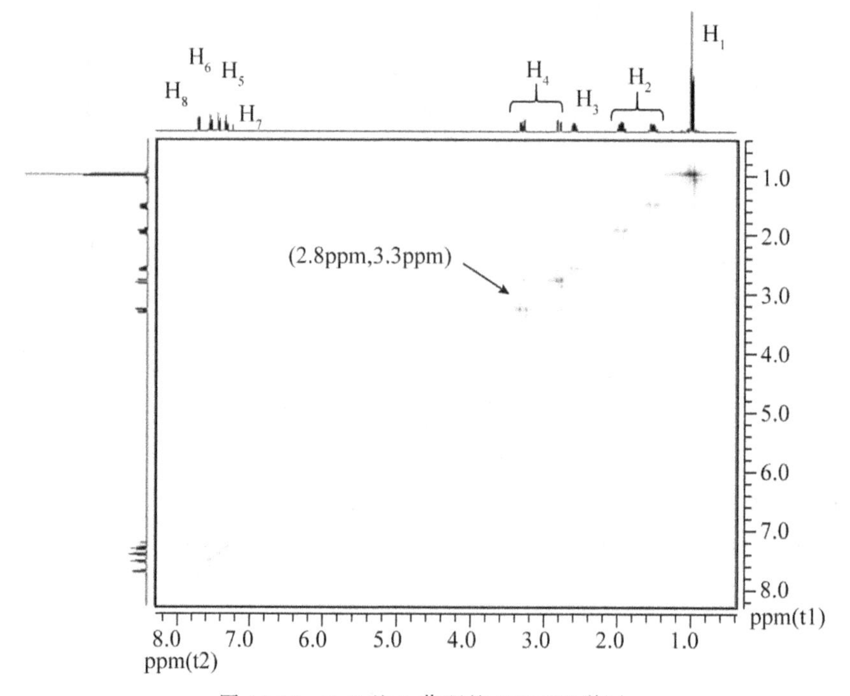

图14-18 2-乙基-1-茚酮的NOESY谱图

NOESY谱常被用于超分子领域,进行分析两种官能基团之间的超分子相互作用,论证超分子的形成,如图14-19所示为陈传峰等人[9]对三叠烯超分子笼的研究,通过NOESY中主体和客体的氢原子之间的NOE信号推断冠醚与紫精形成超分子轮烷结构。

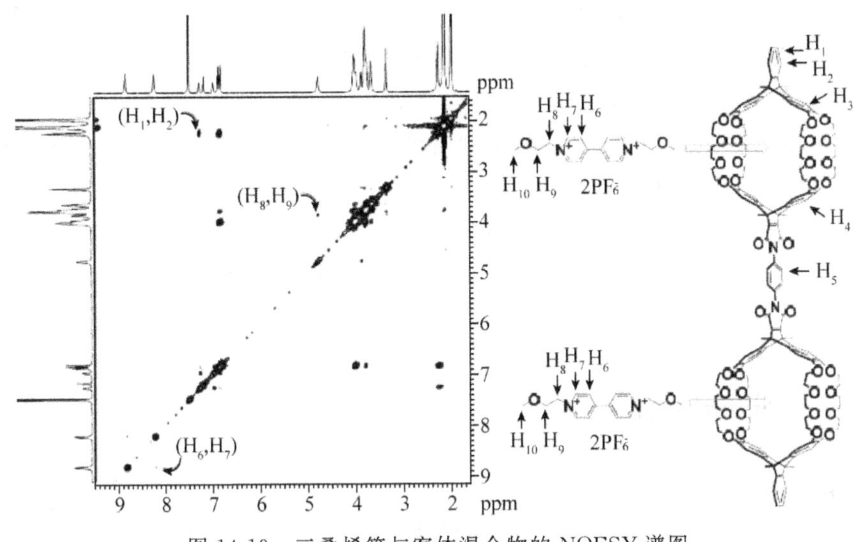

图 14-19　三叠烯笼与客体混合物的 NOESY 谱图

(3)异核化学位移相关谱(HSQC,HMBC)

异核化学位移相关谱(HETeronuclear chemical shift CORrelation,HETCOR)实验是考察^{13}C 核与其直接相连(如耦合)的质子的相互关系,这里是一键耦合($^{1}J_{CH}$),在理想的实验中,碳原子的共振是单峰而不是多重峰。

异核位移相关谱能把同一个官能团不同核的峰组关联起来,最常用的是把 C 谱和 H 谱的峰组关联起来,有相关峰的地方必然对应一条 C 谱的谱线和一个 H 谱的峰组,说明这个基团 C 谱的峰和这个基团 H 谱的峰组的相关性。

目前较为主流的异核相关谱习惯将氢谱的化学位移作为 F_2(横坐标)方向,碳谱的化学位移作为 F_1(纵坐标)方向,即二维谱上方是氢谱,侧面是碳谱。

下面以化合物 2-乙基-1-茚酮的 HSQC 谱(见图 14-20)为例[7],说明 HSQC 谱的解析方法和用途。

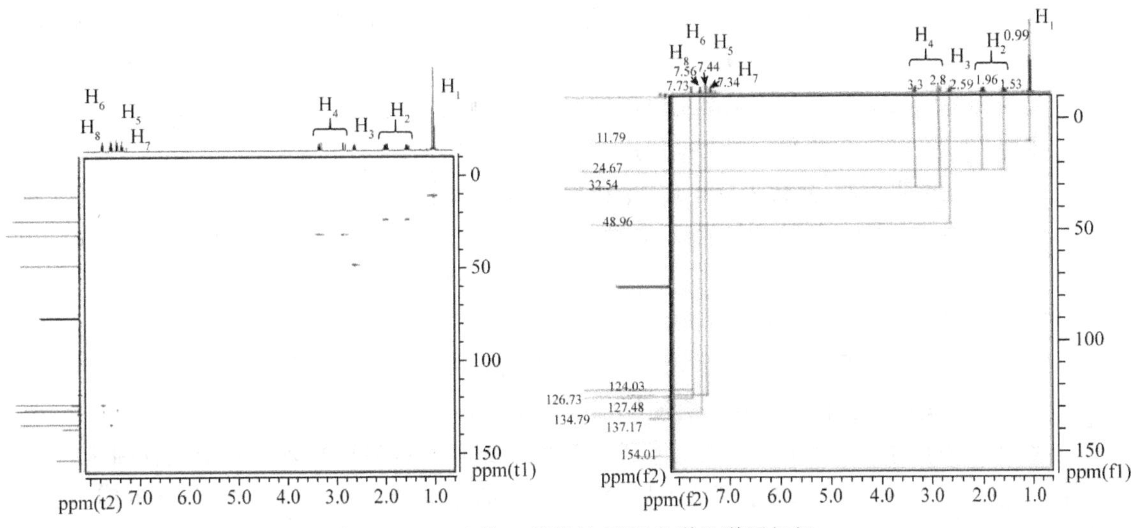

图 14-20　2-乙基-1-茚酮的 HSQC 谱及谱图解析

从图14-20可知,在HSQC谱的右方是该化合物的碳谱。如果是含氢的官能团,通过碳谱信号峰作水平线,会有相关峰和该水平线相交。如果是不含氢的官能团,如季碳原子、碳基原子,通过它们的水平线则没有相关峰与之相交。

异核位移相关谱(以HSQC谱为例)的功能归纳如下:1)把一个化合物的碳谱和氢谱关联起来;2)结合COSY谱和异核位移相关谱得到碳碳的连接关系;3)通过异核位移相关谱能够更深入地了解相应的氢谱;4)异核位移相关谱对于识别两个氢原子非化学等价的CH_2特别有效;5)由于HMQC或HSQC谱的F_1(纵坐标)是碳谱的化学位移,其分辨率远远高于氢谱,对于COSY谱的结果有一个校核的作用。

14.7 常见问题解答

1. 溶剂的用量多少为合适?

在仪器的定深量筒上都绘有相应线圈的位置及长度,一般只要保证样品的长度比线圈上下各多出3mm即可,过少会影响自动匀场效果,过多则浪费溶剂,而且由于稀释了样品,减少了处在线圈中的有效样品量。这种情况下要注意将样品液柱的中心与定深量筒上的线圈中心对齐。

2. 三氟化硼乙醚溶液近些年被列为毒品级,不易得到,还有其他溶剂可以用于硼谱检测吗?

用H_3BO_3饱和溶液也可以检测,但是报告化学位移时需要交代H_3BO_3溶剂的化学位移δ19.49,处理数据时可以对比平移化学位移。

3. 为什么常选择四甲基硅烷(TMS)作为^{1}HNMR谱的内标物?

因为TMS的12个H原子处于完全相同的化学环境,只产生一个尖峰;TMS屏蔽强烈,化学位移最大,与有机化合物的质子峰不重叠;具有化学惰性,难与样品反应;易溶于有机溶剂且沸点低,易分离回收样品。

4. 怎样做重水交换?

测完样品的氢谱后,向样品管中滴加几滴重水,振摇后测氢谱检验,谱中的活泼氢随即消失。酰胺类的氨基氢交换较慢,需较长时间。

5. 用哪些氘代溶剂测出的氢谱上看不到活泼氢的峰?

甲醇、水、三氟醋酸都有重水交换作用,看不到活泼氢的峰。

6. 为什么氘代丙酮、氘代DMSO(二甲亚砜)的溶剂峰为五重峰?

溶剂峰的裂分是由于氘对氢的耦合,根据$2n+1$规律,两个氘对一个氢耦合裂分成五重峰。

7. 位移试剂有什么用途?

当样品峰相互重叠时,可以用位移试剂把这些峰拉开,便于谱解析。

8. 为什么同一碳上的两个质子会有不同的化学位移?

因为同碳上的这两个质子表现出了磁不等价。如有些难翻转的环上的碳位置固定,不能旋转,它上面的两个质子处于环的不同位置,受到的磁屏蔽不同,所以化学位移不同。还有的碳虽然不在环上,但是连接了两个大的集团,旋转受阻,两个质子受到的磁屏蔽不同,化学位移也不同。

9. 耦合常数可以给出哪些结构信息?

可以从耦合常数看出基团间的关系,邻位耦合常数较大,远程耦合常数较小。还可以利用Kapulus公式计算邻位氢的二面角。对于有双键的化合物,顺式的氢之间耦合常数为6~10Hz,反式的氢之间耦合常数为12~16Hz。

10. NOE效应与去耦作用有什么不同?

耦合是解决氢基团之间相邻的关系,它们之间的能量是通过键传递的。NOE效应是解决氢之间的空间相近,它们之间的能量是通过空间磁场传递的。

11. 质子偏共振去耦可以用来确定碳的类型,为什么现在常用DEPT谱,而不用质子偏共振去偶谱?

质子偏共振去耦区分伯、仲、叔、季碳的方法是根据裂分成四重、三重、二重和单峰,如果峰离得近,会产生重叠,不容易解析,而DEPT区分伯、仲、叔、季碳的方法是根据峰向上或向下,峰不会重叠,并且质子偏共振去耦的灵敏度比DEPT法的灵敏度低得多,所以现在常用DEPT谱区分碳的类型。

参考文献

[1] 高明珠. 核磁共振技术及其应用进展[J]. 信息记录材料,2011,12(3):48-51.

[2] 阮小凡. 固体核磁技术浅析[J]. 企业技术开发,2013,32(6):174-175.

[3] 高照明,张玉冰,于永良. 核磁共振内标法定量分析肝素钠中多硫酸软骨素[J]. 分析化学,2011(4):601-602.

[4] Guang-Wei Zhang, et. al. Substituent Effects on Fluorene basedLinear Supramolecular Polymerization[J]. Supermolecular Chemistry, 2019, 31(6): 391-401.

[5] 杜俊达. 基于固体核磁共振的高分子材料分析研究[J]. 科技展望,2017,27(1):152.

[6] 仇镇武. 含氟化合物核磁共振谱图集的研究与应用[D]. 广东工业大学,2013.

[7] 任雪琴,任晓慧,吴兵. 三萜化合物及其NMR研究进展[J]. 武汉工业学院学报,2011,30(1):47-51.

[8] 陈泳,潘文龙,叶汝汉. 核磁共振磷谱技术简述及应用[J]. 广东化工,2018,045(020):83-93.

[9] Chuan-Feng Chen. Self-Assembled Interwoven Cages from Triptycene-Derived Bis-Macrotricyclic Polyether and Multiple Branched Paraquat-Derived Subunits. Org. Lett, 2010, 12(24):5764-5767.

推荐书目

[1] 宁永成. 有机波谱学谱图解析[M]. 北京:科学出版社,2010.

[2] 荣国斌,朱士正. 波谱数据表——有机化合物的结构解析[M]. 上海:华东理工大学出版

社，2002.
[3] 张华.现代有机波谱分析[M].北京：化学工业出版社，2005.
[4] 药明康德新药开发有限公司.有机化合物的波谱解析[M].上海：华东理工大学出版社，2017.
[5] 杨立.二维核磁共振简明原理及图谱解析[M].兰州：兰州大学出版社，1996.

附表 1　质子峰在氘代溶剂中的化学位移表

Proton NMR									
	proton	mult	$CDCl_3$	$(CD_3)_2CO$	$(CD_3)_2SO$	C_6D_6	CD_3CN	CD_3OD	D_2O
solvent residual peak			7.26	2.05	2.5	7.16	1.94	3.31	4.79
H_2O		s	1.56	2.84	3.33	0.4	2.13	4.87	
acetic acid	CH_3	s	2.1	1.96	1.91	1.55	1.96	1.99	2.08
acetone	CH_3	s	2.17	2.09	2.09	1.55	2.08	2.15	2.22
acetonitrile	CH_3	s	2.1	2.05	2.07	1.55	1.96	2.03	2.06
benzene	CH	s	7.36	7.36	7.37	7.15	7.37	7.33	
tert-butyl alcohol	CH_3	s	1.28	1.18	1.11	1.05	1.16	1.4	1.24
	OH	s	4.19	1.55	2.18				
chloroform	CH	s	7.26	8.02	8.32	6.15	7.58	7.9	
cyclohexane	CH_2	s	1.43	1.43	1.4	1.4	1.44	1.45	
1,2—dichlorbethane	CH_2	s	3.73	3.87	3.9	2.9	3.81	3.78	
dichloromethane	CH_2	s	5.3	5.63	5.76	4.27	5.44	5.49	
diethyl ether	CH_3	t,	1.21	1.11	1.09	1.11	1.12	1.18	1.17
	CH_2	q,	3.48	3.41	3.38	3.26	3.42	3.49	3.56
1,2-dimethoxyethane	CH_3	s	3.4	3.28	3.24	3.12	3.28	3.35	3.37
	CH_2	s	3.55	3.46	3.43	3.33	3.45	3.52	3.6
dimethylformamide	CH	s	8.02	7.96	7.95	7.63	7.92	7.97	7.92
	CH_3	d	2.96	2.94	2.89	2.36	2.89	2.99	3.01
	CH_3	s	2.88	2.78	2.73	1.86	2.77	2.86	2.85
dimethyl sulfoxide	CH_3	s	2.62	2.52	2.54	1.68	2.5	2.65	2.71
dioxane	CH_2	s	3.71	3.59	3.57	3.35	3.6	3.66	3.75
ethanol	CH_3	t,	1.25	1.12	1.06	0.96	1.12	1.19	1.17
	CH_2	q,	3.72	3.57	3.44	3.34	3.54	3.6	3.65
	OH	s	1.32	3.39	4.63	2.47			
ethyl acetate	CH_3CO	s	2.05	1.97	1.99	1.65	1.97	2.01	2.07
	CH_2CH_3	q,	4.12	4.05	4.03	3.89	4.06	4.09	4.14
	CH_2CH_3	t,	1.26	1.2	1.17	0.92	1.2	1.24	1.24
ethylene glycol	CH	s	3.76	3.28	3.34	3.41	3.51	3.59	3.65
"grease"	CH_3	m	0.86	0.87	0.92	0.86	0.88		
	CH_2br,	s	1.26	1.29	1.36	1.27	1.29		

续表

Proton NMR									
	proton	mult	$CDCl_3$	$(CD_3)_2CO$	$(CD_3)_2SO$	C_6D_6	CD_3CN	CD_3OD	D_2O
n-hexane	CH_3	t	0.88	0.88	0.86	0.89	0.89	0.9	
	CH_2	m	1.26	1.28	1.25	1.24	1.28	1.29	
HMPA	CH_3	d,	2.65	2.59	2.53	2.4	2.57	2.64	2.61
methanol	CH_3	s	3.49	3.31	3.16	3.07	3.28	3.34	3.34
	OH	s	1.09	3.12	4.01	2.16			
nitromethane	CH_3	s	4.33	4.43	4.42	2.94	4.31	4.34	4.4
n-pentane	CH_3	t,	7	0.88	0.88	0.86	0.87	0.89	0.9
	CH_2	m	1.27	1.27	1.27	1.23	1.29	1.29	
2-propanol	CH_3	d,	1.22	1.1	1.04	0.95	1.09	1.5	1.17
	CH	sep,	4.04	3.9	3.78	3.67	3.87	3.92	4.02
pyridine	CH(2)	m	8.62	8.58	8.58	8.53	8.57	8.53	8.52
	CH(3)	m	7.29	7.35	7.39	6.66	7.33	7.44	7.45
	CH(4)	m	7.68	7.76	7.79	6.98	7.73	7.86	7.87
silicone grease	CH_3	s	0.07	0.13	0.29	0.08	0.1		
tetrahydrofuran	CH_2	m	1.85	1.79	1.76	1.4	1.8	1.87	1.88
	CH_3O	m	3.76	3.63	3.6	3.57	3.64	3.71	3.74
toluene	CH_3	s	2.36	2.32	2.3	2.11	2.33	2.32	
	CH(o/p)	m	7.17	7.1～7.2	7.18	7.02	7.1～7.3	7.16	
	CH(m)	m	7.25	7.1～7.2	7.25	7.13	7.1～7.3	7.16	
triethylamine	CH_3	t,	1.03	0.96	0.93	0.96	0.96	1.05	0.99
	CH_2	q,	2.53	2.45	2.43	2.4	2.45	2.58	2.57

附表 2　C 原子在氘代溶剂中的化学位移表

Carbon NMR								
		$CDCl_3$	$(CD_3)_2CO$	$(CD_3)_2SO$	C_6D_6	CD_3CN	CD_3OD	D_2O
solvent signals		77.2	29.84	39.52	128.06	1.32	49	
				206.26			118.26	
acetic acid		176	172.31	171.93	175.82	173.2	175.11	177.21
	CH_3	20.8	20.51	20.95	20.37	20.73	20.56	21.03
acetone	CO	207	205.87	206.31	204.43	207.4	209.67	215.94
	CH_3	30.9	30.6	30.56	30.14	30.91	30.67	30.89
acetonitrile	CN	116	117.6	117.91	116.02	118.3	118.06	119.68
	CH_3	1.89	1.12	1.03	0.2	1.79	0.85	1.47
benzene	CH	128	128.15	128.3	128.62	129.3	129.34	
tert-butyl alcohol	C	69.2	68.13	66.88	68.19	68.74	69.4	70.36
	CH_3	31.3	30.72	30.38	30.47	30.68	30.91	30.29
carbon tetrachloride	C	96.2						
chloroform	CH	77.4	79.19	79.16	77.79	79.17	79.44	
cyclohexane	CH_2	26.9	27.51	26.33	27.23	27.63	27.96	
1,2-dichloroethane	CH_2	43.5	45.25	45.02	43.59	45.54	45.11	
dichloromethane	CH_2	53.5	54.95	54.84	53.46	55.32	54.78	
diethyl ether	CH_3	15.2	15.78	15.12	15.46	15.63	15.46	14.77
	CH_2	65.9	66.12	62.05	65.94	66.32	66.88	66.42
1,2-dimethoxyethane	CH	59.1	58.45	58.01	58.68	58.89	59.06	58.67
	CH_2	71.8	72.47	17.07	72.21	72.47	72.72	71.49
dimethylacetamide	CH	21.5	21.51	21.29	21.16	21.76	21.32	21.09
dimethylformamide	CH	163	162.79	162.29	162.13	163.3	164.73	165.53
	CH_3	36.5	36.15	35.73	35.25	36.37	36.89	37.54
	CH_3	31.5	31.03	30.73	30.72	31.32	31.61	32.03
dimethyl sulfoxide	CH_3	40.8	41.23	40.45	40.03	41.31	40.45	39.39
dioxane	CH_2	67.1	67.6	66.36	67.16	67.72	68.11	67.19
ethanol	CH_3	18.4	18.89	18.51	18.72	18.8	18.4	17.47
	CH_2	58.3	57.72	56.07	57.86	57.96	58.26	58.05
ethyl acetate	CH_3CO	21	20.83	20.68	20.56	21.16	20.88	21.15
	CO	171	170.96	170.31	170.44	171.7	172.89	175.26

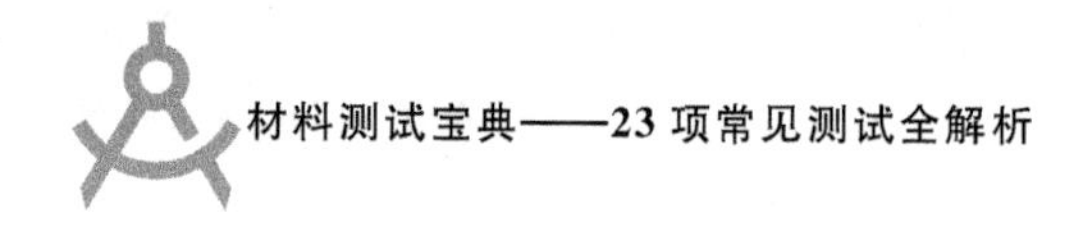

续表

Carbon NMR								
		$CDCl_3$	$(CD_3)_2CO$	$(CD_3)_2SO$	C_6D_6	CD_3CN	CD_3OD	D_2O
	CH_2	60.5	60.56	59.74	60.21	60.98	61.5	62.32
	CH_3	14.2	14.5	14.4	14.19	14.54	14.49	13.92
ethylene glycol	CH_2	63.8	64.26	62.76	64.34	64.22	64.3	63.17
"grease"	CH_2	29.8	30.73	29.2	30.21	30.86	31.29	
n-hexane	CH	14.1	14.34	13.88	14.32	14.43	14.45	
	CH_2(2)	22.7	23.28	22.05	23.04	23.4	23.68	
	CH_2(3)	31.6	32.3	30.95	31.96	32.36	32.73	
HMPA	CH	36.9	37.04	36.42	36.88	37.1	37	36.48
methanol	CH	50.4	49.77	48.59	49.97	49.9	49.86	49.5
nitromethane	CH	62.5	63.21	63.28	61.16	63.66	63.08	63.22
n-pentane	CH	14.4	14.29	13.28	14.25	14.37	14.39	
	CH_2(2)	22.4	22.98	21.7	22.72	23.08	23.38	
	CH_2(3)	34.2	34.83	33.48	34.45	3.489	35.3	
2-propanol	CH	25.1	25.67	25.43	25.18	25.55	25.27	24.38
	CH	64.5	63.85	64.92	64.23	64.3	64.71	64.88
pyridine	CH(2)	150	150.67	149.58	150.27	150.8	150.07	149.18
	CH(3)	124	124.57	123.84	123.58	127.8	125.53	125.12
	CH(4)	136	136.56	136.05	135.28	136.9	138.35	138.27
silicone grease	CH_3	1.04	1.4	1.38	2.1			
tetrahydrofuran	CH_2	25.6	26.15	25.14	25.72	26.27	26.48	25.67
	CH_2O	68	68.07	67.03	67.8	68.33	68.83	68.68
toluene	CH_3	3	21.46	21.46	20.99	21.1	21.5	21.5
	CH(i)	138	138.48	137.35	137.91	138.9	138.85	
	CH(o)	129	129.76	128.88	129.33	129.9	129.91	
	CH(m)	128	129.03	128.18	128.56	129.2	129.2	
	CH(p)	125	126.12	125.29	125.68	126.3	126.29	
triethylamine	CH_3	11.6	12.49	11.74	12.35	12.38	11.09	9.07
	CH_2	46.3	47.03	45.74	46.77	47.1	46.96	47.19

第15章　压汞法

压汞法已广泛应用于天然岩石、矿石、建筑材料（水泥、混凝土）、陶瓷、催化剂、陶瓷膜、中空纤维膜、薄膜、粉体等材料孔隙结构的表征及岩石毛管压力曲线测定。压汞法探测大孔、中孔孔体积和孔径分布，测试速度快，可提供累积的原始数据，测定孔直径的范围比其他的方法要宽很多，成为测定大多数固体样品孔隙结构状况最主要、最常用的方法之一。本章介绍了压汞仪的基本测试知识，并对测试原理、仪器简介、样品制备、数据解读等方面进行详细阐述，着重说明了数据解析与应用。

15.1　压汞法的创建、发展

1921年，沃什伯恩（Washburn）把非浸润性液体加压注入材料孔隙中，从而分析了多孔材料的孔隙结构特性，并假定非浸润性液体通过半径为 R 的孔时所需施加的最小压力 P 可由公式(15-1)计算，K 为常数。

$$P=K/R \tag{15-1}$$

这就是现代压汞法分析材料孔隙结构的理论基础。压汞法最先由里特（H. L. Ritter）和德列克（L. C. Drake）提出。20世纪40年代后期，压汞法逐步发展为表征各种固体材料孔隙结构特性的一项技术，并逐步成为测量大孔和中孔分布的常用方法，检测压力可达到10000 Psi。随着技术的发展，目前市场上现有的全自动压汞仪自动化程度更高、分析更准确，分析压力已经能达到60000 Psi。

15.2　压汞法分类

15.2.1　恒压压汞法

恒压压汞也叫常规压汞或高压压汞，是指在材料注汞过程中，计量某一恒定压力下的进汞量，获得进汞压力与进汞量或进汞饱和度之间的关系曲线，并计算不同进汞压力的孔喉所控制的孔隙体积，得到材料中孔径分布。达到最大进汞压力后，再逐步降低实验压力，使注入孔隙内的汞逐步退出孔隙，当压力降至最低压力时，就完成了材料的注入和退出回路的压汞曲线。

恒压压汞的优点包括实验压力范围大、可获得退汞毛管压力曲线、实验速度快等，仪器设备测试原理也相对简单、操作比较容易。但必须要注意的是，恒压压汞给出的某一级别孔喉体积，是这一级别喉道所控制的孔隙的总体积，包含了连接这一喉道的孔道体积和后续直至遇到小于这一孔径级别喉道前所有的孔隙的体积，即把通过喉道进入孔隙的体积均作为此喉道所占有的体积，因此恒压压汞给出的是喉道半径及对应的喉道控制的孔隙体积分布，并不是准确的喉道体积分布，更无法得到真实的孔喉比及孔隙的数量分布。

15.2.2 恒速压汞法

恒速压汞法是在注汞速度极低且恒定条件下进行的压汞实验。恒定低速使得进汞过程可以近似视为准静态过程。在此过程中，界面张力与接触角保持不变，汞的前缘所经历的每一处孔隙形状的变化，都会引起弯月面形状的改变，从而引起系统毛管压力的改变。因此，恒速压汞法可获得更为细致的喉道数量分布、孔隙的数量分布和较为真实的孔喉比等信息[1]。

恒速压汞技术是国际上用于材料微观孔隙结构特征分析的先进技术之一，但由于技术的局限，恒速压汞注汞速度极低，测样时间比较长，最高测试压力较低，对特低渗材料不适用。

15.3 压汞法测量原理

毛细管压力是指在毛细管中润湿相或非润湿相液体产生的液面上升或下降的凹形或凸形曲面的附加压力。汞对固体表面具非润湿性，相对来说，材料孔隙中的空气或汞蒸气就是润湿相，往材料孔隙中注汞就是用非润湿相驱替润湿相。因此只有在压力作用下，汞才能进入多孔材料的孔隙中。

压汞法以圆柱型孔隙模型为基础。根据 Washburn 方程样品孔径和压力成反比，在给定压力下，将常温下的汞压入材料毛细孔中，毛细管与汞的接触面会产生与外界压力方向相反的毛细管力，阻碍汞进入毛细管。当压力增大至大于毛细管力时，汞才会继续侵入孔隙。因此，外界施加的一个压力值便可度量相应的孔径的大小。注汞过程是一个动态平衡过程，注入压力就近似等于毛细管压力，所对应的毛细管半径为孔隙喉道半径，进入孔隙中的汞体积即该喉道所连通的孔隙体积。不断改变注汞压力，就可以得到毛管压力曲线，其计算公式为：

$$P_c=\frac{2\sigma\cos\theta}{r} \tag{15-2}$$

式中：P_c——毛细管压力，MPa；

σ——汞与空气的界面张力，N/m；

θ——汞与岩石的润湿角，变化范围为 135°～142°；

r——孔隙半径，μm。

可得孔隙半径 r 所对应的毛管压力为：

$$r=\frac{2\sigma\cos\theta}{P_c} \tag{15-3}$$

当注汞压力从 P_1 增大到 P_2，则对应孔径由 r_1 减小至 r_2，而这一阶段的注汞量则是在两种孔径之间的孔对应的孔体积。在注汞压力连续增大时，就可测出不同孔径的进汞量。但真实状况下的材料，孔隙结构复杂，除了连通孔外，材料中可能还有一些死孔隙，这些孔汞无法进入，因此压汞法无法探测死孔隙。

在低压注汞结束后，汞充满膨胀计样品杯和膨胀计的毛细管。由于汞自身是导电物质，膨胀计内的汞和外部金属镀层相当于电容器两端的金属板；而其毛细管（一般为耐高压玻璃）相当于绝缘板。实验过程中，汞被压入多孔样品，导致膨胀计毛细管中汞柱长度发生变化，从而引起电容器电量变化。传感器采集电量信息并转化为汞的变化量，进而测量孔隙特征，模拟相关图谱，计算孔隙率等数据[1-4]。

15.4　高压压汞仪

国内使用比较多的压汞仪是美国麦克默瑞提克 AutoPore iv 系列、康塔公司 PoreMaster 系列等，也有部分国产压汞仪在使用，以恒压压汞仪为主，最大工作压力可达 60000Psi。不同公司、不同系列压汞仪主要区别表现在最大工作压力、压力点数和体积精度几个方面。如表 15-1 所示为美国麦克默瑞提克公司 AutoPore iv 系列全自动压汞仪的典型设备情况。

表 15-1　美国麦克默瑞提克 AutoPore iv 系列全自动压汞仪

设备型号	最大注汞压力	孔径测量范围	配置
AutoPoreⅣ 9500	33000Psi(228MPa)	5nm～1000μm	一个高压和两个低压站
AutoPoreⅣ 9505	33000Psi(228MPa)	5nm～1000μm	两个高压和四个低压站
AutoPoreⅣ 9510	60000Psi(414MPa)	3nm～1000μm	一个高压和两个低压站
AutoPoreⅣ 9520	60000Psi(414MPa)	3nm～1000μm	两个高压和四个低压站

压汞仪主要由真空系统、工作站、增压系统、测量控制系统等部分组成，落地式带轮可自由移动，辅助系统有通风橱柜、真空干燥箱、前处理及装样器具等。

设备安装条件：

(1)220V±10%、50/60Hz 电源，温度 10～35℃，环境湿度 20%～80%。

(2)场地：

1)房间保持良好地线并配有空调，南方地区建议配备除湿设备；

2)仪器放置不应正对空调出风口，且不受阳光直射；

3)仪器与墙壁留半米间隙。

(3)通风橱，排空速率大约是 50L/s。

(4)高纯氮气一瓶（40L 标准瓶，纯度为 99.999%），或压缩空气（需干燥，不含水分）。

(5)减压阀一个,低压出口量程为0～1.0MPa,仪器使用压力为0.2～0.3MPa。
(6)足量分析纯汞,适量硫黄(升华硫)。
(7)电子天平一个,测量范围:0～300g(或以上)。
(8)UPS不间断稳压电源一台,工作功率一般不大于500W。
(9)计算机一台(须有一个COM口)。
(10)打印机一台。

15.5 测试样品

从原理上讲,压汞仪可以对各种固体物质进行孔隙结构表征,但在实际操作过程中,对于那些结构能被压缩甚至在高压下完全被破坏的物质要求对它的压缩进行修正或在低压进行分析。另外,某些金属容易与汞反应形成汞齐,可以通过观察相对的注汞速率(如用金或银)来研究汞齐的生成机理。有少部分贵重金属表现较小的与汞发生反应(汞齐化)的趋势,这是由于它们有薄薄的一层氧化层保护着,从而推迟了汞齐化的速率,这一作用足以使常规的注汞测量进行下去。

一般土壤和岩石孔容、孔隙率较小,孔径分布较宽。取样要有代表性,取样量大,最好使用大容积样品管。样品要烘干。样品颗粒大小根据行业和测试目的要求,对批量样品测试颗粒选取一致。注意为了研究岩石天然孔裂隙结构状况,样品不能敲得很小。但为研究岩石的孔径分布,样品颗粒可以尽量小,以避免制样时产生裂纹。岩石样品会有墨水瓶孔存在,尽量测试退汞数据。

建筑材料(水泥净浆、砂浆、混凝土)一般孔隙率在百分之几到百分之十几,孔径分布较宽。水泥混凝土中含有许多凝胶孔,孔内含有结构水,在干燥时,部分可蒸发的结构水逸出产生凝胶微晶孔。制样时搅拌均匀,砂浆一定用均匀级配标准砂,气泡一定要振捣除尽。试块取样部位一致。混凝土须剔除集料。尽量避免使用抗压测试后样品。用锋利器件敲成1～5mm颗粒,一定要终止水化。低于60℃烘干,密封保存。测试压力一般需到30000 Psi。尽量测试退汞数据。

陶瓷分为较为致密的陶瓷和多孔陶瓷,一般陶瓷材料孔径分布较宽。陶瓷材料测试结果的重复性较好。对于比较致密的陶瓷,测试要求参照岩石测试即可。对于多孔陶瓷,低压操作尽可能选择较低的起始压力。致密陶瓷测试压力一般到30000 Psi。因一般不含墨水瓶孔,可不测试退汞数据。

催化剂一般含有中孔和微孔,孔隙率百分之几十,孔径分布较窄。催化剂含有中孔和微孔,较易吸水,测试前需要灼烧,灼烧温度根据材料制备特性,一般为300～500℃。对于从制品上取下的样品(如脱硝催化剂)须用网筛筛除细粉。测试压力一般到40000 Psi。尽量测试退汞数据。

分离膜,如陶瓷膜和中空纤维膜,陶瓷膜一般由支撑层和膜层组成,膜层所占比例甚至小于1%。如欲测膜层,须减少支撑层的比例。中空纤维膜剪断时要避免端口变形、粘连形成闭合端口。可以用液氮冷却后再剪断。纤维管的内径也很小,有时低压也能测到,在计算孔隙率时要注意甄别。如确定低压时的进汞进入到纤维管的内径，W_3（即样品管＋样品＋汞）的质量须补汞后称量。计算孔隙率时仅用高压数据，不能将低压、高压数据组合。

薄膜孔径一般小于 10μm，孔径分布较窄。取样量小，数据误差大，有时无法得到分布曲线（由于进汞量和空白在一个数量级）。取样量大，在折叠或卷曲时会造成薄膜之间的孔隙，低压时能测量到进汞。为得到相对准确的孔隙率数据，建议取样量大于 0.1g。如果薄膜有大于 10μm 的大孔，用孔隙较大的金属丝网剪成和样品一样的形状，将膜贴合在金属网上一起卷起。

粉体如不需测量粒径，颗粒内孔径和粒径相比小于一个数量级，建议将粉体压成块体后测量。测试前须了解颗粒的大致粒径，如果粒径较小需要用弹簧。抽真空速率最小（Rate＝1），抽真空时间延长，必要时调节真空阀旋钮（一般开启比例为块状样品测试时的三分之一圈）。

15.6　数据解析与应用

15.6.1　孔隙率

常见压汞仪可以探测的孔直径从 3 或 4nm 到 1000μm 不等，可以得到一定孔径范围较为准确的孔隙率。

孔隙率的计算过程：

（1）压入样品中汞的总体积即为孔隙体积 V_1，孔隙体积 V_1 与样品体积 V_2 的比值即为孔隙率 Φ。

$$\Phi=\frac{V_1}{V_2} \tag{15-4}$$

（2）样品体积 V_2：

$$V_2=\frac{m_1-[m_2-(m_3-m_4)]}{\rho_{\mathrm{Hg}}} \tag{15-5}$$

式中：ρ_{Hg}——实验温度下的汞密度；

m_1——膨胀计注满汞时（未含样品）的总重量，由空管实验获得；

m_2——低压实验完成后的总质量；

m_3——膨胀计和样品总质量；

m_4——膨胀计质量。

15.6.2　密度

材料的密度是材料最基本的属性之一，也是进行其他物性测试（如颗粒粒径测试）的基础数据。材料的孔隙率是材料结构特征的标志。在材料研究中，孔隙率的测定是对产品质量进行检定的最常用的方法之一。

材料的密度可以分为体积密度、真密度等。体积密度是指材料的质量与材料的总体积（包括材料的实体积和全部孔隙所占的体积）之比；材料质量与材料实体积（不包括存在于材料内部的封闭气孔)之比值,则称为真密度。

压汞实验一般会给出两个密度值:

容积密度(bulk density):最小充汞压力下样品排开汞的体积,应该是包括了最多的孔体积。

表观密度(apparent density):在一定充汞压力下样品排开汞的体积。对一些材料,最大测试压力下得到的密度可以近似认为是材料的真密度。

所以,容积密度、表观密度是比较笼统的表述,其数据也是相对的。严谨的表述,压汞测量得到的密度一定是有明确孔径范围的。也即压汞仪可以得到不同孔径范围的密度。

15.6.3 毛管压力曲线使用

根据压汞法测孔隙结构的原理可知,注入汞的加压过程就是测量毛管压力的过程。测试压力即为相应直径孔喉的毛管压力,此阶段的注汞量就代表该孔喉连通的孔隙体积。随测试压力提高,记录每个压力点下的注汞体积,以测试压力为横轴、注汞体积为纵轴便可绘制出该材料的进退汞曲线(压汞曲线),以材料进汞饱和度为横轴、毛管压力为纵轴,便可绘制出该材料的毛管压力曲线。

毛管压力曲线形态可反映孔隙发育情况、孔隙连通性等信息。毛管压力曲线一般可分为三段:初始陡升段、中间平台段及末端上翘段。曲线表现为“两头陡、中间缓”。在初始陡升段,毛管压力升高,润湿相饱和度缓慢降低,汞饱和度增加较缓。表现为曲线初始斜率较大。本阶段汞尚未真正进入材料内部孔隙中,而是汞进入材料表面凹坑或大孔隙。中间平台段表明汞逐渐进入孔隙中,并逐渐向小孔隙推进。汞饱和度增大较快而毛管压力变化不大,表现为“平台状”,斜率几乎为0。中间平台段越长,表明测试材料孔隙孔道分布越集中,分选性越好。位置越靠下,说明测试样品喉道半径越大。曲线末端翘起表明阶段进汞量减小,毛管压力急剧升高,最后仅极少孔隙存在润湿相流体,汞已不能把这些小孔隙中润湿相流体驱替出来。因而再增加压力,汞饱和度已不再继续增加。

如图15-3所示,常规油气地质认为:b分选好、裂隙均匀,c分选好、裂隙均匀粗歪度,d分选好、裂隙均匀细歪度,bcd为较好的储层;e分选不好、裂隙不均匀略细歪度,f分选不好、裂隙不均匀略粗歪度,ef为差的储层;a未分选、极不均匀,一般认为不是储层。

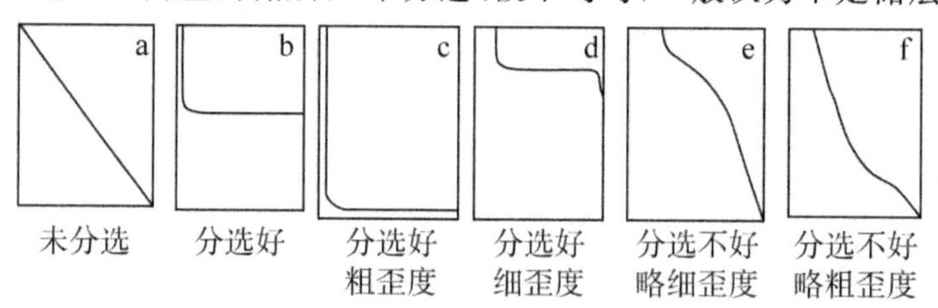

图15-3　典型的毛管压力曲线形态示意图

因此,根据毛管压力曲线还可以分析获得孔隙结构参数(孔直径均值、排驱压力、饱和度中值压力、退出效率、分选系数、均质系数、孔隙结构系数等)。

排驱压力是指非湿相开始进入材料时的最小压力。它对应于最大孔隙的毛管压力。毛管压力曲线中间平缓段切线与纵坐标轴的交点所对应的压力即排驱压力。材料渗透性好,孔隙半径大，排驱压力较低；反之亦然。因此由排驱压力的大小，可评价材料渗透性好坏。

饱和度中值压力是指在驱替毛管压力曲线上饱和度为 50%时相应的毛管压力值。此时对应的孔喉半径是饱和度中值孔喉半径，简称为饱和度中值半径。饱和度中值压力值越小，饱和度中值半径越大，表明材料孔渗特性越好。如果材料孔径分布接近于正态分布，可粗略地视为材料平均孔道半径。

不同样品的毛管压力曲线形态不同，下面举例分析 A、B、C 三种类型泥页岩储层毛管压力曲线形态，如图 15-4 所示。

A 型曲线形态，毛细管压力曲线最大进汞饱和度可达 80%，进汞主要发生在中高压阶段，曲线有十分明显的平台。退汞阶段由于孔喉半径较小，汞不能完全退出，部分汞滞留在孔隙中产生压汞“滞后环”，滞后环宽大，进退汞体积相差较大。此类样品孔隙度较大，但整体孔径较小，退汞效率小于 40%。属于分选较好、细歪度储层。

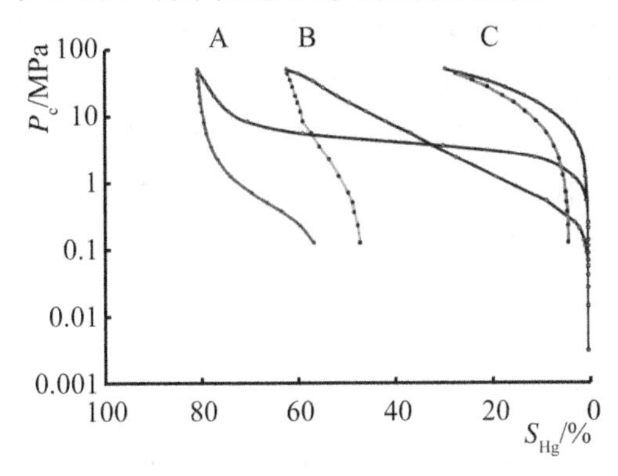

图 15-4　典型的岩石毛管压力曲线形态

B 型曲线形态，基本没有平台，进汞曲线中间段斜率基本不变，无明显末端上翘段，最大进汞饱和度为 60%，可见样品孔径范围较宽，总体属于分选较差储层。C 型曲线形态，没有十分明显的平台及末端上翘端，进汞主要发生在高压阶段。排驱压力较高，普遍大于 10MPa。此类样品孔隙度较小，孔直径均值较小或连通性较差，孔隙与喉道的尺寸大小均匀，属致密储层。

15.7　孔隙结构分析

孔道大小的分布越集中，分选越好，毛管力曲线的中间平缓段也就越长并且越接近水平线。孔隙半径越大，则中间平缓段越接近横轴，毛管压力值越小。孔隙喉道大小及集中程度主要影响着曲线的歪度（又叫偏斜度），它是毛管压力曲线形态倾向于粗孔道或细孔道的量度。大孔道越多，则毛管压力曲线越靠近左下方，称为粗歪度。反之曲线靠右上方，称为细歪度[5]。

15.7.1　孔隙连通性

以岩石为例，岩石中发育的孔隙类型主要包括粒间孔、粒内孔、晶间孔、溶蚀孔和微裂隙等，这些孔隙发育的形态有下端封闭的，有与毛细管连通的，有相互之间互通的，有内部小孔通过大孔连通到表面，也有内部大孔通过小孔连通到岩石表面等，甚至有些孔完全封闭，不与外界连通。

压汞实验能够测量连通和半连通的孔隙，但无法检测到封闭孔。由于压汞仪本身的限制性，连通性较差的孔隙也会造成误差，因此压汞法测量多孔材料得到的孔径并不是样品真正的孔径，而是样品内所有连通有效孔隙的等效孔径，随着样品内孔隙结构的均一性增加，实验所获得的孔径趋向于真实值。

15.7.2 麻皮效应

汞是常见流体中表面张力最大的一种，因此使得汞在材料表面的粗糙坑凹处、拐角处和棱线上形成一些不贴合的汞蒸汽空腔，这种现象称为麻皮效应。随着压力逐渐增大，空腔逐渐缩小、消失到被汞占满，此时汞并未真正进入孔喉系统，但是在仪器计算进汞量时，仍把这一部分的空腔体积进汞量计入总孔喉系统进汞量之中，造成进汞饱和度数值偏大。实验研究表明，麻皮效应对压汞实验结果的影响在3%左右，影响较小。在压汞实验分析中，常常不考虑麻皮效应对实验造成的影响；但是为了尽量消除麻皮效应的影响，在样品处置过程中，应尽量避免样品表面产生较大坑洼或较大孔洞[6]。

15.7.3 墨水瓶孔

材料中由喉道连接的单口空腔被称为墨水瓶孔。墨水瓶孔的主要影响有两点：一是虽然大孔在低压下就可以被汞充满，但是因为大孔是经由小孔连接到样品表面的，所以只有当小孔被汞填满后，汞才会进入大孔，造成仪器把大孔的体积错认为是小孔的体积，而使小孔体积的测量值比实际值偏大；二是退汞时，当外界压力小于小孔的毛细管力，小孔中的汞会退出来，但是此时大孔内的毛细管力不足以克服外界压力，只有当外界压力继续减小到小于大孔的毛细管力，大孔中的汞才会退出来，而有时由于大孔和小孔的尺寸不对或者小孔在实验过程中坍塌，汞会被滞留在大孔中。墨水瓶孔是压汞实验中造成汞滞留在样品内部的主要原因，在实验分析时，应多加注意。

15.8 压汞法测量的误差来源及分析

15.8.1 样品的特性对测量结果的影响

压汞法测量的只能是开口的孔。在测量时，直到外压力达到孔隙喉道的毛细管压力阈值时，汞才被注入孔隙中。汞的表面张力不会因为固体表面的大小而改变，如果汞压入的孔中途变细，即使再向深处孔隙变大，这部分孔径也只能以细径部分的半径表现出来，也即测量出来的孔径分布将小于实际的孔径分布。以墨水瓶孔为例，孔的喉道比孔洞狭窄，当压力提高到与孔洞相对应的数值时，汞却不能通过狭窄喉道而充满孔洞，一直要到压力继续增加到与喉道相对应的数值，汞才能经过喉道填满空间，相应于这种较高压力的孔隙的体积就会偏高；而当压力逐渐降低时，全部瓶颈孔孔洞中的汞被滞留[7-9]。

汞压入样品时首先是进入和外表面连通的孔道，实际上样品中仅有部分孔和外表面直接相连，其余的内部孔隙是通过一系列不同形状和大小的中间孔和外界相通。对于相同质量的样品，颗粒越小，和外界汞接触的表面积增大，可以让更多的孔直接和外界的汞相通。

同时，Washburn 方程的理论模型要求测试的材料必须是刚性的，对于大部分材料，在高压下可能被压缩，破坏了材料的结构。有研究表明，当压力为 140MPa 时，混凝土的体积减小 2%。在高压测试中，这部分被压缩的体积被计算成孔的体积，导致相应的孔径体积偏大。

15.8.2　测量参数对结果的影响

加载速度/平衡时间：加载速度过快，可能会导致某一级压力对应孔隙未被充满就进入下一级压力加载；加载速度过慢，实验耗费时间过长，效率会大大降低。

空载修正：主要是由于汞压缩而产生的相对侵入体积，以及样品本身、样品管和其他仪器元件产生的误差。

15.8.3　汞的物化参数对结果的影响

汞的纯净度既影响接触角，也影响表面张力，所以最好用高纯的汞，建议用酸洗过的、干燥的并且蒸馏过（最好是二次或三次蒸馏）的汞。直接重复使用样品管里沉淀去样品后过滤出来的汞或用接触过的液压油的汞是不可取的，其绝缘性和流动特性都发生了变化。为节约成本，减少汞排放，建议对废汞进行净化并重复利用。

参考文献

[1] 常东武. 压汞法测量孔隙时减小误差的方法及分析[J]. 实验技术与管理，2003，20(005)：76-80.

[2] 刘义坤，王永平，唐慧敏，等. 毛管压力曲线和分形理论在储层分类中的应用[J]. 岩性油气藏，2014，26(3)：89-92.

[3] 汤永净，汪鹏飞，邵振东. 压汞实验和误差分析[J]. 实验技术与管理，2015，32(05)：50-54.

[4] 何顺利，焦春艳，王建国，等. 恒速压汞与常规压汞的异同[J]. 断块油气田，2011，18(02)：235-237.

[5] 解伟，张创，孙卫，等. 恒速压汞技术在长 2 储层孔隙结构研究中的应用[J]. 断块油气田，2011，18(5)：549-551.

[6] 孙国文，孙伟，蒋金洋，等. 水泥基复合材料有效孔隙的试验研究与定量表征仁[J]. 工业建筑，2010，40(11)：98-111.

[7] 朱华银，安来志，焦春艳. 恒速与恒压压汞差异及其在储层评价中的应用[J]. 天然气地球科学，2015，26(07)：1316-1322.

[8] 张关根，赖翔友. 麻皮效应对压汞资料的影响[J]. 石油勘探与开发，1998(6)：80-82.

[9] 赵立鹏.江西省富有机质页岩孔裂隙结构特征及其对页岩气富集的影响[D].徐州:中国矿业大学,2015.

压汞法分析标准

压汞法分析标准常用的有以下几项：

GB/T 21650.1—2008《压汞法和气体吸附法测定固体材料孔径分布和孔隙度第1部分:压汞法》

SY/T 5346—2005《岩石毛管压力曲线的测定》

SY/T 6738—2008《岩心毛管压力测量仪器通用技术条件》

QSH 0302—2009《压汞-吸附联合测定盖层全孔径结构分析方法》

第 16 章　比表面积与孔隙度分析仪

气体吸附分析技术目前主要应用于多孔材料的比表面积与孔结构的分析，其利用固体材料的吸附特性，借助气体分子作为“量具”来度量材料的表面积和孔结构，这是一个很巧妙、很科学的方法，目前应用也最为成熟，测试的规律性和一致性比较好。可以对材料的微孔、介孔以及部分大孔进行比表面积与孔径的分析。目前在催化、新能源材料和环境工程等诸多领域得到了广泛的应用[1-4]。本章介绍比表面积与孔隙度分析仪的基本测试知识，并对测试原理、仪器简介、测试条件选择、样品制备等方面进行详细阐述，着重对数据解读和常见测试问题进行分析解答。

16.1　原理及应用

16.1.1　物理吸附理论

物理吸附是指吸附分子依靠范德华力在吸附剂表面上吸附。物理吸附的特点是既可以发生单层吸附，也可以发生多层吸附，是一种非选择性的吸附，而且这个过程是可逆的，即它可以发生吸附和脱附这两种可逆的过程。

吸附剂指的是一种具有吸附能力的固体物质，而吸附质就是我们测试过程中使用到的气体，常用的就是氮气(N_2)。吸附是一个动态的平衡过程，当物体表面气体的浓度增加称之为吸附，气体浓度减少称之为脱附，当固体表面的气体量维持不变的时候，即达到了吸附平衡。

当待测样品吸附到一种吸附质时，吸附量是温度和压力的函数。恒定的温度下，对应一定的气体压力，物质表面存在着一定的平衡吸附量，通过改变吸附气体的压力，可以得到吸附量随压力变化的曲线——等温吸脱附曲线。它是比表面及孔径分析的唯一实验基础。

国际纯粹与应用化学联合会(International Union of Pure and Applied Chemistry, IUPAC)将吸附等温线的类型分成了如图 16-1 所示的六大类。

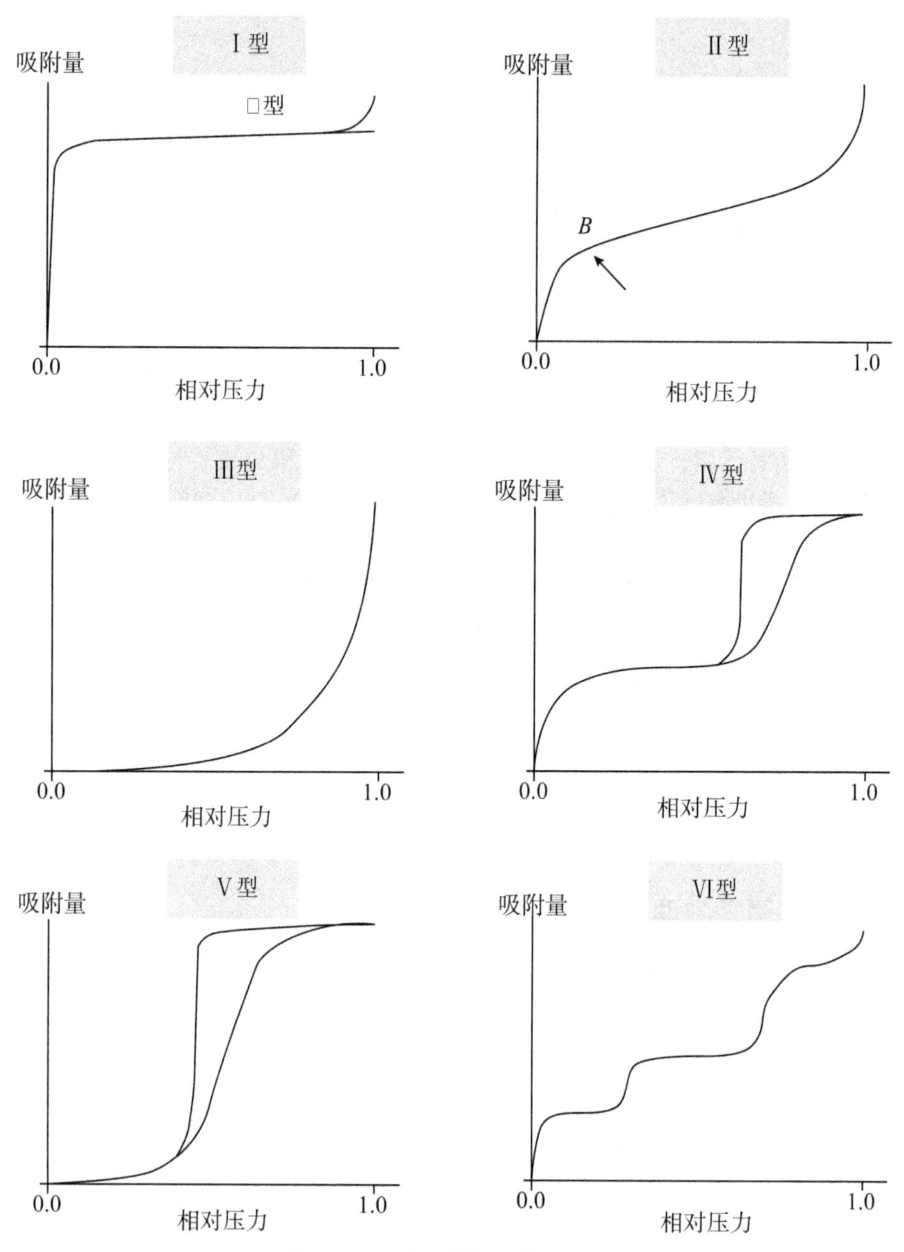

图 16-1　六种吸附等温线的类型

Ⅰ型等温线表示 Langmuir 单层可逆吸附过程。

Ⅱ型等温线也被称为 BET(Brunner-Emmet-Teller measurements)等温线，它相当于发生在非孔或大孔固体上自由的单一多层可逆吸附过程，位于 $p/p_0=0.05\sim0.10$ 的 B 点，表示单分子层饱和吸附量。

Ⅲ型等温线不出现 B 点，表示吸附剂与吸附质之间的作用很弱。

Ⅳ型等温线由介孔材料产生，有毛细管凝聚现象发生，反映的是固体均匀表面上谐式多层吸附的结果。毛细凝聚现象伴随滞后环产生，回滞环的形状与孔的形状及其大小有关。

Ⅴ型等温线来源于微孔和介孔固体上的弱的气固相互作用。在更高的相对压力下，存在一个拐点，这表明成簇的分子填充了孔道。

Ⅵ型等温线呈台阶状，也被称为阶梯型等温线，通常是发生在非极性的吸附质在化学性质均匀的非多孔固体上的吸附。

16.1.2　比表面积分析方法

比表面积是指单位质量物质所具有的总面积。气体吸附法测试比表面积，目前常用的分析方法有三种：Langmuir 法、BET 法和经验作图法（t-plot 法）。

Langmuir 法：此方法是单分子层吸附理论，适合于仅有微孔的样品分析。其方程为：

$$\frac{p/p_0}{V}=\frac{1}{V_m b}+\frac{p}{V_m p_0} \tag{16-1}$$

模型的基本假定：(1)吸附表面在能量上是均匀的，即各吸附位具有相同的能量；(2)被吸附分子间的作用力可略去不计；(3)属于单层吸附，且每个吸附位吸附一个质点；(4)吸附是可逆的。

BET 法[5]：此方法是多分子层吸附理论，是对 Langmuir 理论的修正，适合除了微孔材料之外的大部分样品。其方程为：

$$\frac{P}{V(P-P_0)}=\frac{1}{V_m C}+\frac{(C-1)P}{V_m C P_0} \tag{16-2}$$

模型的基本假定：(1)吸附表面在能量上是均匀的，即各吸附位具有相同的能量；(2)被吸附分子间的作用力可略去不计；(3)固体吸附剂对吸附质气体的吸附是多层的，各吸附层之间存在着动态平衡；(4)自第二层开始至第 n 层（$n\to\infty$），各层的吸附热都等于吸附质的液化热。

经验作图法（t-plot 法）：t 为孔壁上吸附层的统计厚度，吸附量被定义为 t 的函数，由 t-plot 法可以得到微孔体积、外表面积（STSA）等参数。吸附层厚度 t 的模型一共有 5 种，其中 Harkins and Jura 适用于大多数的材料，方程表示如下：

$$t=\sqrt{\frac{13.99}{0.034-\lg(p/p_0)}} \tag{16-3}$$

16.1.3　孔结构分析方法

IUPCA 根据孔隙直径大小将多孔材料的孔划分为：微孔（$\varphi\leqslant 2$nm）；中孔（2nm$\leqslant\varphi\leqslant$50nm），中孔又称为介孔；大孔（$\varphi\geqslant 50$nm）[6]。气体吸附法测试比表面积和孔径分析的孔范围理论值是 0.35～500nm 之间，有效值在 0.5～50nm 之间。

微孔结构分析的方法有：t-plot 法、DR 法、DA 法、MP 法、H-K 法、HK-SF 法以及 HK 改进法，其中 DR 法、DA 法和 MP 法都是介孔外推的方法得到的微孔部分的实验模型，都是微孔测试发展过程中的模型，目前已不太使用。通过 t-plot 法可以得到微孔部分的孔体积。H-K 法解决了微孔范围吸附的填充压力和孔径之间的定量关系，是一种半经验公式，它是在碳分子筛基础上开发出来的一种微孔分析模型，所以它适用于具有狭缝型孔的微孔材料。HK-SF 法是以沸石分子筛为基础开发的模型，所以 HK-SF 方法适用于具有圆柱孔的微孔材料。HK 改进方法是在 HK 方法的基础上又做了修改，得到了一种球形孔材料的模型，它适用于具有球形孔的微孔材料。

介孔结构分析的方法依据的理论模型是毛细孔凝聚理论[7]，使用的是开尔文（Kelvin）方程，方程表示如下：

$$\ln(p/p_0)=-\frac{2\sigma V_L}{RT}\times\frac{1}{r_k} \tag{16-4}$$

式中：P——凹液面的饱和蒸汽压，MPa；

P_0——平液面的饱和蒸汽压，MPa；

σ——液体与空气的界面张力，N/m；

V_L——吸附气体液化后的体积，m^3；

r_k——毛细凝聚部分的孔径，nm。

它给出了发生毛细孔凝聚现象时孔尺寸与相对压力之间的定量关系。对于具有一定尺寸的孔，只有当相对压力达到与之相应的某一特定值时，毛细孔凝聚现象才开始出现。另外一点需要注意的是，在发生毛细孔凝聚之前，孔壁上已经发生多分子层吸附，而为了研究的方便，我们是将毛细凝聚理论和孔壁上发生的多分子层吸附分开来讨论的。

介孔结构分析的方法为 BJH 法，它的理论基础是假定吸附层厚度只与相对压力有关，与孔径无关。BJH 方法使用了两个公式，一个是开尔文方程，它适用于分析毛细凝聚部分的孔径 r_k；另一个是 Halsey 方程，它用于分析孔壁上的吸附层厚度 t，介孔部分的孔径 $r_p=r_k+t$，然后再进一步得到孔径分布。

Kelvin 方程：

$$r_k=-\frac{2\sigma V_L}{RT}/\ln(p/p_0) \tag{16-5}$$

Halsey 方程：

$$t=6.0533\times\sqrt[3]{-1/\ln(p/p_0)} \tag{16-6}$$

介孔部分的孔径：

$$r_p=r_k+t \tag{16-7}$$

复合材料（微孔＋介孔）结构分析的方法：非定域密度泛函理论（Non-Local Density Functional Theory，NLDFT），是一种微观与宏观结合的新方法，从分子水平上描述了受限于孔内的流体的行为。其应用可将吸附质气体的分子性质与它们在不同尺寸孔内的吸附性能关联起来。可以同时对微孔和介孔部分的孔径进行精确的分析。

方程表示如下：

$$N(P/P_0)=\int_{W_{max}}^{W_{min}} N(P/P_0,W)f(w)\mathrm{d}w \tag{16-8}$$

16.2 常见仪器

常见的物理吸附仪器品牌分别为美国麦克（Micromeritics）和美国康塔（Quantachrome），仪器实物图分别见图 16-2 和图 16-3，二者的仪器参数对比见表 16-1。

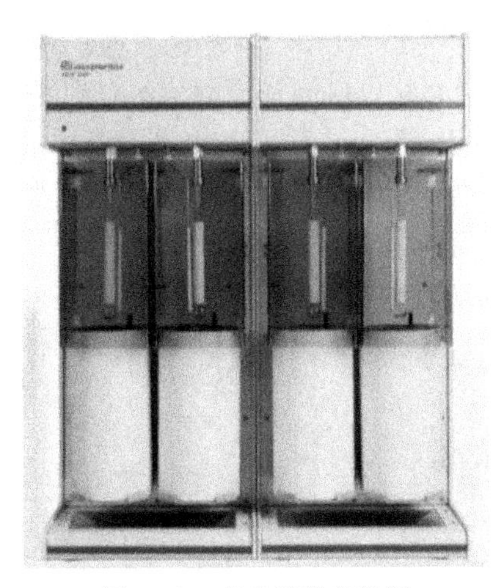

图 16-2　麦克仪器实物图

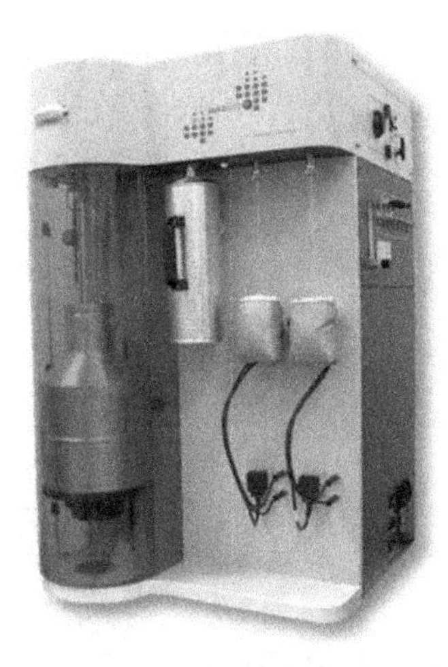

图 16-3　康塔仪器实物图

表 16-1　麦克和康塔仪器参数对比

品牌	麦克	康塔
型号	ASAP2460	Autosorb-iQ
可测孔隙范围	3.5-5000 Å	3.5-5000 Å
可测比表面积范围	>0.0005 m^2/g	>0.0005 m^2/g
站数	2 站、4 站、6 站	3 站

16.3　应用领域

目前，气体吸附分析技术作为多孔材料比表面和孔径分布分析的不可或缺的手段，得到了广泛应用。物理吸附分析不仅应用于传统的催化领域，而且渗透到新能源材料、环境工程等诸多领域。

催化剂：活性的比表面和孔结构极大地影响生产效率，限制孔径允许特定的分子进入和离开。化学吸附测试对于催化剂的选择、催化作用的测试很重要。

制药：比表面和孔隙度对于药物的净化、加工、混合、压片和包装起主要作用。药品有效期和溶解速率也依赖于材料的比表面和孔隙度。

陶瓷：比表面和孔隙度帮助确定陶瓷的固化和烧结过程，确保压坯强度，得到期望的强度、质地、表观和密度的最终产品。

活性炭：在汽车油气回收、油漆的溶剂回收和污水污染控制方面，活性炭的孔隙度和比表面必须控制在很窄的范围内。

16.4　测试样品

样品量：原则上要使样品管中待测样品的总表面积在 5～50m^2 之间。建议最好在 15～

$20m^2$范围内。可用公式“比表面积*样品量(g)=15～$20m^2$”大致确定所需样品量。对于超大比表面的样品(大于$1000m^2/g$)理论上使用10mg就可以满足实验要求。但实际上万分之一的天平存在一定的称量误差，建议称样量不低于50mg。对于小比表面的样品，受样品管容量的限制，装样时尽量多装，只要不超过球体的2/3即可。在不知道比表面积情况下，一般测试全孔和微孔质量要100mg以上，测试介孔需要250mg以上。

样品状态：可以测试粉末、块状和薄膜样品，为了吸附完全，尽量提供小尺寸的样品，最大尺寸不能超过样品管口直径9mm的尺寸。

16.5 测试项目及测试条件的确定

16.5.1 测试项目的确定

BET测试分为比表面积测试、介孔模式测试和全孔模式测试。比表面积测试可以得到样品的比表面积参数；介孔测试可以得到比表面积、介孔部分的孔容、孔径分布等参数；全孔测试可以得到比表面积、微孔和介孔部分的孔容、孔径分布等参数。可以根据样品的情况和实际需求来选择相应的测试模式。

16.5.2 测试条件的确定

1.脱气条件的确定

测试的第一个步骤是脱气。脱气首先脱去的是水汽或者杂质，虽然微量潮气吸附并不影响单分子层吸附能力，但会影响吸附的强度，单分子层的形成压力会发生改变，就会影响整体的吸脱附等温曲线。另外，孔道因毛细作用极易被潮气或者杂质阻塞，也会影响孔径分布的测量。所以比表面积和孔径分布测量时填写的质量是样品干燥后的质量。

脱气的方式有两种：一种是抽真空，一种是干燥惰性气体的吹扫。通过做大量的实验之后发现，脱真空的方式比惰性气体吹扫可以更快地达到测试的要求，所以我们目前脱气主要用到的就是加热真空处理的方法。

脱气需要设置的条件分别是脱气温度和脱气时间。脱气温度的确定主要是遵守以下原则，在不改变样品表面特性的前提下，应选择足够高的温度以快速除去表面吸附物质，但是不能高于固体的熔点或玻璃相变点；可根据热重曲线和DSC曲线来辅助确认脱气温度；该材料在此温度下不分解，最好不要超过熔点温度的二分之一。脱气时间的确定主要与孔类型有关，微孔越多，脱气时间相对越长。一般介孔2～4h，微孔6～8h。

2.吸附质的确定

第一类吸附质是氮气。高纯氮气以及液氮(冷却剂)因其易获得性和良好的可逆吸附特性，成为常用的吸附质，在液氮温度77K下可以进行比表面积，微孔、介孔和大孔的孔径分析。

第二类吸附质是氩气。氩气通常的使用温度是液氩温度87K，氮气和氩气使用的分析模型是一样的，二者的区别为在同样的相对压力下，氩气可以测到更小的孔径。氩气做吸附气体测试其局限性在于孔径大于 12nm 后毛细凝聚就会消失，所以，一般只能用于微孔测试。

第三种吸附质是二氧化碳。常用的温度是 273K，对于微孔较多的活性炭样品，可以选择用二氧化碳做吸附质，在冰点吸附，主要用于活性炭饱和吸附能力的测试。二氧化碳的冰点(273K)温度吸附相对氩气、氮气的吸附温度提高了很多，大大提高了气体扩散速度。故对活性炭样品，选择二氧化碳在冰点吸附，具有效率高、易扩散、容易得到饱和吸附量的特点，更适合于活性炭饱和吸附能力的测试。但是，二氧化碳冰点的饱和蒸汽压(3.48MPa)太高，只能在微孔范围内吸附，不能达到更高的 P/P_0 压力点，除非选用高压吸附仪。

第四种吸附质气体是氪气。其使用温度是液氮温度 77K，通常用于测试超低的比表面积，原因是，对于氪气而言，它在液氮温度下的饱和蒸气压只有 0.26kPa，是一个非常小的饱和蒸气压，相对压力在 0.05～0.3 之间时气体压力非常小，可以排除死体积产生的这一部分误差。所以对于待测比表面积很小的样品使用氪气，可以得到一个相对准确的比表面积数据。

16.5.3　测试模型的选择

根据 16.2.2 及 16.2.3 中比表面积与孔结构分析方法的介绍，不同孔径的样品应该选择不同的方法模型来分析，具体的选择依据可以参考表 16-2。

表 16-2　不同孔径样品的测试模型的选择

<table>
<tr><th>孔径大小</th><th colspan="2">分析方法</th></tr>
<tr><td rowspan="3">微孔
(≤2nm)</td><td>Langmuir 法分析比表面积</td><td>HK 法分析狭缝型孔
孔径分布</td></tr>
<tr><td>t-plot 法分析外比表面积/微孔孔容</td><td>SF 法分析圆柱形孔
孔径分布</td></tr>
<tr><td>DR、DA、MP 法分析孔径(不常用)</td><td>HK 修改法分析球形孔孔径分布</td></tr>
<tr><td>介孔(2～50nm)</td><td>BET 法分析比表面积</td><td>BJH 法分析孔径分布</td></tr>
<tr><td>微孔+介孔</td><td colspan="2">BET 法分析比表面积;NLDFT 方法分析孔径分布</td></tr>
</table>

16.6　数据解析

16.6.1　介孔报告

一般情况下测试完成之后会有两份文件，一份是 PDF 文件，一份是 Excel 文件，Excel 文件里就是所有测试的原始数据，可以直接用来作图。PDF 文件更像一份测试报告，里面有总结的数据还有图表，更加直观一些。下面以麦克仪器得到的数据为例，对介孔数据做一下解读。

数据报告的首页：如图 16-4 所示，可以看到仪器型号、样品质量、吸附质以及测试温度等信息。

micromeritics®

ASAP 2460 3.00

ASAP 2460 Version 3.00
Unit 1 Port 4

Page 1 of 31

Sample: BET--A-1
Operator: YG
Submitter: YG

Started: 2020/1/20 18:54:47
Completed: 2020/1/21 1:26:00
Report time: 2020/1/21 1:36:58
Sample mass: 0.1188 g
Analysis free space: 48.7173 cm³
Low pressure dose: None
Automatic degas: No

Analysis adsorptive: N2
Analysis bath temp.: 77.300 K
Thermal correction: No
Ambient free space: 17.4141 cm³ Measured
Equilibration interval: 15 s
Sample density: 1.000 g/cm³

图 16-4 数据报告首页信息页

比表面积：如图 16-5 所示，第一个是单点法得到的某个相对压力下的比表面积；BET 法是多点法，得到的是样品总的比表面积；t-plot 法可以测出样品外比表面积，内比表面积是由 BET 比表面积减去 t-plot 法的外比表面积得到的微孔的内比表面积；后面的两种 BJH 比表面积，是由 BJH 的吸附峰和脱附峰分别得到的累积的介孔和大孔部分的比表面积。

Summary Report

Surface Area

Single point surface area at P/Po = 0.140573410: 56.4184 m²/g

BET Surface Area: 58.8053 m²/g

t-Plot Micropore Area: 16.5177 m²/g

t-Plot external surface area: 43.2776 m²/g

BJH Adsorption cumulative surface area of pores
between 1.7000 nm and 300.0000 nm width: 47.1044 m²/g

BJH Desorption cumulative surface area of pores
between 1.7000 nm and 300.0000 nm width: 47.6218 m²/g

图 16-5 比表面积数据

孔容：如图 16-6 所示，第一个是单点法算得的材料的总孔容。单点法求孔容，就是在最高点的吸附压力点下的总吸附量（被吸附的气体转换成液体的体积量）作为孔容，它包含该压力点对应的孔及比之更小的孔的孔体积。接下来由 t-plot 法得到的微孔部分的孔容。下面是 BJH 吸附和脱附方法得到的介孔和大孔部分的孔容。

Pore Volume

Single point adsorption total pore volume of pores
less than 170.8706 nm width at P/Po = 0.988657138: 0.434336 cm^3/g

t-Plot micropore volume: 0.006752 cm^3/g

BJH Adsorption cumulative volume of pores
between 1.7000 nm and 300.0000 nm width: 0.439391 cm^3/g

BJH Desorption cumulative volume of pores
between 1.7000 nm and 300.0000 nm width: 0.436817 cm^3/g

图 16-6 孔容数据

孔径：如图 16-7 所示，首先得到的是吸附和脱附的平均孔径，是通过公式 $4V/A$ 计算得到的。接下来是 BJH 方法分析得到的介孔和大孔部分的平均孔径。平均孔径的计算都是基于孔都是圆柱形孔结构的假设来计算的，对于那种不是圆柱形的孔和非均一分布的孔误差很大。

Pore Size

Adsorption average pore diameter (4V/A by BET): 29.1351 nm

Desorption average pore diameter (4V/A by BET): 14.0224 nm

BJH Adsorption average pore width (4V/A): 35.3121 nm

BJH Desorption average pore width (4V/A): 36.9425 nm

图 16-7 孔径数据

等温吸脱附曲线：如图 16-8 所示，测试过程为先吸附后脱附，从图中可以看到不同压力点对应的样品的吸附量。

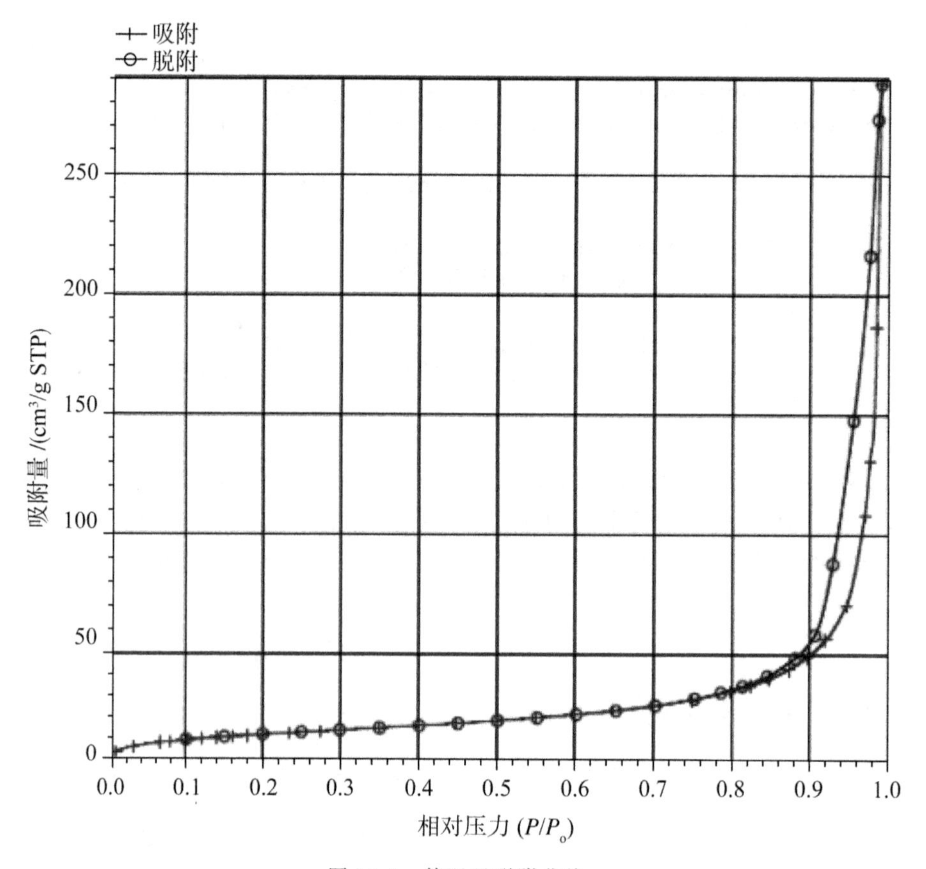

图 16-8　等温吸脱附曲线

BET 方程：如图 16-9 所示，从方程的参数中我们可以看到计算 BET 比表面积时压力取点的范围，以及方程的 C 值和线性相关系数。

BET Report

BET surface area: 59.8053 ± 0.0667 m²/g
Slope: 0.072075 ± 0.000081 g/cm³ STP
Y-intercept: 0.000704 ± 0.000009 g/cm³ STP
C: 103.332648
Qm: 13.7402 cm³/g STP
Correlation coefficient: 0.9999981
Molecular cross-sectional area: 0.1620 nm²

Relative Pressure (P/Po)	Quantity Adsorbed (cm³/g STP)	1/[Q(Po/P - 1)]
0.067788084	13.0023	0.005593
0.080162427	13.4447	0.006482
0.100521893	14.0613	0.007948
0.120507597	14.6013	0.009384
0.140573410	15.0876	0.010841

图 16-9　BET 方程及参数

BJH 孔径分布：BJH 孔径分布分为吸附孔径分布和脱附孔径分布，分别如图 16-10 和图 16-11 所示，BJH 方法可以分析得到介孔和大孔部分的孔径分布。一般来说，孔径分布图应该以脱附曲线为准(desorption)，查看 dV/dD 和 $dV/d\log D$ 图，但是如果脱附曲线孔径分布出现 3.8nm 的假峰，则要以吸附曲线的数据为准。

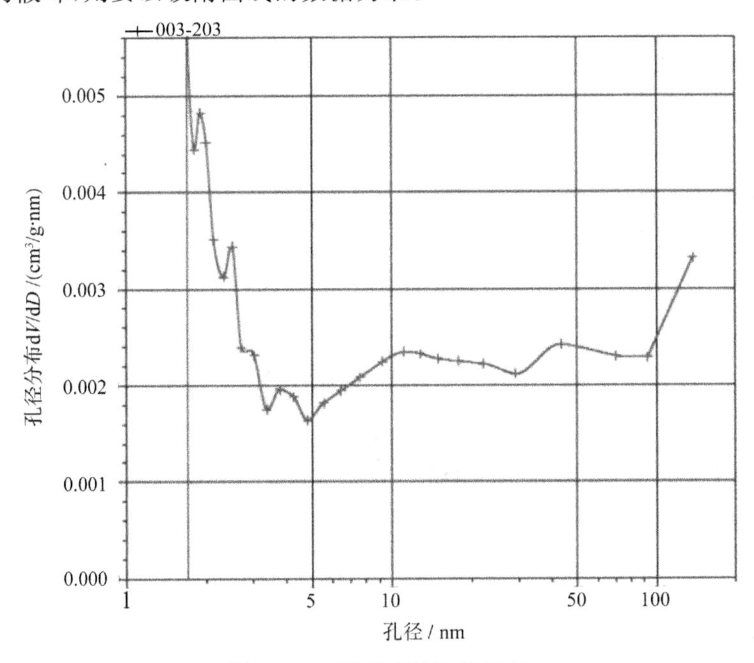

图 16-10　BJH 吸附孔径分布

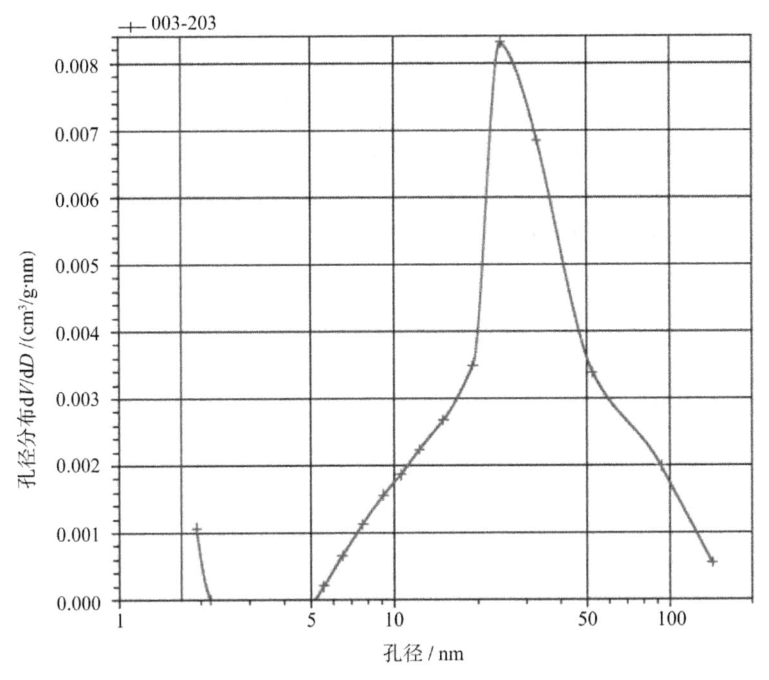

图 16-11　BJH 脱附孔径分布

16.6.2 全孔报告

和介孔报告相比，全孔报告多了样品中微孔这一部分的数据，如图16-12所示，含有微孔样品的等温吸脱附曲线在低压区会有比较高的吸附量。

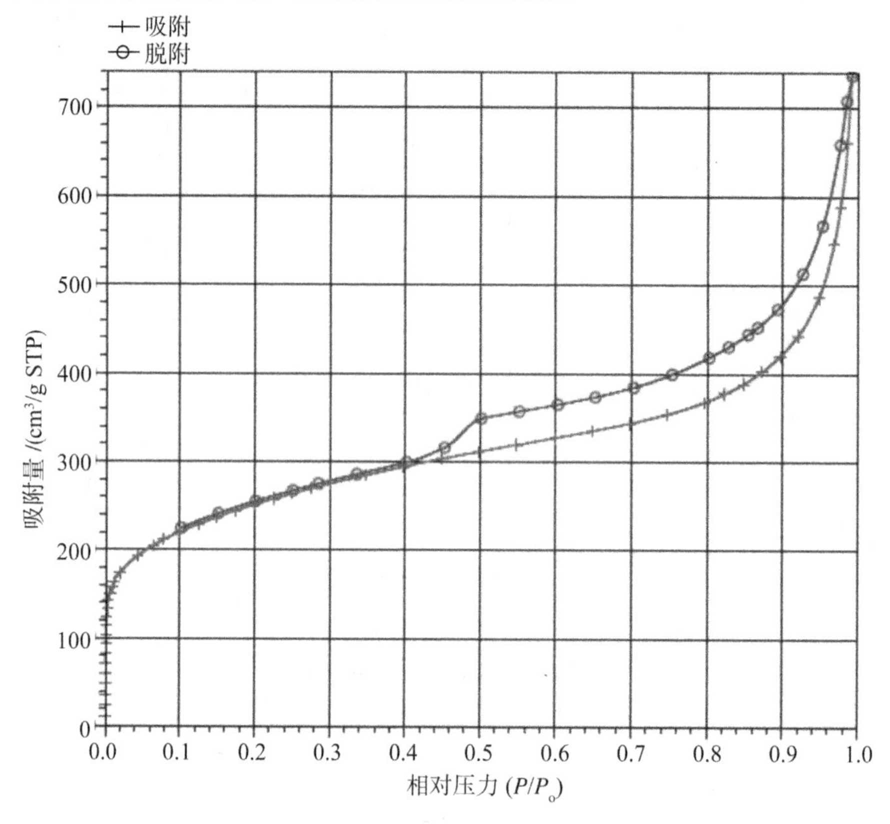

图16-12 等温吸脱附曲线

HK孔径分布：如图16-13所示，HK方法可以得到微孔部分的孔径分布。纵坐标最高点对应的孔径为微孔范围内样品最集中的孔的尺寸。

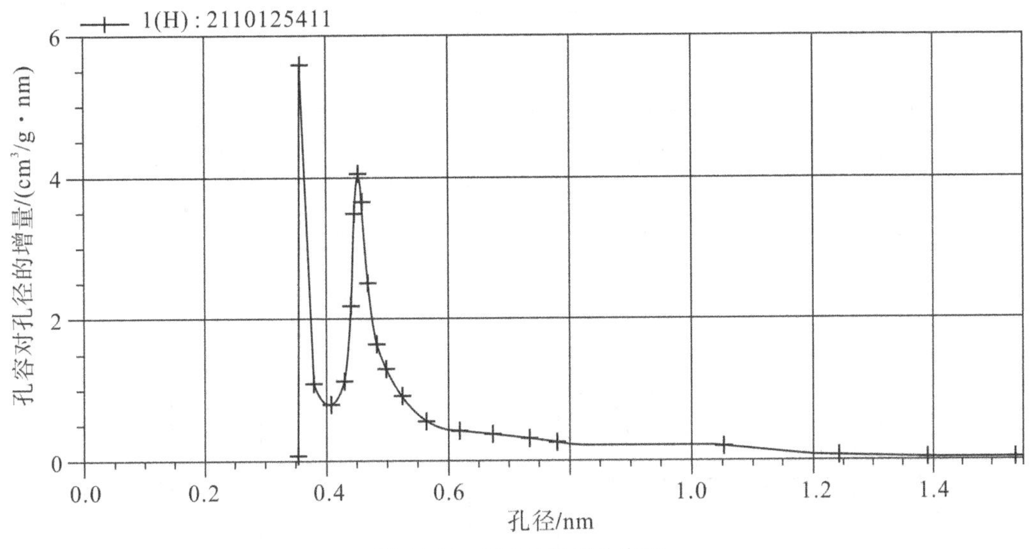

图 16-13　HK 法孔径分布图

DFT 孔径分布:DFT 方法得到的孔径分布图,图 16-14 为微分分布曲线,图 16-15 为积分分布曲线,微分分布曲线上的点并不直接对应于孔体积的大小,在微分分布曲线上经常具有一个突出的峰值,由此得到一个非常重要的指标:最可几孔径。最可几就是概率最高的意思,也就是测材料最集中的孔的尺寸。积分分布又称累积分布,即把不同尺寸孔的体积由小到大逐级累计起来,从图上可以统计得到任何孔径范围孔的体积及其占总体积的百分数。

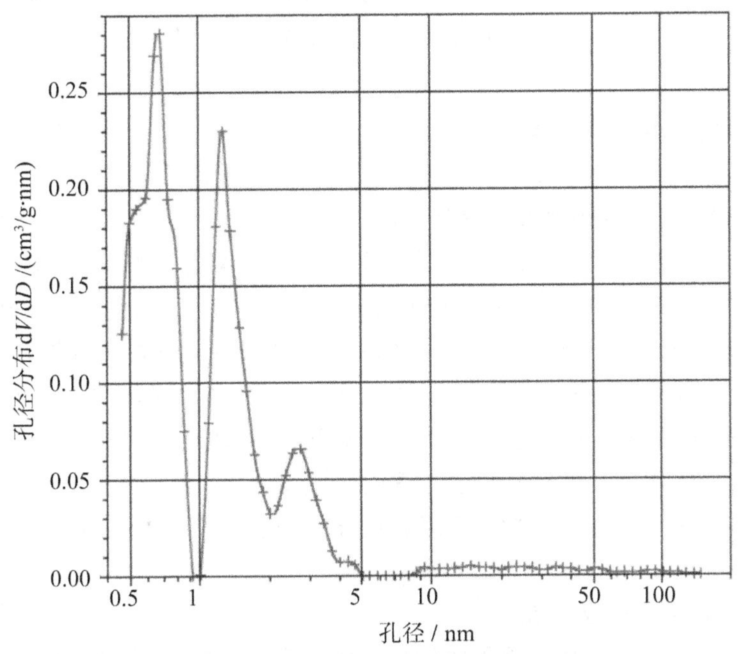

图 16-14　DFT 孔径微分分布图

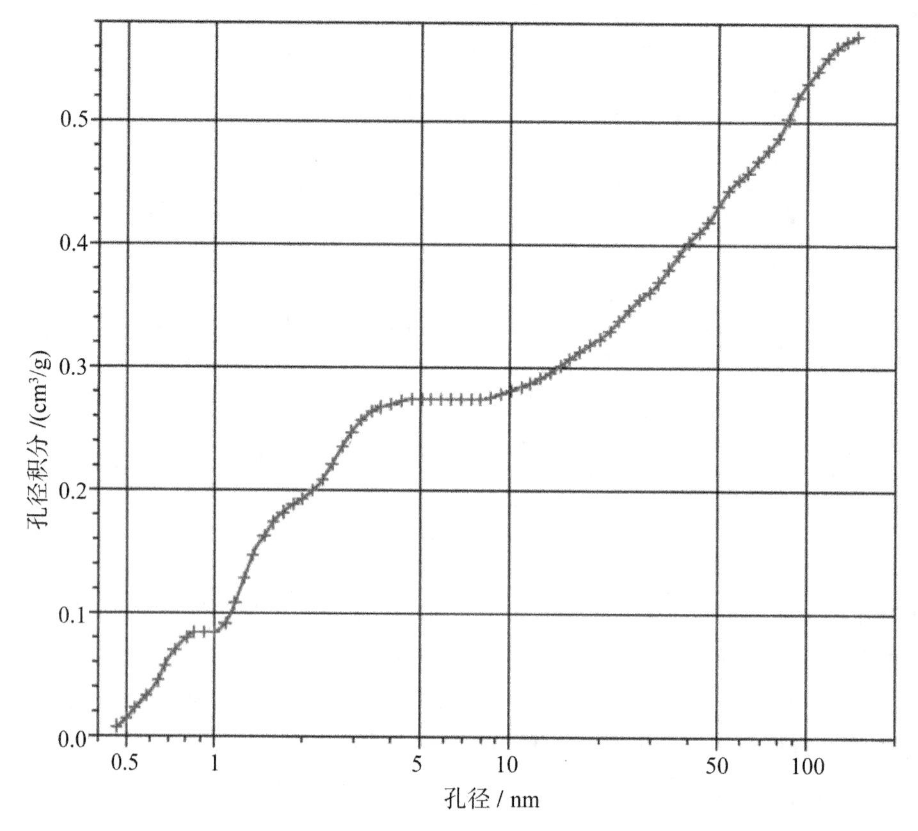

图 16-15　DFT 孔径积分分布图

16.7　常见问题解答

1. 为什么 BET 方程中的参数 C 值为负？

判断 BET 方法得到的比表面积数值是否准确一般有两个指标，一个是 C 值要大于 0，另一个是线性相关系数要大于 0.999。C 值具有一定的物理含义，它代表了样品的吸附热，正常情况下应该为正值。当遇到 C 值为负的情况时，我们首先要看 C 值负有多大，如果是很大的负值，可去除高压区数据再重新拟合一下，或者把压力选点范围降低即可。如果是较小的负值，通常微孔样品容易出现这个问题，对于微孔材料，因为吸附物质的分子是在非常狭窄的微孔，所以它与 BET 方法的假设会严重偏离，如果使用 BET 模型计算就会得到一个明显小于正常样品的比表面积。因此对于微孔的样品一般推荐用 Langmuir 方法来计算比表面积。

2. 为什么报告中 BET 值为负？

正常情况下样品对吸附质有吸附的话比表面积值应该为正，出现负值的可能有三种原因：(1)样品自身的原因，可以看等温吸脱附曲线，如果没有吸附的话吸附值应该在 0 附近，再加上仪器误差的现象，也可能跑到负值出现吸附点，所以该类样品的吸附几乎可以忽略。(2)测试所加样品量过少，造成总的吸附值很低，则容易产生这个现象。(3)脱气温度和时间不合理，脱气温度过高，造成孔结构的变化或坍塌，脱附温度太低或者脱气时间短，造成脱气不完全，也会产生这个问题。

3. 为什么会产生 S 型微孔等温吸脱附曲线？

S 型回线通常在低压区微孔材料测试过程中出现。出现 S 型回线主要有两点原因，一种是低压区吸附不完全，在没有达到吸附平衡时候就进入到了第二个吸附点，所以会产生 S 型回线。如果想要改变这种情况，应该适当增加低压区的吸附时间，保证每一个压力点都可以达到吸附平衡。第二个原因是氦污染，在用氦气测量死体积时，是基于氦气不吸附的假设，但事实上物理吸附是非特异性吸附，对任何气体都存在吸附，微孔材料会吸附较多的氦气，其影响无法忽略不计。因此在继续分析之前，应当至少将样品放在室温下使氦气溢出后再进行测量。

4. 为什么介孔孔径分布出现“假峰”？

在气体脱附过程中大多数情况下都反映了一个滞后的过程。所以在用 BJH 方法分析样品孔径时，脱附段很容易出现假峰，一般是在 3.8nm 处出现。出现假峰的原因与孔的类型有关系，内部孔道的连通性、孔型的多样性以及孔径的分散性等原因都会导致在脱附过程中出现假峰。所以，对于 BJH 方法得到的介孔部分的孔径分布数据，如果脱附数据中没有假峰出现，可以根据样品实际情况来选择用吸附还是脱附得到的孔径数据。如果出现了假峰，那么还是尽量选用吸附数据得到的孔径分布图。

5. 为什么等温吸脱附曲线会出现不闭合的情况？

等温吸脱附曲线不闭合，这种情况比较常见，产生这种现象的原因也比较多，可能原因如下：

(1)材料表面存在特殊的基团和化学性能，导致吸附的气体分子无法完全脱离，即材料对吸附质有较强作用，导致吸脱附会存在一定的不闭合程度。

(2)材料自身的比表面较小，一般吸脱附闭合程度会较差。

(3)称样量问题，称样量太少，容易造成测量不准，也会出现此类情况。

(4)样品前处理问题，温度太高，测试的孔结构坍塌，气体脱附不出来，会出现这个情况。

(5)设备问题，有可能是设备漏气仪器真空系统不保压造成，这样很容易造成吸脱附曲线不闭合。

(6)如果研究碳材料的话需要注意，碳材料的孔大多为柔性孔或者墨水瓶孔，气体吸附之后孔口直径收缩，导致吸附上的气体不易脱附，很容易导致吸脱附曲线不闭合。

6. 为什么等温吸脱附曲线会出现交叉的情况？

吸附曲线和脱附曲线发生交叉的主要原因是：

(1)样品吸附值本身就比较小，容易出现波动。

(2)脱气条件不合适，脱气温度低或者时间短，水分没有完全除去，在脱附过程中脱去了。

(3)实验过程中发生了漏气，如样品管没有拧紧或者样品管上面 O 形圈老化都会造成密封不严，造成等温吸附曲线和等温脱附曲线产生交叉的现象。

7. 比表面积偏小或跟预期不符的原因有哪些？

这个和问题 2 中 BET 值为负的情况比较相似，主要原因也是以下几点：

（1）脱气温度和时间不合理，脱气不完全，造成比表面积偏小，或者脱气温度不合适，样品分解或变质。

（2）跟样品本身的孔型有关系，可以分析孔径分布图：①如果本身没有孔，无孔材料则无吸附，自然测不到较大比表面积；②如果材料主要的孔径分布为大孔，不含微孔和介孔，比表面积也比较小，一般而言微孔较多的材料比表面积相对大，介孔次之，大孔的比表面积较小，在仪器不存在问题的情况下，比表面积值的大小跟材料本身的孔径大小关系最大。

（3）测试所加样品量过少，造成总体的比表面积值很低，引起一定的误差。

（4）计算所选的压力点与样品不匹配。

8. 孔径分布图为什么不是从0开始？

一般孔径分布图是从开始有孔的地方出现数据，低压处无孔，则不会出现数据；即使测试微孔时压力设置从0开始，但没有较小的孔分布，也很难达到低压。

9. 是否可以增加或者减少一些压力点？

每台仪器上介孔或者全孔测试都有固定的测试文件，压力点都是设置好的，直接测试就可以。如果有特殊需求，也可以增加或减少一些压力点，测试时间也会相应改变，如果低压区加密点，测试时间会变得更久，可能较正常时间要多一倍的测试时间，所以时间的成本和测试的成本会相应增加。

参考文献

[1] Kuila U ，Prasad M . Specific surface area and pore-size distribution in clays and shales [J]. Geophysical Prospecting，2013，61(2).

[2] Li S，Wan Q，Qin Z，et al. Unraveling the mystery of Stber silica's microporosity[J]. Langmuir the Acs Journal of Surfaces & Colloids，2016，32(36).

[3] 杨峰，宁正福，孔德涛，等. 高压压汞法和氮气吸附法分析页岩孔隙结构[J]. 天然气地球科学，2013，24(3)：450-455.

[4] Ross D J K ，Bustin R M . The importance of shale composition and pore structure upongas storage potential of shalegas reservoirs[J]. Marine & Petroleumgeology，2009，26(6)：916-927.

[5] 气体吸附BET法测定固态物质比表面积(GB/T 19587—2017)[S]. 北京：中国标准出版社，2017.

[6] Rouquerol J，Avnir，et al. Recommendations for the characterization of porous solids (Technical Report)[J]. Pure and Applied Chemistry，1994，66(8).

[7] 汪政德. 毛细凝聚和脱附-脱附回路的物理化学解释[J]. 新疆石油地质，2002，23(3)：233-235.

第 17 章　凝胶渗透色谱分析技术

凝胶渗透色谱(Gel Permeation Chromatography,GPC)也称为体积排除色谱或者尺寸排除色谱(Size Exclusion Chromatography),是 20 世纪 60 年代发展起来的一种新型色谱技术,是色谱技术中最新的分离技术之一。它是一种利用聚合物溶液通过填充有特种凝胶(多孔性填料)的色谱柱把聚合物分子按尺寸大小进行分离的方法,主要用来表征聚合物大分子的分子量及其分布宽度。本章介绍 GPC 的基本测试知识,并对测试原理、仪器简介、样品制备、数据解读等方面进行详细阐述。

17.1　原理及应用

GPC 是一种特殊的液相色谱,所用仪器实际上就是一台高效液相色谱仪(High Performance Liquid Chromatography,HPLC),主要配置有输液泵、进样器、色谱柱、浓度检测器和计算机数据处理系统,图 17-1 是安捷伦公司 GPC-PL220 实物图。与 HPLC 最明显的差别在于二者所用色谱柱的种类(性质)不同:HPLC 根据被分离物质中各种分子与色谱柱中的填料之间的亲和力不同而得到分离,GPC 的分离则是体积排除机理起主要作用(不同尺度的聚合物分子在多孔填料中孔内外分布不同而进行分离分级)。

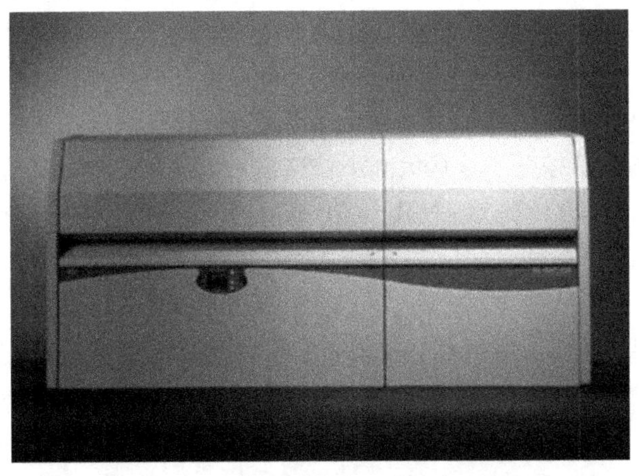

图 17-1　捷伦公司 GPC-PL220 外观图

GPC 色谱柱装填的是多孔性凝胶(如最常用的高度交联聚苯乙烯凝胶)或多孔微球(如

多孔硅胶和多孔玻璃球)，它们的孔径大小有一定的分布，并与待分离的聚合物分子尺寸可相比拟。GPC仪工作系统如图17-2所示。

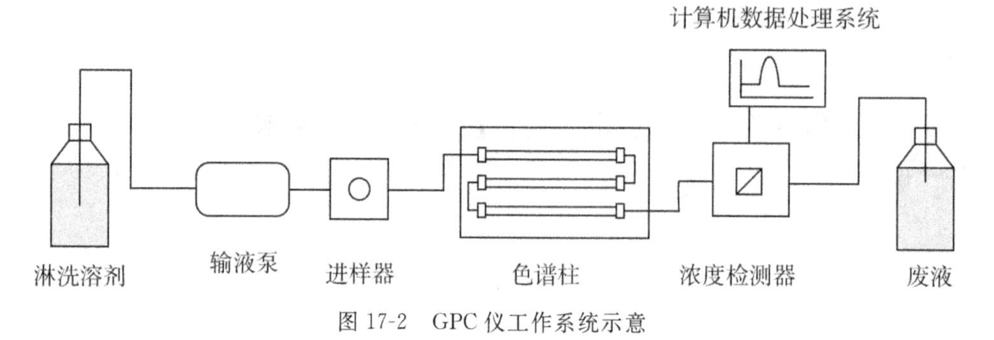

图17-2　GPC仪工作系统示意

17.1.1　基本原理

GPC测试原理一般包括光散射理论以及GPC分离理论，在众多书籍和文献中均有介绍，但对于绝大多数的科研工作者来说，更重要的是熟悉仪器工作原理以及测试方法，因此这里不再赘述其基本理论，而着重从仪器工作原理的角度出发，让读者对GPC测试过程和结果有一个清晰的了解。

(1)分子量大小与淋出体积或淋出时间之间的关系

GPC的分离机理比较复杂，目前有体积排除理论、扩散理论和构象熵理论等几种解释，其中最有影响力的是体积排除理论。GPC的固定相是表面和内部有着各种各样、大小不同的孔洞和通道的微球，可由交联度很高的聚苯乙烯、聚丙烯酰胺、葡萄糖和琼脂糖的凝胶以及多孔硅胶、多孔玻璃等来制备。当被分析的聚合物试样随着溶剂(流动相)引入柱子后，由于浓度的差别，所用溶质分子都力图向填料内部孔洞渗透，较小的分子除了能进入较大的孔外，还能进入较小的孔；较大的分子就只能进入较大的孔；而比最大的孔还要大的分子就只能停留在填料颗粒之间的空隙中。随着溶剂洗提过程的进行，经过多次渗透-扩散平衡，体积很大的分子不能渗透到凝胶(固定相)空穴中而受到排阻，最先流出色谱柱，中等体积的分子可以渗透凝胶的一些大孔，而不能进入小孔，产生部分渗透作用，比体积大的分子流出色谱柱的时间稍后；较小的分子能全部渗入凝胶内部的孔穴中，而最后流出色谱柱。因此，聚合物的淋出体积与高分子的体积即分子量的大小有关，分子量越大，淋出体积越小，淋出时间越短。分离后的高分子按分子量从大到小被连续地淋洗出色谱柱并进入浓度检测器。

当被分析的样品随着淋洗溶剂(流动相)进入色谱柱后，色谱柱的总体积 V_t 包括三部分：

$$V_t = V_g + V_0 + V_i \tag{17-1}$$

式中：V_g 为填料骨架体积，V_0 为填料微粒紧密堆积后得离间空隙，V_i 为填料孔洞的体积，其中(V_0+V_i)是聚合物分子可以利用的体积。由于聚合物分子在填料孔内、外分布不同，故实际可利用的体积为：

$$V_e = V_g + KV_i \tag{17-2}$$

K 为分布系数，$0 \leqslant K \leqslant 1$，其大小与聚合物分子尺寸大小和在填料孔内、外的浓度比有关。当聚合物分子完全排阻时，$K=0$；在完全渗透时，$K=1$。尺寸大小(分子量)不同的分子有不同的 K 值，因此有不同的淋出体积 V_e。

浓度检测器不断检测淋洗液中高分子级分的浓度。常用的浓度检测器为示差折光仪，其浓度响应是淋洗液的折光指数与纯溶剂(淋洗溶剂)的折光指数之差，由于在稀溶液范围内，与溶液浓度成正比，所以直接反映了淋洗液的浓度即各级分的含量，图 17-3 所示是典型的 GPC 谱图。

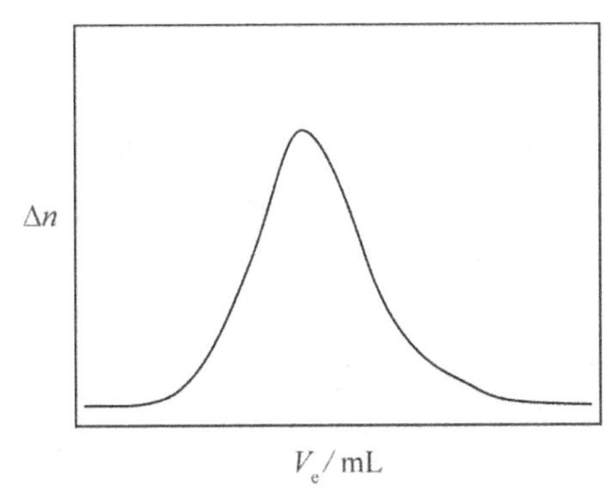

图 17-3　典型 GPC 图谱

图中纵坐标相当于淋洗液的浓度，横坐标淋出体积 V_e 表征着高分子尺寸的大小。

如果把图中的横坐标 V_e 转换成分子量 M 就成了分子量分布曲线。为了将 V_e 转换成 M，要借助 GPC 校正曲线。实验证明在多孔填料的渗透极限范围内 V_e 和 M 有如下关系：

$$\lg M = A - BV_e \tag{17-3}$$

式中：A、B 为与聚合物、溶剂、温度、填料及仪器有关的常数。

用一组已知分子量的单分散性聚合物标准试样，在与未知试样相同的测试条件下得到一系列 GPC 谱图，以它们的峰值位置的 V_e 对 $\lg M$ 作图，可得如图 17-4 所示的直线，即 GPC 校正曲线。

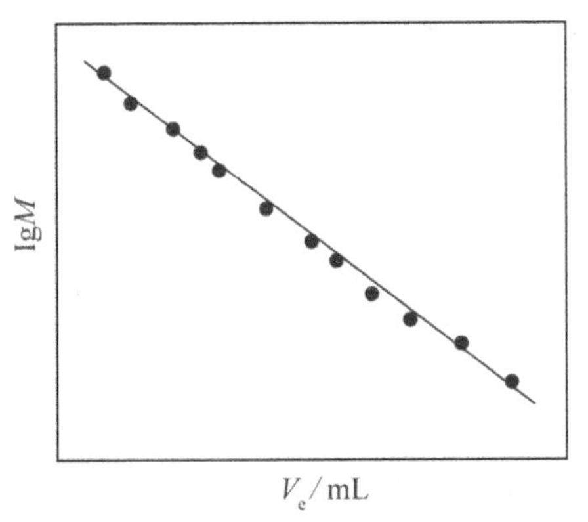

图 17-4　GPC 校正曲线

高分子在溶液中的体积决定于相对分子量、高分子链的柔顺性、支化、溶剂和温度，当高分子链的结构、溶剂和温度确定后，高分子的体积主要依赖于相对分子量。基于上述理论，GPC 的每根色谱柱都是有极限的，即：排阻极限和渗透极限。排阻极限是指不能进入凝胶颗粒孔穴内部的最小分子的分子量，所有大于排阻极限的分子都不能进入凝胶颗粒内部，直接从凝胶颗粒外流出，不但达不到分离的目的还有堵塞凝胶孔的可能；渗透极限是指能够完全进入凝胶颗粒孔穴内部的最大分子的分子量，如果两种分子都能全部进入凝胶颗粒孔穴内部，即使它们的大小有差别，也不会有好的分离效果。所以，在使用GPC测定相对分子量时，必须首先选择好与聚合物相对分子量范围相配的色谱柱。对一般色谱分辨率和分离效率的评定指标，在凝胶渗透色谱中也被沿用。

17.1.2 应用范围

目前，凝胶色谱在高分子材料的生产及研究工作中的应用大致可归总为三个方面：

(1)在高分子材料生产过程中的应用。包括聚合工艺的选择，聚合反应机理的研究，以及聚合条件对产物性质的影响和控制。

(2)在高分子材料的加工及使用过程中的应用。研究分子量及分子量分布与加工、使用性能的关系，助剂在加工和使用过程中的作用，以及老化机理的研究。

(3)作为分离和分析的工具。包括高分子材料的组成、结构分析及高分子单分散试样的制备。

GPC对于高分子弹性体的分析也发挥着重要作用。第一个商业化弹性体材料是天然橡胶。这种物质由异戊二烯的聚合物组成，最常见的是顺式-1,4-聚异戊二烯，还有一些由反式-1,4-聚异戊二烯组成。在天然的未精制的形式中，异戊二烯材料还伴有少量的蛋白质、脂肪酸、树脂和无机材料。天然橡胶是一种弹性体，然而，将异戊二烯链与硫交联反应(硫化过程)，则会转变为热固性材料。GPC分析的天然橡胶只能是未交联的热塑性材料。

由于天然橡胶聚合物中存在相对高含量的部分交联的"胶体"，制备用于GPC分析的天然橡胶样品溶液通常非常困难。通常，在称取的样品中加入适量的洗脱液，进行过夜溶胀和溶解，然后在GPC分析前过滤掉胶状物质(0.5μm滤膜)。在这种情况下，实际得到的聚合物浓度明显比最初称量的浓度要低，测出来的信号非常弱(如图17-5样品2所示)，而此时基线漂移就有可能非常明显，因此，要适当提高样品的浓度才有可能测得比较漂亮的数据(如图17-5样品1所示)。

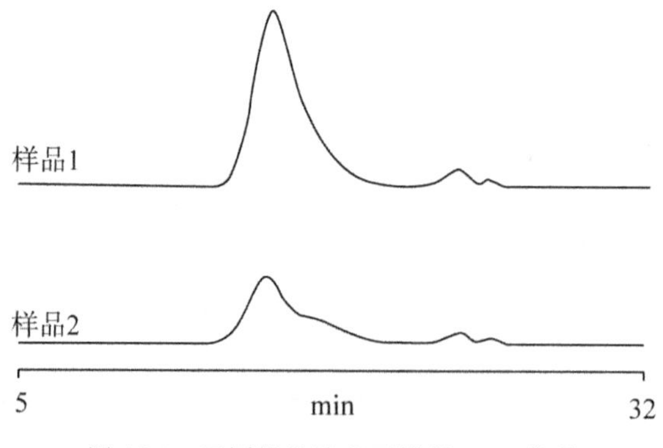

图17-5 不同样品浓度下测得GPC信号

总之，凝胶色谱已被广泛地应用于高分子材料生产的各个领域。近年更由于微粒凝胶的成功，不仅大大地提高了柱效，而且在实验时间上已可与气相色谱快速液体色谱相比，真正能够成为控制生产的有效工具。由于凝胶色谱应用的面很广，工作的内容非常丰富，本章不可能做全面的概括，其应用的范围更不是仅限于本章所引述的几个实例。凝胶色谱的发展将更紧密地交织在今后高分子材料的研究和生产的发展之中。

17.1.3 常见仪器分类

高聚物的分子量及其分布是高聚物最基本的参数之一。高聚物的许多性质，例如冲击强度、模量、拉伸强度、耐热、耐腐蚀性都与高聚物的分子量和分子量分布有关。在相对分子质量分布（多分散性指数）成为人们关注的热点后，由于经典方法在测定聚合物的相对分子量时不能同时测定聚合物的相对分子质量分布，而GPC改善了测试条件，可以同时测定聚合物的相对分子质量及其分布情况，故1964年GPC出现后获得了飞速的发展和广泛的应用，其中安捷伦公司GPC系列产品已经成为国内各大高校和企业的第一选择，常见的型号有PL220、PL50。

按照测试样品的要求，GPC仪器分为常温和高温两大类型。常温系列的产品所用流动相一般为水，四氢呋喃等，要求待测样品在40℃下能够很好地溶解于流动相中。高温系列产品价格昂贵，但测试范围更广，既可以在常温下测试，也可以在高温下测试。在高温模式下，常见流动相一般以三氯苯为代表。对于常温下不能溶解的样品，必须采用高温模式。

17.2 GPC测试

17.2.1 测试样品要求

（1）样品尽量纯，而且必须可溶于GPC流动相。

（2）为了增加样品的溶解，可轻微扰动（不要剧烈摇动或用超声）。

17.2.2 GPC柱选择

对于GPC而言，选择合适的色谱柱是成功分离的核心。从溶剂类型分，主要包括有机相色谱柱、水相色谱柱和蛋白质色谱柱。

最常用的有机相色谱柱的填料基质是苯乙烯和二乙烯苯的共聚物，一般以悬浮聚合或分散聚合方式制成苯乙烯-乙烯基苯多孔微球，以致孔剂制出所需孔径和孔容。这类凝胶的特点是孔径分布比较宽，分子量分离范围比较大，且柱效高。主要用于非极性有机溶剂，丙酮、乙醇一类极性溶剂不能应用。在有机溶剂中，有机凝胶通常都处于溶胀状态，对不同的溶剂溶胀因子各不相同，因此不能在柱中直接更换溶剂，进样时也不能带进大量不良溶剂和空气。

蛋白质的填料柱主要分为两种：氧化硅和纤维素凝胶。氧化硅基质填料的优点是硬度较高，分辨率较高，耐压性较好，可以使用较高流速。纤维素凝胶填料的优点是用途广泛，甚至可以同时分离蛋白和某些高分子的混合物，如PEG和蛋白，但是硬度较低，流出物较多，建议在低流速下使用。

17.2.3 流动相选择

做GPC检测时首先要考虑被测样品的溶解情况，以此确定流动相，还要考虑柱子的测试范围，应使被测物分子量落在柱子的分子量-淋出曲线线性部分之内，若柱子范围太窄则可考虑将不同规格的柱子串联使用。

对于适用于GPC仪器的每一根柱子都会配有详细的使用说明，使用之前应认真阅读，严格遵从，特别值得注意的是严禁超压（超流量），否则会降低柱效、损毁柱子。如Shim-packGPC-800系列柱，对于填充溶剂为THF型或者氯仿型能使用其他的洗提液如甲苯、亚甲基氯化物替换，而对填充溶剂为DMF型的GPC柱，流动相不能被其他洗提液替代。

通常流动相溶剂类型的改变应当在流速不超过0.5ml/min时进行，且对于同一根柱最好只使用单一类型的溶剂，频繁地改变流动相类型会缩短柱的寿命，而GPC仪器柱的价格昂贵，通常上万元一根。流动相溶剂最好是色谱级，否则需用孔径为0.2～0.45μm的膜过滤。

17.2.4 制样方法

以三氯苯为溶剂溶解过滤PE样品为例，流程如下：

(1)称取2mg样品直接放入20ml样品瓶中。

(2)将10ml三氯苯加入到样品瓶中，将盖放在瓶口但不要压紧。确保样品浓度在2mg/ml左右。

(3)将该样品瓶放入摇床系统中，设置温度为160℃（对于常温模式，不需要加热），如样品溶解过程中需要震荡，请开启此功能。在此瓶旁边放置一个只含15ml三氯苯的样品瓶。

(4)一小时后观察溶解状态，如果样品溶解不好，可以震荡，延长时间或是提高温度。

(5)如果样品完全溶解到溶剂中，就可以开始过滤样品了。打开压杆，从侧孔插入过滤片，感觉到定位豁口入位后缓慢合上压杆。

(6)将过滤枪长管部分插入20ml样品瓶，管口与热溶剂接触，短管部分放置在2ml自动进样器小瓶之上。

(7)确保过滤枪胶垫与20ml样品瓶口完全密封，按下过滤枪顶部按钮进行过滤。样品会通过长管转移并滴入2ml小瓶中。过滤速度可通过旋转1、2、3、4四个档位调节。

注意：如果密封效果不好，液体会无法转移。

(8)更换过滤片到下一个位置，重复过滤其他样品。

(9)完成全部样品过滤后，用之前准备的15ml加热的三氯苯溶剂重复过滤操作，对过滤枪进行清洗。

(10)将过滤好的2ml样品瓶压盖，放到GPC220进样器中进行样品测定。

17.3 测试参数与数据解析

在GPC常见的报告中，报告开头的信息如图17-6所示，主要有三个部分：第一部分包括测试时间和数据存储路径；第二部分包括待测样品名称、数据分析时间、待测样品浓度(concentration)、进样量(Inject Volume)，以及待测样品的 K 和 α 值，同时也会告知所用校准方法。

(1) **Cirrus GPC Sample Injection Report**

Generated by: user　　Saturday, November 09, 2013 4:28 PM

Workbook: E:\Cirrus Workbooks\CESHI\CESHI.plw

(2) **Sample Details**

Sample Name: zc1

Acquired: 11/9/2013 11:45:11 AM　　By Analyst: user　　Batch Name: 11_9_2013

Concentration: 0.10 mg/ml Injection Volume: 200.0 ul　K of Sample: 14.1000　Alpha of Sample: 0.7000

Analysis Using Method: ps

(3) **Calibration Used: 11/9/2013 2:07:40 PM**

Calibration Type: Narrow Standard　　Curve Fit Used: 1　　K: 14.1000　　Alpha: 0.7000

Calibration Curve: y = 11.515902 - 0.520882x^1

High Limit MW RT: 10.77 mins　　Low Limit MW RT: 16.82 mins

Flow Marker RT: 0.00 mins　　FRCF: 1.0000　　FRM Name:

图 17-6　GPC 报告前置信息

需要说明的是：由于 GPC 的计算结果是基于 M-K 方程，如果知道自己样品的 K 和 α 值，应提前告知测试人员；如果不知道样品信息，一般默认采用标样的参数，如聚苯乙烯 $K=14.1$，$\alpha=0.7$；第三部分包括校准方法类型(narrow standard，窄分布)、标准样品的 K 和 α 值、标准曲线(由测试人员提前准备)，以及样品的最大保留时间(对应计算后最小的分子量)和最小保留时间(对应计算后最大的分子量)。

GPC 的本质测的是大分子的保留时间，这也是 GPC 的原始测试数据，如图 17-7 为某实验室水性聚氨酯的保留时间曲线。仪器根据标准曲线换算后可以得到分子量的曲线图(图 17-8)以及 M_n(数均分子量)、M_W(重均分子量)、M_Z(Z 均分子量)、M_{Z+1}($Z+1$ 均分子量)、M_p(峰位分子量)、M_η(黏均分子量，仪器中也用 M_v 表示)，如表 17-1 所示。

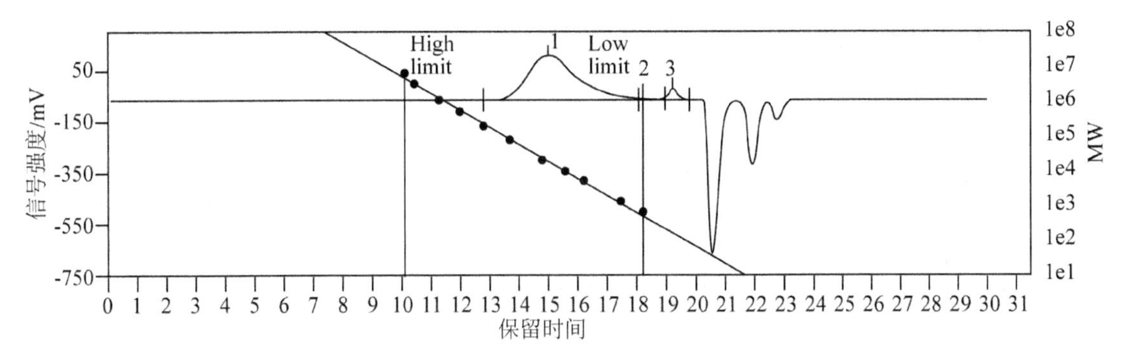

图 17-7　PL220 测试聚氨酯保留时间曲线图

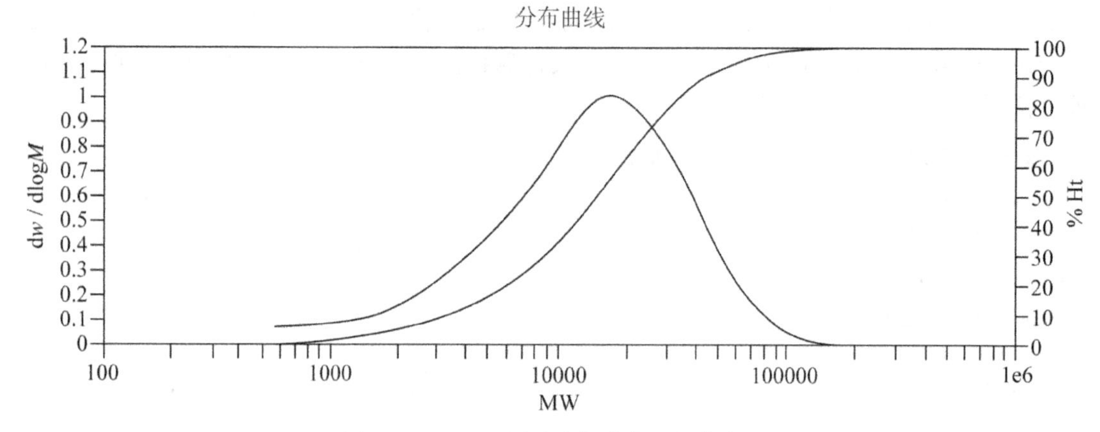

图 17-8　PL220 测试聚氨酯分子量曲线图

一般情况下，多分散样品的平均分子量有以下次序：$M_Z > M_W > M_\eta > M_n$。除此之外，还可以计算出分布宽度指数 PD=M_W/M_n，当 $M_W/M_n=1.0$ 时，为单分布高分子，当 $M_W/M_n<1.20$ 时，为窄分布高分子；当 $M_W/M_n<2.00$ 时，为适中分布高分子，当 $M_W/M_n>2.00$ 时，为宽分布高分子。

表 17-1　根据 GPC 曲线计算聚氨酯分子量

峰序	M_p	M_n	M_W	M_Z	M_{Z+1}	M_v	PD
1	17259	6923	19669	36756	56574	17572	2.84111
2	443	358	385	412	436	381	1.07542
3	158	152	159	163	16	158	1.02581

值得注意的是，对于高分子来说，分子量分布宽度与平均分子量同样重要，它代表着样品分子量的多分散特点，分布越宽，高分子的熔融温度范围越宽，有利于加工成型；分布越窄，其制品往往具有某些方面较好的性能，例如抗开裂性较好等。

17.4　常见问题解答

1. 如何确认基线和积分范围？

所谓基线，就是色谱在跑溶剂时的信号响应。如果信号稳定，具体从哪个位置开始拉基线并不重要，出峰之前、出峰时、出峰以后都可以。一个确定基线的误区是在出峰点和所谓的峰落下点定义，有时候这种是不对的。需要注意的是，一些公司的软件具有自动识别出峰和基线的功能，使用自动识别功能时最好还是要检查一下。

2. 怎么判断溶剂峰？

溶剂峰也叫鬼峰，主要是 GPC 流出曲线最后流出的那个峰。有时候大、有时候小，形状各异。按照 GPC 的原理来说，这个峰包含的是一些小分子，比如盐类、溶剂或者是样品中残留的一些单体等。如果溶解样品的溶剂和流动相不同，溶剂峰会很大，大到有时候会忽略前面的样品峰。

3. 如何减小基线噪声？

(1)气泡(尖锐峰):流动相脱气,加柱后背压。

(2)污染(随机噪声):清洗柱,净化样品,用 HPLC 级试剂。

(3)检测器灯连续噪声:更换氘灯。

(4)电干扰(偶然噪声):采用稳压电源,检查干扰的来源(如水浴等)。

(5)检测器中有气泡:流动相脱气,加柱后背压。

(6)样品量少:加大样品浓度。

4. 测试信号弱甚至无信号的可能原因有哪些？

这是最常见的问题。排除设备故障,只有两个原因:一是与流动相折射率相同,需要更换流动相;二是样品无法溶解于流动相中,需要更换流动相或者升高温度。

第18章　电子顺磁共振波谱仪

电子顺磁共振波谱技术是环境检测及材料性能测试的手段之一，电子顺磁共振是一项检测样品是否具有未成对电子的波谱方法，是弥补其他分析测试手段的理想技术。即使是在进行的化学和物理反应中，电子顺磁共振也能获得有意义的物质结构信息和动态信息，且不影响反应进程。本章对电子顺磁共振的基本原理、应用范围、常见仪器等方面进行详细阐述，也对测试方法及流程、参数选择以及数据分析进行简单介绍。

18.1　基本原理

磁性是电子、质子和中子等微观粒子和轨道所具有的内禀属性。电子顺磁共振(Electron Paramagnetic Resonance，EPR)波谱是研究含有一个或一个以上未配对电子(或未成对电子，unpaired electron)的磁性物质的电磁波谱法。

电子是具有一定质量和带负电荷的一种基本粒子，它能进行两种运动；一种是在围绕原子核的轨道上运动，另一种是对通过其中心的轴所作的自旋。由于电子的运动产生力矩，在运动中产生电流和磁矩。在外加磁场 H 中，电子磁矩的作用如同细小的磁棒或磁针，由于电子的自旋量子数为 1/2，故电子在外磁场中只有两种取向：一个取向与 H 平行，对应于低能级，能量为 $-1/2g\beta H$；另外一个取向与 H 逆平行，对应于高能级，能量为 $+1/2g\beta H$，两能级之间的能量差为 $g\beta H$。若在垂直于 H 的方向，加上频率为 υ 的电磁波恰能满足这一条件时：

$$h\upsilon=g\beta H \tag{18-1}$$

低能级的电子吸收电磁波能量而跃迁到高能级，此即所谓电子顺磁共振。在上述产生电子顺磁共振的基本条件中，h 为普朗克常数，g 为波谱分裂因子(简称 g 因子或 g 值)，β 为电子磁矩的自然单位，称玻尔磁子。电子顺磁共振波谱仪可用来研究电子磁矩在外磁场中的电子塞曼分裂及电磁场相互作用引起的能级间的共振跃迁(见图 18-1)。

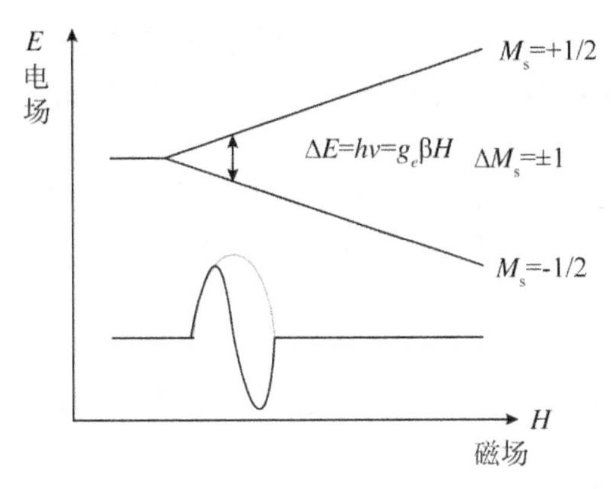

图 18-1 电子自旋能级分裂及能级吸收曲线示意

18.2 应用范围

由于电子自旋相干、自旋捕捉、自旋标记、饱和转移等电子顺磁共振和顺磁成像等实验新技术和新方法的建立，EPR 技术很快在物理、化学、自由基生物学、医药学、环境科学、考古学和材料科学等领域中获得广泛的应用，实现了：固体样品的电子自旋与核自旋退相干时间的大幅度延长，以及从常规自由基到短寿命自由基的检测；从顺磁性物质（自由基，顺磁性金属离子）到自旋标记的非顺磁性物质的检测；从体外自由基到细胞、组织和体内自由基的检测；开展病理和药理过程的分子基础研究；建立抗氧化剂活性的 EPR 研究和筛选方法；进行自旋标记物、靶向自旋捕捉技术和自旋捕捉剂的研究与制造；在开展科学基础研究的同时，还注意有很强应用价值的考古年代和烟草自由基的 EPR 测定，等等。下面对其中的几个方面进行介绍。

1. 自由基中间产物的直接检测和分析

用 EPR 检测自由基是一种快速的、直接有效的方法，实验中将所得 EPR 波谱中相应吸收峰的 g 因子计算出来，通过与标准值比较，估算是哪种自由基，再通过化学手段消除自由基以验证上面的推断。

2. 瞬态自由基的 EPR 检测方法及应用

自由基捕捉技术与 EPR 相结合的方法具有检测灵敏度高、特异选择性强和分析结果可靠等优点，被广泛用于寿命短、稳态浓度低的瞬态自由基的检测，在许多涉及细胞甚至动物体系以及化学反应机制的研究中都得以广泛应用。瞬态自由基的 EPR 检测的实验方法是：首先设计并合成一种能够捕获自由基的探针分子，这种探针分子必须能够快速捕获反应过程中产生的瞬态自由基，然后用 EPR 对捕获反应加合物的分子结构进行解析，通过逐一鉴定 EPR 谱线上各峰对应组分结构，推断并鉴定。

3. 顺磁离子配合物的 EPR 谱研究

顺磁离子配合物的 EPR 谱研究是将顺磁性金属离子作为结构探针，与蛋白质等有机物结合，形成配位结构，通过研究顺磁离子配合物的 EPR 图谱能够获取配合物的分子的自旋态、配位结构和电子能级等重要信息。顺磁性离子 EPR 波谱的解析依赖于配合物的构型与

d 电子及缺陷的分布，通过对理论计算的方法的研究，能够较为深入地解析多种过渡金属离子及其化合物在不同配位场作用下的 EPR 信号特征及催化性能研究。

4. 固体中的晶格缺陷

一个或多个电子或空穴陷落在缺陷中或其附近，形成了一个具有单电子的物质，如面心、体心等，或因为原子缺少引起含有单电子的原子缺陷。

5. 电子顺磁共振在工农业生产中的应用

电子顺磁共振在实际工农业生产中具有非常多的应用，包括食品与自由基、啤酒酿造过程中的质量控制、辐照剂量计、考古年代的测定、检测烟草自由基、种子和花粉最佳储藏条件的预测，等等。

EPR 的检测对象包括以下几类：

(1)在分子轨道中出现不配对电子(或称单电子)的物质。如自由基(含有一个单电子的分子)、双基及多基(含有两个及两个以上单电子的分子)、三重态分子(在分子轨道中亦具有两个单电子，但它们相距很近，彼此间有很强的磁的相互作用，与双基不同)等。

(2)在原子轨道中出现单电子的物质，如碱金属的原子、过渡金属离子(包括铁族、钯族、铂族离子，它们依次具有未充满的 3d、4d、5d 壳层)、稀土金属离子(具有未充满的 4f 壳层)等。

18.3 常见仪器

目前市面上电子顺磁共振波谱仪从大小上分为落地式的大型谱仪和便携式的桌面化谱仪。在品牌上主要有 Bruker(布鲁克)、JEOL 日本电子、国仪量子以及国外生产台式机的一些品牌。下面介绍市面上比较普遍的两种型号。

18.3.1 Bruker EMX Plus

布鲁克的电子顺磁共振波谱仪的产品类型比较丰富，从专业的分析级 ELEXSYS 系列到 EMX 系列，再到小型化的 MicroESR，可以选择的范围和种类比较多。目前在广大高校中使用比较多的型号包括 E500、EMX Plus(见图 18-2)、A300、EMXnano，等等。布鲁克生产的 EPR 波谱仪具有卓越的分辨率和灵敏度。EMXplus 的 X 波段灵敏度为 1.6×10^{9} spins/G 线宽。

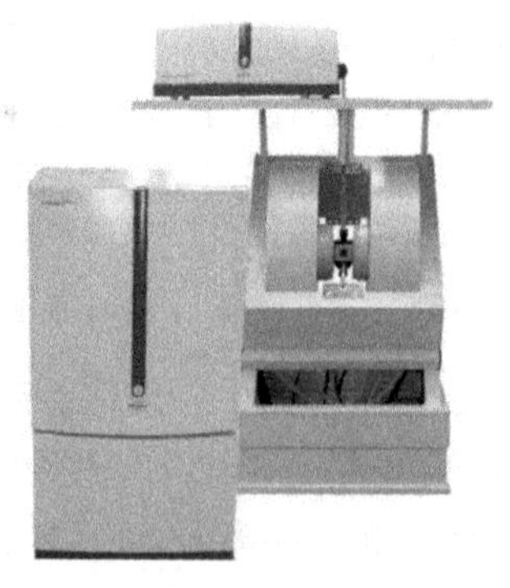

图 18-2　布鲁克 EMX Plus

18.3.2　JEOL JES-X3 系列

目前日本电子最新的谱仪是 X3 系列的仪器，但市面上还有很多台比较经典的 JES-FA200 系列的谱仪。JES-X3 系列电子自旋共振谱仪（见图 18-3），经过进一步改良低噪声耿氏振荡器，达到了极高的灵敏度。由于人们已经认识到样品中极少量的未成对电子会在很大程度上左右着材料的性能，因此对 ESR 的测试灵敏度也就有了更高的要求。JEOL RESONANCE 改进了低噪声的耿氏振荡器，使灵敏度比原来提高了 30%。

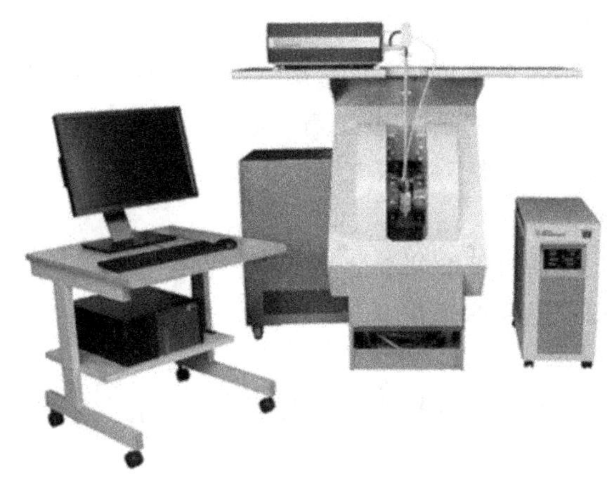

图 18-3　日本电子 JEOL JES-X3 系列谱仪

18.4　测试样品

18.4.1　测试样品要求

因为仪器用样品管比较细以及一些材料样品吸收微波等原因，建议块状样品在 2 个方向的尺寸控制在 2mm×2mm 以内，另外一个方向在 1cm 以内即可。粉末样品的质量控制 20mg 以上，液体样品 5ml 即可。

18.4.2　制样方法

根据上述测试样品的要求，准备好相应样品即可，测试工作人员会根据具体的样品采取不同的装样方法。针对特殊的一些实验化学反应或者前处理反应，客户最好提供相应的实验操作方法和步骤，以获得更加准确的实验结果数据。

18.4.3　测试项目及流程、参数选择

1. 空位缺陷、持久性自由基测试（常温或者低温）

用称量纸称量适当质量的样品后，将样品直接装入样品管，然后将样品管放入机器的谐振腔开始测试。如果需要低温测试，则先在谐振腔中装入专用的变温系统装置，再将样品管放入谐振腔中开始测试。

2. 激发性自由基测试

此类自由基的特点就是反应快、寿命短，对于这种测试类型来说，一般需要采用自旋捕获技术，准备相应的捕获剂，加入反应体系中与反应一起进行。最好能采用原位反应原位测试的方法，实现数据有效采集。如果实在做不到原位，也要争取在外界反应完之后立即放进谱仪测试。

另外，针对极性溶剂，需要把样品装入毛细管或者扁平池中，然后放入机器中测试，否则很难完成测试。

3. 过渡金属元素价态测试

此类测试需要根据不同的金属元素和价态来决定实验的方法和条件，有些常温即可，有些液氮温度也可以测试到，但是也有很多甚至需要液氦温度才能测到，或者是 Q 波段、W 波段等更加高频高场的仪器。这在整个测试中属于比较难的一种测试类型。

4. 变温测试及定量测试

变温测试应注意通过仪器自带的变温装置实现样品所处温度的连续变化和原位测试，可以实现了解样品信号随着温度的变化情况。测试步骤与空位缺陷、持久性自由基测试的步骤相同。

定量测试就是在完成普通测试后利用布鲁克专用的定量专利技术，直接实现数值的计算和结果。

5. 主要测试参数介绍

测试时主要有以下几个测试参数：

Microwave frequency：设置微波频率。

Microwave power：设置微波功率。

Center field：设置扫描的中心磁场。

Sweep width：设置扫描磁场的总宽度。

Receiver gain：设置 EPR 信号放大倍数，倍数越大，信号和噪声越大。

Modulation amplitude：随 MA 的增大，信号强度会逐渐增大，但当 MA 增大到一定程度后，信号会反而减弱，信号峰也会逐渐增宽。

Time constant：时间参数起到过滤噪声的作用。参数越大，过滤的噪声越多，但是，参数过大会使信号失真。

Conversion time：转换时间即每个数字信号转换为谱图信号所需的时间。增加转换时间，同时增强噪声和弱信号强度，但同时也会增加扫描时间。

通过以上参数的合理设置，可以获得正确、有效、美观的测试谱图。

18.5 数据解析

18.5.1 分析软件安装及使用

每个品牌的仪器厂家都在自己的谱仪中使用自己专利的软件，所以目前来说操作软件并不是统一的，包括每家软件都在更新换代，所以一家公司的软件也会出现好几种版本和原始数据格式。有些软件可以通过互联网搜索并下载到，也有一些软件是需要专利付费使用的。但是无论如何，每个软件都可以实现读取测试参数，量取峰宽、峰间距，读取 g 值等一些常规功能，也可以实现谱图的拟合与分析功能。

18.5.2　谱图分析与解读

关于谱图分析与解读的问题，首先引用某专家的一句话："EPR 的第一原则是永远不相信任何人"。这是因为 EPR 没有标准谱图，但是很多人都在引用各种参考文献，把别人参考文献中类似材料的测试谱图当成自己测试结果的唯一正确判断标准，这种行为是不可取的。不能人云亦云，对错不分，贻笑大方。

必须要严格地基于直接对象的几何结构与电子结构和与其相关的间接对象等来层层推导。EPR 能同时提供未配对电子数(化合价和自旋态)、原子轨道(猝灭程序)、原子和分子轨道的能级分裂、原子核(包括周边原子核)、结构对称性、不同能级上的布居数分布等多种不同空间维度的几何结构和电子结构。只有这些因素全部满足了，EPR 谱图才可能相同。否则，通过实验改变其中的任一个因素，哪怕是间接因素，测试所得实验谱图都是新异的。EPR 谱图并不是由一系列离散的、无限窄的谱图构成，而是一个整体的吸收谱，因此，不能参考其他常见谱学所使用的分峰法分析 EPR 谱图。

综上所述，大家在分析测试结果时，可以参考所相关的文献的分析过程，但是不能完全就信任参考文献的结果。或者应该多阅读多比较更多的文献结果后再做分析。除了实验最好须掌握一款以上的数据模拟和处理软件，能基于文献或实验所得参数进行读谱和模拟，根据已知或可能的几何结构分析和推导相应的电子结构，从而判断这些 EPR 参数和归属是否正确。

18.6　案例分享及问题解答

18.6.1　谱图常见横坐标错误案例

在很多目前已经发表的参考文献中，经常出现一些常识性的横坐标错误的案例，包括横坐标的单位不对、横坐标的尺寸不对等情况，需要大家引以为戒，具体如下列案例所示：

如图 18-4 所示，横坐标的数值与标写的磁场单位 G(高斯)不是对应的，违背基本知识。另外，横坐标的间距也不符合羟基自由基和超氧自由基的要求。

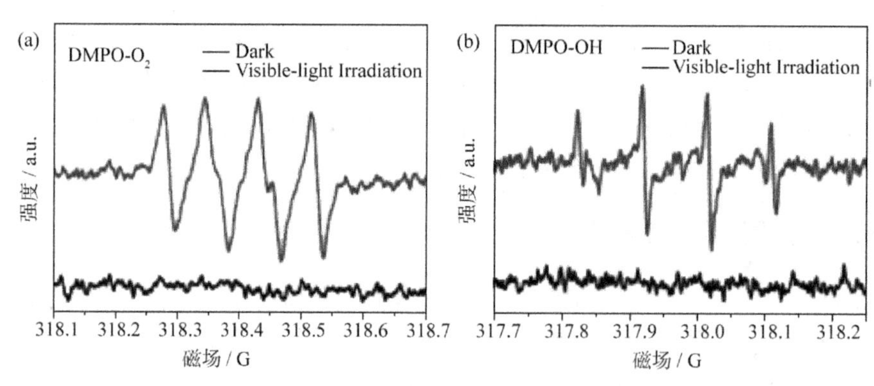

图 18-4 横坐标的单位不对、尺寸不对

图 18-5 中横坐标从 0～1000 的范围与羟基自由基和超氧自由基的基本常识相违背。

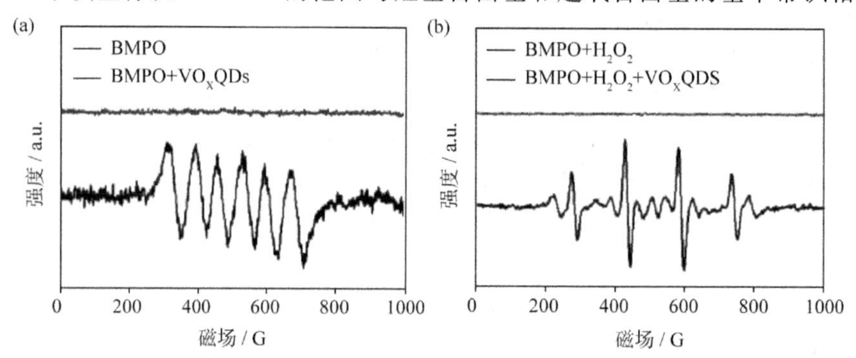

图 18-5 横坐标尺寸不对(一)

图 18-6 中横坐标的单位正确了，但是这么小的横坐标间距内很难出现羟基自由基和超氧自由基的这么多峰。

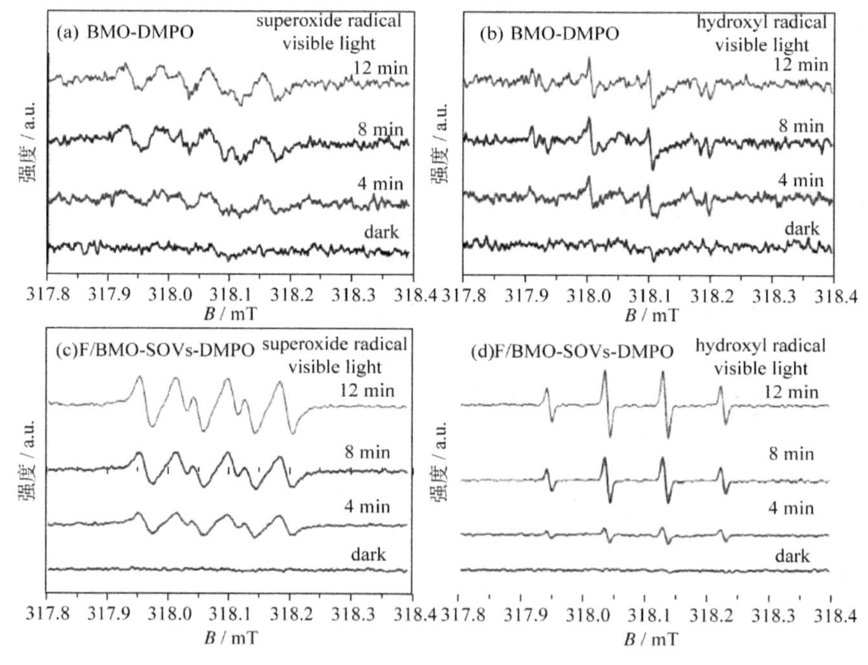

图 18-6 横坐标尺寸不对(二)

如图 18-7 所示，首先 g 值并不是真正的测试横坐标磁场值，并不适合用来作为横坐标。另外，g 值的从左到右顺序与图谱的正反顺序也不对应。

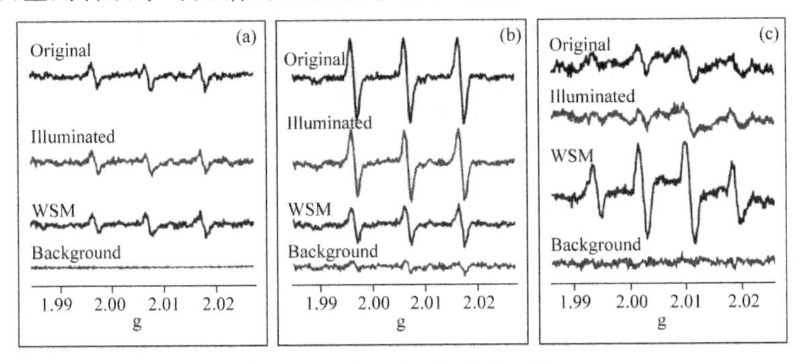

图 18-7　误把 g 值当横坐标

如图 18-8 所示，在使用捕获剂 TEMPO 或者 CPH 测试时，三个峰应该是等宽的，但是图中三个峰的宽细明显不一致。

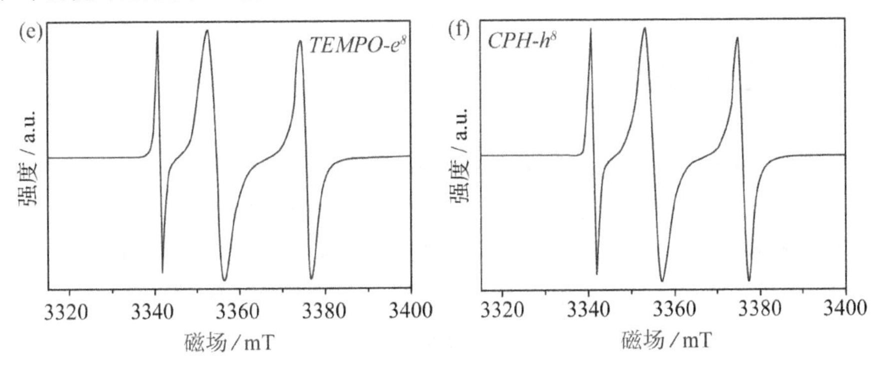

图 18-8　三个峰的峰宽不一致

18.6.2　自由基归属错误案例

也有很多跟着别人文献人云亦云的自由基归属的错误。如图 18-9 所示，作者误把别的自由基归属成超氧自由基，并没有真正理解超氧自由基的谱图。

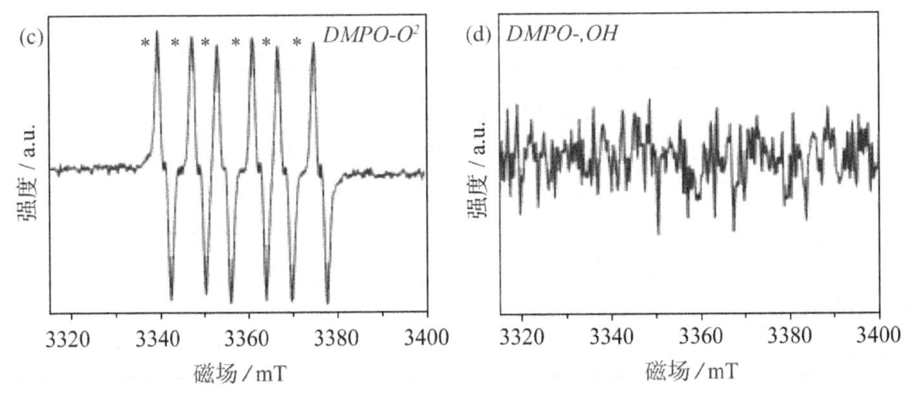

图 18-9　误把别的自由基归属成超氧自由基

如图 18-10 所示，作者误把别的自由基归属成硫酸根自由基，并没有真正理解硫酸根自由基的谱图。

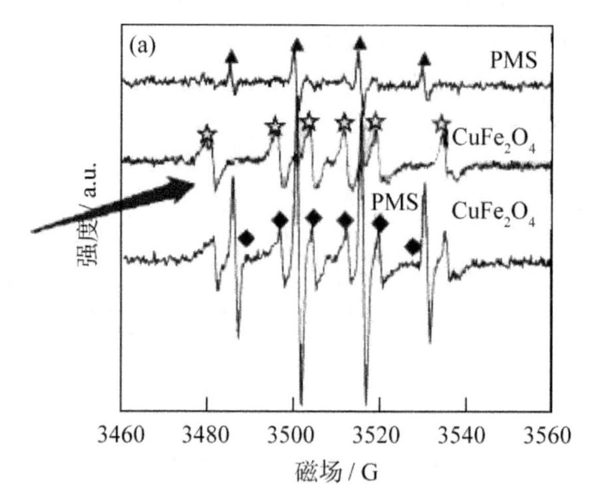

图 18-10 误把别的自由基归属成硫酸根自由基

18.7 常见问题解答

1. 文献中关于电子顺磁测试结果的 *g* 值和 *A* 值是什么?

对于 EPR 测试来说,需要弄清楚 g 值(EPR 谱图的指纹信息)和 A 值(超精细分裂常数)这两个重要的参数。g 值反映未成对电子数目和晶体场结构,A 值反映电子分布情况和原子核的归属问题,分析测试谱图首先就要真正从这两个参数开始研究。

2. 做自由基捕获实验时,捕获剂和溶液如何选择?

常用捕获剂的捕获自由基半衰期如表 18-1 所示。

表 18-1 常用捕获剂的捕获自由基半衰期

DMPO-·O2-	50s
DEPMPO-·O2-	140s
DMPO-·OH	几分钟至几十分钟
BMPO-·O2-	23min

实验室常检自由基的捕获剂选择及溶剂选择如表 18-2 所示。

表 18-2 实验室常检自由基的捕获剂选择及溶剂选择

检测自由基	选用捕获剂	选用溶剂	常用捕获剂浓度
羟基自由基	DMPO	水	100mmol/L
超氧自由基	DMPO	甲醇	100mmol/L
单线态氧	TEMP	实验溶剂	10mmol/L

当然对于食品生物等样品,也会采用 PBN、DEPMPO 等一些其他捕获剂来测试,这主要由样品的类型和测试自由基的种类来决定。图 18-11 是部分常用的捕获剂试剂结构图。

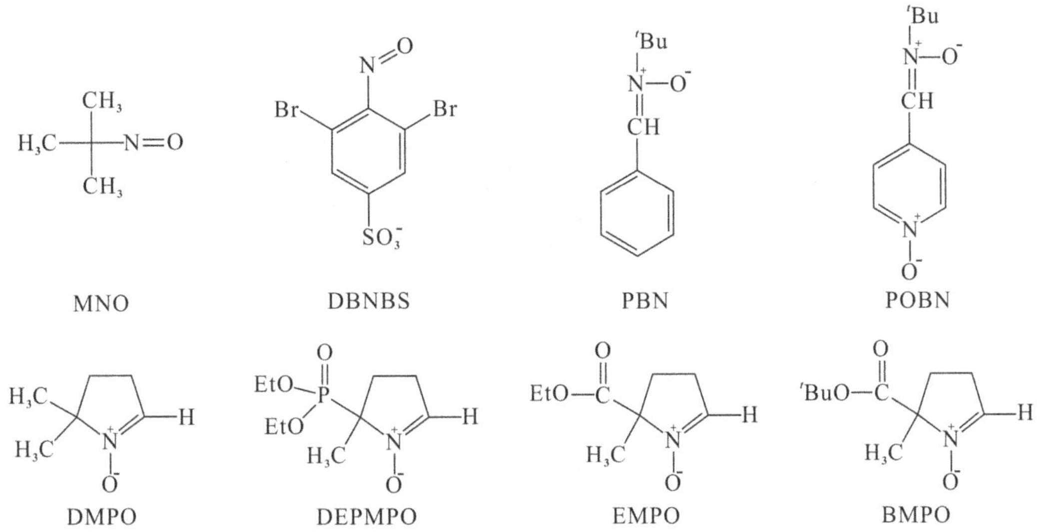

MNO　DBNBS　PBN　POBN

DMPO　DEPMPO　EMPO　BMPO

图 18-11　部分常用的捕获剂试剂结构图

3. 在用 DMPO 做自旋捕获实验时，如何根据测试结果来分析自由基种类归属？

一些常见的 DMPO 捕获自由基类型的示意图见图 18-12，方便比较分析自己的实验谱图，但是仅仅只是一个示意图，并不是标准谱图，仅供参考即可，具体还是要根据自己的实验谱图来分析拟合。这里面最容易混淆的就是烷氧自由基和超氧自由基这两种自由基，很多人在实际实验谱图分析的时候，经常把这两种自由基混淆起来分不清，所以要仔细观察区别。

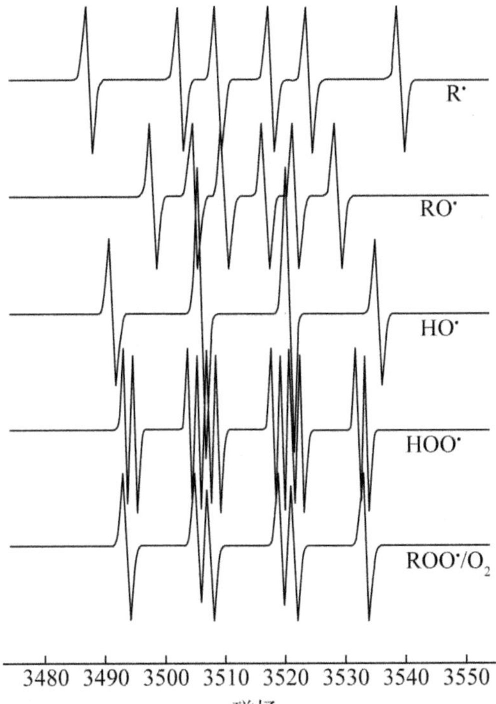

图 18-12　常见的 DMPO 捕获自由基类型的示意图

推荐书目

[1] 徐广智.电子自旋共振波谱基本原理[M].北京:科学出版社,1978.
[2] 徐元植,姚加.电子磁共振波谱学[M].北京:清华大学出版社,2016.
[3] 卢景雰.现代电子顺磁共振波谱学及其应用[M].北京:北京大学医学出版社,2016.
[4] 苏吉虎.电子顺磁共振波谱高级研讨班教程.中国科学技术大学,2017.

第四篇　性能分析

第19章 荧光性能

荧光是一种物质光致发光的冷发光现象。物质基本的荧光性能可用荧光分光光度计和稳态瞬态荧光光谱仪进行表征。荧光测试技术是科研中强有力的工具，可广泛用于化学、材料、生物和医学等领域。本章介绍荧光的基本原理和概念，着重围绕激发发射光谱、量子产率和荧光寿命等测试，从相关仪器信息、测试原理和数据解读等方面进行详细阐述。

19.1 原理及概念

19.1.1 基本原理

光的本质是电磁波，是一种能量的辐射形式。光子是光的能量载体。光的波长越长，光子的能量越小。人眼的可见光的波长范围大致在380～780nm，如图19-1所示，包含了人眼可辨别的紫、靛、蓝、绿、黄、橙、红七种颜色。相比可见光为短波的是γ射线、X射线、紫外线，相比可见光为长波的是波长范围在微米量级至几十千米的红外线、微波及无线电波区域。

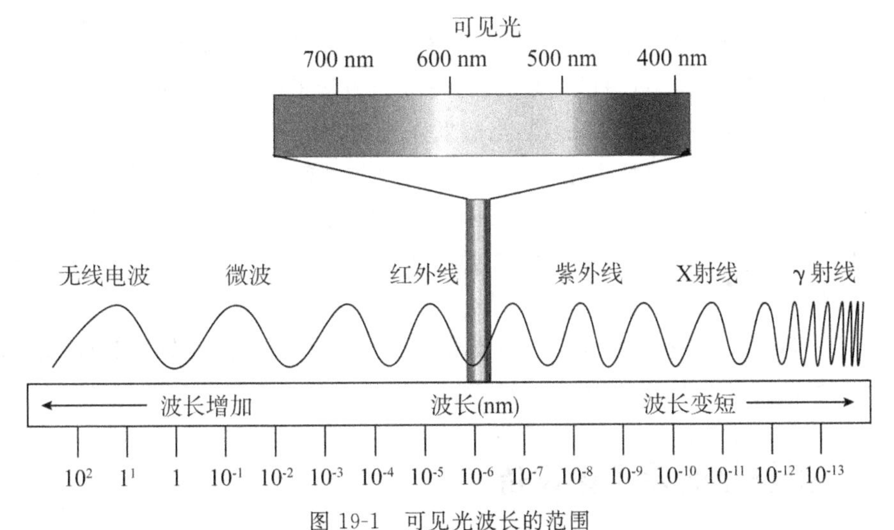

图19-1 可见光波长的范围

对于光致发光物质，在某种波长光的照射下，物质(分子)吸收光能后受激跃迁至激发态。激发态分子并不稳定,需要释放能量,如果此时物质以释放辐射的形式失活到基态或低能激发态,则该过程称为辐射跃迁。在辐射跃迁中,依照释放的辐射始态与终态的性质,将释放的辐射分别称为荧光(见图19-2)、磷光和长余辉。

荧光与磷光的根本区别是:荧光是由激发单重态的最低振动能层至基态各振动能层间跃迁产生的;而磷光是由激发三重态的最低振动能层至基态各振动能层间跃迁产生的。由于激发三重态能量低于激发单重态最低振动能级,因此磷光的波长比荧光长。可以大致这样认为,荧光和延迟荧光的区分主要看寿命,延迟荧光和磷光的区分主要是发射波长。

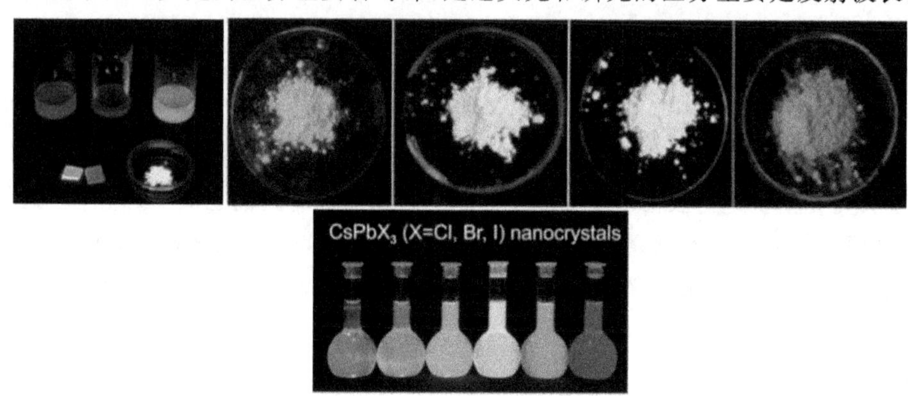

图19-2 不同样品紫外灯下发光的照片[1][2][3]

19.1.2 基本概念

发射光谱(Photoluminescence Spectra,PLS):固定激发光波长,探测(扫描)不同发射波长处的发射强度,得到材料发射强度随发射波长变化的谱图。

激发光谱(Photoluminescence Excitation Spectra,PLES):固定发射光波长,探测(扫描)不同激发光波长条件下的发光强度,得到材料(此固定发射波长的)发射强度随激发波长变化的谱图。

量子产率(Quantum Yield,QY):表示物质发生荧光的能力,数值为0~1,反映荧光辐射与其他辐射和非辐射跃迁竞争的结果,具体可分为内量子产率和外量子产率。

荧光寿命(Fluorescence Lifetime):当激发停止后,分子的荧光强度降到激发时最大强度的1/e所需的时间,它表示粒子在激发态存在的平均时间,通常称为激发态的荧光寿命。

上转换发光(Upconversion Fluorescence):又称反-斯托克斯发光,斯托克斯定律认为材料只能受到高能量短波长的光激发,发出低能量长波长的光,而上转换发光的材料在长波长激发下,可持续发射波长比激发波长短的光。

温度猝灭(Temperature Quenching):发光材料由于不同特性和热稳定性的影响,随着温度的上升,其发光强度下降,发射光谱红移。

19.2 模块化的爱丁堡设备

爱丁堡是一家专注于生产和研发高性能研究级光谱仪的公司。其推出的FLS980和

FLS1000 是当前较为先进、功能强大、模块化搭建的稳态瞬态荧光光谱仪(见图 19-3)。FLS 系列注于稳态及时间分辨光谱测试，具有超高的灵敏度。通过搭配适宜的组件和附件，可以满足荧光、磷光、近红外、量子产率、荧光寿命等一系列测试需求。根据测试需要，可设置不同的光源和不同的测试模式，表 19-1 列举了不同测试模式对应的数据采集技术[5]。

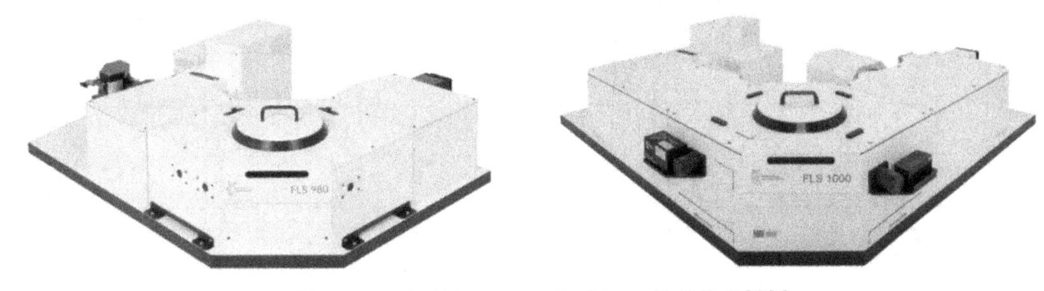

图 19-3　爱丁堡 FLS980、FLS1000 设备外观[4][5]

表 19-1　不同测试模式对应的光源和数据采集技术

测试模式	标准光源	数据采集技术
光谱测试	连续氙灯	单光子计数
时间分辨(ms～s)	微秒灯(μF2)	多通道扫描技术(MCS)
时间分辨(ns～μs)	纳秒闪光灯(nF920)、 皮秒脉冲激光器(EPLs) 皮秒脉冲 LEDs(EPLEDs)	时间相关单光子计数(TCSPC)

19.2.1　激发光源

荧光光谱仪上使用的光源可归类为稳态光源和瞬态光源。稳态光源一般是光谱及能量连续输出的氙灯，主要用于稳态谱、量子产率的测试。瞬态光源为频率可调、具有特定脉宽的脉冲输出光源，主要有微秒灯、纳秒灯和皮秒脉冲激光器等，主要用于荧光寿命的测试。以爱丁堡 FLS980 光谱仪系列为例，通常配备以下三种标准光源[5]。

1. 连续氙灯

稳态光源，氙灯光谱范围大致为 230～1500nm(见图 19-4)。

2. μF2 微秒脉冲氙灯

微秒灯光谱范围为 200～950nm(见图 19-5)，脉冲宽度为 1～2μs，脉冲频率为 0.1～100Hz;适用于 MCS 寿命测试，在类似时间门控光谱扫描的应用中，针对长寿命的样品可以将微秒灯用作光谱扫描的激发源。微秒灯的光学输出比连续氙灯更具线型结构，紫外输出含量也更高。

3. nF920 纳秒灯

纳秒灯光谱范围为 220～800nm(见图 19-6)，脉冲宽度为 1～1.6ns，脉冲频率可达 50kHz，适用于 TCSPC 测试。纳秒灯是一种气体放电光源，可用多种填充气体和气体混合物，通常使用的是纯氢或者纯氮。

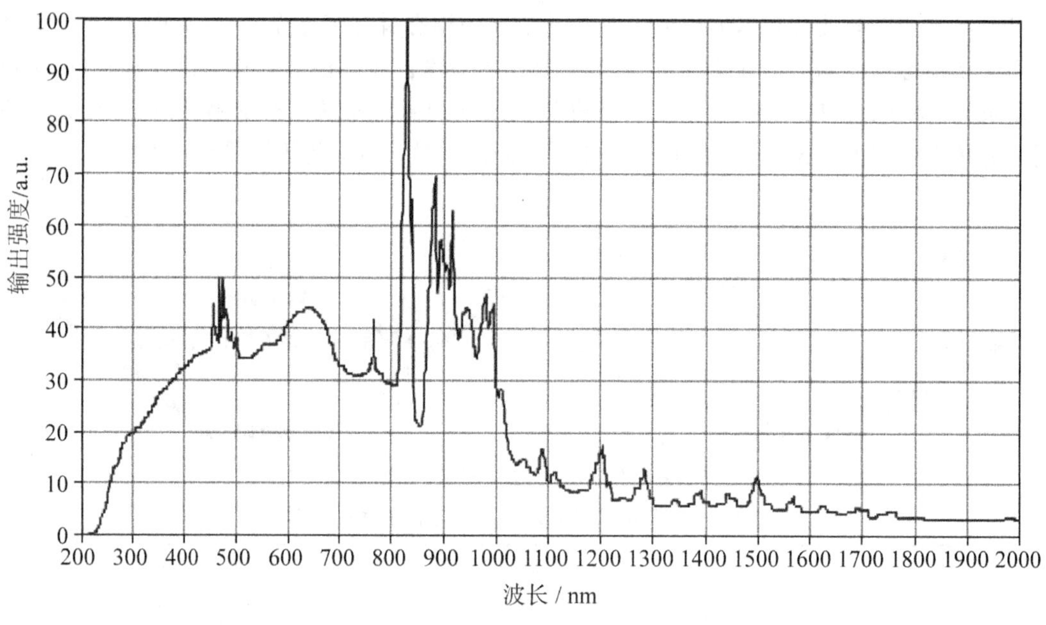

图 19-4 450W 氙弧灯的光谱输出

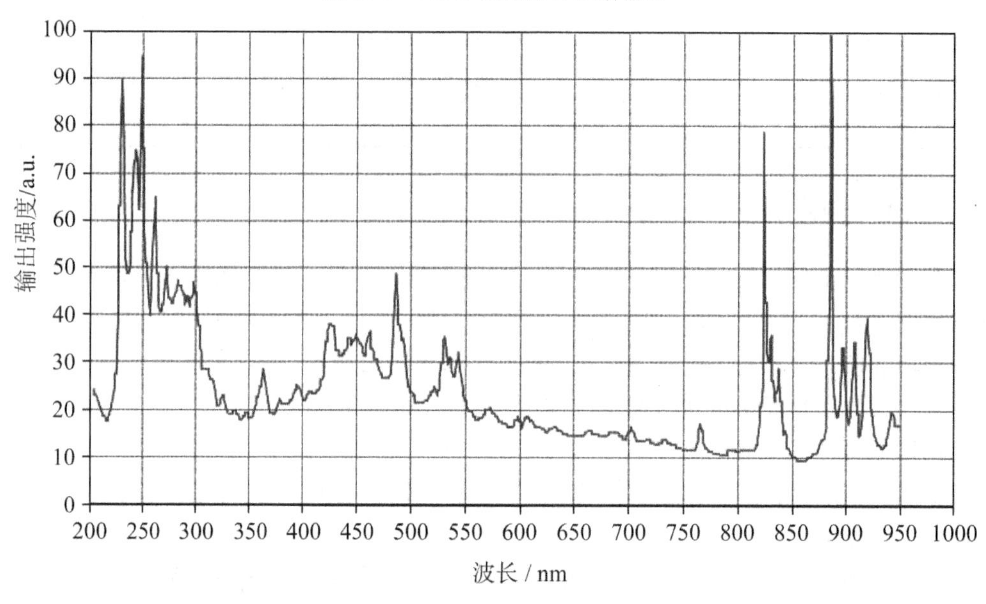

图 19-5 微秒灯的光谱输出

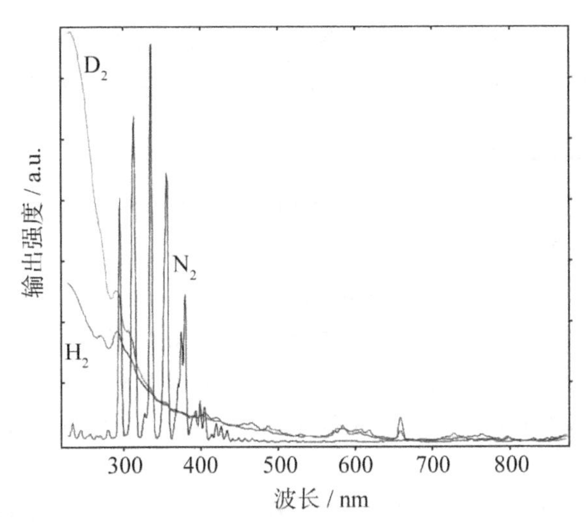

图 19-6 纳秒灯的光谱输出

脉冲二极管激光器和脉冲 LED 是纳秒级别的荧光寿命测试最常用到的高性能光源。在时间相关单光子计数（TCSPC）中，它们弥合了纳秒灯与昂贵的模式锁定钛蓝宝石飞秒激光器之间的差距。

爱丁堡公司可以提供一系列不同波长的皮秒级脉冲激光器（EPLs）和 LED（EPLEDs），波长范围为 250～805nm（见图 19-7、图 19-8）。这些脉冲光源可以外接在仪器的备用端口上。EPL 是激光光源，EPLED 是 LED 光源，两者虽都是脉冲光源，都可以实现皮秒脉冲，但本质上还是有区别。两种光源的光谱宽度和强度不同，EPLs 的输出功率会高些，光源单色性也会好些，与快速检测器一起使用时，能提高测试数据质量。此外，还有一些像近红外连续波激光器、YAG 激光器等，也可以根据实际使用需要来配备。

图 19-7 405nm 的 EPL 脉冲[5]

图 19-8 365nm 的 EPLED 脉冲光源

19.2.2 探测器

爱丁堡设备内含高增益光电倍增管（PMT）检测器，适用于稳态谱和时间分辨过程中的光子计数收集。最常用到的是可见的红敏探测器，其对应光谱探测范围为 200～870nm，建议探测范围为 200～750nm。探测器通常都需要相应的制冷装置，以减少黑暗计数率，提升信噪比，可见探测器有自带半导体制冷片，为探测器提供 −20℃ 的工作温度。另外，常用的还有近红外探测器，需要外加液氮制冷达到 77K 的工作温度，对应光谱探测 300～1700nm

(建议探测范围为800～1600nm)。还有一些其他探测器,比如扩展范围的红敏探测器、微通道板光电倍增管(MCP-PMTs)、热电冷却的InGaAs探测器等,会根据实际应用需要配置。

19.2.3 其他主要部件

单色器:是将光源发出的光分离成所需要的单色光的器件,可将输入端较宽波长范围的发射光转换成可选择的较窄波长的光。大多数荧光光谱仪至少具有两个单色器:激发单色器和发射单色器,可以是单光栅或双光栅单色器。

激发单色器将光源发出的复色光变成单色光,连续光源都需要单色器分光。发射单色器将发出的荧光与杂散光分离,防止杂散光对荧光测定产生干扰。

狭缝:控制光通量,入射狭缝的作用是为了得到相干性较好的平行光源,出射狭缝是为了引出特定波长的谱线。

样品室:大型多功能样品室(见图19-9)有多个开口,配备透镜聚焦光学元件、固体液体样品支架、温度探测器、液氮低温附件。

积分球:测试荧光量子产率时,需要用到积分球附件(见图19-10),将所有散射、发射光收集。

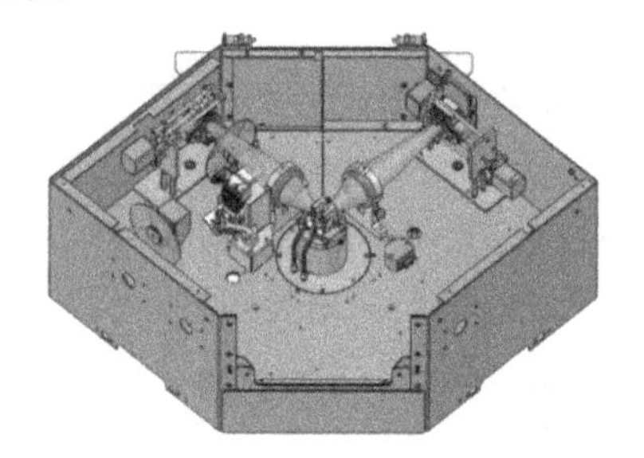

图19-9 爱丁堡FLS1000液体样品室[5]

图19-10 量子产率测试积分球附件

19.3 集成化的滨松设备

除了爱丁堡的仪器,滨松的设备也常用来测试材料的荧光量子产率。滨松的绝对量子产率测试系统,测试波段覆盖从紫外到近红外短波区域。如图19-11所示,滨松系统主要包含一个氙灯型激发光源、单色仪、积分球和能同步测量多个波长的多通道光的CCD探测器[2]。

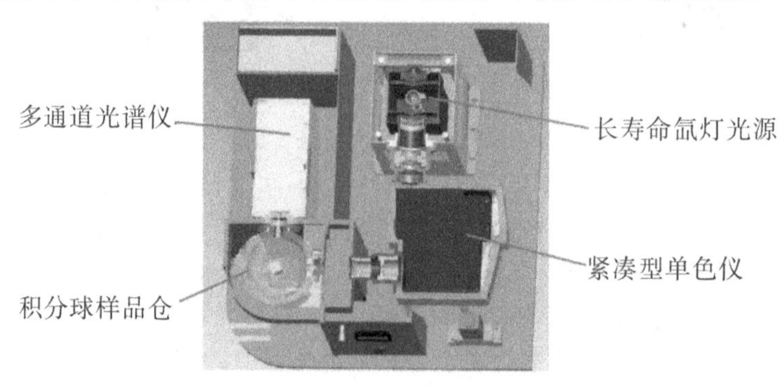

图19-11 滨松系统内部构造[1]

PMT 是单通道光探测器，虽然灵敏度高，但只能读取分立的谱线，采谱速度慢。相比 PMT，滨松产率设备配置的 CCD 探测器主要特点是多通道性，可读出一段光谱区域内的连续光谱，实现"全谱测定"，测试响应速度更快，相对检测噪声也低。且通常来说，CCD 性价比更高，随着 CCD 元件水平的不断提升，将来大有取代 PMT 的趋势，就像数码相机取代传统的胶片相机一样。

根据实际应用的需要，可配置激光器、高能氙灯或者双探测器等组件分别实现上转换 QY、近红外 QY 和长斯托克斯位移样品的测试。滨松系统模块化的设置，使得光源、探测器等主要部件的配置更灵活。

除了爱丁堡 FLS 系列、滨松的光谱设备，能实现常规荧光测试的还有很多，像日立 FL 系列荧光光度计、HORIBA 的荧光光谱仪、爱丁堡 FS5，等等(见图 19-12)。不同光谱仪的组成复杂程度不同，但它们的基本结构是相似的：光源照射样品，样品发出荧光，探测器接收信号，光电流经处理得到相应数值。

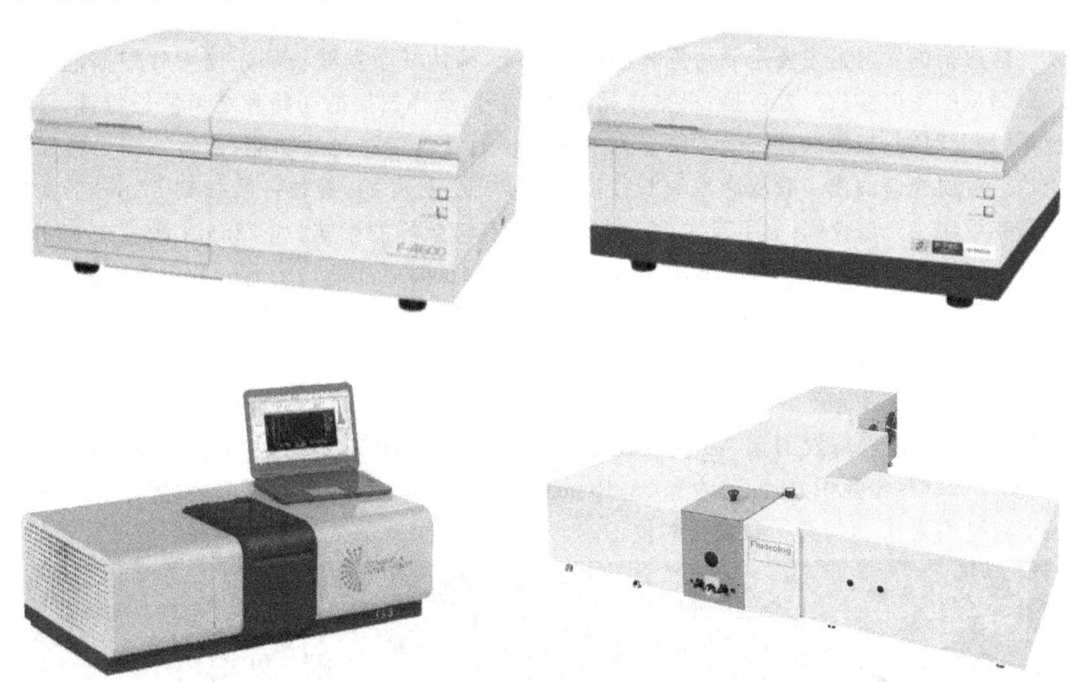

图 19-12　其他常用的荧光光谱仪

19.4　测试项目及数据展示

19.4.1　常规激发发射谱

任何荧光物质都具有两个特征光谱：激发光谱和发射光谱(见图 19-13)。激发光谱反映了某一固定的发射波长下所测量的荧光强度对激发波长的依赖关系；发射光谱反映了某一固定激发波长下所测量的荧光的波长分布。

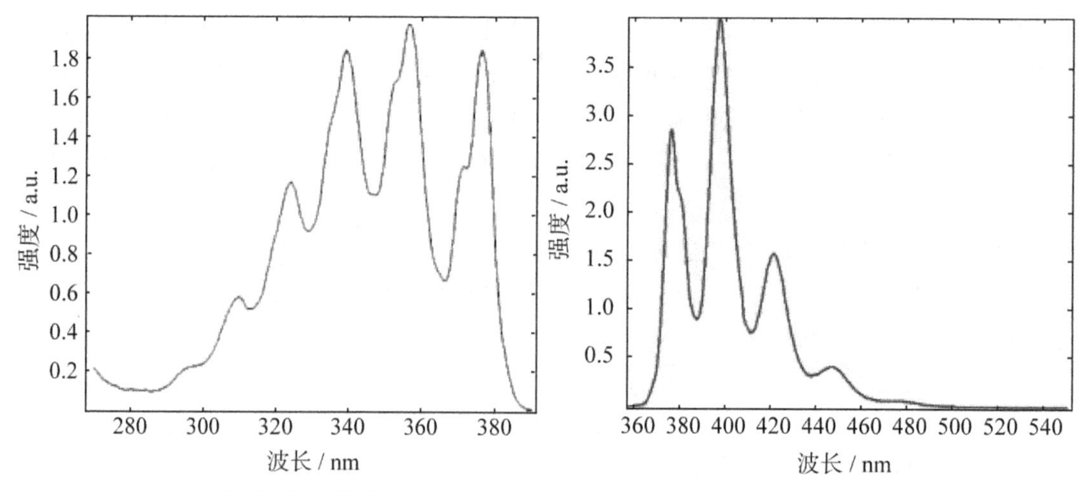

左边是激发谱，监测波长 $\lambda_{em}=400nm$；右边是发射谱，激发波长 $\lambda_{ex}=357nm$[5]

图 19-13　激发发射谱图例

这边指的发射谱主要是测可见光波段的荧光，确认好激发波长和光谱大致扫描范围即可。测试的主要参数设置包括：根据样品信息、信号，选择扫描的初始和结束波长位置，还有步幅、积分时间、扫描次数。爱丁堡系列的光谱仪通常自带滤光片功能，通常不需要再加滤光片。发射光谱扫描一般从激发波长往后 20～30nm 处开始，最长一般扫到 870nm。常规光谱亦可用小光谱仪（日立 F7100 等）测试，可能有倍频峰的影响，如 325nm 激发在 650nm 处有倍频峰。如果倍频峰对光谱测定范围有影响，测试时可加适当的滤光片以尽可能消除。小光谱仪测试速度快，测动力学过程更适用。薄膜等荧光较弱的样品，对分辨率要求不高的，建议用小光谱仪测试。

图 19-14 所示是爱丁堡软件界面呈现的激发发射谱测试结果。左边是激发谱，监测波长是 500nm，右边是发射谱，激发波长是 390nm。主要的参数信息：Step（步幅）为 1nm；Dwell Time（每步幅积分时间）为 0.2s；Repeats（重复次数）为 1，激发发射狭缝为 1nm，激发发射狭缝均为 0.4，勾选了激发发射校正。

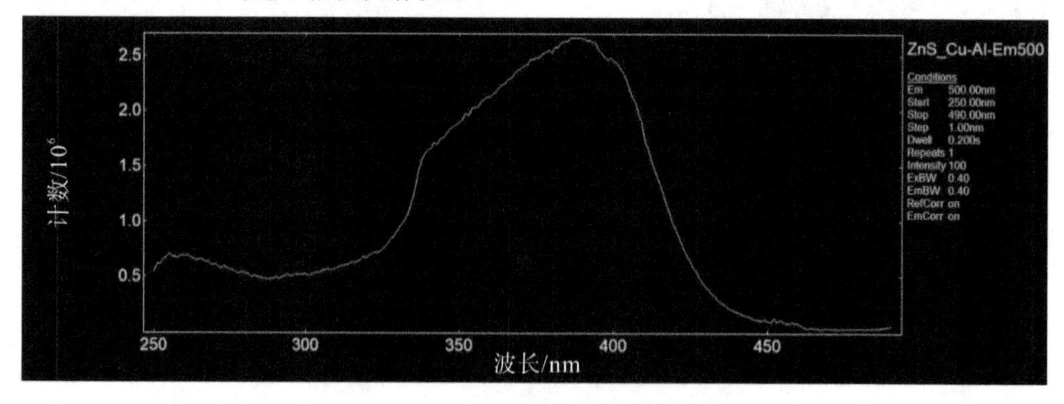

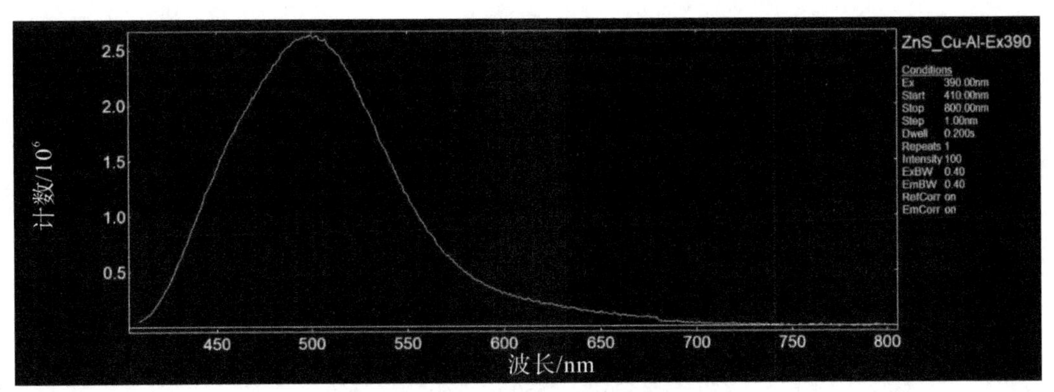

图 19-14　爱丁堡测试界面

上边是激发谱，监测波长 $\lambda_{em}=500$nm；下边是发射谱，激发波长 $\lambda_{ex}=390$nm

19.4.2　量子产率(QY)

量子产率是材料荧光性能的重要指标，按定义可区分为：

内量子产率：产生的光子数与样品吸收的光子数之比；

外量子产率：产生的光子数与所有入射的光子数之比。

按照定义，内量子产率乘以吸收系数等于外量子产率，吸收系数小于 1，因此内量子产率肯定要高于外量子产率。由定义也可以知道，因为和材料吸收相关，所以内量子产率不等同于发射谱强度，样品荧光强、测发射谱时强度高不代表测产率时产率也高。

测量子产率时，需要用到积分球将所有散射光、发射光收集，先后测试样品和参比样两条曲线。测固体样通常选择 $BaSO_4$ 标样或者空的石英皿作参比；测液体样通常选择对应的溶剂作参比。如图 19-15 和图 19-16，测试参比样的曲线中，激发光照射到参比样，获得激发光谱，即总光子数。然后，在样品容器中放入样品，同样条件下，激发光照射获得未吸收光子数和发射光子数。通过发射光子(绿色区域)和吸收光子数(蓝色区域)的比值，计算出内量子产率。

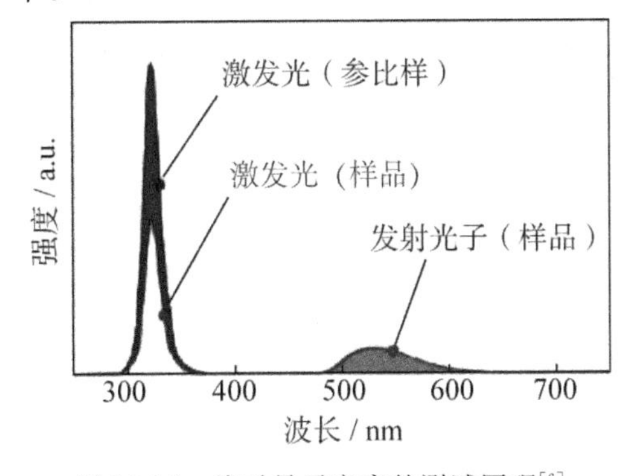

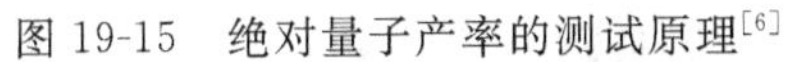
图 19-15　绝对量子产率的测试原理[6]

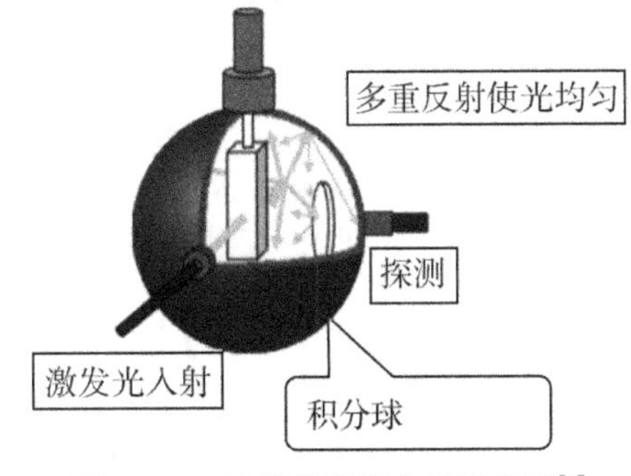

图 19-16　滨松仪器积分球示意图[1]

爱丁堡和滨松的设备都可以用来测试量子产率。图 19-17 展示了爱丁堡设备产率计算时的界面，包含选择散射和发射范围、得到的内产率数据。图 19-18 展示滨松设备产率计算的界面。爱丁堡软件上可另外积分参比样和样品在激发源的强度，来计算吸收系数，推算出外量子产率。滨松软件界面和爱丁堡的软件界面不太一样，滨松的界面可以展示平行测试的结果，直观地看到内量子产率和吸收系数。

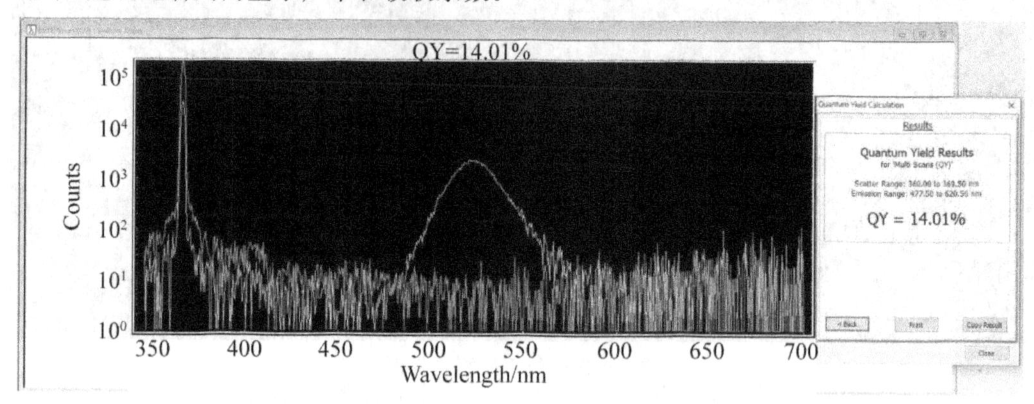

图 19-17　爱丁堡设备软件产率计算的界面

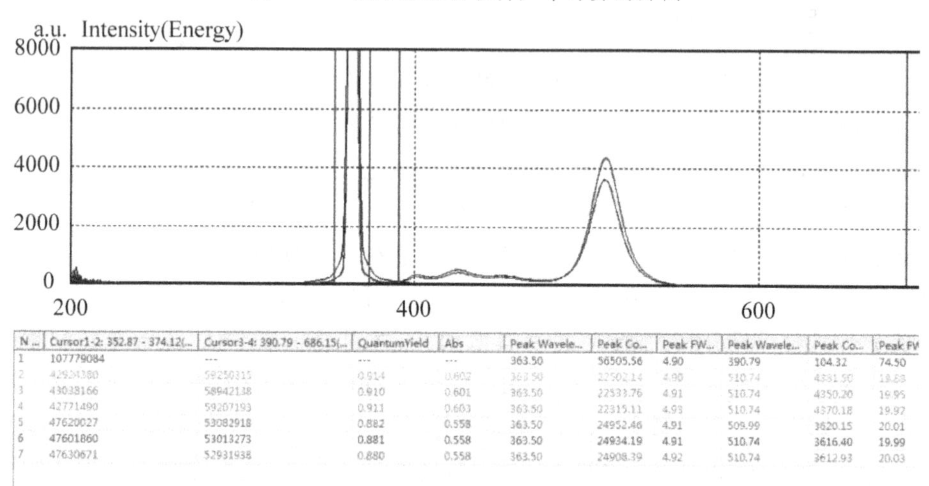

N ...	Cursor1-2: 352.87 - 374.12(...	Cursor3-4: 390.79 - 686.15(...	QuantumYield	Abs	Peak Wavele...	Peak Co...	Peak FW...	Peak Wavele...	Peak Co...	Peak FW
1	107779084	---	---	---	363.50	56505.56	4.90	390.79	104.32	74.50
2	42924380	59250315	0.914	0.602	363.50	22502.14	4.90	510.74	4331.50	19.88
3	43038166	58942138	0.910	0.601	363.50	22533.76	4.91	510.74	4350.20	19.95
4	42771490	59207193	0.911	0.603	363.50	22315.11	4.93	510.74	4370.18	19.97
5	47620027	53082918	0.882	0.558	363.50	24952.46	4.91	509.99	3620.15	20.01
6	47601860	53013273	0.881	0.558	363.50	24934.19	4.91	510.74	3616.40	19.99
7	47630671	52931938	0.880	0.558	363.50	24908.39	4.92	510.74	3612.93	20.03

图 19-18　滨松设备软件产率计算的界面

罗丹明6G是一种荧光标准物质，根据产品描述，激发488nm下的黄绿光绝对量子产率为95%。图19-19所示是该标准物质的乙醇溶液用滨松量子产率测定系统C9920-02G测试的结果。

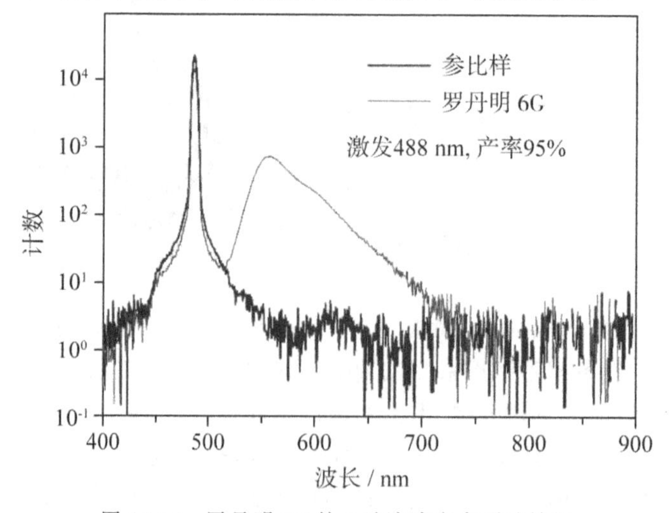

图 19-19　罗丹明6G的乙醇溶液产率测试结果

19.4.3 荧光寿命

在激发光源的照射下，一个荧光体系向各个方向发出荧光，当光源停止照射后，荧光不会立即消失，而是会逐渐衰减到零。当激发停止后，分子的荧光强度降到激发时最大强度的 1/e 所需的时间即该荧光体系的寿命(τ)(见图 19-20)。

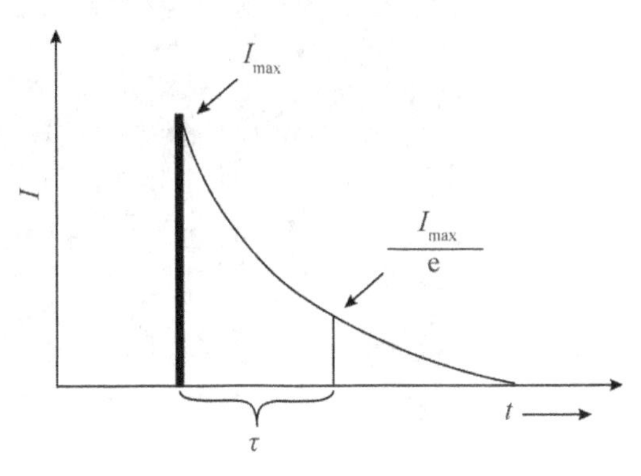

图 19-20　荧光寿命 τ 的定义

荧光寿命表示粒子在激发态存在的平均时间，通常称为激发态的荧光寿命。与稳态荧光提供一个平均信号不同，荧光寿命提供的是激发态分子的信息。不同的辐射跃迁构型往往对应着不同的荧光衰减通道，荧光寿命也不尽相同。在一些材料中，衰减通道常常和表面缺陷、能量转移、多激子发射有关。这些信息在稳态光谱中都无法体现，但荧光寿命的分析则能够给出相关信息。

荧光寿命的测试本质上测试的是样品的荧光衰减曲线，也叫作时间分辨衰减谱。和测稳态谱的主要区别是，寿命测试要选择合适的脉冲光源，调整好合适的脉冲频率。利用一定波长的脉冲光激发样品，然后监测某个波长的发射强度在不同时间通道累积下来的光子数，纵坐标为荧光强度(光子计数)，横坐标为时间(t)，其记录的是具体某一波长的荧光强度随时间的变化。

时间相关单光子计数(Time-Correlated Single Photon Counting，TCSPC)技术以统计学为基础，是目前最成熟、最准确的荧光寿命测定方法。下文展示的数据也是基于 TCSPC 技术的爱丁堡设备的相关数据。在使用 TCSPC 测量荧光寿命的过程中，需要调节样品的荧光强度，确保每次激发后最多只有一个荧光光子到达终止光电倍增管。图 19-21 展示的是爱丁堡设备测试的荧光衰减曲线，激发波长为 365nm，监测波长为 650nm，计数收集到 1000。

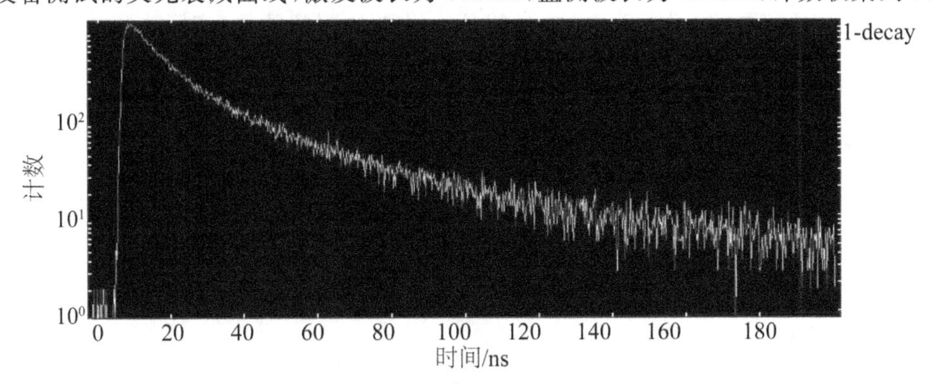

图 19-21　爱丁堡设备测试的荧光衰减曲线

如上所述，荧光寿命的测试，测试的结果是光源激发下所监测的发射波长的荧光衰减曲线。除此之外，一般工程师会给相应的寿命拟合结果(见图 19-22)：拟合的曲线(绿色线)、拟合的加权残差(紫色线)、拟合的寿命 τ_1(τ_2、τ_3)和它们对应的占比 B_1(B_2、B_3)。

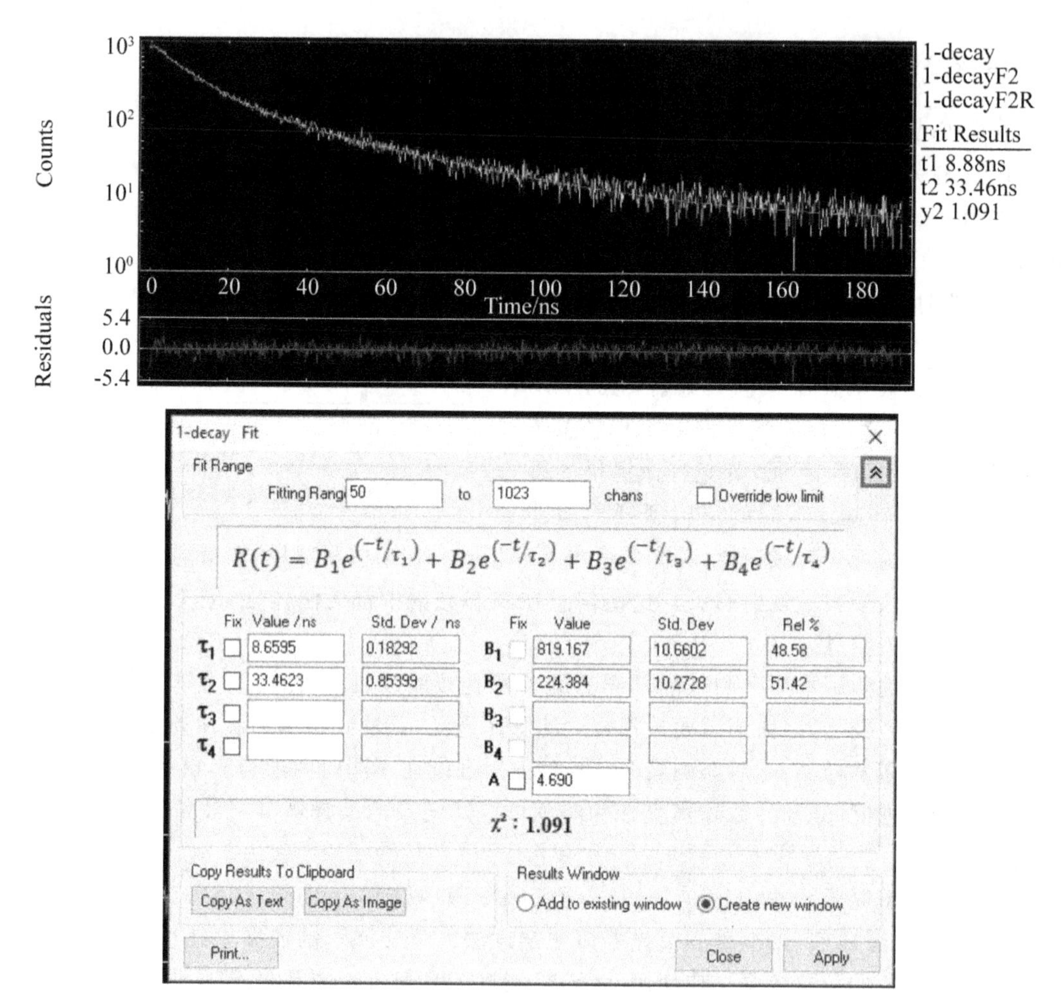

图 19-22　爱丁堡设备测试的荧光衰减曲线及拟合结果

平均寿命 τ_{ave} 可通过 τ 值和 B 值代入式(19-1)或(19-2)中计算获得。平均寿命 τ_{ave} 的两种表达式本质上是相同的，因为 Rel% 本身就是 τ 值和 B 值的函数，实际应用中第二个式子更为简化、计算更方便。图 19-22 中 χ^2 表示置信因子，当 $0.8<\chi^2<1.3$ 时，表示拟合结果可靠适用。工程师一般用爱丁堡仪器自带的软件给出相应合适阶数的拟合，该拟合结果仅供参考。结合自身样品，如需其他阶数的结果，可用 origin 快速拟合。

$$\tau_{ave}=\frac{B_1\tau_1^2+B_2\tau_2^2+B_3\tau_3^2}{B_1\tau_1+B_2\tau_2+B_3\tau_3} \tag{19-1}$$

$$\tau_{ave}=\tau_1*\mathrm{Rel}_1\%+\tau_2*\mathrm{Rel}_2\%+\tau_3*\mathrm{Rel}_3\% \tag{19-2}$$

19.4.4 其他常规测试

(1)近红外光谱

现在除了发光在可见光区的发光材料,发光在近红外第一窗口(NIR-I,700～900nm)和近红外第二窗口(NIR-II,1000～1700nm)的材料得到了广泛的关注。对于生物成像领域的应用,近红外发光材料相比可见光区的发光材料,具有优良生物组织穿透性和低背景的荧光干扰。

近红外光谱测试需要用到近红外区的探测器,如近红外的PMT探测器、Si基探测器或InGaAs光电探测器。实际应用中,例如用爱丁堡FLS1000配备的近红外探测器测试时,需先将探测器外加液氮制冷达到77K,最大程度减小暗噪声,光谱扫描范围建议在800～1600nm。因为和可见光属不同探测器,一般不再测试激发谱。

(2)磷光/延迟荧光光谱

如前文提到的,磷光是由激发三重态的最低振动能层至基态各振动能层间跃迁产生的。对于特定体系材料,磷光的发光波长比荧光长,而延迟荧光的峰位和荧光保持一致。

在实际应用中,例如用爱丁堡FLS1000测试材料的磷光、延迟荧光光谱时,通常有两种方法。一种是时间分辨的发射光谱(TRES)方法,测量不同监测波长的荧光衰减作为发射波长的函数,建立一个三维的时间分辨光谱,再通过Fluoracle软件集成的TRES切谱功能,设置指定的时间窗口进行切谱即绘制出稳态光谱图。另一种方法是配置带有门控功能的PMT检测器,配合脉冲光源,选择门控延迟时间做到延迟检测,将磷光、延迟荧光与荧光分离。

(3)上转换发光

上转换发光是指材料在长波长激发下,可持续发射波长比激发波长短的光。上转换过程的三种形式:激发态吸收、能量传递及光子雪崩,测试常用光源有808nm、980nm激光器。迄今为止,上转换材料主要是稀土元素掺杂的固体化合物,利用稀土元素的亚稳态特性,可以吸收多个低能量的长波辐射,从而让人眼不可见的近红外光转化为可见光。

(4)热猝灭

热猝灭也称为温度猝灭,是指各种发光材料随着温度的上升,其发光强度降低的现象。热猝灭是发光材料中普遍存在的现象,主要源于无辐射跃迁概率随温度升高而增大,如图19-23所示。

在材料的实际应用中,发光材料的工作温度明显高于室温,因此研究材料的热猝灭性能和机理,可以为制备高效和高工作温度的荧光材料提供一定的参考。爱丁堡FLS系列的仪器,通过配置的冷热台、冷却循环水系统(测低温用)实现样品的变温测试。

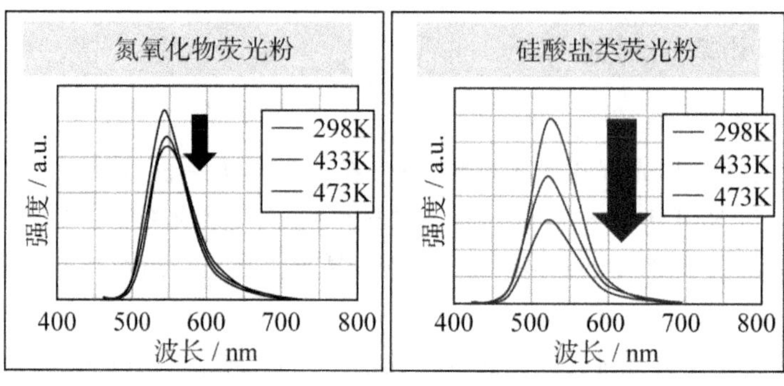

图 19-23　某些荧光粉的热猝灭图[1]

19.5　常见问题解答

1. 荧光测试对样品有什么要求?

确定样品有荧光/磷光性能,样品在光激励下能发光,不然所有荧光类测试都没有意义。对于发光在可见区的样品,最简单直观的就是特定波长紫外灯或者紫外暗箱照射下看看样品的发光情况。常规发射谱测试的光源就是氙灯。有些材料只能在特定激光激励下才能产生荧光,其发射光谱需要特定波长的大功率激光器来测,就是激光诱导的荧光,氙灯光源未必合适。

2. 测荧光寿命前要先测发射谱吗?

是的,样品最好先同台设备测过光谱,光谱强度足够或者有肉眼可见的发光再来测试荧光寿命。荧光寿命测试的是脉冲光源激发下所监测的波长的荧光衰减曲线,监测波长通常是测得的发射谱峰位或根据样品发射机制来确定的。稳态光谱的数据是寿命测试的必要条件,没有测过光谱的,不清楚监测波长的,务必先测试发射谱大致确认下。

3. 液体样品的浓度如何把控?

具体样品具体判断,适宜的浓度不尽相同。液体样品的性能可能受溶度猝灭、溶剂效应等因素的影响,尤其是在量子产率的测试中。理想的稀溶液的量子产量是没有浓度依赖性的。但实际很多液体样品并未达到这个理想的模型,产率结果会因浓度而改变,所以液体样品一定做好浓度把控。

参考文献

[1] 张纪泽. 准确、简单测量固体及液体发光材料绝对量子产率的评价方法 [Z]. 滨松光子学商贸(中国)有限公司.

[2] 图片来源:厦门大学解荣军课题组.

[3] Kovalenko M V, et al. Nanocrystals of Cesium Lead Halide Perovskites (CsPbX3, X=Cl, Br, and I): Novel Optoelectronic Materials Showing Bright Emission with Wide Colorgamut[J]. Nano Lett, 2015, 15: 3692-3696.

[4] FLS980 Userguide[Z]. Issue No. 2. Edinburgh InstrumentsLtd.
[5] FLS1000 Userguide[Z]. Issue No. 1. Edinburgh InstrumentsLtd.
[6] 张纪泽.绝对量子产率产品快速入门及防污染手册[Z].滨松光子学商贸(中国)有限公司.

第 20 章　磁滞回线

在材料的研究和分析中，经常使用振动样品磁强计对材料的磁学特性进行测试和分析，而磁滞回线测试是一种最为常见的磁性测试项目。但磁性是非常复杂且晦涩难懂的物理学分支，涉及量子理论以及大量的公式推导，对于非磁学领域的人来说较难理解。本章尽量用简单易懂的语言向非磁学专业的读者介绍磁性理论以及磁滞回线测量相关的基础知识，主要涉及材料的磁性来源、磁性的分类、磁性的测量以及常见的测试设备，并介绍磁滞回线的饱和磁化强度、矫顽力、剩磁等基本参数及物理意义，另外还对常规磁性测量方法、分析方法以及常见问题进行简单的介绍。

20.1　材料的磁性

磁性材料是一类历史悠久、种类繁多、应用广泛的功能材料，磁性也是自然科学史上最古老的现象之一。人类最早认识磁性是发现自然界中某些物质具有吸引和排斥的现象，例如我国春秋时期的管仲便在《管子·地数篇》中描述了磁石吸铁的现象；而在西方，据传说磁性首先是被一个牧羊人发现的，他注意到他放羊木棍的铁端能被一块奇异的石头所吸引，这种石块在小亚细亚、马其顿的 Magnesia 地区以及爱奥尼亚的 Magnesia 城都被发现过，人们有理由相信"Magnetism"一词就是来源于这些地名。我国古代把这种天然的材料统称为"慈石"，它是自然界中磁性氧化物的总称。磁性材料的另一个重要现象是其指示方向的性质，大约在公元前 4 世纪，我国便利用天然磁石制成了司南；更重要的是磁和电可以互不接触地产生相互作用，这一特性在人类社会的生产和生活中有着广泛的应用。人类大批量加工制造实用的磁性材料，大致是从产业革命时期开始的，但在最近的这几百年中磁性材料的发展极为迅速，在电力、通信、传感器、信息存储、医疗等领域都发挥着不可替代的作用。因此，测量并研究材料的磁性具有重要的学术意义和应用价值。

20.1.1　磁性的来源

从吉尔伯特伊始，经奥斯特、安培和法拉第等科学家对磁学现象和磁学理论孜孜不倦地探索，奠定了现代磁学的基石。1600 年，吉尔伯特发表了《论磁》一书，系统地论述了地球的磁性，标志着现代磁学的诞生。1820 年，奥斯特发现了电流的磁效应，安培提出了"分子电流”是物质的磁性来源。1831 年，法拉第电磁感应定律的发现，人们认识到了电和磁之间有着紧密的联系。19 世纪，麦克斯韦电磁场理论的创立，是电磁学史上划时代的贡献。19 世纪末到 20 世纪初是现代磁学的大发展时期。原子由原子核以及核外电子构成，核外电子在绕原子核转动的同时还在不停地自转，并且原子核中的质子和中子也在不停自转，电荷的运动将会产生磁矩。现代磁学认为，磁性与量子理论密不可分，材料的磁性来源于组成材料的原子磁矩，材料的原子磁矩与电子的自旋磁矩、电子绕原子核旋转的轨道磁矩以及原子核自转的原子核磁矩的矢量和有关。如果原子的自旋磁矩、轨道磁矩和原子核磁矩的矢量和为零，也就是原子整体不显示磁矩。而整体磁矩为零的原子构成材料一般是抗磁性材料；若磁矩的矢量和不为零，根据原子磁矩之间耦合类型的不同，可以分为铁磁性、亚铁磁性、反铁磁性和顺磁性。

20.1.2　磁性的分类

磁性是物质的基本性质，广义上讲任何物质都拥有磁性。根据磁性材料的用途可以分为软磁材料、永磁材料和功能磁性材料（主要根据是矫顽力和剩磁）。常规的磁性分类是根据磁学性质，一般可分为铁磁性材料、亚铁磁性材料、顺磁性材料、反铁磁性材料和抗磁性材料，其中铁磁性、亚铁磁性属于强磁性，通常所说的磁性材料就是特指此类物质。对于铁磁性的纳米材料，由于尺寸效应的影响可能呈现超顺磁性。下面分别简单介绍一下各种不同的磁性材料。

1. 抗磁性

对于电子壳层被填满的物质，电子的轨道磁矩和自旋磁矩的矢量和几乎为零，且原子核的磁矩一般可以忽略，因此原子的总磁矩也为零，不对外显示磁性。此类物质在外磁场的作用下，原子的电子轨道磁矩将绕外加磁场方向旋进（称作拉莫尔进动），并因此获得附加的角速度和微观环形电流，同时也产生一个与外加磁场方向相反的附加的磁矩。简而言之，材料在外磁场的作用下，磁化方向与外磁场方向相反且磁矩的大小与外磁场成正比的材料即为抗磁性材料。拉莫尔进动产生的反向附加磁矩，无例外地存在于一切物质中，但只有原子磁矩为零的物质才可能在宏观上表现出来，并称这种物质为抗磁性物质。在另外一些物质中，这种磁性往往被更强的其他磁性所掩盖。抗磁性材料的磁滞回线（MH）如图 20-1 所示，是斜率为负的直线，没有磁滞现象。此外，当材料进入超导态时，磁场无法进入材料内部，称之为超导抗磁性。

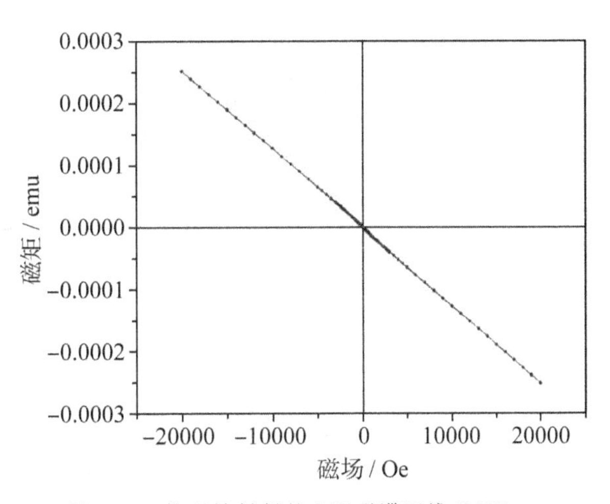

图 20-1　抗磁性材料的室温磁滞回线（MH）

2. 顺磁性

当原子的磁矩不为零时，原子磁矩间由于相互作用的大小和类型不同而呈现不同的排列规律。当磁矩之间的相互作用力较弱时，各原子磁矩的排列取向仍然是混乱的（见图 20-2(a)），此时材料的所有原子磁矩的矢量和为零，对外不显示宏观磁性。当施加外磁场时，在磁场的作用下，原子磁矩将在一定程度上转向外磁场（H）的方向，从而感生出与 H 方向一致的整体磁矩（见图 20-2(b)），但数值很小，所以顺磁性材料的磁化率（χ）大于零，满足居里定律。顺磁性材料的磁滞回线（MH）如图 20-3 所示，是斜率为正的直线，没有磁滞现象，磁场撤销后没有剩余磁化强度。

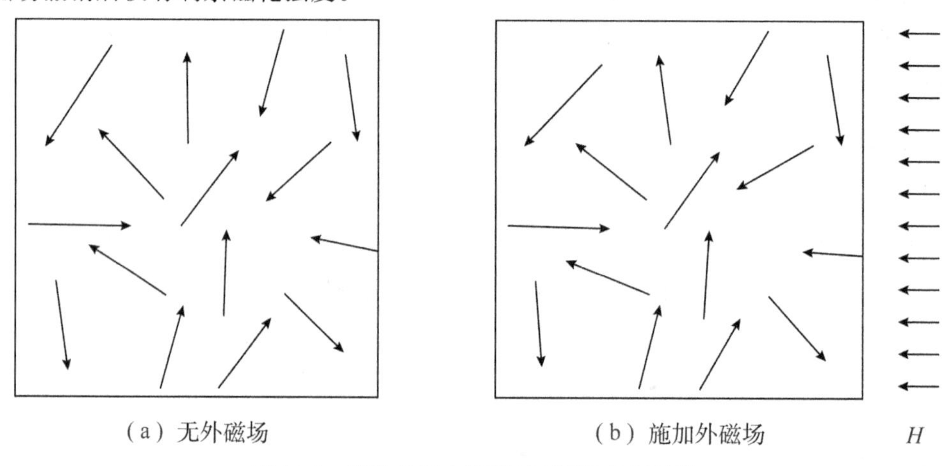

图 20-2　顺磁材料内部原子磁矩的排列示意

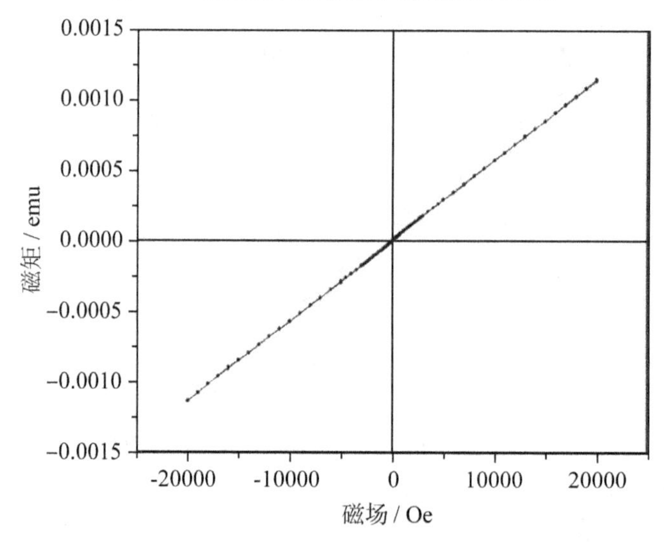

图 20-3　顺磁性材料的室温磁滞回线（MH）

3. 反铁磁性

原子的磁矩不为零且相邻原子磁矩由于相互作用而反向排列，当原子磁矩大小相等时可以完全相互抵消时（见图 20-4(a)），材料原子磁矩的矢量和为零，对外也不显示宏观磁性。但在外磁场作用下也可以感生出与 H 方向一致的整体磁矩，且磁化率一般比顺磁性高一些，服从居里-外斯定律，但仍然属于弱磁性材料。反铁磁材料存在有序化温度(奈尔温度，T_N)，当温度低于 T_N 时，其内部原子磁矩按次晶格自旋成反平行排列，每一次晶格的原子磁矩大小相等且方向相反，故它的宏观磁性等于零，在外磁场作用下能显示微弱的磁性。当温度高于 T_N 时，材料内部磁矩的规则排列被热扰动破坏，并趋向于混乱排列，此时显示与顺磁性相同的特征。反铁磁材料的磁滞回线与顺磁性相似，是斜率为正的直线，也没有磁滞现象，磁场撤销时没有剩余磁化强度(见图 20-4(b))。反铁磁的单晶材料可能具有磁各向异性，但测试一般为粉末或多晶材料，磁各向异性被掩盖。

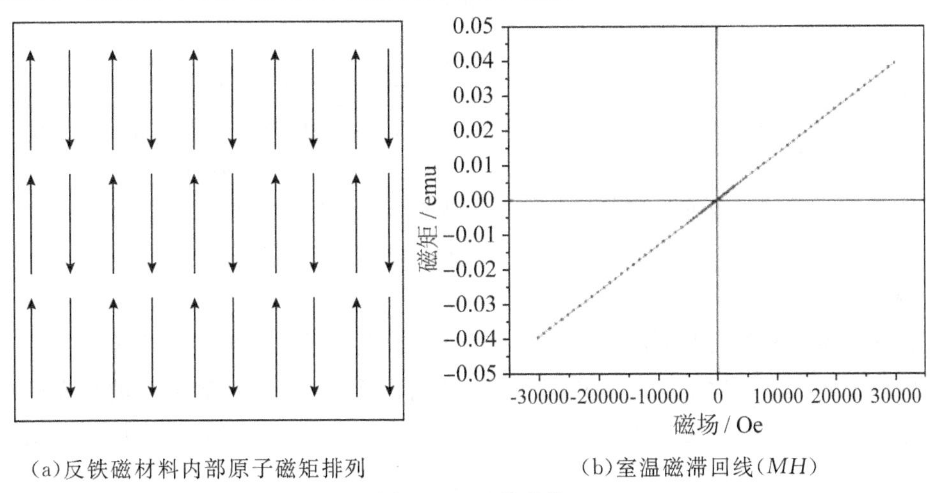

(a)反铁磁材料内部原子磁矩排列　　(b)室温磁滞回线(MH)

图 20-4 反铁磁性

4. 亚铁磁性

亚铁磁性材料和反铁磁性材料非常相似，原子磁矩不为零，且相邻原子磁矩由于相互作用而反向排列。但由于相邻原子的磁矩大小或数量不等，磁矩不能完全抵消，总磁矩不为零(见图 20-5(a))。一般常见的磁性氧化物，如铁氧体、四氧化三铁等就属于亚铁磁性材料。亚铁磁性材料和反铁磁性材料类似，也存在有序化温度(居里温度，T_C)，当温度低于 T_C 时，内部原子磁矩按次晶格自旋成反平行排列，由于磁矩反向平行排列的亚点阵上原子磁矩的数量和(或)大小不相等，因而磁矩的矢量和表现出不为零的自发磁化现象，且磁化率远大于零，一般在 $1\sim10^3$；当温度高于 T_C 时，亚铁磁性转变为顺磁性，亚铁磁性的磁化率温度变化曲线不简单满足居里-外斯定律。此外，亚铁磁性材料具有与铁磁性材料相似的宏观性质，具有以自发磁化为基础的强磁性和磁滞现象等特征(见图 20-5(b))，但在微观磁矩的有序排列类型(磁矩间的相互作用)上明显不同。因此，通过 MH 曲线无法区分铁磁性材料和亚铁磁性材料。

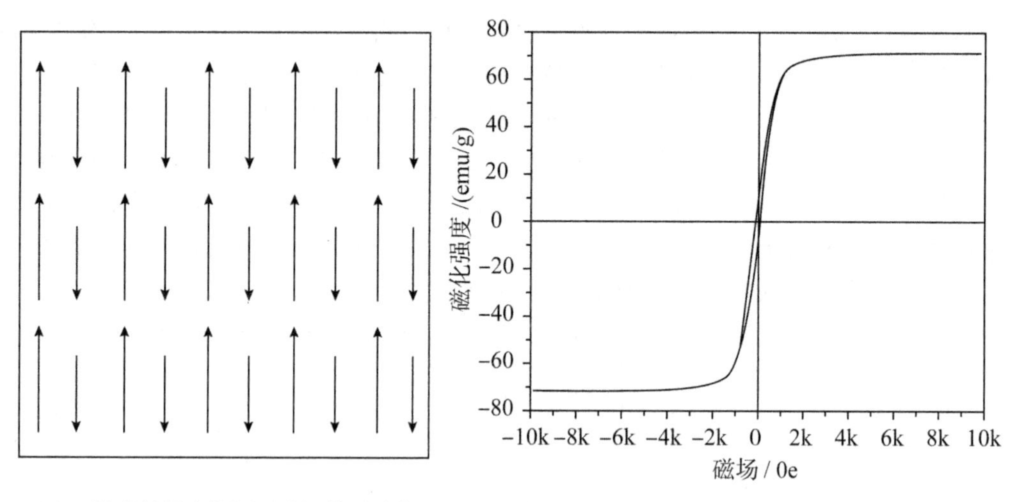

(a)亚铁磁材料内部原子磁矩排列示意　(b)典型的亚铁磁材料的室温磁滞回线(MH)

图 20-5　亚铁磁性

5. 铁磁性

铁磁性是磁性材料最典型的特征之一。铁磁性材料中原子的磁矩不为零且在一定区域(磁畴)内原子磁矩由于磁矩之间的相互作用而趋于平行排列,存在着显著的自发磁化现象(见图 20-6(a)),即使外加磁场为零,也可能具有较大的磁矩。一般铁、钴、镍的单质及其复合物就是典型的铁磁性材料。铁磁性材料存在磁性有序化温度(居里温度,T_C),当温度低于T_C时,内部原子磁矩成平行排列且原子磁矩不为零,磁矩的矢量和远大于零,表现出较强的自发磁化现象,即使施加较小的外磁场也可产生较大的磁化强度,且磁化率远远大于零,约为 $10\sim10^6$;当温度高于T_C时,铁磁性转变为顺磁性,铁磁性的磁化率温度变化曲线服从居里-外斯定律。此外,铁磁性材料具有以自发磁化为基础的强磁性和磁滞现象(见图 20-6(b))。

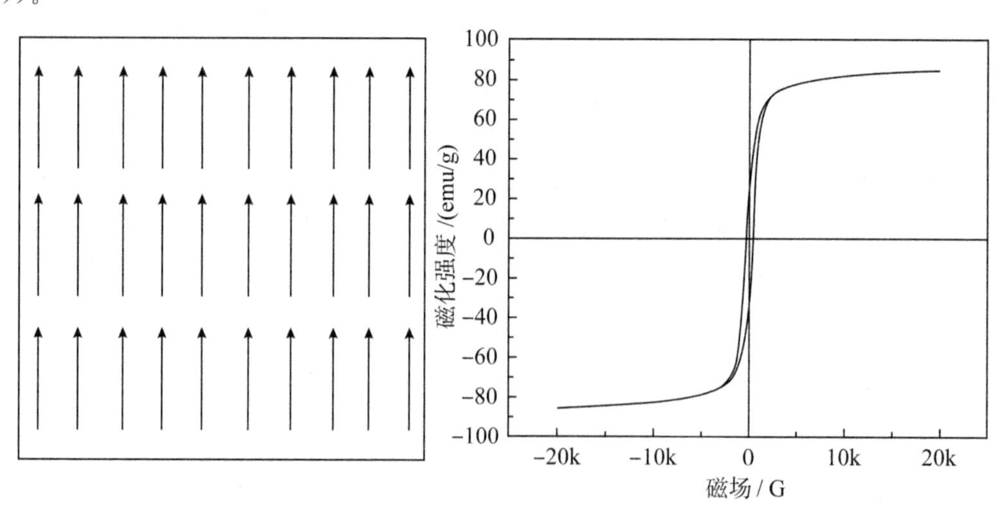

(a)铁磁材料内部原子磁矩排列　(b)典型铁磁材料的室温磁滞回线

图 20-6　铁磁性

6. 超顺磁性

当人们通过某种手段或合成方法将铁磁性材料的颗粒尺寸不断减小时，其磁畴结构将会从多畴结构变成单畴结构，磁畴壁将会消失，其磁性行为也将发生一些变化，其中最显著的是矫顽力。矫顽力是结构敏感性的物理量，与颗粒的尺寸密切相关。一般在常态下为铁磁性或亚铁性的物质，当呈现为极微细的粒子时矫顽力可能几乎变为零，这种现象称为超顺磁性。因此超顺磁性只是铁磁性的一种特殊状态，区别是矫顽力和剩磁几乎为零（见图 20-7(a)）。还有一种特殊情况，材料的矫顽力也接近于零，但剩磁比较大，这类材料不能称为超顺磁材料，一般属于软磁材料的范畴（见图 20-7(b)）。对于矫顽力小于 15g（或 Oe）的样品，由于设备腔体剩余磁场的影响，其磁化曲线测量要求比较高，准确测量的难度较大。1949 年奈尔（Néel）从热扰动使磁矩发生反转的物理机制出发，得出当热扰动的弛豫时间和磁性测量的特征时间差不多时，热扰动现象将会导致矫顽力的减小。由于温度的微小变化就可以引起弛豫时间急剧的变化，因此对于极微细的磁性颗粒，温度对矫顽力有着明显的影响。随着测试温度的升高，热扰动现象增强，弛豫时间显著减小，矫顽力也迅速减小。当热扰动现象能够克服外磁场等的束缚而引起颗粒磁矩取向发生翻转时，样品的矫顽力和剩磁基本降为零，此时对应的温度可以近似地认为是截止温度（Blocking Temperature）T_B。即磁性材料在比 T_B 高的温度下，虽然颗粒内的原子磁矩由于交换相互作用而规则排列，仍然具有自发磁化现象和铁磁性，但把单畴颗粒当作原子磁矩，那么超顺磁性内部磁矩的排列和顺磁性类似，也是杂乱无章的，因此作为类比把这种现象叫作超顺磁性。超顺磁性受热涨落影响的是颗粒内整体的全部磁矩，而顺磁性受影响的是原子磁矩。截止温度 T_B 是超顺磁性的一个重要参数，可以通过测量材料的 ZFC/FC 曲线获得。也可以通过公式进行大致地估算（$K_uV=25kT_B$，其中 K_u 是单轴磁各向异性常数，V 是磁性颗粒的体积，T_B 是样品的截止温度）。比如，hcp 结构球形 Co 颗粒的室温时超顺磁性的临界尺寸大约为 4.5nm，而 bcc 结构球形 Fe 颗粒的室温超顺磁性临界尺寸大约为 9.5nm，尺寸小于临界尺寸或高于截止温度的铁磁材料将显示超顺磁性，并且样品截止温度与材料的单轴磁各向异性常数密切相关。

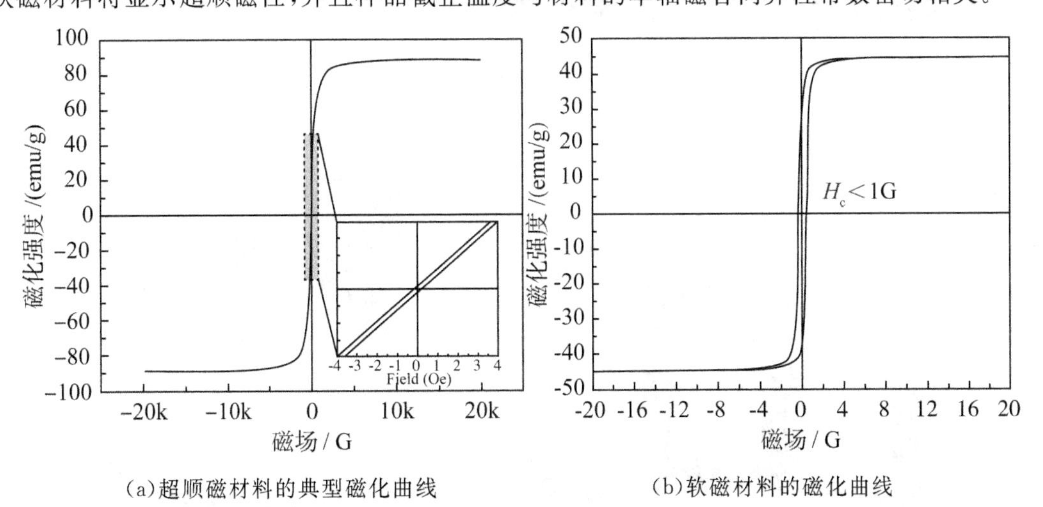

(a)超顺磁材料的典型磁化曲线　　(b)软磁材料的磁化曲线

图 20-7　超顺磁性

20.1.3 常见的磁滞回线测量仪器

材料磁性的测量方法有很多，测试设备大部分是通过将样品在一定外磁场下进行磁化，然后样品以特定频率振动，依靠锁相提取样品振动频率的磁性信号进行测试。为了更全面地研究材料的磁学性能，设备一般可选配支持变温测量的附件，用于研究不同温度下的磁学性能。根据测试原理以及方法的不同，磁性测量设备主要有振动样品磁强计(见图20-8)、超导量子干涉仪(见图20-9)和综合物性测量系统等(见图20-10)等。其中振动样品磁强计(VSM)和磁学测试系统(MPMS)一般专注于材料的磁学性能测试。VSM的测量速度快且精度较高，常规测试时传感器探头和样品处于同一空间，可以抵消设备剩余磁场对测试的干扰，能够较理想地测试矫顽力小于5Oe的样品，设备的有效磁场范围一般可达±2T以上，能够满足大部分的日常磁性测试需求；超导量子干涉仪(SQUID/MPMS)使用的超导磁体，极限磁场范围更大(±7T)且测试精度高，不扩展的情况下就可以实现温度在1.9～400K之间的连续测量，在极微弱磁性信号样品的测量上具有优势，测试需要消耗氦气，成本较高(见图20-9)。综合物性测量系统(PPMS)则注重多功能性，集成了磁学、电学、热学，甚至铁电和介电等各种物性测量手段，磁场范围最高可达±16T，测试速度比MPMS快，也普遍应用于材料的磁学性能测试(见图20-10)。上述测试设备都可以用于磁滞回线测试，且测试结果也基本没有差别，具有很好的重现性。磁性测试属于标准化测试，受主观因素的影响很小。

美国LakeShore的振动样品磁强计

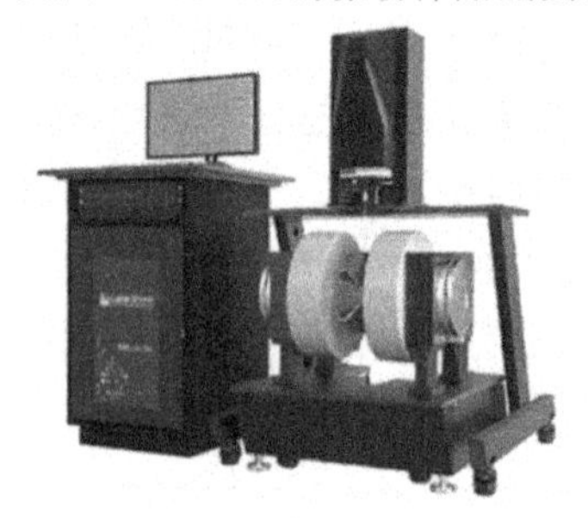

MicroSense的振动样品磁强计

北京物科的WK振动样品磁强计

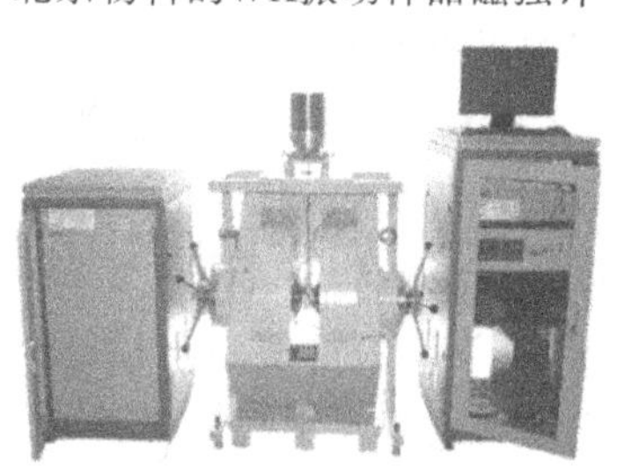

图20-8 一些常见的振动样品磁强计(VSM)[1-3]

MPMS-XL

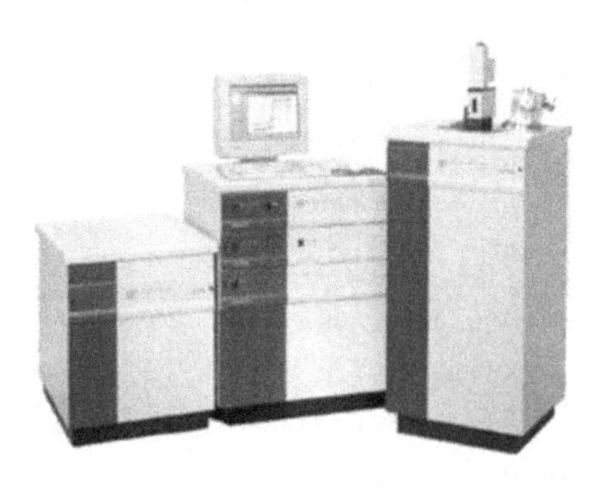

MPMS3

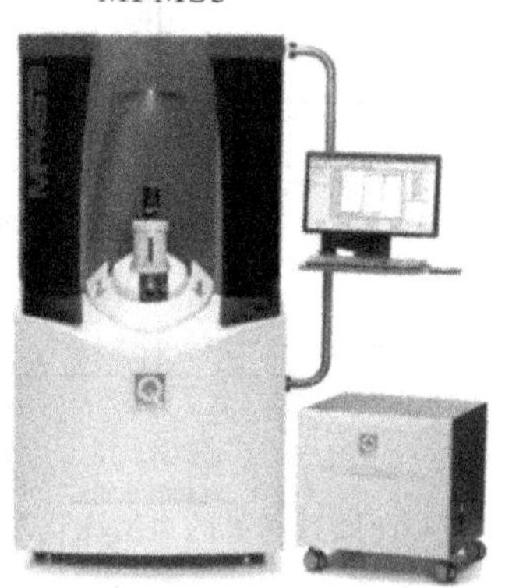

图20-9 美国Quantum Design公司的超导量子干涉仪(SQUID)[4]

图 20-10　美国 Quantum Design 公司的综合物性测量系统(PPMS)[5]

20.2　测试要求

磁滞回线(M-H 曲线)测试是磁学性能测试中最基本也是最常见的测试内容。磁滞回线测试可以支持粉末、块体、薄膜样品等,甚至是液体样品,所有样品都需要无毒且不易挥发。

20.2.1　样品要求

(1)粉末样品:样品干燥,没有毒性,重量最好 10mg 以上;样品颗粒不能太粗,装样后需要能压实,颗粒间没有缝隙,没有活动的粉末,否则影响测试效果;含碳的磁性复合材料以及有机物包覆的样品包装时尽量不要选择使用样品袋,否则很容易黏附在袋子上,测试时很难收集样品;一般尽量使用离心管装样品,如果样品量极少,可以先用称量纸包一下,然后再放到离心管或其他抗压的瓶子里,防止样品粘到称量纸上;纤维状样品以及棉絮状样品也可以测试。

(2)块体样品:块体样品没有特殊要求,球形的样品测量效果最好,样品不能有毒性或易挥发;如果样品的形状不规则,长宽一般要小于 3mm×3mm 且高度应小于 6mm;如果样品磁性太强,不建议样品太大,考虑到测试设备的量程一般在 10emu 左右,可能会超过量程导致无法测试;由于设备磁场的均匀区以及信号探测有效区间有限,样品三个维度的尺寸差距越大,测试引入误差的可能就越高,可能会导致曲线正负磁场时对应的饱和磁化强度数值不一致等问题,并引起磁化曲线于横轴左右两侧的交点不对称,也就是矫顽力左右两边相等;如果样品某一维度的尺寸太小,则退磁因子可能对测试有着一定的影响;如果样品有单轴磁各向异性,则样品取向会影响测试结果。所以,如果样品有单轴磁各向异性或明显的形状各向异性,测试时需要说明外磁场与样品的方位关系。

(3)薄膜样品:对于薄膜样品,由于有着明显的形状各向异性,所以测试时磁场与膜面的角度关系对测试结果可能会有明显的影响,需要在测试要求中指明磁场与膜面的角度关系。

（4）液体样品：液体样品只能进行最简单的测试，如果设备测试时需要真空环境，一般不允许测试液体样品。有些常规的 VSM，测试时样品是在大气中，对样品的限制较少，使用特制的样品杆可以允许测试某些液体样品。由于液体样品溶剂一般是抗磁性，且磁性样品的含量一般比较低，因此溶剂的抗磁性信号对样品的磁性信号干扰会比较大，测试曲线可能有比较多的跳点。

20.2.2 制样方法

样品磁滞回线测试前需要先制样和装样。不同类型和厂家的测试设备，样品杆和样品要求也略有不同，但总体上对样品的要求比较低，绝大部分样品可以直接装样并进行磁滞回线的测试。图 20-11 和图 20-12 所示为常见磁滞回线测量设备使用的部分样品杆，图 20-11(a)所示为美国 Quantum Design 公司综合物性测量系统(PPMS)的 VSM 选件样品杆，支持粉末样品和块状或薄膜样品的测试。图 20-11(b)所示为美国 LakeShore 公司 VSM 的样品杆以及小石英玻璃管和胶囊，玻璃管和胶囊的容量比 PPMS 大很多，能够装下更多的样品，可以支持粉末和块体样品的测试，常温测试时甚至可以把液体样品滴到小玻璃管中并用脱脂棉吸收并进行测试。图 20-12 所示为美国 Quantum Design 公司的磁学测量系统(MPMS)的样品杆，一般是将样品装进无磁的胶囊中(和平时的感冒胶囊外形很相似，两个套在一起就能够固定样品，然后塞进管子的特定位置并固定，就可以测试了)。MPMS 高灵敏度的根源是其基于射频 Superconducting Quantum Interference Device(SQUID)的磁信号检测装置，因此人们常常直接以 SQUID 来称呼 MPMS。常规的制样流程如下。

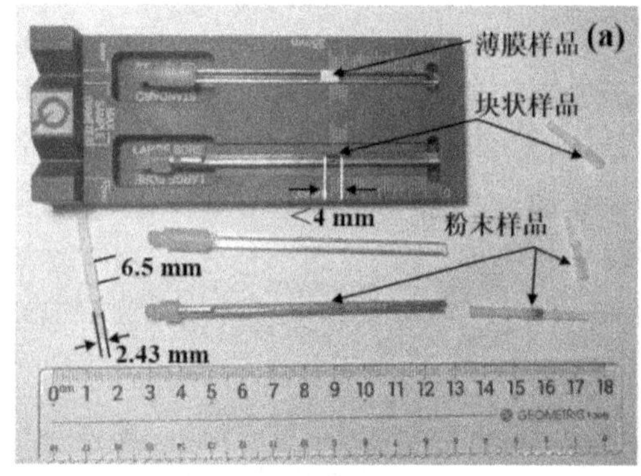

(a)PPMS 样品杆和胶囊

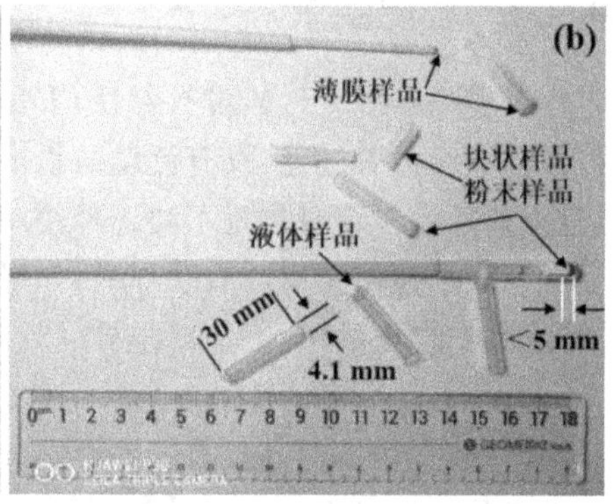

(b)LakeShore VSM 的样品杆以及玻璃管和胶囊

图 20-11　样品杆及玻璃管和胶囊

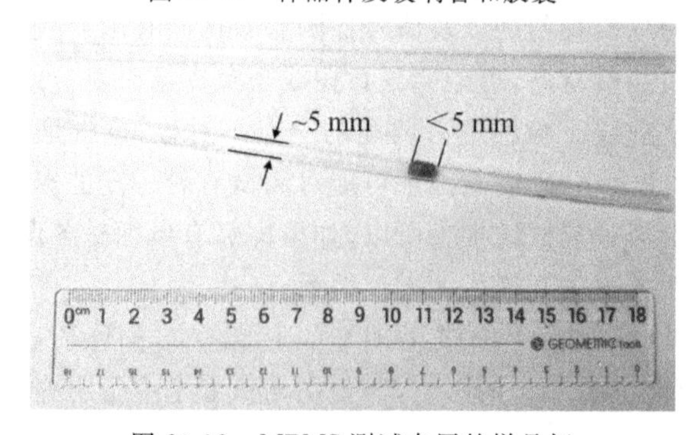

图 20-12　MPMS 测试专用的样品杆

(1)粉末样品：对于粉末样品，装样前需要确保样品干燥且不易挥发，如果颗粒太粗则需要预先研磨一下，若单个颗粒的质量超过 1mg 可以按块装样品进行制样。装样时一般先用高精度天平称量一对胶囊的质量，然后将样品装进胶囊并首尾嵌套在一起来固定样品，再次称量装入样品后的质量就可以获得样品的重量数据，最后准确记录样品编号和重量数据并装入设备待测。PPMS 的 VSM 测试用胶囊的空腔内径大约为 2.43mm，空腔的深度为 6.5mm(装样量一般需要控制在 4mm 以内，见图 20-11(a))，测试所需的典型样品的质量为 5～50mg；LakeShore 的 VSM 测试粉末使用的玻璃管空腔直径为 4.1mm，空腔深度大约为 30mm，但受限于设备磁场均匀区以及信号探测的限制，一般装样深度最好小于 5mm，测试所需的典型样品的质量为 10～100mg(见图 20-11(b))；MPMS 测试用的样品杆空腔直径大约为 5mm，样品需要固定在样品杆特定的位置，测试所需的典型样品的质量为 1～100mg(见图 20-12)。样品量太少时，称量误差会偏高，会影响测试的精度。如果样品的磁性信号足够强，原则上样品的体积越小且三维尺度越接近，越能保持测试时样品处于设备磁场的鞍点中心位置，测试精度越高。因此，装入过多样品将导致高度过大，并可能引入测试误差，尤其是碳或石墨烯等密度极低的复合材料。一般按照推荐的样品量就不会超出范围，可以获得最好的测试效果。

(2)块体样品：对于块状样品，装样前需要确保样品不易脱落或破碎，一般尺寸超过小米大小的样品可以视作块体样品制样。准确称量样品的重量后，将块体样品使用无磁双面胶或粉末胶囊直接固定在样品杆特定位置即可测试。使用 PPMS 测试时块体样品的长宽要小于 3mm 且高度应小于 6mm；MPMS 以及 VSM 测试时，块体样品的长宽要小于 5mm 且高度最好小于 6mm。如果待测样品有各向异性，需要提前标明测试时磁场方向和样品特定方向的取向关系。

(3)薄膜样品：对于薄膜样品，由于具有显著的形状各向异性，测试时需要明确磁场和膜面的方位关系(磁场平行于膜面或垂直于膜面测试)。薄膜样品一般附着在衬底上，无法直接称量待测样品的质量，需要知道薄膜的面积以及样品的厚度，才能用体积表示比磁化强度。如果不需要知道比磁化强度信息，可以不考虑待测薄膜的质量或体积。薄膜样品测试磁化曲线时，PPMS 测试时块体样品的长宽要小于 4mm 且高度应小于 5mm；MPMS 以及 VSM 测试时，块体样品的长宽要小于 5mm 且高度最好小于 5mm。如果确实无法减小样品尺寸，只要能装进设备，原则上也可以进行测试。

(4)液体样品：VSM 测试室温磁滞回线时，如果用玻璃管装样，可以测试液体样品。样品需要无毒且不易挥发，制样时先在玻璃管内塞入大概 5mm 长的脱脂棉，蓬松且不能压紧，然后使用移液枪取大概 50μL 的待测样品并滴入玻璃管中，装到设备上直接进行测试。测试液体样品时，磁场范围一般小于±2T。若需要比磁化强度，可以用测量的磁化强度(emu)除以样品的量，样品的量可以根据浓度和测试量取的体积进行计算。

20.3　磁滞回线

磁性材料的某些典型的磁学特性可以通过测量样品的磁化强度随外磁场的变化曲线进

行研究。磁滞回线则表示外磁场周期性变化时(见图 20-13(b)),材料磁性信号的随外磁场变化规律(见图 20-13(a))。如果以磁场(H)作为横轴,磁化强度(M)/磁感应强度(B)作为纵轴,就可以得到待测样品的磁滞回线(见图 20-13(c))。磁滞回线测试是磁学性能测试中最基本也是最常见的测试内容,任何类型的材料都可以进行磁滞回线测试,但是只有铁磁性和亚铁磁性物质才有磁滞现象,同时磁滞回线也是磁性材料的代表性特征之一,顺磁性、反铁磁性和抗磁性物质的磁滞回线测试结果一般为不同斜率的直线,如图 20-2、图 20-3、图 20-4 所示。磁滞回线表明强磁性物质反复磁化过程中磁化强度 M 或磁感应强度 B 与磁场强度 H 之间的关系。从饱和磁化状态开始使磁化场减小,B 或 M 不再沿原始曲线返回。当 $H=0$ 时,仍有一定的剩磁 B_r 或 M_r,为了使 B 或 M 趋于零,需反向加一磁场,B 或 M 趋于零对应的磁场为矫顽力(H_c),其中使 $B=0$ 的 H_c 为 ${}_BH_c$,称为矫顽力;而使 $M=0$ 的 H_c 为 ${}_MH_c$,称为内禀矫顽力。由于 B 和 M 满足下式:

$$B=\mu_0(H+M)=\mu_0(1+\chi)M \tag{20-1}$$

其中 μ_0 为真空磁导率。若已知材料的 MH 曲线,实际上可以求出其 BH 曲线,反之亦然。目前,大部分文献资料上的磁滞回线大都是 MH 曲线,曲线与横轴的交点也直接称作矫顽力。我们目前的磁滞回线测试(VSM 测试),提供的测试数据也是 MH 曲线。实际上工业中更常用 BH 曲线,单位是特斯拉(T);而学术上大部分使用的是 MH 曲线,单位是 emu,更复杂的是不同单位制的相关参数存在混用,虽然严格上来说不够严谨,但大家一直这样约定俗成地使用。同时绝大部分磁性测量设备给出的单位也是 emu,磁场的单位为 G 或 Oe(G 是磁场的单位是 1G=1Oe)。

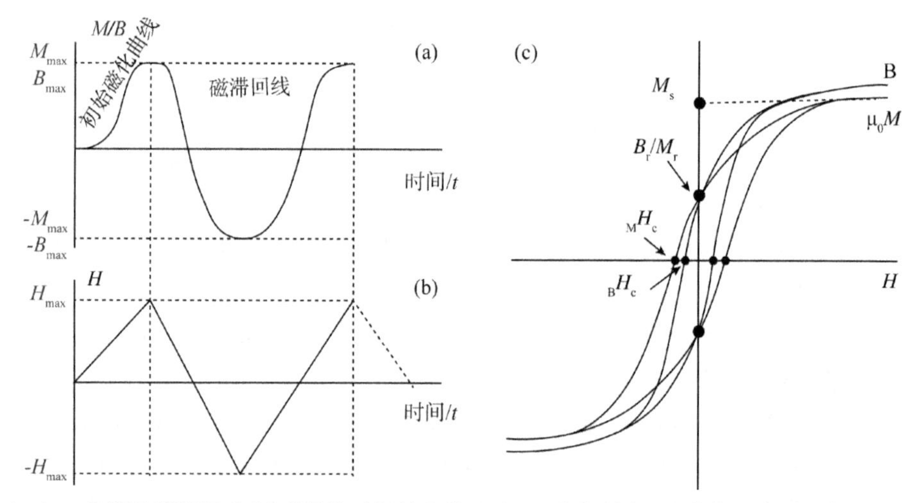

图 20-13 磁滞回线测量时(b)磁场随时间的变化以及(a)磁化强度/磁感应强度随磁场的变化,(c)测量得到的磁化曲线

20.3.1 磁滞回线相关物理量

磁滞回线测试(VSM)是磁性材料的常规测试之一,典型的磁滞回线测试获得的曲线如图 20-14 所示。横轴为磁场,单位为 Oe 或 Gs(有时直接使用简写 G),纵轴为磁化强度,单位一般为 emu/g。下面介绍一下典型磁滞回线的物理量。

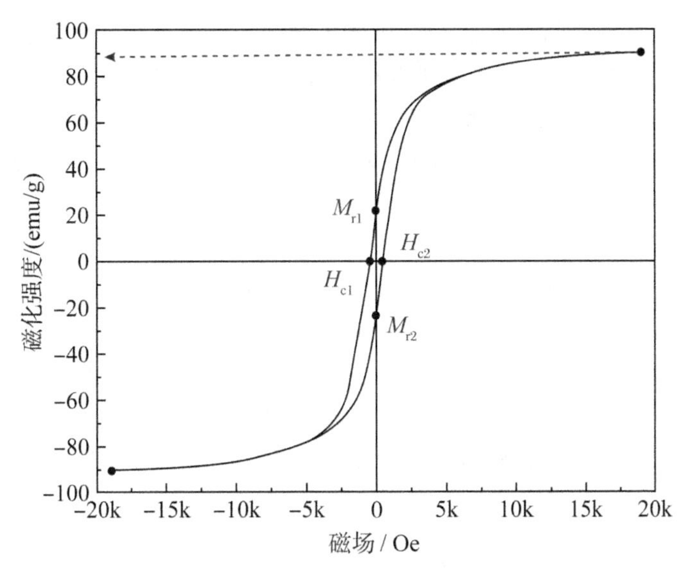

图 20-14 磁滞回线测试获得的典型曲线

1. 饱和磁化强度(M_s)

饱和磁化强度(Saturation Magnetization)是铁磁性材料的一个特性,我们认真观察磁滞回线就可以发现,样品的磁化强度值随着外磁场的增加而逐渐增大,当磁场增加到一定大小后,样品的磁化强度就基本维持在一定的数值,这就说明样品达到了饱和磁化状态,而这个材料磁化时能达到的最大的磁化强度就叫作饱和磁化强度(M_s),不同种类的磁性材料,其饱和磁化强度的数值可能存在着巨大的差距。纳米磁性材料测试磁滞回线时,由于材料的颗粒尺寸非常小,有着丰富的表面,磁性颗粒的表面磁矩由于具有很高的能量而较难被磁化,导致磁滞回线在高磁场时仍然无法达到稳定,而是以较小的角度随着磁场的增大而缓慢增加(图 20-14),即使达到测试的最大磁场时也未能实现严格意义上的饱和,这类材料一般取测试最大磁场对应的磁化强度作为饱和磁化强度。由于正负最大磁场对应的磁化强度值可能略有不同,一般取正负最大磁场对应的磁化强度绝对值相加除以 2,获得样品的饱和磁化强度值,$M_s=(M_{s_1}+M_{s_2})/2$。此外,样品可能是两种或多种磁性材料的混合,比如铁磁材料和顺磁材料混合时,如果铁磁材料的含量较少,则磁滞回线可能是铁磁材料和顺磁材料磁滞回线的叠加,也会出现无法达到饱和的情况,这种情况下很难确定样品的饱和磁化强度,如果确实需要,可以通过做磁滞回线直线部分的斜率,与磁场等于零的轴相交的位置可以认为是饱和磁化强度。最常用的 CGS 单位制下饱和磁化强度的单位应该为 emu/cm^3,但实际测试时大部分样品为粉末,尤其是对于纳米材料复合材料体系,无法知道所有颗粒的总体积,也无法得到磁性材料的体积,但样品的质量较容易获得,因此大部分文献都用 emu/g 作为饱和磁化强度的单位,并且发现以 emu/g 作为饱和磁化强度的单位更有利于研究材料磁性的规律性。此外,磁学单位非常复杂,常用的有 CGS 制和 SI 单位制,磁学单位之间的转换也异常复杂,可以参看胡友秋编写的《电磁学单位制》[6]。

(1)剩余磁化强度(M_r)

剩余磁化强度是指磁体经磁化至饱和以后撤去外磁场,样品在原来外磁场方向上仍能保持一定的磁化强度，剩磁的极限值为饱和磁化强度。剩余磁化强度对材料的实际应用有重要的价值。剩余磁化强度是样品达到饱和后将磁场降为零后的磁化强度，实际是磁滞回线和纵轴的交点，正负两个方向饱和后的剩磁一般不一致，所以和饱和磁化强度一样，一般用两个值加和求平均值的方法来确定剩磁 $M_r=(M_{r_1}+M_{r_2})/2$，剩余磁化强度的单位和饱和磁化强度相同。

(2)矫顽力(H_c)

矫顽力(Coercive Force)是指磁性材料在达到饱和磁化后，将外磁场退为零后其磁化强度并不为零，需要在原磁化场相反方向加上一定大小的磁场才能使磁化强度回到零，该磁场即为矫顽力。因此，矫顽力可以用磁滞回线与横轴的交点来确定，数值为线段 $H_{c_1}H_{c_2}$ 长度的一半，可用$(H_{c_2}-H_{c_1})/2$ 直接求出。由于 H_{c_1} 和 H_{c_2} 一般与 H 轴交于不同侧，大都可以用两个值加和求平均值的方法来确定剩磁 $H_c=(H_{c_1}+H_{c_2})/2$，矫顽力的单位一般用 Oe 或 G。

(3)磁化曲线

起始磁化曲线(Initial Magnetization)和饱和磁感应强度一样，实际上也是工业上常用的一个参数(图 20-15)。测试之前需要对样品进行严格消磁，在样品宏观磁矩为零的前提下，从零开始施加外磁场，测量样品磁感应强度随外磁场的变化规律。严格测量磁化曲线虽然比较困难，不是简单地从零磁场开始测量就可以测好这条曲线，但它在工业的某些应用领域是一个非常重要的参数，起始磁化曲线可以用来计算样品的起始磁导率，即磁场接近零时磁化曲线的斜率：

$$\mu_i=\lim_{H\to 0}\frac{B}{\mu_0 H} \tag{20-2}$$

式中：μ_0 为真空磁导率，数值为 $4\pi\times10^{-7}$，单位是 H/m；H 为外加磁场强度，单位是 A/m；B 为磁感应强度，单位是 T。最大磁导率则为磁化曲线斜率的最大值。需要注意计算磁导率时一定要注意单位换算，否则结果会有很大的偏差。

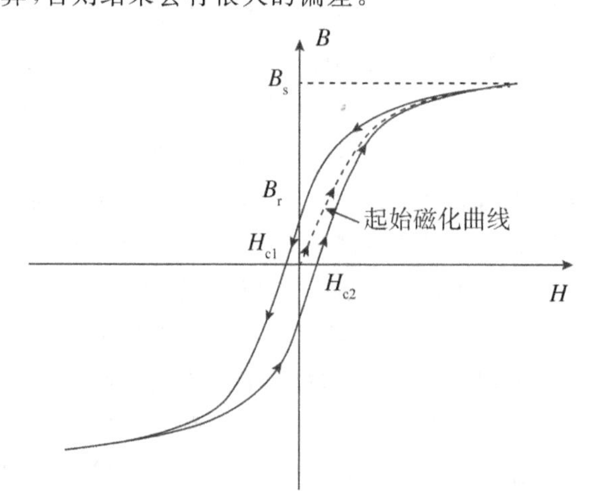

图 20-15　起始磁化曲线和磁滞回线示例

(4)常见的磁学单位

在当前的工业以及科研领域，磁学研究存在着国际单位制(SI)和高斯单位制(CGS)共存的状态，两者的公式和数值都有显著的差异。即使是有经验的研究人员，在遇到不同单位制的转换时，仍然需要查阅资料。这里给出磁滞回线测量相关的常见的几个参数的单位，详见表 20-1。

表 20-1　磁滞回线测量相关参数的单位

磁滞回线参数	国际单位制(SI)	高斯单位制(CGS)	换算关系
磁场强度(H)	安培/米 (A/m)	奥斯特 (Oe)	1 A/m$=4\pi\times10^{-3}$ Oe
磁感应强度(B)	特斯拉(T)	高斯 (Gs)	1 T$=10^{4}$Gs
磁矩(m)	安培·米^2(A·m^2)	emu (emu)	1 A·m$^2=10^3$ emu
磁化强度(M)	安培/米(A/m)	emu/cm^3(Gs)	1 A/m$=10^{-3}$Gs
磁极化强度($\mu_0 M$)	特斯拉 (T)	高斯 (Gs)	1 T$=(10^4/4\pi)$Gs

在 CGS 单位制中磁化强度、磁感应强度和磁极化强度的单位都使用高斯，甚至测试时部分磁性测试设备磁场的单位也会使用高斯/Gs (有时也直接使用简写 G，1G＝1Oe)，而在 SI 单位制中磁感应强度和磁极化强度的单位也都是特斯拉/T，但是在进行单位换算时又各自遵循不同的换算关系。在 CGS 中，磁极化强度是比较复杂的，这主要是由于磁化强度 M 的定义引起的，如果将磁化强度定义为 $4\pi M$，那么在 SI 单位制和 CGS 单位制中，公式的形式就统一了，这也是有部分文献中磁化强度不是使用 M，而是使用 $4\pi M$ 作为磁滞回线纵坐标的原因。磁极化强度是一个很重要的物理量，表征的是磁矩或磁化强度对磁感应强度的贡献。

20.3.2　磁滞回线常见的测量模式

磁滞回线测试中，虽然不同设备测量模式和特点各不相同，但大致可以分为连续模式和点对点模式，下面简单介绍一下这两种模式的特点。

(1)连续模式(continuous/sweep)

磁滞回线测试中，磁矩(emu)的大小是一个一个点测出来的，测量一个点需要时间大约在秒的量级。连续模式是一种较为常用的模式，其特点是测试过程中，到达程序设定的磁场就开始测量，但在磁矩的测量过程中，磁场还是继续在以设定的速率变化，磁场不会停下来等磁性测量完毕再变化到下一磁场，优点是测试速度较快，同样的时间测试的磁滞回线点较为密集。MPMS 单点磁性测量精度高但测试时间较长，一般不采用连续模式。VSM 测试速度很快，即使用连续测量模式，也可以获得较完美的测试结果。比如 LakeShore 的 VSM 连续测量模式下，可以分段设置磁场间隔，磁场变化速率根据程序设定的测试磁场间隔自动优化，较为常用(见图 20-16)，如果使用点对点模式，那么测量单个点的时间在 7s 左右，速度较慢，但相对精度稍高。美国 Quantum Design 公司的 PPMS-VSM，单点磁性测试时间介于 MPMS 和 VSM 之间，也可以选择连续模式(Moment vs Field)，只需要给定扫场速率和测试磁场范围，就能自动优化测试点数并完成测试。图 20-16 的右图为 PPMS-VSM 连续模式下的测试程序，磁场的 Sweep Rate 可以设为 1～150 Oe/s 之间，实际测试时的磁场间隔也刚好等于该速率值。但这种测试模式无法分段设置测试的磁场间隔，比较适用于了解材料的磁化趋势。一般情况下，MPMS 和 PPMS 最常用的模式是点对点模式测试磁滞回线，而 VSM 需要根据样品的具体要求，选择使用连续模式或点对点模式进行测试。比如±2T 磁场范围的磁滞回线测试，标准测试条件下两种模式的价格一致，连续模式数据点更为密集而点对点模式时低场测试精度更高。矫顽力（H_c<3Oe）极小的样品更适合使用点对点模式。

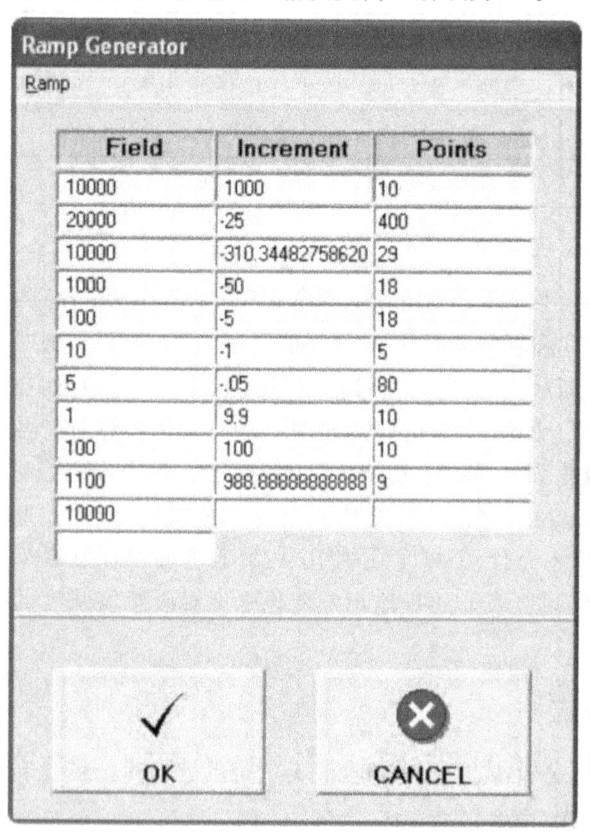

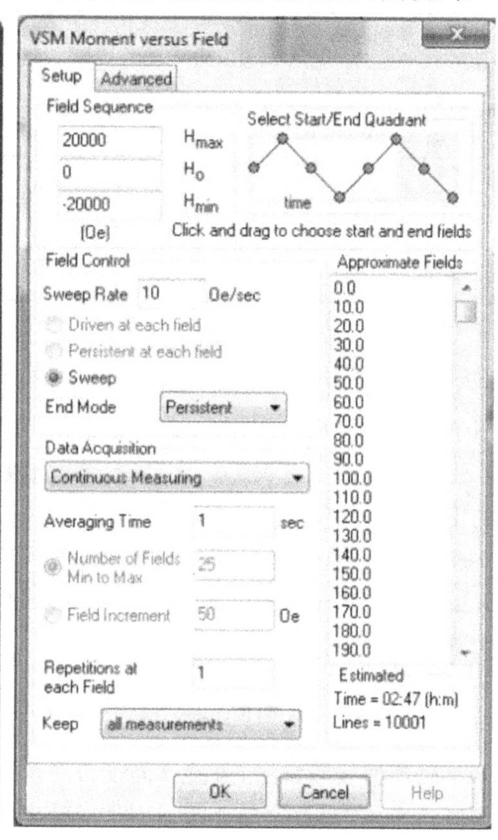

图 20-16 左图为 LakeShore 的 VSM 测试程序，右图为 PPMS 连续测量的测试程序

（2）点对点模式（Point to Point）

我们仔细分析磁滞回线可以发现，样品饱和后曲线随磁场变化非常缓慢，饱和后的这一段测试可以将磁场间隔设置得大一些，比如 500Oe，甚至 2000Oe；但曲线在矫顽力附近变化非常剧烈，测试时磁场间隔需要在 30Oe 以下，部分样品甚至需要在 1Oe 左右，如图 20-17 所示。以 PPMS 测试为例，如果合理针对磁滞回线的特征编写程序，点对点模式测量 300 个点与连续模式下 3000 个点的磁滞回线效果没有明显的差距，但点对点模式下的测试时间只有连续模式的一半左右，测试根据时间分段计费，PPMS 和 MPMS 使用点对点模式测试较为合理。而使用 VSM 进行测试时，点对点模式和连续模式一样，都可以分段设置磁场间隔，因此适当减少测试点数，可以兼顾低场的测试精度和曲线的整体性，需要根据样品的特性进行选择。我们在长期测量的基础上对测试程序进行了优化，没有特殊要求的情况下，选择何种设备以及何种测试模式所需费用基本一致。若有特殊的要求，我们也可以根据实际需求选择测试设备、测试模式并编写测试程序进行定制测试，重新核算测试费用。

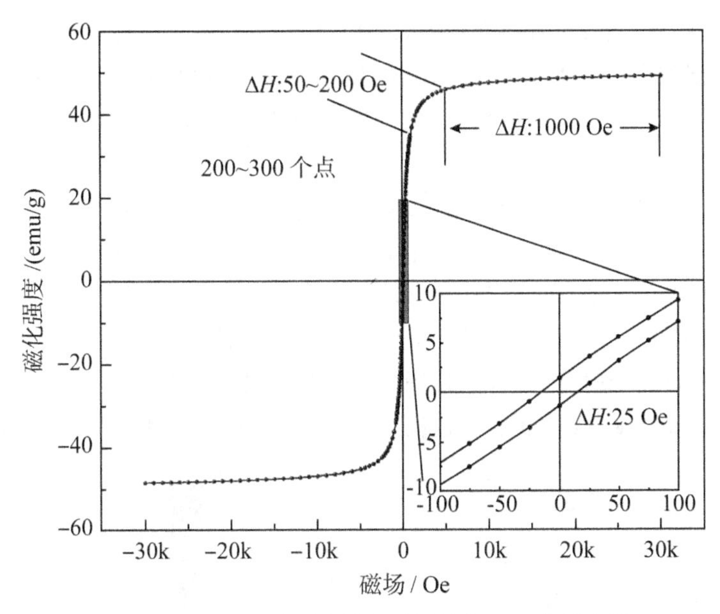

图 20-17　PPMS 点对点模式时测量的 MH 曲线示例

20.3.3　测试设备校准

测试设备需要定期校准，设备一直没有关机的情况下，大约每周用标样评估一下设备状态，偏差大于 1% 就需要重新校准，实际上保持不关机时，设备信号探测器非常稳定，极少需要校准；如果测试设备关机了，每次开机都需要进行重新校准，以保证测试的可靠性。图 20-18所示为常见设备校准使用的标样。

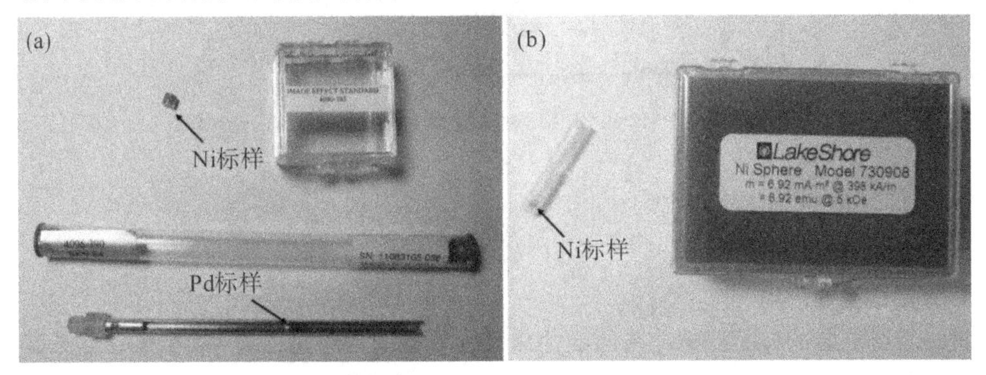

(a)PPMS 和 MPMS 校准用标样　　(b)VSM 校准用 Ni 标样

图 20-18　常见设备使用的标样

20.3.4　数据处理及作图

磁滞回线测试属于标准化测试，测试结果没有主观因素干扰，所以测试结果可靠性非常高。测试数据一般也不需要特殊处理，直接使用原始数据进行作图即可，若希望用比磁化强度，只需要将测试的磁矩数值除以样品的质量（体积）即可。一般 LakeShore 的 VSM 测试的原始数据为 *. txt 格式，可以直接用 Origin 打开作图。Quantum Design 公司的设备测试结

果的原始数据为 *.dat 格式，需要先用 Excel 以特定的方式打开，然后拷贝磁场列(Oe)和磁矩列(emu)的数据到 Origin 作图。从 Origin 做的图中，可以确定饱和磁化强(M_s)、剩余磁化强度(M_r)和矫顽力(H_c)等相关数据，也可以根据磁滞回线的形状判断样品的磁性分类，详细情况可以参看本节前面的叙述。

以 *.dat 为后缀的文件无法使用 Origin 直接打开，需要借助 Excel，具体流程如下：①打开 Excel 程序；②选择文件，打开选项按钮；③文件类型选择“所有文件”，并打开要处理的数据；④在弹出的文本导入向导卡片中选择“分隔符号”并点击“下一步”；⑤在选项卡中选择“逗号”并点击完成；⑥选择温度 Temperature (K)、磁场/Magnetic Field (Oe)和磁矩 Moment (emu)列，拷贝到作图软件中作图。数据打开过程的详细步骤如图 20-19 所示。

关于低温测试以及磁性测试的详细过程，可以参看苏少奎老师编写的《低温物性及测量》[7]。

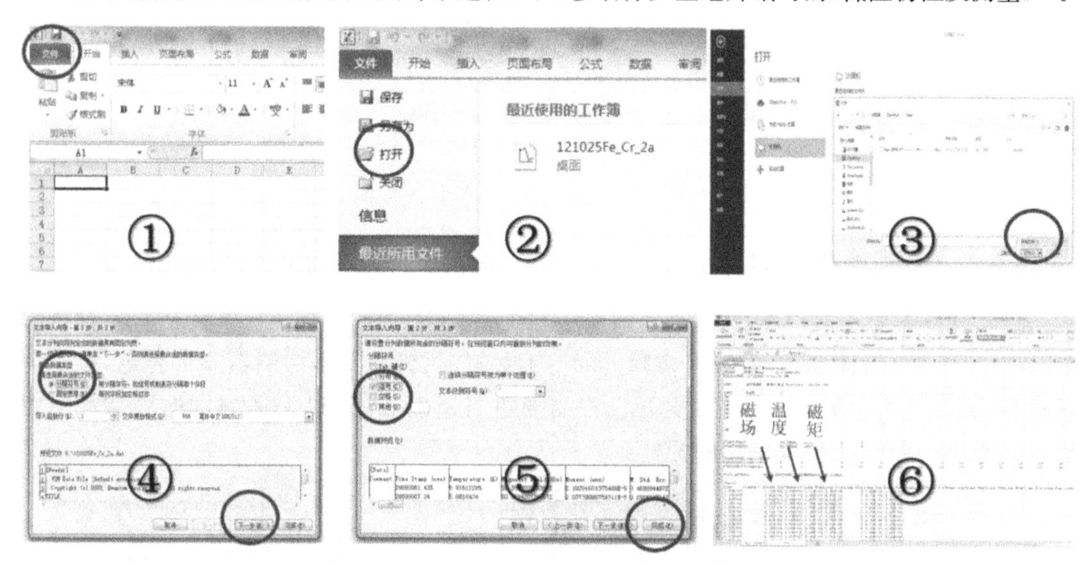

图 20-19　PPMS 和 MPMS 测试数据 *.dat 文件的打开方式

20.4　常见问题解答

1. 背景信号的影响

测试设备原装的样品杆是特制的磁性信号极其微弱且稳定的材料，不是日常见到的常规材料，所以样品杆的价格以及测试用的胶囊价格比较昂贵。但即使如此，如果测试样品的磁性信号很弱或样品的量非常少，样品杆的背景信号仍然可以对测试带来影响。图 20-20 所示为 PPMS 样品杆实测的背景信号，从图中可以看出样品杆有较为完美的抗磁性，由于样品杆的磁矩与磁场呈线性关系，因此即使没有实际测量装样前样品杆的背景，也可以利用之前测试的结果进行近似扣除。

图 20-21 中的曲线(蓝色)为实测样品的曲线，我们发现磁滞回线的形状和常规测试时不一样，高磁场部分样品的磁化强度随着磁场的增大而减小，甚至最后降至负值，这与磁性样品的预期结果不相符。这种情况一般是样品杆的抗磁性信号引起的，为了便于研究，我们

可以手动将测试原始数据的抗磁性信号扣除。扣除方法主要有两种：①测试样品前，先测量一下空样品杆的信号，然后装上样品再测试一次，用有样品的数据减去空杆的数据，即可祛除背景信号的影响；②利用样品杆完美抗磁性的特性，直接利用样品杆磁性信号与磁场的斜率关系(图 20-20)进行粗略扣除。此外，如果样品是磁性材料和顺磁性材料的复合或者是磁性材料和抗磁性材料的复合，在铁磁性较弱的情况下，也会导致磁滞回线的走势有所不同，这种情况需要谨慎处理，不能简单地按背景信号扣除，如图 20-22 所示。

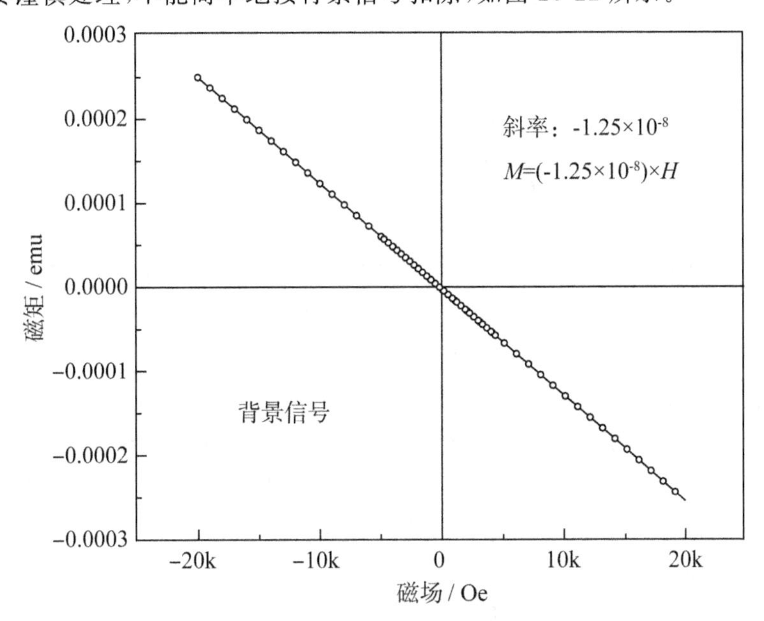

图 20-20 PPMS 样品杆的实测磁滞回线

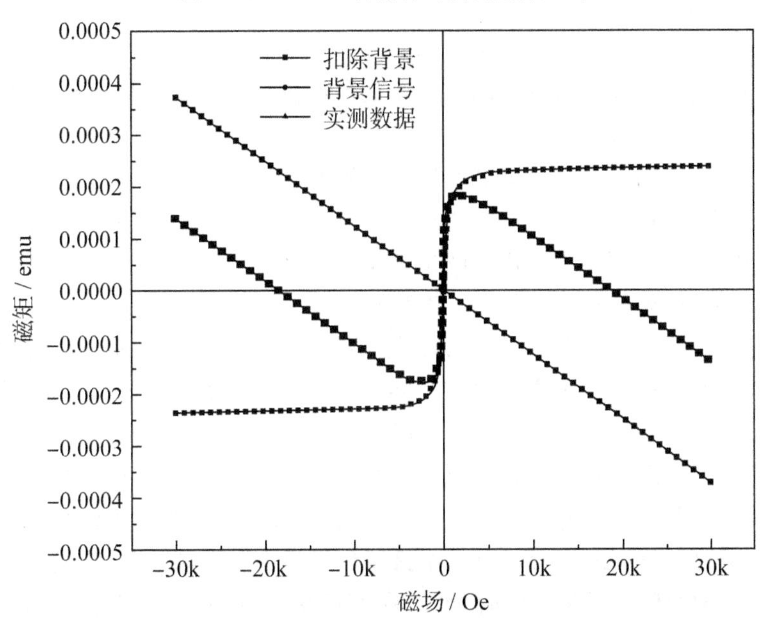

图 20-21 样品杆的背景信号对测试的影响

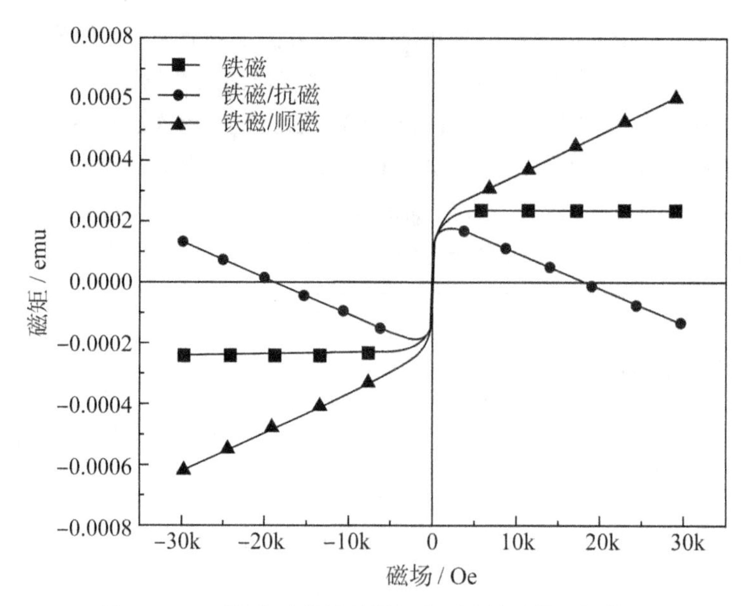

图 20-22　不同类型磁性材料复合可能的磁滞回线情形

2. 剩余磁场的影响

如果样品的矫顽力比较小，也就是软磁材料的矫顽力的测试非常困难，因为小磁场时会受到难以克服的设备剩余磁场的影响。制造设备的材料虽然都是选用特殊处理的无磁材料，但设备在高磁场状态时，会将样品腔磁化并产生一个反向的磁场，这个诱导磁场在外磁场降到零的过程中大小基本不变，方向与外磁场相反，磁场大小在 15Oe 左右，具体大小与设备有关。但这个诱导磁场在外磁场往反方向增大时，当达到某一磁场值的时候(一般要外磁场远大于这个诱导磁场，约 1000Oe)，这个诱导磁场会突然变向。因此，一般的磁性设备测试矫顽力较小的样品时，这个诱导磁场会叠加在外磁场上，共同对材料的磁性测试产生影响，得到的矫顽力的大小是值得商榷的。尽管某些设备有针对软磁材料测试的附件，一般是通过当磁场降到较低的时候加热样品腔，通过热效应使之退磁，但仍然无法完全消除这个效应，仍然难以保证测试的准确性。测试软磁材料需要一些特殊的手段，比如将磁性传感器和样品置于同一空间，利用电磁铁产出的磁场抵消设备的诱导磁场，以及用离子风扇降低磁场噪声信号的干扰等，但矫顽力小的样品测试还是非常困难。

3. 磁滞回线对称(两侧矫顽力数据不对称)

磁滞回线与 M 等于零的零轴(H 轴)的交点即为矫顽力，与 H 等于零的轴(M 轴)的交点即为剩磁。实际测试时，由于样品具有一定尺寸，很难在设备的鞍点上精确对心(即使样品的重心与设备的鞍点中和，一般情况下样品不是球形，很难达到中心对称)，因此导致测量时磁化强度 M 不是严格按照磁场 H(X 轴)对称，会有大概低于毫 emu 量级的偏差，但这个偏差相对于磁矩的测量值是一个非常小的值(从磁滞回线图上肉眼无法分辨的差别)，实际上一般只有“千分之几”的偏差量级，是一个极小值。但由于矫顽力很小，这么小的偏差也会使得矫顽力在 M 轴两侧不对称。此时，可以将 MH 沿 M 轴平移该误差大小的位置，使矫顽力对称(图 20-23，图中的数据上移了 0.0009，平移量为原磁化强度的 2.3‰，几乎看不出 MH 曲线的变化，但对矫顽力来说，是非常明显的)。如果感觉不舒服，就这样处理，也可以使用原始数据直接作图，懂得磁学和测试的人一般不会提出疑问。矫顽力一般用 MH 曲线与 H 轴交点的绝对值之和再除以 2 即可求得，如果 MH 曲线与 $H=0$ 的轴相交于同一侧，则可直接用交点线段的长度除以 2 求得。最为关键的是上述处理不改变矫顽力的大小(参看图 20-14)。

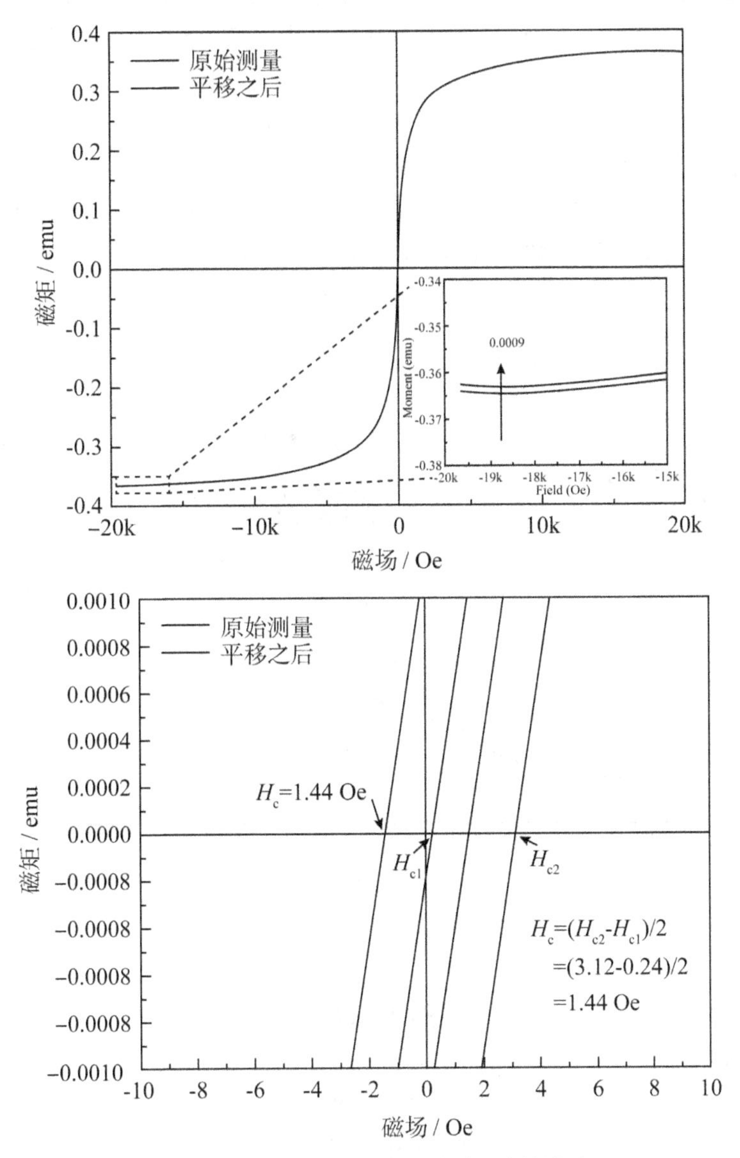

图 20-23 样品尺寸或位置对矫顽力的影响

4. 实验中误差来源

磁性测试属于标准测试，并且设备会定期校准，因此测量过程中磁性测试的误差一般较小，误差来源一般是样品称量误差、弱磁材料装样和制样过程中的磁性污染、样品的尺寸较大时导致的偏心等。总之，磁滞回线测试的重复性和精度是较高的，尤其是磁化强度的测试。对于软磁材料的矫顽力测试，由于设备诱导磁场的存在，会给测试带来干扰，需要谨慎处理。如果曲线抖动比较厉害，一般是样品信号太弱或者是样品的磁性稳定性不好。

5. 样品松动的影响

磁滞回线测试中，样品必须牢牢固定在样品杆或胶囊内，如果样品没有固定牢固，块状样品的测试曲线可能出现曲线不规则波动或是磁性信号的强度显著低于理论预期；而对于粉末样品，高场时由于样品被磁化，样品可以依靠自身磁性的吸引作用固定，对测试影响不大，但随着磁场强度的降低，由于样品自身的磁化强度降低，会有部分样品脱落，造成磁化强度反常地剧烈下降，导致测试曲线异常。图20-24所示为样品颗粒状样品的磁滞回线数据，由于颗粒尺度差别太大，导致装样时存在缝隙，高场时较细的粉末颗粒靠磁性吸引力附着在大颗粒上，但低场时磁化强度下降造成吸附力减弱，部分较细的粉末掉落到大颗粒的缝隙中，无法随样品杆以特定频率振动，设备检测不到这部分样品的信号，导致曲线在低场时出现反常的变化。将样品进行研磨后再测试，测试结果就符合预期了。

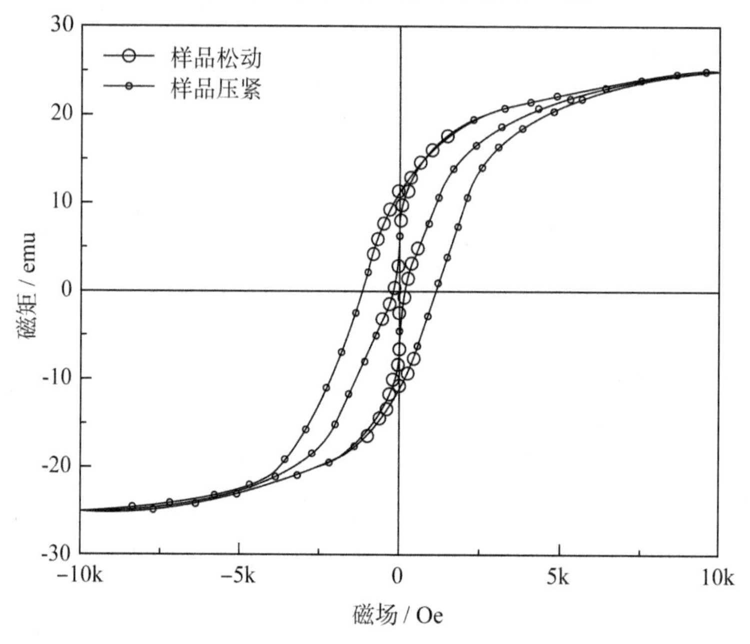

图20-24 样品松动对测试数据的影响

参考文献

[1] http://www.linkphysics.com/product/showproduct.php? lang=cn&id=198

[2] http://www.qd-china.com/zh/pro/detail3/1/1912091029547/1909260977633

[3] http://physoe.net/Product/productd_view? id=481

[4] http://www.qd-china.com/zh/pro/detail3/1/1912091468764/1909260920968

[5] http://www.qd-china.com/zh/pro/detail3/1/1912091422155/1909260920968

[6] 胡友秋.电磁学单位制[M].合肥：中国科学技术大学出版社，2012.

[7] 苏少奎.低温物性及测量[M].北京：科学出版社，2019.

第21章 程序升温技术

程序升温技术是研究催化剂表面特性的分析表征之一，在化工、环境、材料等研究领域发挥着重要的作用。在催化反应中，吸附质分子在催化剂表面进行催化反应时，其中最主要的是吸附和表面反应这两个步骤，为了阐明催化过程中催化剂的作用本质，因此我们要对催化剂的性质及构效关系进行深入的研究。而程序升温分析技术可以原位地考察吸附质分子和催化剂表面的反应情况，提供有关表面结构的众多信息。因此，程序升温技术在催化剂表面反应研究中具有很重要的作用。

21.1 概述及原理

程序升温分析技术是一种动态的分析过程，当催化剂表面吸附某些吸附质时，在惰性气体保护下，以一定升温速率加热，可以检测流出气体的组成和浓度的变化以及表征催化剂表面化学性质的变化，这统称为程序升温分析技术。其能够进行程序升温还原（Temperature Programmed Reduction，TPR）、程序升温脱附（Temperature Programmed Desorption，TPD）、程序升温氧化（Temperature Programmed Oxidization，TPO）、程序升温表面反应和脉冲吸附等表征。主要可以研究催化剂表面吸附中心的类型和数量；活性组分、助剂及载体之间的相互作用力；催化剂的还原性质；各种催化效应（氢溢流现象、协同效应及合金化效应等）；金属分散度；活性金属比表面积以及催化剂失活和再生等。

21.1.1 程序升温脱附(TPD)

在程序升温吸脱附过程中，当吸附质分子接触到催化剂表面时，除了发生气-固相物理吸附还会发生化学吸附，吸附过程中碱性吸附质分子会先吸附在强酸性位点上，再到中强酸性位点，最后到弱酸性位点。而在升温条件下，吸附在催化剂表面的分子受热至能够越过所需能垒时（一般称为脱附活化能），即发生脱附现象。由于弱酸性位点具有较小的脱附活化能，所以先脱附出来，脱附温度较低。而强酸性位点具有较高的脱附活化能，最后脱附，因为脱附温度较高。即催化剂上吸附质与催化剂表面上不同吸附中心的结合能力不同，所以在脱附时所需的能量也不相同。因此，程序升温脱附实验不但反映了吸附质与催化剂表面不同吸附中心的结合能力，也反映了脱附时的温度和表面覆盖度下的动力学行为。

对于某一个吸附态，脱附速度可以用 Wingner-Polanyi 方程来描述：

$$N = -V_m \mathrm{d}\theta/\mathrm{d}t = A\theta^n \exp[-E_d(\theta)/RT] \tag{21-1}$$

式中：V_m 为单层饱和吸附量，N 为脱附速率，A 为脱附频率因子，θ 为单位表面覆盖度，n 为脱附级数，$E_d(\theta)$ 为脱附活化能，是覆盖度 θ 的函数，T 为脱附温度。脱附速度主要取决于温度和覆盖度。开始升温时，覆盖度很大，脱附速度急剧增加，脱附速度主要取决于温度。随着脱附分子的脱出，覆盖度 θ 值也随之下降，当小于某值时，脱附速率由 θ 决定。同时，脱附速率开始减小，最后当 $\theta=0$ 时，脱附速度也变为零。

21.1.2 程序升温还原(TPR)

TPR 技术常应用于表征负载金属或过渡金属氧化物催化剂，可以得到活性金属与载体的相互作用力、还原能力等信息。不同的金属氧化物具有不同的还原温度，当催化剂上负载的金属与载体的作用发生改变的时候，其还原温度就会发生变化。因此，可以根据催化剂中不同还原温度推测出催化剂中各组分间的相互作用及还原能力。因此，利用 TPR 谱图能够有效地看到负载的某种氧化物还原时的耗氢量、还原时的难易程度，并且提供金属氧化物与载体之间的相互作用，以及金属在载体表面分散性等信息。程序升温还原是表征催化剂还原性能最简单有效的办法。TPR 图谱中峰的大小、形状及位置都和催化剂的组成和还原物种的性质有关。

21.1.3 程序升温氧化(TPO)

TPO 是指 O_2 与惰性气体的混合气通过积炭的催化剂表面时，催化剂表面的积炭会在一定的温度下与混合气中的 O_2 发生氧化反应，根据耗氧峰的数目、形状等可以表征碳物种的种类，耗氧峰面积可以代表积炭量。TPO 除了用于研究催化剂的积炭，还可以对催化剂表面物种的氧化性能、催化剂中吸附氧和晶格氧的状态、催化剂上积炭的再生过程进行研究。对于催化剂的积炭再生研究而言，TPO 可连续反映积炭被氧化的全过程。从而可以进一步了解不同助剂、不同载体及不同催化剂制备方法等对催化剂抗积炭性能的影响。目前，TPO 技术是研究催化剂积炭与反应性能的一种较好的方法。

21.1.4 脉冲吸附

脉冲化学吸附是依据一个金属原子(如 Ni)吸附一个氢原子的化学计量关系，每隔一定时间向固定床反应器中脉冲一定量的反应气体，使催化剂表面进行周期性反应。第一次脉冲的反应气体，由于催化剂的吸附，脉冲峰面积最小，随着脉冲次数的增加，脉冲峰面积逐渐增大，直到脉冲峰面积不变为止，可以认为此时催化剂已经吸附饱和。计算吸附量时，利用脉冲饱和时的峰面积作为标定峰 A_0(即空管不装催化剂时脉冲一管的峰面积)，脉冲一管的气体量体积为 V_0，则计算吸附量的公式为：

$$V = \frac{V_0}{A_0}[(A_0 - A_1) + (A_0 - A_2) + (A_0 - A_3) + \cdots] \tag{21-2}$$

21.2　测试仪器

程序升温分析技术常用仪器为麦克 AutoChem II 2920(见图 21-1)、康塔 ChemBET Pulsar、天津先权 5080 等化学吸附仪。仪器通常由以下几部分组成：

(1)高纯 $He/Ar/N_2$ 载气(或 10%的混合气)；

(2)吸附气体($CO_2/NH_3/H_2$ 等)；

(3)脱氧管(如果用高纯氮活化的话需要接脱氧管)；

(4)六通阀；

(5)定量环；

(6)加热炉；

(7)程序升温控制系统；

(8)热导检测器(TCD)或质谱(MS)检测器。

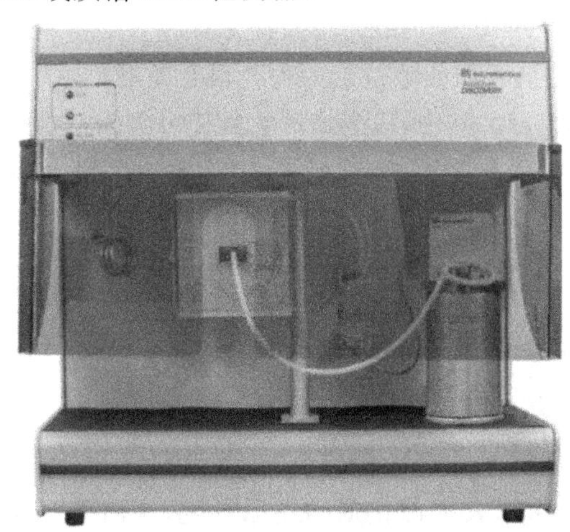

图 21-1　麦克全自动化学吸附仪 AutoChem II 2920

下面比较麦克、康塔和先权这三种型号仪器。三种仪器都可进行催化剂和化学反应活性物质的表面结构特征研究，应用包括使用程序升温技术(程序升温脱附、程序升温氧化、程序升温还原、脉冲化学吸附)对多相催化剂的结构进行表征。不同的是先权的仪器测试结果里面温度值取的是整数，而麦克和康塔的温度值取的是小数。这样虽然先权的总的数据点比较多，但是一个温度点只有一个有效信号值，而麦克和康塔的仪器在一个温度点会有多个信号值。所以总的来说还是麦克和康塔的数据点更多。

21.3　样品要求

(1)样品一般为粉末或者颗粒状样品(粒度 40～80 目)，压片后样品最佳，粉末不可太细，否则会通过高温棉被吹到气路里面影响测试效果。一般需要 100～200mg，样品量较少时，应先用称量纸包裹再装进样品管中以免测试时样品很难收集。

(2)样品需要充分干燥,在整个测试过程中必须稳定,在升温过程中不能分解或产生其他气体。

(3)测试温度必须低于样品制备过程中处理温度,如果测试温度高于处理温度则必须提供TG数据支持。

21.4 测试项目及参数解读

21.4.1 程序升温脱附

程序升温脱附(TPD)是将预先吸附了某种吸附质分子的催化剂,待吸附饱和后,在程序升温条件下,通过一定流速的气体(通常为惰性气体,N_2/Ar/He),使吸附在催化剂表面上的吸附质分子在一定温度下脱附出来,随着温度升高脱附速度增大,直至最后全部脱附出来。对脱附出来的气体,用热导(TCD)检测器或质谱(MS)检测器检测得到吸附质的脱附浓度随温度变化的关系,就可以得到TPD曲线。

TPD技术是研究催化剂表面酸碱位点的一种很有效的办法,可以同时实现对催化剂中酸/碱位点种类和强度的测定。其中,脱附峰的数量代表吸附在催化剂表面不同吸附强度酸碱种类;峰面积代表脱附物种的含量;峰温度代表脱附物种在催化剂表面的吸附强度。目前NH_3-TPD是公认的表征催化剂表面酸性的方法,而CO_2-TPD是公认的表征催化剂表面碱性的方法。

21.4.2 程序升温还原

程序升温还原(TPR)技术是在程序升温脱附(TPD)技术基础上发展而来的。在程序升温条件下,将一定量催化剂置于固定床反应器中,连续通入还原性气体发生还原反应,从检测到的还原气体的浓度就可以表征催化剂的还原程度,从而得到催化剂在还原过程中活性组分之间或活性组分与载体之间的相互作用力(Metal-Support Interaction)。最后通过热导检测器检测气相中的氢气浓度的变化就能得到TPR图谱。

在H_2-TPR中常常会出现氢溢流(H-Spillover)效应。氢溢流是指在催化剂表面通过解离吸附氢分子形成的活性氢原子在催化剂表面发生迁移,迁移到本身不能形成活性物质的另一物质表面。当载体上负载几种活性金属时,容易发生还原的氧化物会首先还原成金属单质,如果金属对H_2有解离活化作用,就会把H_2解离成活性更强、还原性能更强的活性氢原子。当活性氢原子溢流到氧化物表面时,氧化物的还原温度会明显降低,影响催化剂的催化性能。

氢溢流的产生必须满足以下两个必要的条件:

(1)可以发生氢溢流的原有活性中心。

(2)可以接受活性物种的另一物质,也就是次级活性中心。

对于贵金属催化剂,在H_2-TPR中常常会出现氢溢流现象,影响结果的准确性,然而这种氢溢流现象很难避免,所以一般对于贵金属催化剂来说,常采用CO来替代H_2,可以减少氢溢流现象。

21.4.3 程序升温氧化

程序升温氧化(TPO)的原理和程序升温还原相类似,是指在一定升温速率的条件下,通入氧化气体对催化剂表面物种进行氧化的过程,一般用于研究催化剂表面积炭生成机理的研究。在程序升温过程中气相中的 O_2 在某温度时与碳物种发生反应,不同种类的碳在不同的温度段被氧化,由此可得到 TPO 图谱。

21.4.4 程序升温表面反应

程序升温表面反应(TPSR)是指将预处理后的催化剂在反应条件下进行吸附和反应,然后从室温开始程序升温至测试温度,使在催化剂上吸附的各表面物种边反应边脱附出来。然后通过检测器记录下来,就得到 TPSR 曲线。通过这些研究可以研究活性中心性质和反应机理。

21.4.5 脉冲化学吸附

脉冲吸附可以用来表征催化剂上活性金属的分散度,并通过分散度计算得到 TOF。脉冲吸附是指每隔一定时间向固定床反应器中脉冲一定量的反应气体通过催化剂,使催化剂表面进行周期性反应。其是一个动态的吸附过程。

氢气脉冲测试步骤:首先称取一定量催化剂,在一定温度下通入高纯氢还原一定时间;切换气体至惰性气体吹扫降温至室温;在室温下,每隔相同时间,不断脉冲反应气体直到吸附饱和,检测器检测显示峰面积不变为止;最后根据吸附量和金属负载量计算得到分散度。

21.4.6 数据解读

先权 5080 数据结果示例见图 21-2,A 列为测试时间,B 列为测试温度点,C 列为信号值,作图时选取温度值作为 X 轴,信号值作为 Y 轴。

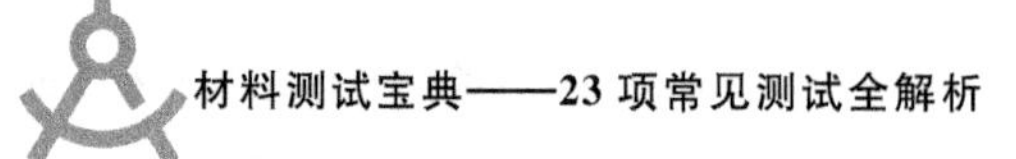

A	B	C	D
time	temper	val	
0.0169	50	2.67E-04	
0.0338	50	5.38E-04	
0.0507	50	8.12E-04	
0.0676	50	0.00109	
0.0845	50	0.00136	
0.1014	50	0.00164	
0.1183	50	1.91E-03	
0.1352	50	2.19E-03	
0.1521	50	2.46E-03	
0.169	50	2.72E-03	
0.1859	50	2.99E-03	
0.2028	50	3.24E-03	
0.2197	50	3.49E-03	
0.2366	50	3.74E-03	
0.2535	50	3.98E-03	
0.2704	50	4.21E-03	
0.2873	50	4.43E-03	
0.3042	50	4.65E-03	
0.3211	50	4.85E-03	
0.338	50	5.05E-03	
0.3549	50	5.24E-03	
0.3718	50	5.42E-03	
0.3887	50	5.59E-03	
0.4056	50	5.75E-03	
0.4225	50	5.89E-03	
0.4394	50	6.03E-03	

图 21-2　先权 5080 数据结果示例

麦克数据示例见图 21-3，左边第一部分底下标明了峰的数量及酸碱量，中间部分为信号和时间两列数据，第三部分为信号和温度的数据，画图用第三部分数据即可。

Summary Report				TCD Signal (a.u.) vs. Time		TCD Signal (a.u.) vs. Temperature	
Experiment 1: <Description>							
Analysis	Temperature Programmed Des			TCD Signal (a.u.) - <Description>		TCD Signal (a.u.) - <Description>	
Calibrat	(292_0011) co2-20190604			Time (mi	TCD Signal (a.u.)	Temperat	TCD Signal (a.u.)
Measured	50.02 cm?STP/min			0	0.901396	50.11311	0.901396
Signal 0:	0.00000			0.066667	0.901358	50.10846	0.901358
Signal I	Yes			0.133333	0.901413	50.11311	0.901413
				0.2	0.901368	50.12421	0.901368
				0.266667	0.901423	50.16215	0.901423
Peak Num	Temperat	Quantity	Peak Con	0.333333	0.901434	50.1915	0.901434
1	79.09827	0.017759	-0.02015	0.4	0.901463	50.24233	0.901463
2	305.7788	0.583478	-0.07702	0.466667	0.901444	50.3583	0.901444
				0.533333	0.901518	50.5115	0.901518
				0.6	0.901558	50.70336	0.901558
				0.666667	0.901642	50.9192	0.901642
				0.733333	0.901682	51.18587	0.901682
				0.8	0.90173	51.4826	0.90173
				0.866667	0.901787	51.84949	0.901787
				0.933333	0.901825	52.23142	0.901825
				1	0.90188	52.65952	0.90188
				1.066667	0.901976	53.06936	0.901976

图 21-3　麦克仪器数据结果示例

21.5　程序升温技术在催化研究中的应用

21.5.1　通过 CO_2-TPD 表征催化剂的表面碱性

通过 CO_2-TPD 表征可以研究催化剂的碱性位点数量及其分布(见图 21-4)。通过对比文献分析,在①73～98℃、②135～181℃和③273～392℃三个温度段可划分为三种碱性位点,分别归结为弱碱性位点(Brønsted 羟基)、中等碱性位点(Lewis 酸碱中心)和强碱性位点(与氧阴离子有关的 Lewis 碱基)。通过 CO_2-TPD 表征可以发现添加助剂对碱性位点的分布和数量有很大的影响,相对于未添加助剂的催化剂来说中等碱性位点数量增多,且都向高温区移动。此外,添加助剂的样品在高温处出现了较宽的 CO_2 解吸峰,归结于强碱性中心。因此,我们可以通过 CO_2-TPD 来研究调控催化剂中碱性位点的变化。

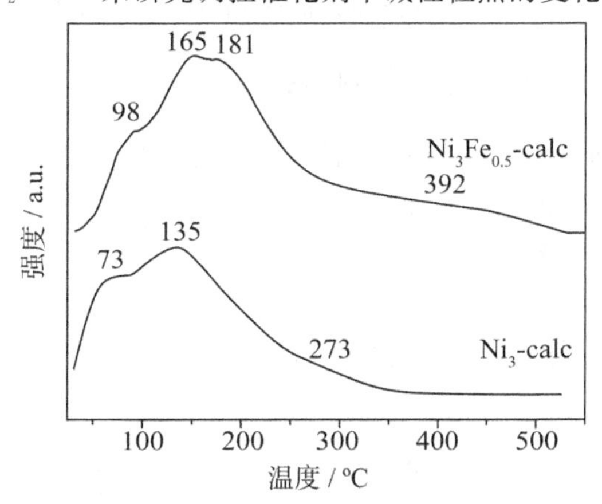

图 21-4　不同助剂比的水滑石催化剂 CO_2-TPD 表征[1]

21.5.2　通过 H_2-TPR 研究催化剂的相互作用力

通过 H_2-TPR 可以探究催化剂的还原能力。如图 21-5 所示,未添加助剂的催化剂在 741℃处有且只有一个宽峰归结于 NiO 物种的还原,高温还原峰说明 Ni 与载体具有很强的相互作用力。在添加一定量的助剂之后,出现了两到三个还原峰。随着助剂含量的增加,低温还原峰逐渐增大并且峰位置逐渐向高温移动。此外,高温还原峰向低温偏移,表明掺杂的助剂促进了活性金属的还原。因此,我们可以通过 H_2-TPR 来表征样品的还原能力。

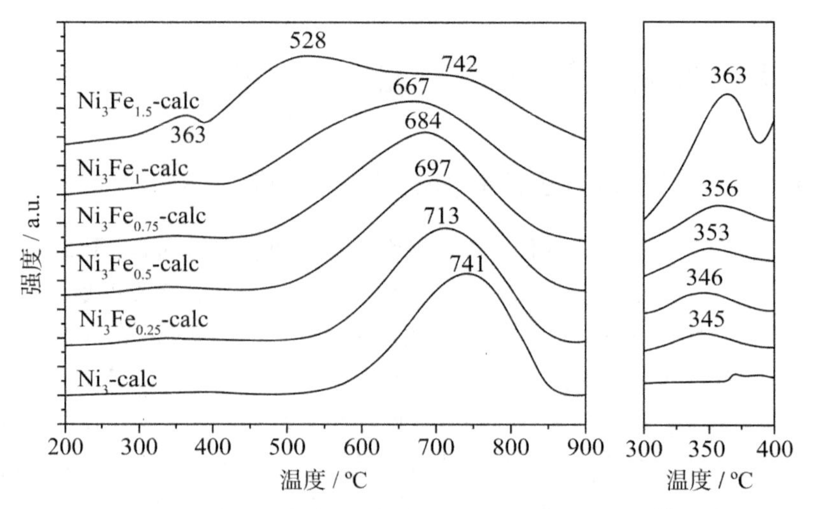

图 21-5　不同助剂比的水滑石催化剂 H_2-TPR 表征[2]

21.5.3　通过 CO_2-TPO 对积炭的研究

通过 CO_2-TPO 表征可以研究不同升温速率对寿命后催化剂的积炭氧化情况。如图 21-6所示，分别采用 5℃/min、7.5℃/min、10℃/min、12.5℃/min 和 15℃/min 的升温速率进行 CO_2-TPO 测试，积炭氧化的最高温度分别出现在 551℃、567℃、576℃、590℃、605℃和 605℃。通过 CO_2-TPO 表征发现在不同升温速率下，催化剂表面积炭氧化成 CO 的最高温度随升温速率的增加而增加，逐渐向高温段移动。因此，通过 CO_2-TPO 表征可以对积炭进行进一步的研究。

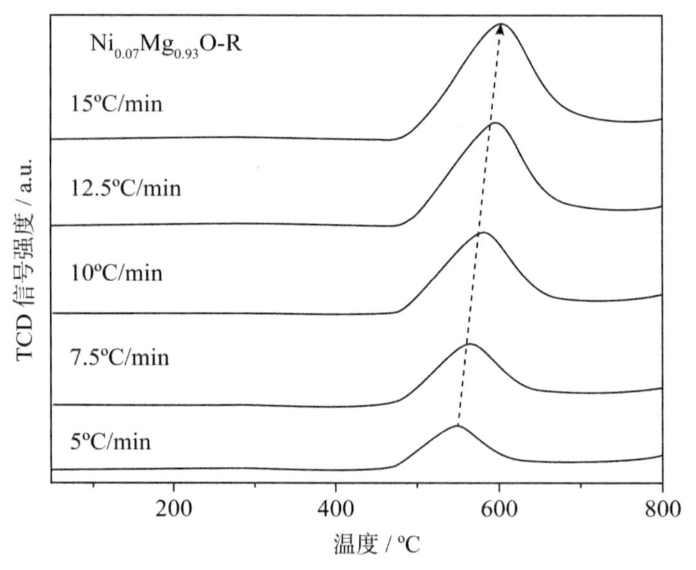

图 21-6　$Ni_{0.07}Mg_{0.93}O$-R 在不同加热速率下的 CO_2-TPO 图谱[2]

21.6　常见问题解答

1. 为什么峰连在一起没有分开？为什么峰看起来非常尖锐或峰强太低？

影响 TPD 结果的因素有很多，样品量、升温速率和载气流速等都对实验结果有影响。其中，样品量过少会影响脱附峰强度，当样品吸附量较低时，可以考虑适当增加样品量以增强吸附峰强度（一般考虑在合适的高径比内）。同样载气流速也会影响脱附峰的强度，一般载气流速 30～50ml/min 为最佳。此外，升温速率会影响脱附峰形状，当升温速率过快时，脱附峰容易出现重叠的现象，例如中等碱性（酸性）位点和强碱性（酸性）位点的峰分不开，导致无法区分不同种类的酸/碱性位点，并且脱附峰型会变得尖锐。当升温速率过慢时，TPD 信号则会减弱，峰强降低，实验时间过长。因此不同催化剂需要选择合适的升温速率来测试，一般采用 10～20℃/min 为最佳。具体的实验条件还要以实际情况为准。

2. TPD 能不能区分出 B 酸和 L 酸？

TPD 无法区分 B 酸和 L 酸，只能根据脱附峰的温度判断是否含有弱酸、中强酸和强酸。通过脱附峰面积计算总酸量，通过分峰拟合积分就可以得到各个峰的酸/碱量。而红外可以通过峰位置来判断 B 酸（$1540cm^{-1}$）和 L 酸（$1450cm^{-1}$）。

3. 脉冲化学吸附如何选择定量环大小？

定量环可以根据吸附量大小来选择合适的体积，一般情况下连续脉冲 15～20 管之间，理论上保持 3～5 管左右吸附完全比较合理，之后的峰面积会和空管的面积一致，最后求差值计算分散度。

4. 不同样品分别做什么脉冲最合适？

对于表征贵金属催化剂的分散度一般采用 CO 脉冲，其他金属可采用 H_2 脉冲。测试 Cu 的分散度一般用笑气（N_2O）表征，一般方法为 TPR-笑气脉冲-TPR 更为准确。此外，测试脉冲前必须提供准确的活性金属负载量。

参考文献

[1] 孙梦晗. Ni-Mg-Al 类水滑石催化剂上 CO_2 甲烷化性能研究[D]. 昆明理工大学，2019.

[2] Tingting Zhang，ZhongxianLiu，Yi-An Zhua，et al. Dry reforming of methane on Ni-Fe-MgO catalysts：Influence of Fe on carbon-resistant property and kinetics[J]. Applied Catalysis B：Environmental，2019，264：118497.

第 22 章　接触角测试

本章主要介绍与接触角相关的基础知识，涉及界面现象相关领域的主要概念，如接触角、界面、表面、表/界面张力、表/界面能等，以及常见测量项目，如静/动态接触角、前进/后退角、表/界面张力和表/界面能等，另外对常见测量项目的测量方法和辅助分析方法进行简单介绍。

22.1　原理及应用

22.1.1　界面现象与润湿方程

对于多相系统，相互接触的两相之间存在一个厚度约为几个分子厚度的薄层，称之为界面层，也叫作界面（Interface），常见的界面包括固-固、液-液、固-气、固-液和液-气五大类，当其中的一相为气体（或真空）时，如液-气界面和固-气界面，则也可称之为表面（Surface）。在实际应用中，有时界面和表面并不进行严格区分。

界面实际上是两相相互接触部分的、厚度约为几个分子的过渡区，这个过渡区的性质和两相的性质均不同。如图 22-1 所示，基体内部的分子受到来自四周的分子的作用力，从统计平均的角度来说，这种作用力是相互对称并且可以互相抵消的，而处于界面处的分子没有完全被同种分子围绕，所以只能抵消掉平行于界面方向的作用力，在垂直方向上仍具有不对称的力，这种不对称的力就形成了界面能。例如在液体和蒸汽组成的表面，由于气相的密度较低，表面分子受到的液体分子的拉力要大于受到的气体分子的拉力，所以表面分子会受到方向指向液相内部的作用力，这种作用力叫作表面张力，它使得气液表面具备自动缩小的趋势，因此使表面层展现出例如毛

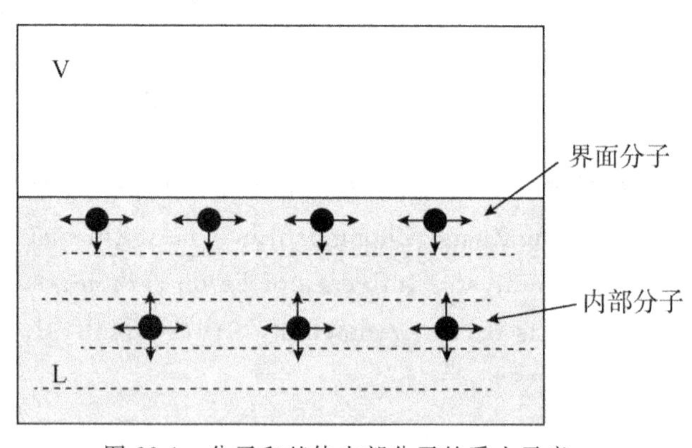

图 22-1　分子和基体内部分子的受力示意

细现象、表面吸附以及过饱和状态等一些独特的性质。

作为一个稳定的气液固三相系统，其受到的固-气、固-液、液-气界面的表面张力应该受力平衡，其水平方向上的合力应为零，可以得到界面方程，即 Young 方程：

$$\gamma_{s\text{-}g}=\gamma_{l\text{-}g}\cos\theta+\gamma_{s\text{-}l} \tag{22-1}$$

式中：$\gamma_{s\text{-}g}$是固-气之间的界面张力，$\gamma_{l\text{-}g}$是液-气之间的界面张力，$\gamma_{s\text{-}l}$是固-液之间的界面张力，θ是液体和固体基板的接触角。

润湿现象指的是在液体和固体相接触时，液体沿固体表面扩展的现象。液滴在固体表面上的少许液体，取代了部分固-气界面，产生了新的固-液界面，这一过程称之为润湿过程。润湿过程通常是自发的，因此在恒温、恒压系统中，吉布斯函数会减小，因此也可以用吉布斯函数的减小值来衡量润湿的程度。界面处表现出的力类似于表面张力，然而不同的是，表面张力永远是收缩力，界面处（例如固-液界面）的力取决于相接触的固体和液体的性质，可以是收缩力或延展力。润湿过程可以分为三类，即：黏湿、浸湿和铺展。

(1)沾湿过程：液体与固体从不接触到接触，使部分液-气界面和固-气界面转变成新的固-液界面的过程。

(2)浸湿过程：在恒温恒压可逆情况下，将具有单位表面积的固体浸入液体中，气-固界面转变为固-液界面的过程称为浸湿过程。

(3)铺展过程：等温、等压条件下，单位面积的固-液界面取代了单位面积的固-气界面并产生了单位面积的液-气界面，这种过程称为铺展过程。

接触角是固-液界面的水平线与液-气界面的气、液、固三相的汇合点切线之间的夹角 θ（见图 22-2）。

(1)当接触角 $\theta<90°$时，液滴在固体表面扩展，表现为亲液状态，即液体润湿固体，如水在玻璃表面；当接触角 $\theta=0°$时，水滴完全在固体表面铺展开来，表现为完全润湿状态。

(2)当接触角 $\theta>90°$时，液滴在固体表面收缩而不扩展，表现为疏液状态，即液体不润湿固体，如汞在玻璃表面；当接触角 $\theta=180°$时，则为完全不润湿状态。

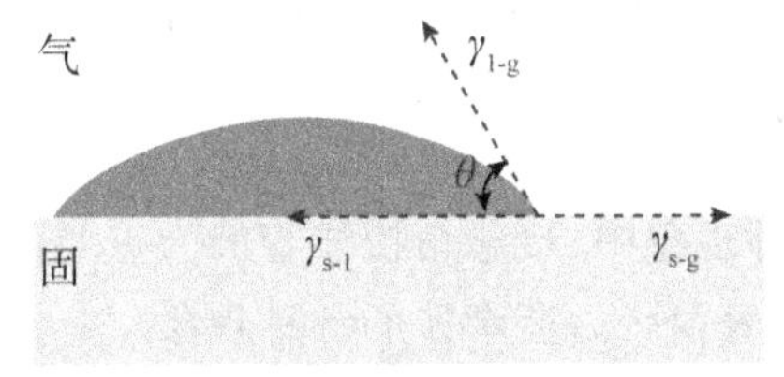

图 22-2　接触角 θ 与各表面张力的关系

能被液体所润湿的固体，称为亲液性的固体，常见的液体是水，所以极性固体皆为亲水性固体。不被液体所润湿者，称为憎液性的固体，非极性固体大多为憎水性固体。

22.1.2　影响接触角的因素

接触角是在气、液、固三相交界处形成的，因此气、液和固体的本性均影响其大小。对接触角数值大小能产生直接影响的属性主要包括液体的表面张力，以及引起表面张力的分子作用力的本质，如极性和非极性作用力。如果液体是多组分体系（如涂料），液体的表面张力会随着时间发生变化（一般是随时间下降），导致接触角也随着时间发生相应的变化。

固体表面的属性也是决定接触角大小的因素：

（1）固体表面的表面自由能及其分子作用力的本质，如极性和非极性作用力的组分，可以认为固体表面的表面自由能是由其分子作用力的大小和本质以及分子在表面的排列、结构所决定的。对于一给定的固体表面，其表面自由能数值也应是给定的。但固体表面与液体表面不同，后者几乎瞬间可以达到平衡，而固体表面由于分子的运动受到限制，在现实中很难达到真正意义上的平衡态。固体表面随着时间的松弛，从理论上讲，也会影响接触角的数值。

（2）固体表面的其他属性。除了上面提到的分子作用力的本质，一些其他的物理、化学属性也会影响接触角的大小。它们包括：固体表面的平整、光滑性，或者用表面的粗糙度来衡量。粗糙度可以是无序的表面凸、凹的分布，也可以是确定的、非常有序的、规则的微结构分布，这些特征的尺寸可以是微米或纳米数量级的。

表面的粗糙度将会对液体在固体表面的表观接触角（apparent contact angle）产生影响。表观接触角是指通过一般的（宏观）接触角测量技术测得的接触角数值。表观接触角的大小在很大程度上受到液滴与固体表面形成的三相接触线/周边的影响：如果表面是非常平整的、光滑的，那么三相接触线在铺展过程中不会遇到任何阻滞，液滴最终将达到其相应的热力学平衡态，呈现的接触角也只由液体和固体表面的分子作用力的本质所决定，这样的接触角也称为杨氏接触角。杨氏接触角只与液体的表面张力 $\gamma_{l\text{-}g}$、固体表面的表面自由能 $\gamma_{s\text{-}g}$ 和固体表面与液体接触形成的固-液界面的界面张力 $\gamma_{s\text{-}l}$ 有关。

如果固体表面呈现出尺寸足够大的粗糙度，三相接触线在铺展过程中就会遇到粗糙结构的阻滞，使其无法总是跨越障碍，达到热力学平衡态。在这种情况下，液滴在固体表面形成的表观接触角就不再是一恒定值，而是在某一范围内波动，具体的数值大小取决于液滴的三相接触线形成的方式和经历，这一现象被称为接触角的滞后效应（Contact Angle Hysteresis，CAH）。对于这样的固体表面，只测量一个接触角的值并不能完整地描述其润湿行为，而应该通过测量前进接触角、后退接触角和滚动角来表征。

22.1.3 应用

在与表面张力有关的各种现象中，接触角扮演着极为重要的角色，所以由改变表面张力可以控制接触角，进而应用由表面张力所牵涉的各种现象。

（1）电润湿

电润湿是通过控制电场来调控基板表面的润湿性，目前，很多基础研究和应用研究都涉及了电润湿原理[1]。1875 年，法国科学家 Lippmann 观察到水银在电场力的作用下，在毛细管中上升的高度有所变化，于是提出了毛细管原理（Electrocapillarity），并总结出了 Lippmann 定律[2]。在后续的研究中，研究者们发现，当施加电压升高到一定程度时，微液滴会发生电解反应，产生气泡，这种电解现象会严重阻碍电润湿的发展。Berge 综合了前人的研究，提出了著名的 Young-Lippmann 方程（公式 22-2），总结出了电压与接触角之间的关系。1993 年，Berge 等提出了基于介电层的电润湿（Electrowetting on Dielectric，EWOD），在导电基板和液体之间增加了绝缘层，避免了电极和液体的直接接触，从而解决了水溶液易电解的问题[3]。电润湿在多个领域均有广泛的应用，比如芯片实验室、显示、微变焦透镜、微电机系统等。

$$\cos_{\theta}=\cos\theta_0+\frac{\varepsilon_0\varepsilon_d}{2d_{\gamma_{lg}}}V^2 \tag{22-2}$$

(2)临界胶束浓度的测量

能显著降低水的表面张力的物质称为表面活性剂，它的分子一般是由亲油基和亲水基两部分组成。表面活性剂的数量不下几千种，如按离子类型可分为离子型(阴离子、阳离子、两性)、非离子型(聚氧乙烯型、多元醇型等)、特殊类型(全氟烷、聚硅氧烷等)。表面活性剂除了在日常生活中作为洗涤剂以外，在日用化工、食品、医药、石油开采、机械运转、城建工程、纺织等中，都有它的特殊用途。

从图 22-3(a)可以看到，少量的表面活性剂加到水中，就能使表面张力急剧下降，随着浓度的增大，表面张力又几乎保持恒定。由于表面活性剂分子中亲油基是憎水基，当浓度很小时，表面活性剂很快地聚集在水面，当液体表面聚集足够量的表面活性剂，并密集地定向排列成单分子膜时，界面的性质发生了明显的变化，对应图中的转折部分。如再提高浓度，水溶液中的表面活性剂分子几十、几百地聚集在一起，排列成胶束。表面活性剂形成胶束的最低浓度，即图 22-3(a)中转折点的浓度，又称为临界胶束浓度(Critical Micelle Concentration，CMC)，是衡量表面活性剂的活性的一个非常重要的参量。通常用表面张力-浓度对数图确定 CMC，具体做法是：测定一系列不同浓度溶液的表面张力 γ，作出 γ-lg$c$ 曲线，将曲线转折点两侧的直线部分外延，相交点的浓度即为此体系中表面活性剂的临界胶束浓度。γ-lg$c$ 曲线是研究表面活性剂最基础的数据，可以同时求出表面活性剂的临界胶束浓度和表面吸附等温线。因此，一般认为表面张力法是测定表面活性剂溶液临界胶束浓度的标准方法。不过，当溶液中存在少量高表面活性杂质时，例如高碳醇、胺、酸等物质，表面张力-浓度对数曲线上会出现最低点，不易确定临界胶束浓度，而且所得结果往往存在误差。但是，从另一角度看，表面张力曲线最低点的出现可以说明体系含有高表面活性杂质。因此表面张力-浓度对数曲线是否具有最低点通常被用作表面活性剂样品纯度的实验证据。

离子型的表面活性剂的 CMC 一般在 $10^{-4}\sim10^{-2}$ mol/L 之间。在 CMC 附近，表面活性剂的许多性质都会发生显著的变化，如图 22-3(b)[4]所示。在使用表面活性剂时，浓度一般要比 CMC 稍大，否则其性能不能充分发挥。

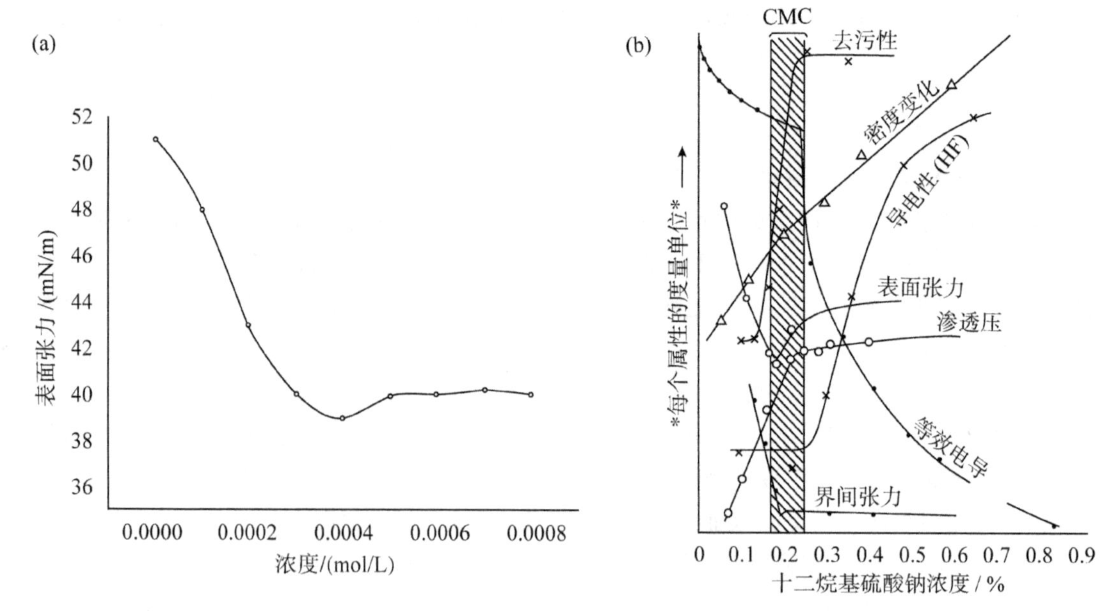

图 22-3(a)表面活性剂表面张力随浓度的变化;(b)表面活性剂性质随浓度变化图[4]

此法有下列优点:①简单方便;②对各类表面活性剂普遍适用;③此法测定临界胶束浓度的灵敏度不受表面活性剂类型、活性高低、存在无机盐以及浓度高低等因素的影响。另外,测定临界胶束浓度还有其他方法,比如:电导法、染料法、浊度法、单点式超滤法、荧光探针法等[5,6,7]。

22.2 常用测量方法

22.2.1 直接测定法

液滴或气泡外形轮廓线切线法:采用摄像或拍照法得到液滴或气泡的外形轮廓(如图 22-4 所示),然后用对称画法画出其三相交点处的轮廓线的切线,而得到 θ 角。然而作图法切线不易准确画出,还可以由液滴高度 h、液滴与固面相交圆的直径 R 和液滴的曲率半径 d 通过数学计算求出 θ 值。

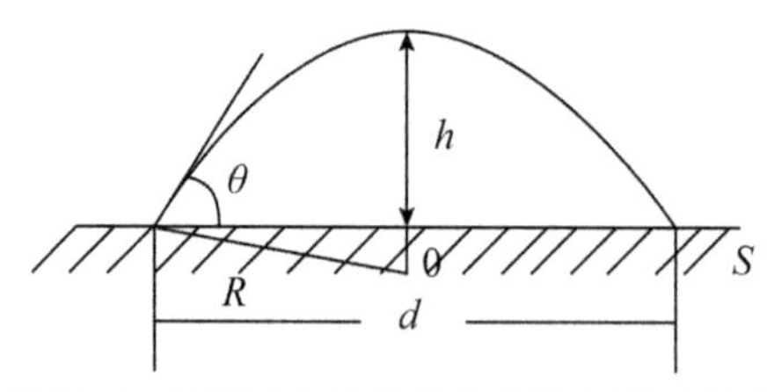

图 22-4 液滴或气泡外形轮廓线切线法示意

$$h=R-R\cos\theta \tag{22-3}$$

$$d=2R\sin\theta \tag{22-4}$$

$$\frac{h}{d}=\frac{2R(1-\cos\theta)}{2R\sin\theta}=\frac{1}{2}\tan\frac{\theta}{2} \tag{22-5}$$

$$\theta = 2\arctan(2 \times \frac{h}{d}) \tag{22-6}$$

22.2.2　间接测量法

(1)毛细管法

将一支半径为 r 的毛细管插入能润湿其管壁的液体中，若不是完全润湿而是具有接触角，在表面张力已知时有：

$$\cos\theta = \frac{\Delta\rho \cdot g \cdot h \cdot r}{2\gamma_{l\text{-}g}} \tag{22-7}$$

如果毛细管的半径 r 为未知数，可以用同一支毛细管插入另一种已知 θ_1、γ_1 和 h_1 的溶液中，此时有：

$$\cos\theta_1 = \frac{\Delta\rho_1 \cdot g \cdot h_1 \cdot r}{2\gamma_1} \tag{22-8}$$

以上两式相除得：

$$\cos\theta = \cos\theta_1 \ \frac{\Delta\rho \cdot h \cdot r_1}{\Delta\rho_1 \cdot h_1 \cdot \gamma_{l\text{-}g}} \tag{22-9}$$

(2) Modified Wilhemy Plate 方法

传统的 Wilhemy Plate 方法(也称为吊片法)被用来测量液体的表面张力：当一块/片规则的金属薄板/片，在经过表面粗糙化处理后，被伸入到液体相时，它受到液体表面张力对其施加的作用力 F(见图 22-5)的作用，后者可以通过称量确定。

$$\gamma = \frac{F}{l\cos\theta} \tag{22-10}$$

这里 γ 为液体的表面张力(待测量)，l 为液体润湿金属薄板的总周长(可以通过测量已知表面张力的液体确定或直接通过对薄板几何尺寸的测量经计算获得)，θ 是液体在薄板表面的接触角值。测量时，假设接触角值为零，可以通过获得的 F 值由式(22-10)计算出 γ 值。

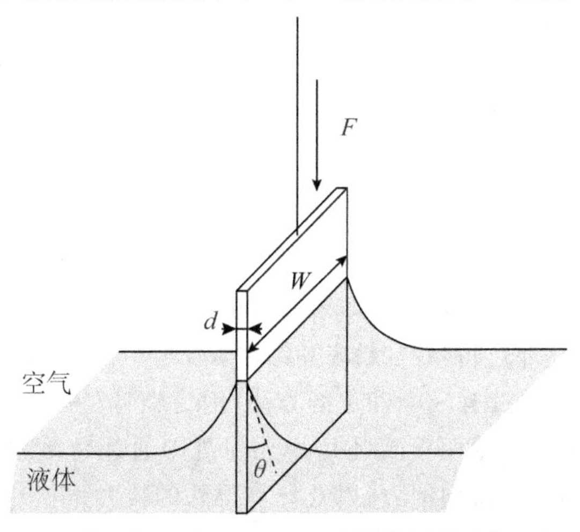

图 22-5　Wilhemy Plate 法测量原理示意

在测量接触角时，把上面的公式转换成以下的形式：

$$\cos\theta=\frac{F}{l\cdot\gamma} \tag{22-11}$$

通过测量获得的作用力 F，在已知液体的表面张力值 γ 和液体润湿总周长 l 时，可以计算得到接触角值 θ。

测量时，把待测的样品表面代替金属薄板悬挂在天平的力传感器上，让其缓慢地伸入液体相，记录作用力的变化，由此可以计算液体在固体表面的前进接触角值，然后再缓慢地将固体样品从液体相中拉出，记录作用力的变化，由此可以计算液体在固体表面的后退接触角值。所以这一方法可以用来测量液体在固体表面的动态接触角，包括前进和后退接触角值，而且可以很好地控制液体/气体/固体表面三相接触线的移动速度。

原则上，如果我们可以准确测量其和液体润湿时的总周长 l，而且这一值在样品移动过程中保持不变(或者我们可以预先知道其变化函数关系)，经改变的 Wilhemy Plate 法可以用来测量任何几何形状的表面。

但这种方法会遇到以下几个问题：

(1)对于具有不规则形貌的样品表面，其实很难确定/测量其润湿时的总周长 l，所以这一方法的测量一般只限于几何形状规则的样品表面，如薄板/片、圆柱体等。当样品表面不平整(如存在较显著的粗糙度、高低起伏、不规则或间隙等)时，也不容易确定这一总周长 l。

(2)计算得到的接触角值代表沿着这一润湿总周长的(平均)有效值。这就要求接触角在这一总周长沿线的值符合一定的分布，而且是相互关联的，否则得到的(平均)有效值缺乏一定的物理意义。比如，如果样品两面的表面属性不同、毫不相干，那么测量得到的液体在两个不同表面上的接触角的(平均)有效值就没有一定的物理意义。这就要求沿着润湿总周长的表面属性是相同的或属于同一类的(也即样品具有相同的两面)。对于实际中的许多样品表面，其实其两面的属性往往是不相同的，要求测量的也只限于其中的一面，虽然有人建议可以把这样的表面通过双面胶带黏结在一起，使得暴露在外的两个表面均是样品需要测量的一面，但在现实中并不容易操作。另外，这一方法也要求样品在移动方向上也基本是均一的，否则测量得到的接触角值很难与具体的样品位置相关联。

(3)这一方法能够接受的样品尺寸是有限制的：既不能太大，也不能太小。实际遇到的样品尺寸一般都要么太大，需要进行切割后才能测量(而这又会带来问题和引入误差)，要么太小，无法进行测量。

(4)在计算时，此方法忽略了样品的边缘可能对测量和计算的影响，而这是否合理，目前还缺乏一定的探究。

所以这一方法通常只用来测量表面四周属性相同的薄板/薄片和圆柱体，虽然也被用来测量颗粒/粉末的接触角(通过将颗粒/粉末黏结在双面胶带的两面)，但在这种情况下，如何测量其润湿时的总周长 l 并没有一个确定的方法，因为颗粒/粉末组成的表面是不平整的，包括起伏和间隙，其真实的 l 值可能要比运用几何规则通过简单测量/计算得到的值大得多。且随着样品的移动，测量得到的力(以及计算得到的接触角值)可能随样品的位置而变化，每一时刻的力和接触角值都表示此时沿着润湿总周长的(平均)有效值，所以这一方法可以被用来对样品进行一维扫描(垂直方向)。

这一方法的优点在于其测量过程基本上完全自动化，可以提高测量过程的可重复性，但许多时候润湿总周长 l 的测量还是无法完全排除人员的主观因素。

22.2.3　固体粉末与液体接触角的测定

固体粉末太小，可以尝试用压片法制得光滑表面，从而应用平面接触角的测量方法。但是在很多情况下，真正光滑平整的表面并不容易得到，即使用很大压力去制备平面，实际上也存在许多小孔，导致测量的接触角有一定的误差。在压片法测试中，如果出现很快被完全润湿的情况，需要确定粉末样品是否压紧。如果是吸水材料，可考虑用滤泡法测量该粉体的接触角，即将样品置于液槽之中，通过向样品鼓气泡，最后测量形成的液泡计算出接触角。

在对粉体接触角的测量中应用较多的还有透过法。透过法的基本原理是：固体粉体间的空隙相当于一束毛细管，当把管子插入待测液时，由于毛细作用液体能自发渗透进入粉体柱中。毛细作用取决于液体的表面张力和固体的接触角，因此通过测定已知表面张力液体在粉体柱中的透过情况就可以得到有关该液体对粉体的接触角[8]。基于 Washburn 方程可以简便地测量粉体的接触角，但透过法本身也有不足之处，即粉体柱的等效毛细管半径与粒子大小、形状和填装紧密程度有关，所得曲线线性一般不理想。要想用此方法得到相对准确的结果就需要每次实验粉末样品和装柱方法、粉末紧密程度都必须相同；另一方面，当液体的重力相对于 Laplace 压力差不能被忽略时，就会带来比较大的误差。

另外，Van Oss 等[9]提出了“薄板毛细渗透技术”测定液体在粉体上的接触角，进而测定粉体的表面能。薄层毛细渗透技术的理论基础是 Washburn 方程，液体层状流入毛细管取代气体或另一种液体比较符合 Washburn 方程，液体在薄板上的渗透同样遵循这一方程。相对于透过法，由于每块薄板的参数都是独立得到的，所以测得的接触角重复性好。

$$h^2=(\gamma R\cos\theta/2\eta)\cdot t \tag{22-12}$$

22.3　样品制备和要求

接触角 θ 的测定方法较简单，但必须在光滑、质地均匀且干净的表面上恒温操作。主要要求如下：

(1)尽量保持测试样品表面的洁净度和水平度，固体粉末样经充分干燥后，压成片状；黏稠状样先溶解在强挥发性溶剂中后成膜，干燥后再测试。

(2)确认测试样品的尺寸是否符合要求，不同仪器对样品大小要求不同，必要时对样品进行切割和/或预处理使其能够为仪器所容纳和符合仪器对可测量样品的要求。

(3)测试过程中，不可用手接触测试区域。

22.4 测试项目及参数解读

22.4.1 静态接触角

当液体在固体表面达到平衡时，气液的界线与液固的界线之间的夹角称为接触角，此时为静态接触角。从热力学角度来说，对于一给定的液体/固体体系，接触角的值应该是个定值，杨氏方程给出了相互之间的关系。但实际测量中，液滴在表面的接触角值往往呈现一范围：从大致所谓的最大前进接触角 θ_A，到小致所谓的最小后退接触角 θ_R（见图 22-6）。在真实条件下观察到的接触角值可以出现在这一范围内，被称为表观接触角（Apparent or Actual Contact Angle）。真实接触角值的这种分散性主要是源于真实表面的不完美和表面属性的不均匀性。这些不完美性和不均匀性使得在真实条件下，不可能通过测量获得所谓的杨氏平衡接触角值（θ_0），而测量得到的静态接触角值可能在一定范围内波动。我们平常测量得到的所谓的静态接触角 θ_s，其值介于这些极端值之间：$\theta_A \geqslant \theta_s \geqslant \theta_R$，这些极端值之间的差异越小，区间越窄，就表明考察的表面越接近完美。

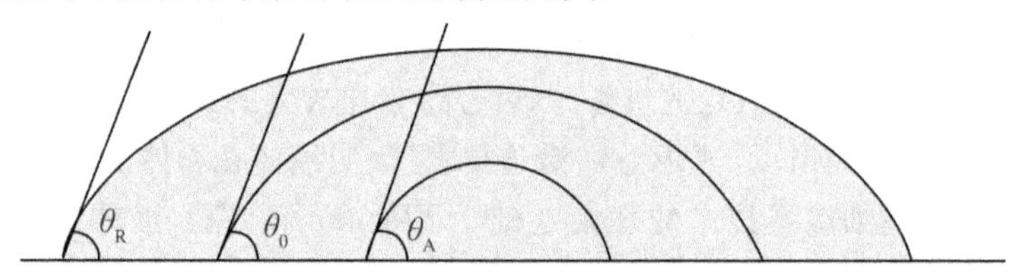

图 22-6 最大前进接触角 θ_A、最小后退接触角 θ_R 和杨氏接触角 θ_0

从静态接触角数值可以直接判断材料的亲疏液程度。在材料表面滴加液滴，当静态接触角 $\theta_s > 90°$时，角度越大疏液程度越高；当静态接触角 $\theta_s < 90°$时，角度越小亲液程度越好。

22.4.2 动态接触角

动态接触角一般是对于疏水材料而言的。如果测量时，液滴的三相界面前沿正处于移动状态，那么这样测量得到的接触角值称为动态接触角（Dynamic Contact Angle）。如果这一正在进行中的移动是扩展的，对应的动态接触角称为前进（中的）接触角，简称前进角 θ_A；如果这一正在进行中的移动是收缩的，对应的动态接触角称为后退（中的）接触角，简称后退角 θ_R。润湿动力学研究的目的是揭示动态接触角与接触线（或者固体衬底）移动速度、液体物性和固体衬底物性之间的关系。

测量动态接触角值目前有以下几种基本的方法：

(1)液滴体积增、减法（method of drop growing/shrinking）

考虑一个在水平平面上具有稳定接触角的液滴，若表面是理想光滑和均匀的，往这液滴上加少量液体，则液滴周界的前沿向前拓展，但仍保持原来的接触角；从液滴抽去少量液体，则液滴的周界前沿向后收缩，仍保持原来的接触角。相反，如果表面是粗糙或者不均匀的，向液滴加入一点液体只会使液滴变高，周界不动，从而使接触角变大，此时的接触角为前进接触角。若加入足够多的液体，液滴的周界会突然向前蠕动，此突然运动刚要发生时的角度为最大前进角。若从液滴中取出少量液体，液滴在周界不移动的情况下变得更平坦，接触角变小，此时的接触角为后退接触角，当抽走足够多的液体，流溢周界前沿会突然收缩，此突然收缩刚要发生时的角度为最小后退角。

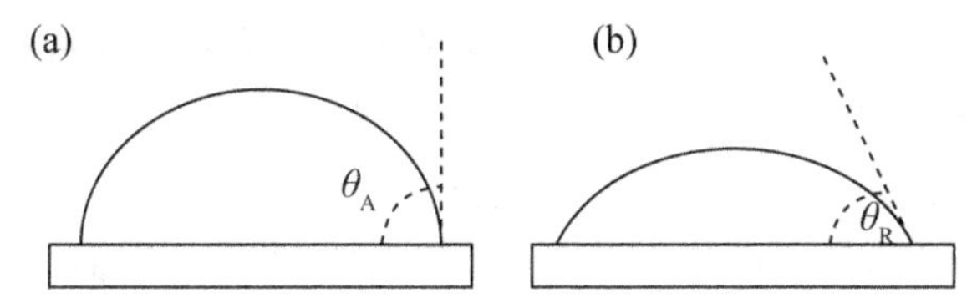

图 22-7　(a)增加液体，接触角前进。每一次运动中止时，液体呈现出前进接触角(θ_A)；(b)移动液体，接触角后退，接触角减小，液滴呈现后退接触角(θ_R)

在运用这一测量方法时，必须注意以下几点：

1)体积变化的速度应足够低，尽量保证液滴在整个过程有足够的时间来松弛，使得测量能在准平衡下进行。

2)由于这一过程中一般都有针头/毛细管的埋入以加入/移走液体，针头/毛细管的直径一定要(与液滴相比)足够小，使液体在针管/毛细管外壁上的润湿不会对液滴在固体表面的接触角产生影响，这一点尤其是对后退角的测量更为突出，否则测得的值将严重偏离真实值。

3)同样由于过程中针头/毛细管的埋入，由于润湿的不均匀性使得液滴一般不再呈现中心轴对称，也不再能被看作是圆或椭圆的一部分，所以基于 Young-Laplace、圆或椭圆方程式的计算方法都将遇到困难，带来较大误差。此时一般使用广义切线法，但此方法往往对少量的背景噪声较敏感。

(2)倾斜板法(Method of Tilting Plate)

倾斜板法是将一足够大体积的液滴置于待测的样品表面后，缓慢地倾斜样品表面，同时跟踪液滴形状(包括接触角值)和位置的变化。刚开始时液滴不一定立即发生移动，而只是其中的液体由上方(高位，upper-side)向下方(低位，down-side)转移，使得下方的接触角不断地增大，而上方的接触角则不断地变小(见图 22-8)。当表面倾斜到一定角度时，液滴(的一方或双方)开始发生滑动。液滴下方发生滑动前夕对应的接触角就是前进接触角，而液滴上方发生滑动前夕对应的接触角就是后退接触角。当液滴整体刚刚开始发生滑动(或滚动)时的倾斜角 α，称为起始滑动(滚动)角。

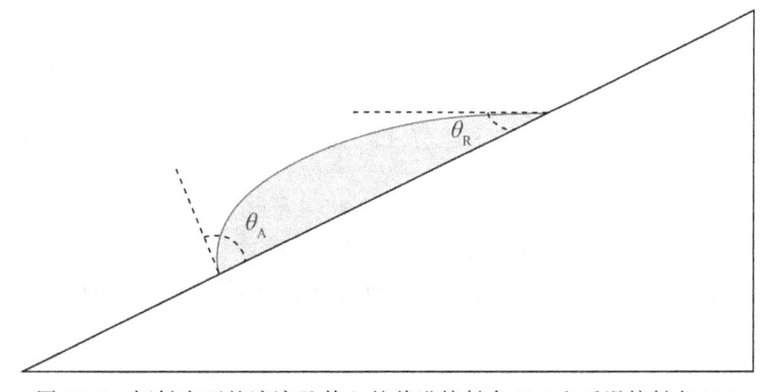

图 22-8　倾斜表面的液滴及其上的前进接触角(θ_A)和后退接触角(θ_R)

倾斜板法目前有两种不同的实现方法：

1)整体倾斜法：将整套接触角测量仪置于摇篮状的倾斜架上，让包括摄像机、光学镜头、样品台、样品、加液装置、液体容器和光源等组件的整套仪器同时倾斜。这种构造和操作的主要优点在于：液滴相对于摄像机和光学镜头在整个过程中始终保持相对不倾斜，这样设置计算比较容易。而其缺点也很明显：仪器越大、样品越大/越重，所需要的倾斜架也越大，显得很笨重；由于仪器上的所有东西都跟着一起倾斜，使得有些液体会倒出来，同时使得在倾斜状态无法加液产生液滴，液滴必须在倾斜前已经被置于样品表面。另外整体倾斜很难让倾斜角度高达180°。

2)局部倾斜法：只倾斜样品台和其上面的样品(包括可能已放置上去的液滴)，其他的所有部件均保持不动。这种做法可以避免整体倾斜法的所有缺点，使得仪器尺寸紧凑，硬件制造成本降低，也能容许在任何倾斜角度下加液形成新液滴，或者往已经形成的液滴添加液体，而且能实现全范围的倾斜(0～360°)。

在倾斜面上，可以同时看到液体的前进角和后退角，若没有接触角滞后的话，平板只要稍微倾斜液滴就会滚动。

22.4.3 接触角滞后/滚动角

固-液界面扩展后测量的接触角前进角和回缩后的测量值后退角存在差别，前进角往往大于后退角，两者的差值叫作滚动角，滚动角的大小也代表了一个固体表面的接触角滞后现象。观察到的静态接触角可能位于由前移和后移接触角所限定范围($\theta_A > \theta > \theta_R$)内的任意位置。对于给定的三相系统，这一静态值的限定范围称为接触角滞后($\Delta\theta = \theta_A - \theta_R$)。$\Delta\theta$与液体在固体上的附着力相关，表征液滴在固体表面滚动的难易程度。

22.4.4 表/界面张力

由于液相和气相的密度差异，液体的表面层中的分子受到了一个指向液相内部并垂直于界面的引力，使得液体表面就如张紧的弹性薄膜，在这张薄膜上存在着收缩张力，使液体表面有收缩到最小的趋势。单位长度上的收缩张力称为表面张力。液体的许多现象与表面张力有关，例如：毛细现象、润湿现象、泡沫的形成等，溶液的表面张力与温度、浓度、电解质、有机醇含量等多种因素有关。

表面张力的存在使得一表面/界面两边的压力不再相同，这一压力差的大小取决于界面张力及界面的曲率，可用 Young-Laplace 公式来描述：

$$\Delta P = \gamma\left(\frac{1}{R_x} + \frac{1}{R_y}\right) \tag{22-13}$$

液体的表面/界面张力可直接测量，测量的方法大多基于对表面/界面施加一外力，从而引起其变化，通过测量施加的力和/或其变化的程度，就可计算出表面/界面张力的值。表面/界面张力的测量方法可根据直接测量的物理量分为力测量法、压力测量法和界面形状分析法。

（1）力测量法

此方法通常是运用一探针使其与待测的界面接触，然后通过天平来测量作用在探针上的力。为了保证界面在探针表面上的润湿性，探针通常由金属制成。常见的方法有：

1）挂环法（Du Nouy Ring method）：这可能是测量表面/界面张力的最经典方法，文献上报道的许多液体的表/界面张力值是用这一方法测得，它甚至可以在很难浸湿的情况下被使用。用一个初始浸在液体的环从液体中拉出一个液体膜（类似肥皂泡），同时测量提高环的高度时所需要施加的力。

2）威廉米平板法（Wilhelmy Plate method）：也叫作吊片法，这是一种很普遍的测量方法，尤其适用于长时间测量表面张力的测量，测量的量是一块垂直于液面的平板在浸湿过程中所受的力。用这种方法只需要提供足量体积的液体即可，无须提供其他参数。其实也可以用其他几何形状的探针如圆棒、球等来代替平板，测量原理相同，被称为改进威廉米平板法。

如图 22-9(a)所示，采用盖玻片、云母片、滤纸或铂箔竖平板插入液体，使其底边与液面接触，测定吊片脱离液体所需与表面张力相抗衡的最大拉力 F，也可将液面缓慢地上升至刚好与吊片接触。

$$F=G+2(l+t)\gamma\cos\theta \tag{22-14}$$

式中：F 为砝码的重量，G 为吊片的重量，l 为吊片的宽度，t 为吊片的厚度，θ 为接触角。由于接触角 θ 难于测准，一般预先将吊片加工成粗糙表面，并处理得非常洁净，使吊片被液体湿润，接触角 $\theta\to0$，$\cos\theta\to1$，如图 22-9(b)所示，同时 t 和 l 相比非常小，可忽略不计，则公式(22-14)变为：

$$F=G+2l\gamma \tag{22-15}$$

$$\gamma=\frac{\Delta W}{2l}=\frac{F-G}{2l} \tag{22-16}$$

由公式(22-16)算得的表面张力值可准确至 0.1%。

吊片法直观可靠，不需要校正因子，这与其他脱离法有所不同，还可以测量液-液界面张力。目前这种方法应用较广泛，所用的天平上一般都带有自动记录装置，还可以和计算机相连后，测量动表面张力。

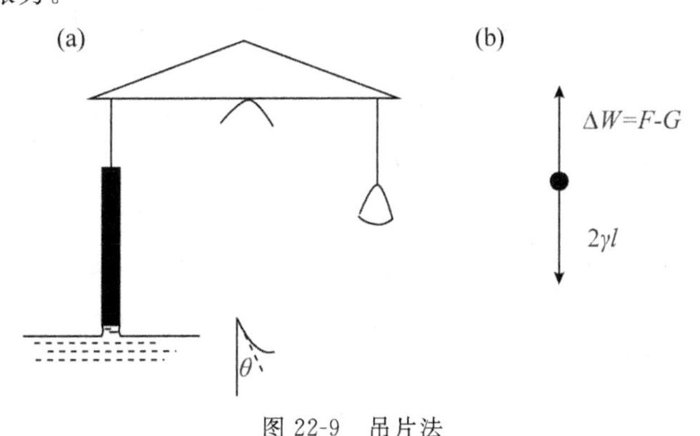

图 22-9　吊片法

(2)压力测量法

这种方法是通过测量界面两边(两相)的压力差,然后运用上述的 Young-Laplace 公式(公式 22-2)来计算表面张力。常见的方法有:

1)毛细管上升法:这个方法研究得比较早,在理论和实际上都比较成熟。如图 22-10 所示,干净的毛细管浸入液体内部,当液体与毛细管管壁间的接触角小于 90°时,管内的液面成凹面,弯曲的液面对于下层的液体施加负压力,导致液面在毛细管中上升,直到压力平衡为止。通过测量液面升高的高度,及已知毛细管内径和液体与毛细管管壁间的接触角,就可计算出表面张力。这是经典且直观的方法,所以经常被用来作为教学示范和学生实验。

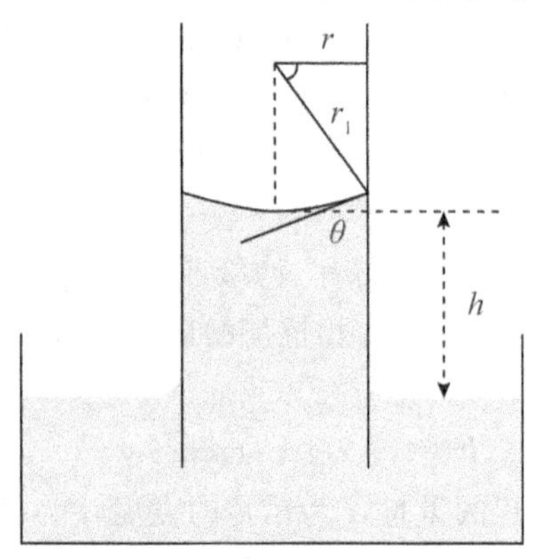

图 22-10 毛细管上升法

$$2\pi r\sigma\cos\theta=\pi r^2(\rho_l-\rho_g)gh \tag{22-17}$$

$$\sigma=\frac{(\rho_l-\rho_g)ghr}{2\cos\theta} \tag{22-18}$$

式中:σ 为液体的表面张力,r 为毛细管的内径,θ 为接触角,ρ_l 和 ρ_g 为液体和气体的密度,h 为液柱的高度,g 为当地的重力加速度。在实际应用中一般用透明的玻璃管,如果玻璃被液体完全润湿,可以近似地认为 $\theta=0$。

毛细管上升法是测定表面张力最准确的一种方法,国际上也一直用此方法测得的数据作为标准。应用此方法时,要注意选择管径均匀、透明干净的毛细管,并对毛细管直径进行仔细的标定;毛细管要经过仔细彻底的清洗,毛细管浸入液体时要与液面垂直。

2)最大气泡法:泡刚形成时,由于表面几乎是平的,所以曲率半径 R 极大;当气泡形成半球形时,曲率半径 R 等于毛细管半径 r,此时 R 值最小。随着气泡的进一步增大,R 又趋于增大,直至逸出液面。测得了气泡成长过程中的最高压力差,在已知毛细管半径的情况下就能计算出表面张力。本方法适用于测量表面张力随时间的变化。

由于毛细管口位于液面下一定位置,气泡内外最大压差 ΔP 应该等于差压计的读数减去毛细管端面液位静压值。当气泡进一步长大时,气泡内的压力逐渐减小直到气泡逸出。利用最大压差和毛细管半径即可计算表面张力:

$$\sigma=\frac{r\Delta P}{2} \tag{22-19}$$

此方法与接触角无关,装置简单,测定快速;经过适当的设计可以用于熔融金属和熔盐的表面张力测量。如果选用管径较大，气泡不能近似为球形，则必须进行修正，可以用标准液体对仪器常数进行标定。

(3)界面形状分析法

界面形状分析法是基于对一处于力平衡状态的界面形状的分析，是一种光学分析法，主要有以下几种测量方法。

1)悬滴法：如图 22-11 所示，适用于界面张力和表面张力的测量，也可以在非常高的压力和温度下进行测量。在进行测量时，需要知道两相物质以及它们的密度。

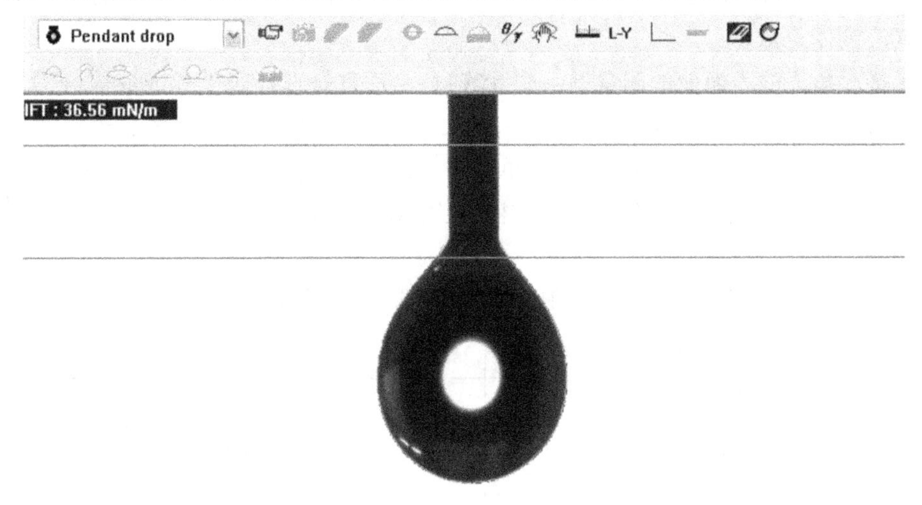

图 22-11　悬滴法测量表/界面张力

2)旋转滴法：可用来测定表/界面张力，尤其适应于低范围(0.1mN/m 以下)界面张力的测量，测量的值是一个处于比较密集的物态状态下旋转的液滴的直径或总体几何形状。

3)体积法：非常适用于动态地测量表/界面张力。测量的值是一定体积的液体分成的液滴数量。液滴体积法其实是悬滴法的一种极端情况：悬滴的体积增大到无法再由表/界面张力来支撑，而导致表/界面撕裂而掉下。但掉下的并不是整个液滴的体积，有部分剩留在毛细管/针管管端口上，这使得掉下的液滴的体积无法精确计算，需要加入经验校正因子。

22.4.5　表/界面能

表面能也叫表面自由能，液体表面能可以直接通过仪器设备测得，而固体表面能和固-液界面能只能通过其他方法间接计算获得。因为固-液界面能、固体表面能、液体表面能三者之间存在某种关系，所以求得固体表面能后，也能得到固-液界面能。

在非真空条件下液体与固体接触时，整个界面体系会同时受到固体表面能、液体表面能和固液界面能作用，使得液体在固体表面呈现特定的接触角。杨氏方程(公式 22-1)描述了它们之间的关系，从方程的定义可以看出，要计算固体表面能，只需要测量其他 3 个变量即可。3 个未知变量中接触角 θ 和液体表面能 $\gamma_{l\text{-}g}$ 可以通过仪器测得，而固液界面能 γ_{sv} 无法直接测得。因此发展了其他方法利用 $\gamma_{s\text{-}g}$、$\gamma_{l\text{-}g}$、$\gamma_{s\text{-}l}$ 之间的某种关系，再结合杨氏方程，计算出固

体表面能 $\gamma_{s\text{-}g}$。目前建立三者之间关系模型的方法主要有两种：表面能分量途径和状态方法途径。其中，表面能分量途径主要包括 Fowkes 途径和 Owens Wendt Kaelble 方法、Lifshitz-vander Waal/acid-base(van Oss)途径等，状态方法途径主要包括 Antonow 规则、Berthelot 规则等。

接触角法被认为是所有固体表面能测定方法中最直接、最有效的方法，这种方法本质上是基于描述固液气界面体系的杨氏方程的计算方法。通常待测固体材料表面的粗糙度须控制在纳米级或纳米级以下，且要求表面化学均一性较高。此外，在准备待测液体时，还必须遵循以下原则：(1)液体的表面能应当大于待测固体的表面能；(2)液体与待测固体之间无化学反应；(3)液体无毒。

基于接触角法的表面能的测量是一个计算过程，原理是选择若干标准液体(已知表面张力及其色散、极性分量、分析纯)，如蒸馏水、乙二醇等，和要测量的固体样品做接触角，记录其数值，选择合适的方法计算表面。它的单位和表面张力单位是一样的，为 mN/m。计算表面能有很多种方法，适用于不同的固体材料。在 DataPhysics 的 SCA20 软件中有总结表格，见表 22-1。

表 22-1　不同固体材料及其表面能计算方法

计算方法	所提供的信息	所需液体数	应用	材料
Zisman	临界表面张力	2	非极性固体	PE、PTFE　石蜡
Fowkes	表面能的色散部分	1	非极性系统	PE、PTFE
OWRK(Owens-Wendt-Rabel and Kaelble)	表面自由能的色散部分和极性部分	2	一般	聚合物、铝、涂层、清漆
Extended Fowkes	表面自由能的色散部分、极性部分以及氢键力的分布	3	表面特性的特殊问题	聚合物、乳液
Wu(Harmonic Mean)	表面自由能的色散力和极性力的分布	2(至少一种极性液体)	低能系统	有机溶液、聚合物、有机染料
酸碱理论	色散力，酸度	3	表面特性的特殊问题	生物系统
状态平衡理论	表面自由能	1	一般	聚合物、铝、涂层、清漆
Schultz 1 (Polar Drop Phase)	表面自由能中色散力和极性力的分布	2	高能系统	金属、玻璃
Schultz 2 (Polar Bulk Phase)	表面自由能中色散力和极性力的分布	2	高能系统	聚合物、铝、涂层、清漆

22.5　数据分析及常用工具

22.5.1　仪器配套软件

接触角测量仪通常由样品台、进样器、光源、CCD 等部件构成。一般来说，测量接触角的设备相应会配套有接触角测量软件，进口接触角设备可以参考德国 Kruss、德国 DataPhysics，国产接触角设备例如东方德非、东莞晟鼎精密等，例如晟鼎精密视频光学接触角测定仪软件 V2.2.0 的软件操作界面（见图 22-12），除了计算接触角外，还可以分析表面能、界面张力、黏附功等。

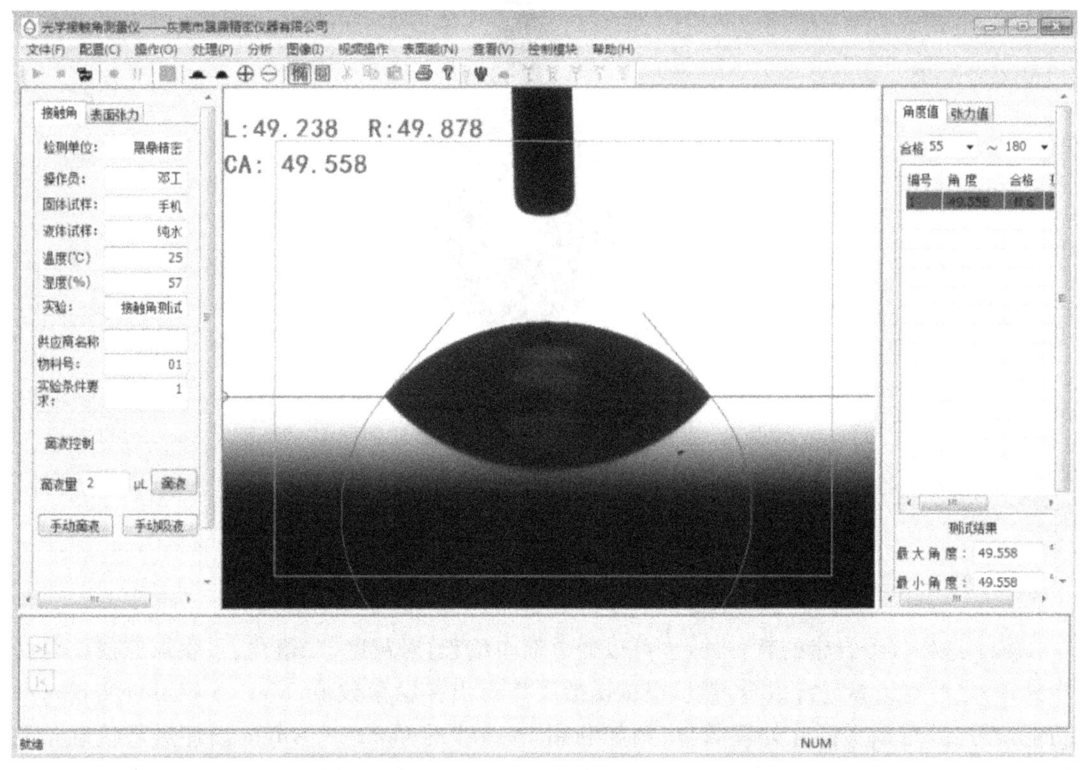

图 22-12　晟鼎精密视频光学接触角测定仪软件 V2.2.0 的软件操作界面

另外，例如 DataPhysics 的 SCA20 软件的操作界面，在测量静态接触角时，若固体样品不是平面而是斜面或者球面，可以用手动的方法拟合基线和液体的轮廓（见图 22-13）。

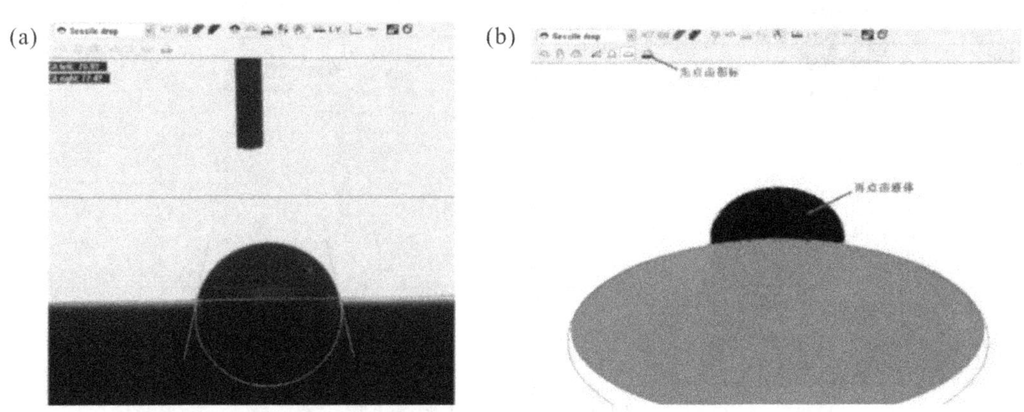

图 22-13　(a)平面上的静态接触角；(b)非平面上的静态接触角

此设备和软件可以用来测量接静态/动态接触角、表/界面张力、表面能等（见图 22-14）。

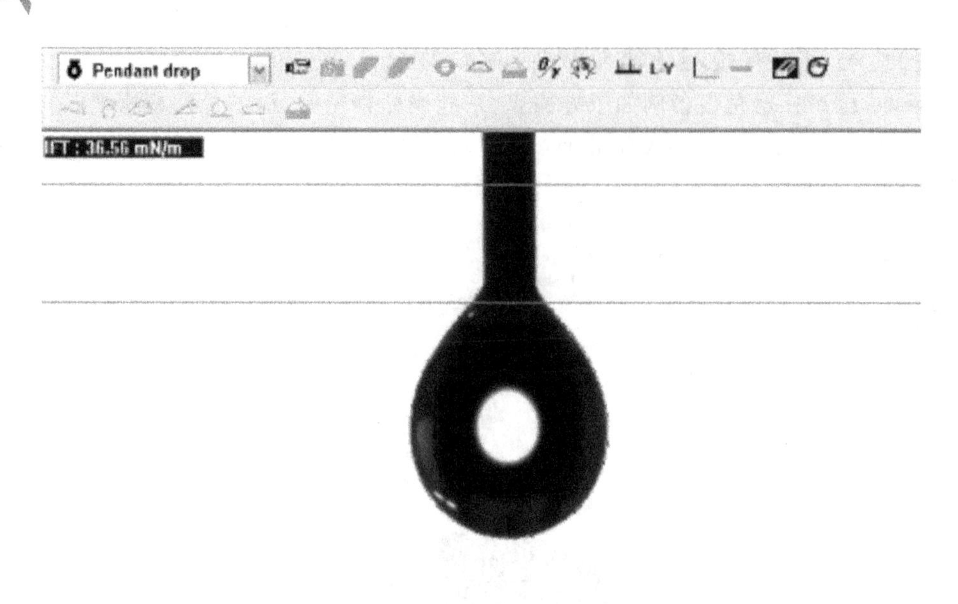

图 22-14　表/界面张力的测量

22.5.2　其他处理方法

除了这些仪器自带的软件外，也可以通过简单编程，对灰度、二值化、去噪点完成图像初步处理，之后对边界进行拟合，然后根据函数计算得出接触角数值，Matlab 就可以实现这一功能。另外，可以用图片处理软件，例如利用 ImageJ 的 Contact Angle 插件进行接触角测量。通过打开图片—打开插件—添加十字基准—拟合结果，即可得出如图 22-15 所示的拟合结果。

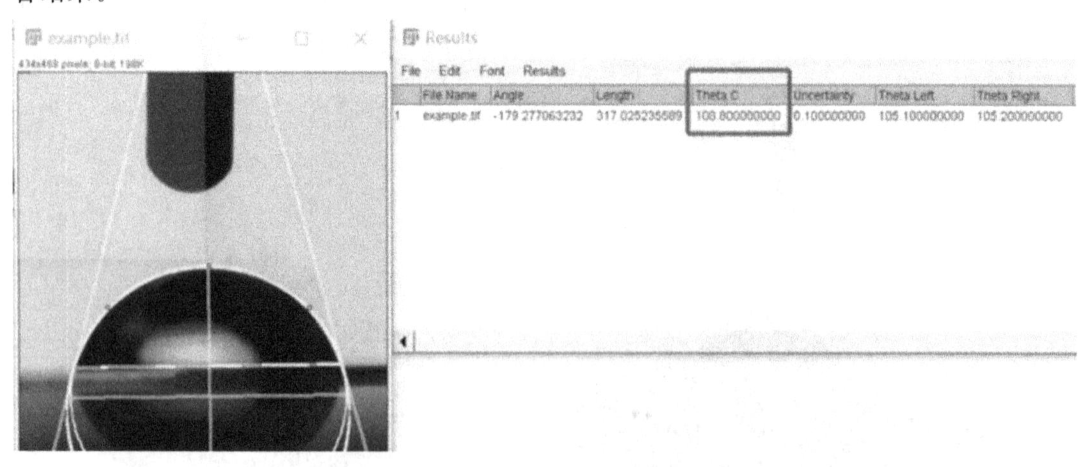

图 22-15　Image J 拟合结果

22.6　常见问题解答

1. 接触角与液滴的体积大小有关系吗?

没有。随着液滴体积的增大,重力对液滴形状的影响也越明显,使得液滴偏离球形的程度越来越显著,但这一切并不应该对液滴在固体表面的接触角自动产生影响。从热力学的角度来看,接触角的值取决于液体的表面张力、固体的表面自由能、液体/固体之间的相互作用(液/固-界面张力)。在一定的条件(温度、压力、湿度、气氛等)下,前面提及的三个量是一定的,所以接触角的值也应该是一定的。但由于表面的不完美性,即使在指定的条件下,(所谓的静态)接触角的值往往也可以在一范围内变化,而体积不同的液滴可能展现这一范围内不同的值,使得测量结果发生细微变化。至于体积不同的液滴是否会有一定的倾向(比如体积大的倾向于拥有这一范围数值较大的接触角值),这一点目前还缺乏研究。

2. 如何衡量/检测接触角测量的准确性?

测量都是建立在某一模型的基础上的,测量的准确性首先取决于采用的模型在多大程度上与实际被测量体系相符合:符合程度越高,测量的准确性也就越高。反之,即使测量的重复性再好,其数值的准确性(与真实数值的偏差)也不可能得到保证。

视频光学法测量接触角有一个默认的前提(中心轴对称性)和必要的模型假设(液滴或液面轮廓走向函数)。采用的液滴或液面轮廓走向函数的模型与真实情况的相符合性在很大程度上直接决定了最终测量得到的接触角的准确性。

当前运用于视频光学法测量接触角的整体液滴或液面轮廓模型基本上有以下几种:

(1)球或圆(截面)模型:如宽高法、圆法等;

(2)椭球或椭圆(截面)模型:如椭圆法;

(3)Laplace-Young 模型:Laplace-Young 法。

其中球或圆(截面)模型是假设表面张力的作用与液滴本身的重力相比,大大超过后者,所以后者的作用力可以忽略。这其实只对体积很小(小于 2μl)的水滴,而且当接触角比较小时,才大致符合。对体积较大、角度较大,或非水液体,此模型的偏差相当明显,且随着体积增大,液体的密度增大,液体的表面张力减少,接触角值增大,这一偏差也将越来越大。当接触角大于 120°、采用的水滴的体积在 5μl 以上时,偏差可在 10°以上。另外理论计算可以证明,如果采用以球或圆(截面)模型为基础的计算方法,测量得到的接触角的数值始终不可能高过约 155°,不管液滴的真实接触角值是否已超过这一数值。

椭球或椭圆(截面)模型是在部分考虑了液滴本身重力的影响下,液滴或液面轮廓被压扁,近似椭圆状。所以这一方法较圆法更接近真实状况,得到的接触角的值也较接近其真实值。但实际上,当接触角的值超过 90°后,其与真实状况的偏差也明显地显示出来。

当一液滴躺在平整的固体表面上且处于力平衡时,它的形状是由液体的表面张力、液体的体积和液体与固体表面间形成的接触角而决定的。早在 100 多年前 Laplace 和 Young 就先后建立了描写这一力平衡的状态方程,只是这一方程没有解析解。一直到最近 20 年,随着计算机的发展和应用,这一描写液滴轮廓的方程才得以部分求解。部分求解这一方程的前提是:液滴和液面呈现中心轴对称性。因此对于所有符合这一前提的液滴,无论其体积、密度和接触角多大,只要其形状呈现中心轴对称性,其轮廓就可以用 Laplace-Young 方程得以准确描述,而且能得到求解,由此就可准确计算出其在固体表面的接触角。

影响接触角测量准确性的另一个关键因素是液滴与固体表面相接触处的基线位置的测量。基线位置对接触角值测量结果的影响随着接触角值的变大而迅速增加:接触角越大,由于基线位置测定不准确而导致的接触角测量结果的误差也越大。如果测量软件没有自动、准确确定液滴基线位置的功能,基线位置只能通过肉眼观察来确定,那么其实这样的方法根本不可能达到 0.1°的测量准确性。而且当接触角值在 90°以上时,由于基线位置误差而引起的接触角测量误差可以高达 1°~5°左右。

3. 表面张力和界面张力有何不同?

液体的表面张力是在空气中测得的,而界面张力则是两种不互溶的液体(例如水和油)之间的张力,两种互溶的液体之间没有界面张力。

参考文献

[1] M Paneru, C Priest, R Sedev, et al. Static and dynamic electrowetting of an ionicLiquid in a solid/liquid/liquid system [J]. Journal of The American Chemical Society, 2010, 132(24): 8301-8308.

[2] G Lippmann. Relations EntreLes Phénomènes électriques et Capillaires [D]. Gauthier-Villars Paris, France, 1875.

[3] B Berge. Electrocapillarity and wetting of insulator films by water [J]. Comptes Rendus DeL Academie Des Sciences Serie Ii, 1993, 317(2): 157-163.

[4] Walter C. Presto and Walter Preston. Some correlating principles of detergent action [J]. The Journal of Physical Chemistry C, 1948, 52(1): 84-97.

[5] 赵喆,王齐放. 表面活性剂临界胶束浓度测定方法的研究进展[J]. 实用药物与临床, 2010, 13(2): 140-144.

[6] 赵国玺. 表面活性剂作用原理[M]. 北京:中国轻工业出版社, 2003: 67-72.

[7] 宗李燕,蔡琨,刘雪峰,等. 超滤法测定表面活性剂临界胶束浓度[J]. 无锡轻工大学学报, 2001, 20 (5): 510-514.

[8] 储鸿,崔正刚. 粉体接触角的测定方法[J]. 化工时刊, 2004, 18(10): 44-47.

[9] R F Giese, P M Costanzo, C J van Oss. The surface free energies of talc and pyrophyllite [J]. Phys Chem Minerals, 1991, 17: 611-616.

第23章　纳米/激光粒度仪

材料的粒径大小、粒径分布是决定其物理性能的重要指标之一，医药、化工产品、制药业等领域对粒径都有严格要求。高效、快速、简洁地测量材料的粒径与均一性，对提高产品质量、减少环境污染等有着重要意义。

本章主要介绍与纳米/激光粒度仪相关的基础知识，重点涉及粒度分析仪的分类、相关的测试原理，以及常见测试项目、如粒度测试、电位测试等，并且对常见厂家的数据报告和分析方法进行简单介绍。

23.1　仪器原理

粒度仪是一类使用物理方法来测量聚合物或蛋白质、纳米点或黏合剂、组装体或胶束等材料的粒径大小、粒径分布、电位等性质的仪器。粒径是指颗粒的大小，对单一球形颗粒，粒径大小就是指其颗粒的直径。而对于非球形颗粒，其粒度一般通过等效圆球模型来计算，使用不同的特征参数用于等效计算所得的粒径也有很大区别。粒度仪从测量范围可以分为两种：纳米粒度仪和激光粒度仪，下面将简单介绍一下两者的测试原理。

23.1.1　粒度测量原理

(1)纳米粒度仪原理

纳米粒度仪采用动态光散射技术(Dynamic Light Scattering，DLS)进行粒径的测量。动态光散射也称之为光子相关光谱(Photon Correlation Spectroscopy，PCS)，其原理是通过激光照射粒子，测量颗粒的随机热运动或布朗运动，通过Stokes-Einstein方程将颗粒的运动与其粒径相关联，即通过激光照射粒子，分析散射光的光强波动实现的。

溶液中的颗粒在溶剂分子的碰撞下做无规则、不停歇的布朗运动，而布朗运动的一个重要特点是：小粒子运动快速，大颗粒运动缓慢。Stokes-Einstein方程中，定义了粒径与其布朗运动所致速度之间的关系[1]。

$$D=\frac{k_B T}{3\pi\eta d} \tag{23-1}$$

式中：D为扩散系数，k_B为玻尔兹曼常数，T为绝对温度，η为黏度(分散剂)，d为颗粒直径。

实际测试的样品中，多数是多分散体系，即样品中粒径大小不一致，需要通过累积矩法和多指数拟合模型来拟合相关函数进行进一步的计算才能得出最终的相应粒度参数。

平均粒度-累积矩法：

$$\ln g(\tau)=\ln A-\overline{\Gamma}\cdot\tau+\left(\frac{\mu_2}{2!}\right)\cdot\tau^2-\left(\frac{\mu_3}{3!}\right)\cdot\tau^3 \qquad (23\text{-}2)$$

式中：τ 是衰减时间，A 为相关函数的平台高度代表信噪比，$\overline{\Gamma}$ 是平均衰减率，通过 $\overline{\Gamma}=q^2\overline{D}$ 得到颗粒的平均扩散系数 $\overline{D}$，代入 Stokes-Einstein 方程(23-1)，d 即为颗粒平均粒径，检测报告中标作 Z-average，表示测得的光强权重的 Z 均值。方程(23-2)中的代表颗粒粒径的宽窄分布，由 $\mathrm{PDI}=\frac{\mu_2}{\overline{\Gamma}}$ 来定义颗粒的分布系数，即常说的 PDI 值，PDI 值越小，代表粒径越均一。

粒径分布图-多指数拟合模型：多指数拟合模型涉及拉普拉斯转换，可理解为通过以下类似的公式进行拟合。

$$g_1(\tau)=\sum_{1}^{n}G(\Gamma_i)\exp(-\Gamma_i\tau) \qquad (23\text{-}3)$$

式中：n 定义了有多少组拟合参数，每一组包含一个衰减率 Γ_i 对应为一个粒径组分的 D_i 和一个强度的参数 G_i，其拟合结果得到粒径分布。

以上得出的粒径数据是光强粒径即常说的强度粒径，还能通过 Mie 理论在此基础上将其转化为体积粒径和数量粒径。

(2)激光粒度仪原理

激光粒度仪同样是用于测定粒径大小和粒径分布的仪器，不同于纳米粒度仪，激光粒度仪主要用于测量大颗粒的粒径及分布，测试原理也有区别，下面主要介绍激光粒度仪测试原理。

激光粒度仪是基于颗粒对光的散射，其原理主要是具有单向性和少发散性的激光，遇到固体颗粒时会发生散射，散射后的光会相互干涉形成衍射图。当光为波长一定的单色光时，衍射和散射光能的角度分布就只与粒径有关，衍射光的角度与颗粒的粒径呈反向的变化关系，即大颗粒衍射光的角度小，小颗粒衍射光的角度大。通过仪器检测不同角度的散射光，对光强进行理论模型计算得到粒径分布。

目前激光粒度仪主要基于 Mie 理论(散射理论)和 Fraunhoff 近似模型，Fraunhoff 近似模型基于以下假设：1)颗粒直径远大于激光波长；2)颗粒完全不透明，在激光光束中只有衍射现象存在；3)全部颗粒具有相同的衍射效率。而实际样品大小不均一，光路也不单只存在衍射现象。Mie 理论引入了新的光学参数，即样品颗粒的折射率、颗粒对光的吸收率、分散介质的折射率，考虑了光与颗粒间的相互作用，适用于绝大多数波长、衍射角度和粒径范围[2]。下面将简单介绍 Mie 理论的主要公式。

根据光散射理论中，对直径为 d 的颗粒，定义其无量纲颗粒尺寸参数[3]：

$$\alpha=\frac{\pi d}{\lambda} \qquad (23\text{-}4)$$

式中：α 为无因次粒径，λ 为入射波长，d 为颗粒直径。

当光强为 I_0，波长为 λ 的光照射到球形颗粒上，散射光场中一点的散射光强可表示为：

$$I_S=\frac{\lambda^2 I_0}{8\pi^2 r^2}(i_1(\theta)\sin^2\varphi+i_2(\theta)\cos^2\varphi) \tag{23-5}$$

式中：r 为光场中点到颗粒的距离，θ 为散射角，$i_1(\theta)$ 和 $i_2(\theta)$ 分别为水平和垂直于散射面的散射光强度函数，其散射振幅函数为：

$$\begin{aligned} i_1(\theta)&=|S_1(\theta)|^2 \\ i_2(\theta)&=|S_2(\theta)|^2 \end{aligned} \tag{23-6}$$

根据米氏散射理论，散射振幅表达式为[4]：

$$\begin{aligned} S_1(\theta)&=\sum_{n=1}^{\infty}\frac{2n+1}{n(n+1)}\{a_n\pi_n(\cos\theta)+b_n\tau_n(\cos\theta)\} \\ S_2(\theta)&=\sum_{n=1}^{\infty}\frac{2n+1}{n(n+1)}\{a_n\pi_n(\cos\theta)+b_n\tau_n(\cos\theta)\} \end{aligned} \tag{23-7}$$

式中：a_n、b_n 为米式散射系数，π_n、τ_n 为散射角函数，只与散射角 θ 相关。

激光粒度仪在各个角度下的散射光强是不一样的，因此光电池接收到的散射光能也不同，对其进行积分得到任一光电池所接收的光能量。实际样品中颗粒尺寸不均一，不同颗粒大小对应光能分布不同，由分布函数算法求解，即可得出所需粒度分布。

Fraunhofer 近似模型为大颗粒样品粒径的测量，忽略光散射系数和吸收系数，计算方便简单，但对有色物质和小颗粒的误差相对大些。Mie 理论适用于各个粒度大小的样品，全面精确，但是计算复杂，且需要给出样品和分散介质正确的折射系数和吸收系数，而一些非常规样品则无法提供，这在一定程度上限制了 Mie 原理的应用。

23.1.2　电位测量原理

Zeta 电位(Zeta Potential，ξ-电位)是指剪切面(Shear Plane)的电位，是表征胶体稳定性的重要指标。大部分分散在溶剂中的颗粒主要都是由表面基团的电离或带电粒子的吸附而获得表面电荷，此电荷在溶剂中会吸引周围的异号电荷，在两相交界处形成双电层，即所说的双电层模型-Stern 双电层。Stern 双电层模型将双电层分为两部分：Stern 层和扩散层(见图 23-1)。Stern 层为吸附在颗粒表面的一层电荷组成的一个紧密层，由颗粒表面到 Stern 层平面的电位呈现下降的趋势，降到紧密层时的电位称为 Stern 电位。Stern 层外异号离子呈扩散状态分布，称为扩散层。当施加外界电场时，颗粒做电泳运动，紧密层(Stern 层)结合一定的内部扩散层与分散介质发生相对移动时的界面称为滑动面。颗粒表面电位降到滑动面时的电位称为 Zeta 电位，即 Zeta 电位是连续相与附着在分散粒子上的流体稳定层之间的电势差。

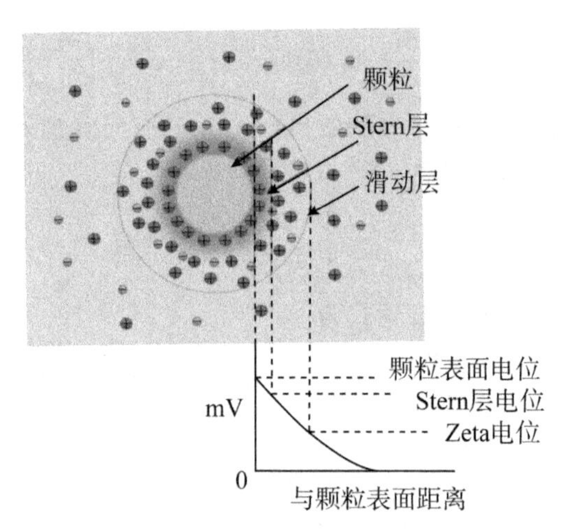

图 23-1　双电层模型

目前测量 Zeta 电位的方法主要有电泳法、电渗法、流动电位法以及超声波法，其中以电泳法应用最广。

电泳法的原理是在外加电场的作用下，分散液中的带电颗粒将向相反电荷的电极移动，其移动速度与 Zeta 电位的大小成正比，通过测量颗粒在特定电场中的电泳速度可以得到 Zeta 电位。Zeta 电位计算主要是基于以下 3 种理论。

(1)Smoluchowski 理论。理论假设：黏性流体的流体动力学方程在液相和双电层都适用；忽略惯性项；电场是平均的，平行于颗粒表面；双电层厚度远小于颗粒半径。基于此得出电泳速度与电位的关系式：

$$U=\frac{\varepsilon\zeta}{\eta} \tag{23-8}$$

(2)Hückel 对 Smoluchowski 方程的假设进行修正，当双电层厚度远大于颗粒半径，推导出 Hückel 方程：

$$U=\frac{2\varepsilon\zeta}{3\eta} \tag{23-9}$$

(3)Henry 对上面的公式验证后，发现当只有颗粒与分散介质的电导相同，上述方程才成立，因此进一步提出了 Henry 方程：

$$U=\frac{2\varepsilon\zeta f(ka)}{3\eta} \tag{23-10}$$

式中：U 为电泳迁移率，ε 为介电常数，η 为黏度，ζ 为电位，$f(ka)$为 Henry 函数，ka 为颗粒半径 a 与双电层厚度 k^{-1} 之比[5,6]。$f(ka)$通常采用 2 个值，在水性分散介质和中等电解质浓度下常采用 1.5，即 Smoluchowski 近似。对非水相的或处于较低介电常数分散介质中的小粒子，$f(ka)$为 1.0，即 Hückel 近似。

现在大多是采用激光多普勒频移来测定电泳迁移率，通过检测由颗粒电泳运动所造成的入射激光束的频率偏移或相位移动，通过输入分散剂黏度，并应用上述相应的理论，将该迁移率转换成 Zeta 电位。

23.2 测试项目

目前，国外主要的粒度仪产商有英国马尔文、德国新帕泰克、美国贝克曼库尔特、日本堀场、法国西拉思等，国内较为有名是珠海欧美克、丹东百特、济南微纳等。虽然品牌众多，但是使用最广的还是马尔文仪器，下面将分别介绍马尔文的纳米粒度仪和激光粒度仪能做的测试项目与测试结果解读。

23.2.1 粒度测试

马尔文纳米粒度仪测量范围约为0.3nm～10μm(不同仪器型号测量范围略有区别)。常规的纳米粒度仪可以测得三种粒径：强度粒径、数量粒径与体积粒径。

马尔文激光粒度仪主要是测量范围约为0.01～3500μm(不同仪器型号测量范围略有区别)。测量方式分为干法和湿法两种，干法适用于样品会与水或其他液体发生反应，或是不能自由流动的材料。湿法适用于约10μm以下的超细粉末，目前常用的多数为湿法测试，即需要选择相应的分散剂对待测样品进行分散后再进行测量。

23.2.2 电位测试

颗粒样品的表面电荷主要来源于表面酸碱官能团的解离，所带电荷量受分散剂、pH以及颗粒表面官能团数量的影响。颗粒表面对不同带电离子与表面活性剂实行异号离子优先吸附、过量离子优先吸附、阴离子优先吸附的原则，使得颗粒表面带电荷。

样品的稳定性可以通过Zeta电位的大小来表示。如果测得样品具有较大的Zeta电位，表示在分散剂中样品颗粒将倾向于互相排斥，不易出现聚集或者絮凝的倾向。反之，如果电位较低，则排斥力较弱，不能阻止粒子接近。通常判断样品稳定与否的分界线是30mV，大于+30mV或小于−30mV的粒子，认为是稳定的。

电位测量使用较多的还有通过测量不同pH(一般从酸性到碱性)下样品的Zeta电位，做出相应的曲线，测量等电点(Isoelectic Point)也称零点电位，常规情况下它就是胶体系统最不稳定的点。

23.2.3 其他测试项目

目前很多厂家的纳米粒度仪开发了新的功能：1)利用静态光散射法(Static Light Scattering，SLS)测量蛋白质与聚合物的分子量。通过检测一系列浓度下的样品的散射光强并得到Debye曲线，可计算出平均分子量及第二维利系数。2)微观流变学选件可测量黏性及黏弹性，原理是利用示踪粒子检测应力和形变之间的关系，进行DLS测试，从均方平均位移曲线(Mean Square Displacement，MSD)中提取微流变数据。

23.3 测试样品要求

23.3.1 纳米粒度仪

(1)液体样品每样提供5ml(浓度适宜的话1ml即可),备注好分散剂,密封装好。

(2)粉末样品10～20mg,备注好分散剂,常规为去离子水和乙醇,也可为其他分散剂,需提供待测分散剂的折射率。

(3)常规前处理方式为超声,超声时间对结果影响很大,根据材料的承受情况决定时间,部分不能超声的样品需要提前说明,确定好前处理方式。

(4)电位所需样品量和粒度,可以测不同pH下的Zeta电位,确定好需要测试的pH点即可。特别注意常规仪器不能测有机溶剂作为分散剂的样品,容易腐蚀电极与比色皿;块体样品不适合使用此仪器测量电位,考虑使用固体Zeta电位测试。

23.3.2 激光粒度仪

(1)干法测试需要准备2～3g样品,提供样品折射率、密度。对仪器参数有明确要求的需要提前说明,常规是默认设置。

(2)湿法测试,提供1g左右样品。需要确定分散剂,一般为水或者乙醇。常规前处理方式为超声,超声时间对结果影响很大,根据材料的承受情况决定时间,部分不能超声的样品需要提前说明,确定好前处理方式。

23.4 结果解读

(1)纳米粒度结果解读

常规纳米粒度仪能导出强度粒径(Intensity)、数量粒径(Number)以及体积粒径(Volume),其中强度粒径是文献中使用最多的(见图23-2),其次是体积粒径与数量粒径。在待测样品粒度均一的情况下,上述三个参数是差不多一致的,具体使用哪一个数据,需要根据样品的实际情况来决定,一般需要和电镜等其他结果协同选择。检测报告中的Z-Average为测得平均粒径值,PDI值代表颗粒的分布系数,常规PDI小于0.7是在理论模型的适用范围内。

		Size (d.nm):	% Intensity:	St Dev (d.nm):
Z-Average (d.nm): 428.5	Peak 1:	461.5	100.0	123.4
PdI: 0.116	Peak 2:	0.000	0.0	0.000
Intercept: 0.975	Peak 3:	0.000	0.0	0.000
Result quality: Good				

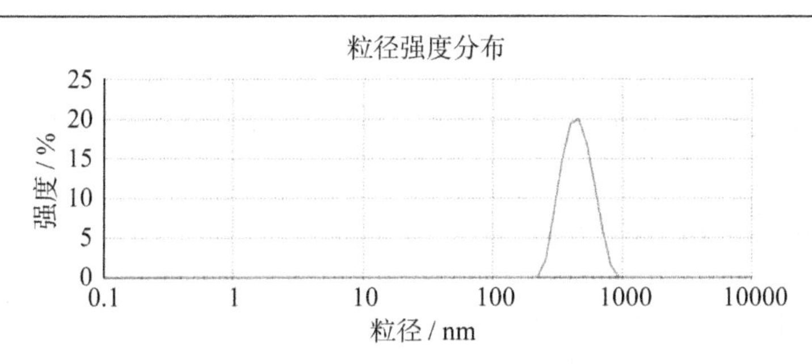

图 23-2　纳米粒度粒径测试结果

（2）激光粒度结果解读

激光粒度仪测试报告会给出多种数据值，现在对常用的几个参数进行介绍，以马尔文 2000 为例，测试结果如图 23-3 所示。

Particle Name: Default	Accessory Name: Hydro 2000SM(A)	Analysis model: General purpose	Sensityvity: Normal
Particle Ri: 1.520	Absorption: 0.1	Size range: 0.020 to 2000.000 um	Obscuration: 4.80 %
Dispersant Name: Water	Dispersant Ri 1.330	Weighted Residual: 0.880 %	Result Emulation: Off
Concentrtion: 0.0076 %Vol	Span: 3.122	Uniformity: 1.09	Result units: Volume
Specific Surface Area: 0.613 m?g	Surface Weighted Mean D[3,2]: 9.784 um	Vol.Weighted Mean D[4,3] 40.353 um	

d(0,1): 6.392 um	d(0,5): 25.099 um	d(0,9): 84.762 um

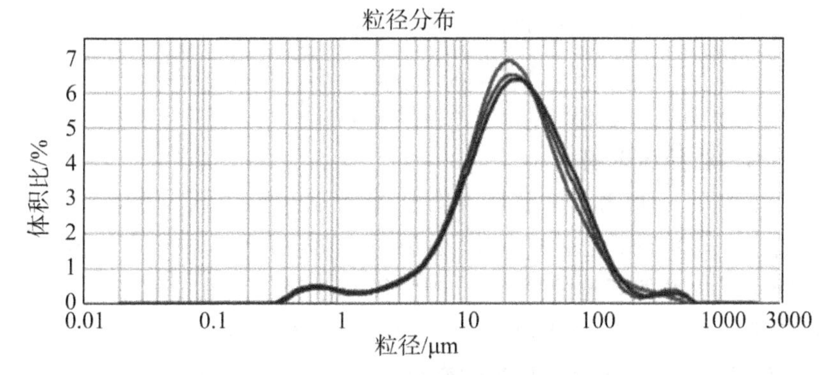

图 23-3　激光粒度粒径测试结果

1）D[4，3]：体积（重量）加权平均粒径；2）D[3，2]：面积加权平均粒径；3）Weighted Residual：加权残差，小于 3%为宜；4）d(0，1)，d(0，5)，d (0，9)：代表粒径体积分布下累积值，表示样品中小于该粒径值的颗粒占总样品总体积的10%、50%、90%。例如，d(0,5)为25μm，即样品中50%的样品体积粒径小于25μm，因此也被称为中位粒径。常规条件下d(0,5)和D[4,3]相近，当样品粒径粒度分布不对称时，两者会出现偏差。而当D[3,2]和D[4,3]的值越接近，证明测试颗粒的形状越规则，粒度分布越集中。目前这些参数中采用较多的为D[4,3]的粒径值。

(3)Zeta电位测试结果解读

Zeta电位的结果比较简单，报告中的Zeta Potential值即为测得的Zeta电位值。

23.5 常见问题解答

1. 为什么测得的粒径结果偏大？

粒径测试结果偏大，一般是指与电镜结果相比，即TEM或者SEM所观察到的颗粒大小。但是两者结果不能保证完全保持一致，一方面电镜是观察样品中微观少量的颗粒大小，不能代表全部样品的粒径大小。另一方面，粒度仪测得的粒径为水合粒径，实际测得的是颗粒外围附带一层分散剂分子的直径，因此样品粒径均一，常规测得粒径会比干燥电镜制样下的粒径稍微大一些。

另外影响粒径因素还包括以下几种：1)测试浓度。不同的样品都有理想的测试浓度，如果浓度太低，接收器可能采集不到足够的散射光。浓度过高，可能会发生多重散射，影响测量结果。多数高浓度的样品，本身颗粒间的相互作用也会造成测试结果偏大。常规测试中尽量选择微浑浊或者轻微乳状的浓度为宜。2)温度与分散介质的选择也会影响粒径结果。Stokes-Einstein方程中定义了粒径与扩散速度的关系，也与分散介质的黏度相关联。通常情况下，样品的扩散系数也会随温度的上升而增大，且温度也会进一步影响分散介质的黏度，因此测试时选择不同的分散介质与温度，得到的测试结果也会有所差异。3)测试前处理。实际待测试的样品需要进行一定的前处理，才能得到更为理想的粒度结果。对于容易聚集的样品，选择超声或者涡旋振荡，处理时间由样品的性质决定。样品如果有大颗粒的外来物或杂质，考虑使用相应大小的滤膜进行过滤处理，以减少大颗粒对结果的影响，否则很容易导致测试结果偏大。如果样品中含有大颗粒杂质或者外来物，即使样品中90%的粒径在80nm，1%的10μm颗粒，最终测得的粒径差别很大。

2. 为什么测得的粒径结果偏小？

粒径测试结果偏小，一般考虑样品是否稳定，在测试过程中是否分解，其次考虑样品前处理方式是否恰当。前处理不是必需的，对外力敏感的样品(DNA组装体、囊泡类材料等)，超声或过滤可能会影响本身颗粒的形貌或者尺寸，可选择涡旋振荡或者直接测试等操作。最后考虑分散剂是否选择合适，分散剂只起分散作用，在不影响样品的结构与相貌的基础上进行选择，样品不能在分散剂中发生形貌的变化。

3. 电位为什么测出多峰？

Zeta电位有时候会测得双峰或者多峰这种情况，多数是因为样品表面带电密度不均一、尺寸不均一，导致出现多峰，也是样品测得的实际数据。如果需要得到单峰的数据，可以通过超声、过滤或者稀释、换溶剂等方式看是否有所改善，但是这些操作改变了原本样品所处的环境，测得的结果就可能不一样，需要根据自己后期的应用进行实际的调整与选择。

4. 为什么电位测得结果与预期有区别？

影响电位的主要因素：1）pH 值，向待测样品中引入强酸或者强碱离子，会使得颗粒表面得到更多的正或者负电荷，例如持续向带正电的颗粒悬浮液中引入碱，当到达某点时，正电荷被中和，再加入过多的碱，样品倾向吸附分散剂中过量的离子，导致样品表面产生负电荷。2）分散介质与电解质，由上述电位计算理论公式（23-10）可以看出电位的计算与分散介质的黏度有关，采用不同的分散介质，测得的电位值会有差异。在 Henry 函数中，ka 为颗粒半径 a 与双电层厚度 k^{-1} 之比，不同的电解质的 ka 值不一样，且电解质相同的情况下，ka 也会随其浓度的变化而变化。因此，不同类型不同浓度的电解质影响 Henry 函数的计算，从而导致电位值不同。

参考文献

[1] 王志刚. 纳米粒度仪的理论研究[D]. 天津大学，2006：12-14.

[2] 秦福元. 基于相位分析光散射的 Zeta 电位测量研究[D]. 山东理工大学，2018.

[3] I M Tucker. Laser Doppler Electrophoresis applied to colloids and surfaces[J]. Current Opinion in Colloid & Interface Science，2015，20(4)：215-226.

[4] 董青云. 激光粒度测试的原理与方法[C]. 中国建筑材料联合会粉体技术分会，2016：113-160.

[5] 石振华，林冠宇. 基于激光散射理论的微小颗粒测量的数值分析[J]. 红外与激光工程，2015，44(7)：2189-2194.

[6] 沈少伟，颜树华. 基于散射原理的激光粒度测试仪研究[J]. 半导体光电，2009，30(5)：770-773.